普通高等教育"十一五"国家级规划教材

 新编21世纪哲学系列教材

科学技术哲学导论

第3版

刘大椿　著

An Introduction to Philosophy
of Science and Technology

中国人民大学出版社
·北京·

内容简介

　　本书是一部专著性的学科基本教材。第2版虽然17年来一直还在重印发行，但一些内容已比较陈旧，有许多变化和进展急需添加进去。第3版立意在结构上有所调整，在内容上做必要增删，尽力反映这些年来科学技术哲学学科的巨大变化，吸纳日新月异的学术成果。全书涉及的问题有：科学技术哲学在中国的兴起与发展、科学活动与科技结构、科学技术与自然观、科学逻辑与科学方法、科学实验与科学理论、建构主义的哲思路径、技术与工程的概念基础、技术创新的理论与问题、科技革命与经济社会变革、生态价值观与可持续发展、科技时代的伦理建构、科学理性与科学精神、科学文化与文化科学、社会科学的哲学反思。

作者简介

刘大椿　江西于都人，1944年5月出生于贵州安顺。中国人民大学首批一级教授，哲学院科学技术哲学专业博士生导师。曾任：中国人民大学哲学系主任，研究生院常务副院长，校长助理，图书馆馆长；国务院学位委员会哲学学科评议组第四届、第五届成员；中国自然辩证法研究会副理事长。出版著作60余部，发表论文170余篇。2004年获全国模范教师称号，2014年获全国优秀科技工作者称号。主要研究领域：科学哲学、科学技术与社会、科技思想史等。

目 录

第八章　科技革命与经济社会变革

第九章　生态价值观与可持续发展

引论：科学技术哲学在中国的兴起与发展

科学技术哲学是对科技时代提出的科技及其相关问题、要求和挑战的哲学回应。

近代以来，在思想史上，该学科与哲学的认识论转变、语言学转变关系极其密切，并且以 19 世纪的实证主义和 20 世纪的逻辑经验主义两次哲学运动的形式，对整个哲学和人类思想的发展产生了极大的影响。在当代，它又以历史主义、社会学化、后哲学文化的面目，从致力于确定性的寻求、为科学技术建构经验和逻辑的可靠基础，转变为热衷于对一切绝对化倾向和基础主义的解构；从偏爱行动、追求可操作性目标，转向对某种文化体制的诘难和社会批判。

在中国，它在几个关键时期，都是思想解放的先驱、开放的窗口、现代化的切入点。特别是近年来，科学技术哲学作为哲学的二级学科，进展引人注目，是一个虽然见解分歧颇多，却生气勃勃、前景为人看好的学术领域。

一、学科历史渊源

中国科学技术哲学，这样一个学科，它是怎么来的？当然，它不能离开科学哲学、技术哲学在近现代的创立与发展，不能离开中国现代化对科学技术的迫切需要。但是，说及科学技术哲学在中国的学科建制化发展，无可争辩的事实却是，它始于自然辩证法的传播与发展。也就是说，自然辩证法在中国的传播与发展为中国科学技术哲学的学科建制化创造了条件，这是中国科学技术哲学的重要特色。虽然学科的成熟并不是在自然辩证法一开始传播就实现了，而是在 1978 年改革开放以后才逐渐完成的。

中国的科学技术哲学有非常光荣的历史，它是中国社会发展新思维的重要提供者，是中国社会变革的参与者，在改革开放中发挥了重要作用。当下，经过 40 余年的成长历程，中国的科学技术哲学已经成为对中国当代社会与思想影响深远的学科之一。[①]

关于中国科技哲学的历史渊源，它作为一个学科的兴起与自然辩证法在中国的发展有着深厚的渊源。这一演进是由学科、建制与社会背景多种因素促成的。"自然辩证法"是恩格斯在19世纪下半叶所开创的一门研究。恩格斯写了很多自然辩证法的札记，他当时对科学技术的发展、对科学技术与哲学的关联非常感兴趣。但是很可惜，由于恩格斯非常忙，有许多重要的工作，比如马克思的《资本论》后面几卷的编写，所以"自然辩证法"在他那里只是个手稿。这个手稿到20世纪由德国社会民主党和苏共中央一起整理出来，有德文本和俄文本。《自然辩证法》第一个中文译本出版于1932年，这本书的出版标志着自然辩证法正式传入中国，这在马克思主义传入中国的历程中是一个重要的事件。作为唯物辩证法研究和传播的一部分，中国的自然辩证法事业是一批学者从研读恩格斯的《自然辩证法》一书进而发展起来的。也就是说，当时一些进步的学者，他们研读《自然辩证法》，把它作为唯物辩证法在中国思想界占据主导地位的一个部分，简而言之，《自然辩证法》的研读为它的传播及后来的发展创造了条件。

中华人民共和国成立之初，自然辩证法的理论工作也是和当时开展的马克思主义理论教育直接联系在一起的，它的主要对象是科技工作者和理工科师生。有两个重要的事件，对于自然辩证法的发展，也就是我们今天所说的科学技术哲学的建制化发展，是非常重要的，是不可能绕过去的。一个是1956年6月，中国科学院哲学研究所成立了自然辩证法研究组，当时还没有社科院，哲学所隶属科学院，在哲学所下面成立了自然辩证法研究组，这是自然辩证法学科建制化的一个重要标志。

另外一个标志，就是当年我国制定了《国家十二年科学发展远景规划》，这对中国的科学技术发展，用举国体制提出了许多重要的愿景，也给出了许多重要的方向，其中就有自然辩证法的发展。这样的定位，在《国家十二年科学发展远景规划》里面，从理论的角度来看，类似的情况是不多的。该规划中对自然辩证法是这么说的："在哲学和自然科学之间是存在着这样一门科学，正像在哲学和社会科学之间存在着一门历史唯物主义一样。这门科学，我们暂定名为'自然辩证法'，因为它是直接继承着恩格斯在《自然辩证法》一书中曾进行过的研究。"

这段话非常经典，这也是我们追寻科学技术哲学的前世今生时无法忘记的。推敲一下，它有这么几个意思：首先，在哲学和自然科学之间存在着一门科学，就是自然辩证法。其次，正如在哲学和社会科学之间存在着历史唯物主义一样，在哲学和自然科学之间则存在着自然辩证法。大家可以想一想，这对于自然辩证法的定位何其高呀！是把它和历史唯物主义并列在一起了。最后，这门科学我们叫什么呢？就暂时定名为"自然辩证法"。为什么这么定名呢？或许有很多原因，但是最重要的原因应该是，它直接继承着恩格斯在《自然辩证法》一书中曾经进行过的研究，又与"历史辩证法"对称。虽然恩格斯没有正式发表的同名著作，但是他把他的手稿以《自然辩证法》的名义留存下来了。

我们讲历史，必须关注1956年《国家十二年科学发展远景规划》上面的这段话。那时，自然辩证法的研究有自己的时代特点，主要集中在"自然科学的哲学问题"和自然

[①]　刘大椿. 科学技术哲学在中国的兴起与发展. 光明日报，2020-06-22（10）.

科学的社会实践这两个方面。"自然科学的哲学问题"，主要是结合理论进行哲学分析；而自然科学的社会实践，则是关注和指导科学的实际活动。当时研究的中心论题一般是自然观，因为在马克思主义的语境下，自然观和社会观一样，非常重要。自然观与认识论和方法论统一，若要研究科学的认识论和方法论，就要有正确的自然观。马克思主义认为，自然观是与科学发展紧密相关的，特别是与科学革命紧密联系在一起的。科学发展直接影响着自然观，并且带来认识论与方法论的重大变革。所以，自然辩证法研究，它的中心问题实际上是自然观。在自然辩证法研究中，非常幸运的是，它最初的建制化过程，是有一批自然科学家担当着重要角色。后来人们熟悉的钱三强、钱学森、周培源等，他们对自然辩证法研究发挥了重要作用。几乎每一个学科，数学、物理学、化学、生物学、天文学、地质学等，都有重要的科学家，积极关注自然辩证法研究。由于他们的参与，大大普及了科学技术哲学，普及了自然观，同时也扩大了自然辩证法的社会影响力。

从中华人民共和国成立到1978年改革开放之初，作为马克思主义自然观的自然辩证法，人们常常从下列两个方面去总结它的作用。首先，肯定它所起的非常重要的正面作用，成为马克思主义和科学技术工作者的桥梁。自然辩证法事业联系科技发展的前沿，团结科学家，参与前沿开发，强调为国服务，为我国现代化事业做出了重要贡献，受到广泛欢迎。这就是说，自然辩证法致力于把马克思主义与科技活动、与科技工作者连接起来，在科学技术哲学发展历史上，这一点是非常重要的，值得很好地总结和继承。

再一个值得很好总结的，是自然辩证法事业在历史传统和现实发展中形成了自己的鲜明特色，在某种意义上成为哲学改革的标杆。自然辩证法坚持实行马克思主义所提倡的三大结合，即：理论与实践的结合——马克思主义理论与中国改革开放的实践相结合；科技与社会的结合——科技的发展不仅有自身规律，而且要与社会发展相结合，与经济社会发展相互促进；中国与世界的结合——自然辩证法在改革开放之初就勇敢地面向世界，走出封闭，成为开放的重要窗口。实行三大结合是我们过去40年取得重要成就的保证，也是中国自然辩证法事业的可贵传统。

一般来讲，自然科学本身具备内在的批判品格，自然辩证法与自然科学的天然联系，使之具有比较开放、比较前沿的特点，这也促使自然辩证法在改革开放中的表现，成为马克思主义理论发展的一抹亮色。时人称自然辩证法属于"开明的"马克思主义，甚至给它一个"开明马学"的绰号。应该说，这是对自然辩证法的重要褒奖。反思"文化大革命"期间，由于极左思潮的冲击，一些人以自然辩证法的名义，把那些与科学相悖的教条当成绝对正确的标签，贴在某些自然科学理论上，错误地批判了一些科学家和科学理论，例如，声称爱因斯坦的相对论是唯心主义的，摩尔根的基因遗传学说是形而上学的，等等，造成极坏的影响。好在这只是支流，而且很快被矫正了。主流还是正面的，特别是在改革开放过程中，自然辩证法有力地促进了思想解放。

改革开放以来，中国的大哲学发展卓有成效，历史性地建立了具有中国特色的哲学一级学科，产生了一系列的分支或方向。其中，科学技术哲学是中国特色大哲学中一个重要的二级学科或方向。当时确立了八个二级学科，现在则扩展为十多个哲学方向。科学技术哲学是在中国兴起的大哲学里面不可或缺的一个。

从其历史渊源不难看出，中国的科学技术哲学的确和科学哲学、技术哲学等学科发展相关联，但不能忘记它自己的传统和历史渊源，它和中国自然辩证法事业是密不可分的。

二、科学技术哲学的兴起

科学技术哲学是一个新的学科规范化名字，这个名字在世界上是很独特的。过去，我们知道有科学哲学、技术哲学，但没听说过有科学技术哲学。现在，国内大家都知道有一个学科叫科学技术哲学，国外很多人也知道有这样一个学科。它是怎么兴起的呢？

首先，有一个平台，在这个平台上结聚了一个生气勃勃的学术共同体。全国性的学术研究平台——中国自然辩证法研究会，在 1981 年正式成立了。一般而言，任何学会对于一个学术共同体的良性运行都是非常重要的，但是中国自然辩证法研究会还有非同寻常的意义，因为它是小平同志亲笔题词、亲自批准成立的。这样的背景，就赋予中国自然辩证法研究会这个平台对于学科建设可以开展卓有成效的工作，团结一大批学术共同体的成员从事学术开拓。

再则，有一批专业性的学术期刊，为科学技术哲学的兴起提供了学术阵地。期刊有很多，但是综合性的、比较重要的有三种，即 1979 年创刊的科学院主办的《自然辩证法通讯》、1984 年创刊的由山西大学负责主办的《科学技术与辩证法》，以及 1985 年创刊的由中国自然辩证法研究会主办的《自然辩证法研究》。另外还有一些专门的专业性学术期刊。这些期刊在科学技术哲学的兴起中，起了很重要的作用，成为我们学界重要成果的刊载体。经过三四十年的发展，这些期刊的定位愈来愈清楚，都相对集中到科学技术哲学。《自然辩证法研究》由于是学会主办的，影响较大，下面明确列出五个子标题，即"自然哲学、科学哲学、技术哲学、工程哲学、科技与社会"，从中可以看出自然辩证法学科发展的主要方向。《自然辩证法通讯》历史悠久，经常起着引领作用，它关于期刊的定位设立了一个副标题，即"关于科学和技术的哲学、历史学、社会学和文化研究的综合性、理论性杂志"，这也可以看作是对学科所做的定位。第三个期刊，即由山西大学负责主办的《科学技术与辩证法》，则已改名为《科学技术哲学研究》，直接指向建制化的科学技术哲学学科。不难看出，这三个重要的期刊，对自然辩证法、对科学技术哲学的定位是非常清楚的。

科学技术哲学的兴起，还有一件事情绕不过去，它也是中国自然辩证法事业成长和发展的一个重要标志。在 80 年代，"自然辩证法"课程由国家教委确定为高等学校理工农医科硕士生必修的一门马克思主义理论课，同时还规定理工农医科博士生必须开设"现代科学技术革命与马克思主义"课程。这两门课程的主要内容都是和科学技术哲学紧密相关的，这些课程的开设推动了该专业队伍的壮大。中国大学的学科，理工农医科占据大头，百分之七八十，在这些学科的学生，特别是硕士生和博士生，都要上自然辩证法课，这对科学技术哲学的发展、对它的教学和研究队伍的成长是至关重要的。另外，1981 年开始实施《中华人民共和国学位条例》，自然辩证法、科学技术哲学也被定为有学位授权资格的硕士点、博士点。当然，最初设点很少，只有不多的几个单位可以从事自然辩证法的硕士和博士培养。但需求量很大，扩大数量、提高质量、实现规范化的任务摆在了面前。

应该说，科学技术哲学的兴起是与改革开放的历程紧密相关的。改革开放是我们党的一次伟大觉醒，正是这个伟大觉醒孕育了我们党从理论到实践的伟大创造。科学技术哲学在它兴起的过程中，整个社会的思想都非常活跃，其中有一个很显著的标志，就是有一大批新老学术著作引进国内，其中非常著名的是"走向未来丛书""汉译世界学术名著丛书"和"二十世纪西方哲学译丛"。这些图书非常具有影响力，它们涉及自然科学和社会科学的多个方面。有些著作代表着当时中国思想解放前沿的思考成果，有些著作意味着把新鲜理念或者前沿学科引介到国内。当时的学生和学者，经常有这样的体验，随着这些著作的出版和吸纳，仿佛时刻在享受思想的盛宴。

到了 1987 年，有前面这么多的铺垫，包括学会和学术共同体的建立、学术期刊的创办、思想政治课的开设、大量学术著作的引进，等等，在这个时候，为了更好地推进学科向专业化方向发展，国家教委对一级学科和二级学科进行了全面调整。哲学自然也在调整之列，哲学的调整意味着哲学下面的二级学科也要相应地进行调整。在国内外调研和征求各方面意见的基础上，通过大家努力，哲学学科组提出了设立八个二级学科的方案，其中哲学专业下属的二级学科"自然辩证法"调整为"科学技术哲学（自然辩证法）"。这个方案经学位委员会通过后，就确定下来并逐步实施了。这就是说，科学技术哲学的学科建制化发展，从此基本上确定下来，并很快趋向成熟。

随着学科建制化的完善，研究人员的增多，科学技术哲学的研究边界也得到极大拓展。科学技术哲学（自然辩证法）学科的特别重要之处，在于它与科学技术之间的天然联系，在于它与经济社会发展紧密关联。由于科学技术牵涉到许多问题，必定会有许多新的思想进入，需要不断整合，所以科学技术哲学就成为众多新学科的"孵化器"，不断有新的人员和思想参与进来，交流、突破、迸发灵感。有一些学科留下来，使得科学技术哲学更加完善。也有一些学科自立门户，在酝酿成熟之后转入其他学科，或者成为新的独立学科。

科学技术哲学从自然辩证法重视自然观研究，拓展到重点关注科学技术的认识论与方法论研究，再到致力于科学技术与社会的关联研究，这几个方面整合起来，就成为科学技术哲学的主体。同时，还孵化出许多新的学科，包括科学学、潜科学、未来学和系统科学，等等，按照恩格斯提出的标准，这些是新兴学科和交叉学科，是在已有学科的边缘和交叉地带成长起来的，最容易有新的创造。它们中有许多理念被整合到科学技术哲学里面，使得学科的成长生气勃勃。20 世纪 80 年代，是科学技术哲学在中国兴起的时期，也是一个"理论拓展期"。科学技术哲学或者说自然辩证法，有如一个宽松的"大口袋"，装进了许多新的东西，特别是科学技术与社会板块里面的东西。这使中国的科学技术哲学，成为处于自然科学和哲学社会科学交叉地带的百科全书式学派，汇聚了许多不同研究方向的研究者，加大了学科的综合性和交叉性。科学技术哲学在改革开放以来的 40 多年中，经历了一个兴起、成熟与发展的过程。

检视其实际进程，可以把改革开放以来中国科学技术哲学的发展划分为四个阶段，大致每十年一个阶段。

1. 第一个十年

改革开放以后，从 20 世纪 70 年代末到 80 年代，这个阶段是拨乱反正的时期。科学技术哲学由于它的跨界性，由于它与科技以及它与哲学之间的紧密关系，它在中国成了思想解放的带头羊。为什么说第一个十年的科学技术哲学是思想解放的带头羊？这不是自封的，这样说是有道理的，因为它做了许多拓荒性的工作。

以科技哲学的名义引进来的思想和理论，对中国社会、中国思想界产生了很大影响。例如，英国科学哲学家波普尔的证伪思想、知识论的三个世界理论，在 20 世纪 80 年代初，不仅对自然辩证法界，而且对整个思想界都有振聋发聩的作用。记得我们当时写了一篇论文，把波普尔的三个世界理论批判性地介绍到中国，并且肯定了其中的一些合理之处，引起了一个小小的风波。但是最后大家还是认可了，的确不能简单地把世界仅仅划分成为机械二分的客观世界和主观世界。三个世界理论的新颖之处，是提出了还有一个第三世界是客观的主观世界，例如历史上留存下来的宝贵著作，既不能简单归之于主观世界，也不能简单归之于客观世界。三个世界理论，正好对客观世界和主观世界的关系，做了一个新颖的、特殊的说明，实际上也是一个开放的、拓荒性的进展。

2. 第二个十年

从 20 世纪 80 年代末到 90 年代，这个阶段主要的进展就是科学技术哲学学科终于在高等教育领域实现了建制化，成为哲学的二级学科。这个二级学科逐渐地成熟起来，有了自己的教材体系、学科体系和人才培养体系。同时，它的受众也越来越广泛，除了哲学界，还包括理工科的师生，特别是理工农医的硕士生和博士生。90 年代，随着科技经济与社会之间的关联取得突破性进展，有越来越多学者转向 STS 研究，也就是科学技术与社会研究，发展战略研究、科技政策研究成为新的热点。这也说明，科学技术哲学在这个时候实现建制化是有深厚的学科发展基础的。实际上，在第二个十年，自然辩证法才全面成为理工科研究生的思想政治课，它是一门公共课，并且是一门必修课。自然辩证法作为一门思想政治课，有数以万计的教师。在国际交流中，国际同行间，中国的科学技术哲学，这个共同体有多大？答曰，有好几万人。在全世界所有同行看来，都感到非常惊讶和佩服。

3. 第三个十年

21 世纪开初的十年，这个阶段科学技术哲学直面科学发展的一些新问题，包括生态文明问题，还有以人为本问题。科技发展既与经济发展密切相关，也与生态文明密切相关。生态文明从一个新的视角来讨论文明的发展，这是科技发展与经济社会发展的必然，正好说明了为什么当今要从原来所提的四个文明基础上又增加生态文明。在更深层次，也能说明为什么以人为本问题、科技与人文的关系问题，也是当下理论界非常关注的问题。21世纪以来，有这么三个中心问题，理论界是不可忽视的：一个是自然与人的关系，一个是科技与社会的关系，还有一个是科技与人文的关系。它们成了理论界的中心论题，促进了对单向度的发展理念的反思。唯GDP的单向度发展是不够的，是有缺陷的。在这个阶段，科学技术哲学的学科发展逐渐成熟，队伍有了一定的规模，既是多样化的、与国际接轨的，又具有中国特色。在第三个十年，科学技术哲学的硕士点，在全国已经有四五十个，博士点也有一二十个了。可以这么讲，在哲学学科中，科学技术哲学已经是一个非常重要的分支，学科队伍、科研成果以及人才培养，都已经取得了突破性的进展。

4. 第四个十年

最近的十年是第四个阶段，科学技术哲学研究工作者在全社会积极强化科学意识和人文精神。持续的努力是着力探讨下述科技发展中深层次的问题：

一是结合人文精神来强调科学精神，把科学精神与人文精神融合起来。科学固然重要，但是不能够离开人文精神，单向度地讲科学。绝对地强调所谓科学，一定会导致极端，唯科学主义就是有偏差的，所以当下要重视科学精神与人文精神的融合。然而，怎么样去融合？这是科学技术哲学应当关注的、应当下功夫去解决的问题。

二是对于原始创新理念和机制的培育、发展。通过过去几十年的努力，我国已经成为一个科技大国，改变了经济非常落后，科技也非常落后的面貌。但是，在当下第四个阶段，我国虽然已经成为科技大国，却还不是科技强国。一个重要的标志就是原始创新不够，还比较薄弱。应该怎么样去培育原始创新的理念，实现原始创新的新机制？这是一个重要的问题，也是科学技术哲学需要认真研究，并且正在研究的问题。

三是主动迎接新一轮科技革命的到来。第四次科技革命，即智能革命，带来了新的机遇和挑战。怎么样去回应智能革命的机遇和挑战？当下有许多科学技术哲学同仁与科技人员相结合，在从事这方面的工作。所面临的问题比过去更加复杂，也更加重要和迫切。

四是面对新时代本学科建设和调整中的问题。当然，科学技术哲学的态势，在第四个十年，总体是上升的，但是也遇到了一些新的问题，需要认真去调整，需要进行新的开拓。

三、学科发展的规范与多元

20世纪90年代中期以来，经济全球化伴随着生态危机，气候变化带来了许多新的问题，科技与社会和环境的冲突加剧，这些都对科学技术哲学的理论和实践提出了新的要求。在理论研究方面，越来越强调符合国际学术规范；在实践研究方面，由于实践的开放性，促使科学技术哲学的研究进路多样化。已经不能完全按照既定的路径去发展，必须应对新的发展路径，规范与多元的问题应运而生。这样的格局，主要体现在科技与自然、科技与社会、科技与人这三大中心问题上。科学技术哲学由此建构出一个覆盖面宽、内容多样、边界模糊、横向交叉繁多、充满生命力与时代性的独特研究领域。在规范与多元的发展中，学科结构相对稳定，学科运行逐渐规范，又出现了一些新的方向，有些是与传统方向重合但有新内涵的，还有一些是科技革命提出的原先陌生的问题，不得不给予相关的回应。科学技术哲学这门综合性的交叉学科，在规范化建设同时，需要不断拓展。

从 20 世纪 90 年代至今，科学技术哲学形成了若干相对稳定的主要方向，它们也构成科学技术哲学主要的分支学科，在此扼要介绍如下。

1. 自然哲学

自然哲学是传统的、有特色的研究。但是当下自然哲学的研究与过去比较，特别是与亚里士多德的、黑格尔的以及原先自然辩证法的常规研究都有所不同。为什么？因为就自然观这个角度来说，我们现在着重讨论的，不是所谓几大演化问题。过去讲自然观，例如在笔者当研究生的时候，主要是去描述和讨论四大演化，即宇宙的演化、地球的演化、生命的演化和人类的演化。但是当今，这些问题大都是留给自然科学去做了，自然哲学主要讨论的是另外一些问题，例如天然自然和人工自然的关系问题，天然自然和人工自然非常紧密，无法截然分开，既不能忽视天然自然，又不能离开所谓人工自然来抽象地谈论所谓天然自然。于是，保持人类改造天然自然与保护天然自然之间的某种平衡特别重要。自然是人类唯一的家园，必须敬畏自然，要对片面地强调人定胜天、人可以做任何事情之类的观点进行反思，人是自然界的一部分，人是离不开自然，更不能超越自然的。

在这样的情况下，还能够脱离自然，抽象地谈论所谓人的能动性吗？若不敬畏自然，就必定要受惩罚。其实这个思想早在恩格斯那里就有。另外，人类的现实世界，其实可以说就是人工自然。现实世界的发展需要有可持续性，可持续发展的理论基础、基本内涵、伦理原则和价值标准、评价方法和指标体系，这些都需要重新设定。前面说到，不能唯 GDP，当然 GDP 很重要，但是唯 GDP 就有问题。对人类发展来说，重点是什么？应当持有怎样的理念？如何推进现实世界的发展？这些都是自然哲学要讨论的。自然哲学的复兴，让人大开眼界。在科学哲学发展过程中，曾经有个阶段，差不多要否定自然哲学，宣称自然哲学是思辨哲学，应当被科学哲学取代。但现如今，我们的科学技术哲学又重新认为，自然哲学已经拥有新的研究内涵、方向和价值，获得了新生。

2. 科学哲学

科学哲学是科学技术哲学的基础理论。对于科学哲学的研究和它的发展，我国有许多学者做了大量工作。首先，对科学哲学过去一两百年的发展进行了认真梳理，引进、研究、讨论和批评，工作还是做得非常充分的。现在，每一个新出现的科学哲学理论，应当说在中国不会超过一年，就有学者介绍过来并且开始研究了。我们对科学哲学的逻辑主义的传统、历史主义的传统、建构主义的传统，以及它们包含哪些学派，这些学派的关系和关联，也都搞得比较清楚了。同时，我们也注意到批判科学的另类科学哲学。对于另类科学哲学，以往学界都不把它算作科学哲学，进行认真研究之后，却由此生发出一些新的理论生长点，成为我国科学技术哲学研究中的亮点。再则，对于自然科学背景下的重大的哲学问题，也就是原来人们比较注意的自然科学的哲学问题，研究也有了新的进程。对于量子哲学、生物学哲学、生态学哲学、认知哲学、人工智能哲学，国内从事研究的学者众多。这些研究在科学上也是非常前卫的，哲学上的探讨常常带来思想上的升华。

3. 技术哲学

技术哲学一般是从总体上研究技术和技术发展的普遍规律。对于早期的理论性问题，我国科学技术哲学工作者曾经做了许多工作。技术的本质究竟是什么？怎样看待技术与人？对于工程传统的技术哲学以及人文传统的技术哲学，它们的基本思想是什么？有哪些重要的著作？各有哪些主要的学者和流派？这些问题的研究也都是非常充分的。特别是在工程哲学这一新的领域，我国科学技术哲学的工作者联合工程专家，非常有创意，成效卓著。工程哲学应当算是科技哲学的一个新方向，当然，它还是技术哲学的重要延伸。在科学哲学、技术哲学、产业哲学的链条中，中间出现了工程哲学的发展。工程哲学的基本问题，也是技术哲学所需要研究的，可以把它看作技术哲学的一个重要进展。在技术哲学研究中，不能忽视的还有对技术负面效应的反思。以往人们一直认为，技术就是人类的工具，具有为人类服务的功能，本身是价值中立的。但是，当今不能简单地说，技术就是价值中立的，没有价值负载。预设技术、技术价值的合理性、技术发展的社会控制、技术责任、技术的善、技术与人文关怀这些问题，正是技术哲学应当研究的，当然，也就是科学技术哲学的重要问题。当下，人工智能和基因工程，已成技术的前沿和热点，与人的进化直接相关。怎样看待这些技术？能够简单地说，这些技术就是价值中立的吗？

4. 科学技术与社会研究

科学技术与社会研究是把科技与社会结合起来研究的新兴学科。主要有下述几个方面：一是联系中国的历史和现实进行的 STS 研究（科学技术与社会）。二是从哲学、历史和社会学的视角，来透析科学技术发展的社会过程和机制，致力于科技发展与公共政策研究，不但在哲学方面进行思考，而且提出公共政策应当怎样设计和实施，也就是所谓咨询研究。三是与科学哲学紧密联系的 SSK 研究，SSK 即科学知识社会学，与其相关联的是重视和提倡科学实验室的田野调查，关注学术环境和社会因素对科学的影响，研究科学共同体的范式、科学家的信念、科学技术的资源分配等问题，是与科技实践紧密结合在一起的研究。

5. 科技思想史研究

科技思想史研究属于科技史研究，但是与专业科技史研究有一定的区别。科技史本身是一个学科门类，科学思想史以科技史为基础，着重从哲学的层面加以观照，或者把它延伸到科技社会思想史的领域。当今，科学史和技术史的案例研究是科技思想史的重要方面，特别是从科技哲学的共同体成员来研究科学史的案例。还有中国问题研究，是当前特别受到关注的一个热点，包括古代科学思想史研究，近现代科技转型史的研究，科技发展与思想文化关系史的研究。试图回答：中国近代和现代的科技转型，究竟是从什么时候开始？是怎样进行的？中间遇到了什么样的问题？今天应当怎样来看待转型？第三个是跟科技发展有关的思想史和社会思想史的问题，比如科学与意识形态的关系，科学是不是意识形态？马克思主义哲学中并不讲科学是意识形态，但是西方马克思主义，比如哈贝马斯就认为科学是意识形态，那么究竟科学与意识形态是什么关系？关系又是如何演变的？又比如科技如何在历史事件中引发思想演变，科学文化与人文文化分合历程的探讨的问题，诸如此类，都是科技思想史要研究的。

所谓规范与多元，就是说科学技术哲学的研究，从20世纪90年代以来，学科建制化已经成熟和规范以后，研究取向有不同路径。上面列出了五个重要的方向，还有一些没有列出的其他方向，也不排除此后再出现的新方向。《自然辩证法研究》杂志列出了五个子标题，实际上五个子标题就是该杂志所理解的主要方向，《自然辩证法通讯》杂志给自己所做的定位，也表明了多元的研究情况，这些都不要轻易忽略。

四、一些需要关注的问题与期待

当下，科学技术哲学有了很大发展，也蕴涵巨大的潜力。当然，任何发展都不是一帆风顺的，必会遇到阻碍。这里仅涉及一些需要特别关注的学科生长点，以及思想政治课的定位和建设问题。最后，讨论一下对科学技术哲学今后发展的期待。

1. 几个重要问题

当下，有两个特别需要我们着力培育的新的生长点。

第一个是科技伦理问题。随着智能革命的到来，特别是人工智能和基因工程所取得的巨大成就，一方面为经济社会迅猛发展提供了新的动力，另一方面又可能为生态和人类自身的演变带来不可预计的后果。科学技术哲学，还有包括其他哲学分支，比如伦理学，应当特别关注于此。之所以列出人工智能和基因工程，是因为它们两个都代表最前沿的科技，且又都是和人自身的发展紧密相关的。人的思维有没有可能人工化或者说被取代？人的进化是否实际可能为科学和技术所控制？这些问题不仅需要我们从科学技术哲学的角度，而且需要从伦理学的角度甚至从一般哲学的角度去讨论。当今的科技体制，功利色彩越来越浓厚，不奇怪，科学的价值中立性遭到世人的质疑。既然科技体制非常功利，科技活动、科学家和技术工作者，他们何能中立？静心想想，这个活动和人类其他的活动，这些人和从事其他工作的人，有本质的不同吗？他们的价值和价值观有本质的不同吗？受到质疑，是很自然的。但是科技和科技工作者，由于学科和活动本身的特点，的确又与其他类型的、其他共同体的人员有所不同，那么，该怎样去考虑这个问题？科技伦理问题的研究，不仅针对科技工作者的道德和社会责任问题，还要关注科技与人文的关系问题、科学的价值负载问题、科学无禁区与技术有责任问题。简单地说，人类总是要从无知中解脱出来，要不断地把无知变成有知，所以科学研究、科学探讨，是没有禁区的，从这个意义上讲，科学无禁区是成立的。但科技的发展、科技工作本身，又要求科技工作者有责任，如果它们不承担一定的责任，那危险就太大了！应该怎么样去处理和解决这些矛盾，都属于科技伦理问题。这是我们学科新的生长点之一。

第二个是科学的文化哲学研究问题。当今讲文化，离不开科学文化，即使正在讲的线上课程，有关传播媒介，也要依赖科技的运行去掌控，人工智能在其中起着重要作用。一般而言，教育和文化离不开科学，科学和其他文化的关系引起了学界的普遍关注。科学的文化哲学，这是一个新的生长点，其研究对象依然是科学，但是又不局限于认识论，而是要把科学作为一种文化或文化活动来研究。科学的文化哲学，是把科学作为一种风靡世界的文化活动来研究，而不同于主要把科学作为一种认识活动来研究。它不同于传统的科学论，也不同于一般的文化哲学。当下已经有很多学者予以重视，这方面的研究可以说方兴未艾，有重要的发展前景。

还有一个极为迫切的问题，是思想政治课的建设。回顾科学技术哲学的前世今生，很清楚，这个学科的建制化发展，是与中国自然辩证法传统紧密联系的。它的兴起与发展，与自然辩证法事业的发展，与自然辩证法课程的建设，确实没有办法分开。思想政治课（自然辩证法）与科学技术哲学，二者之间具有互相依存、互相促进的关系。自然辩证法在20世纪80年代定下来作为理工农医科硕士生的必修课，在90年代已经全面落实了。博士生也需要上一门马克思主义与科技革命的思想政治课程。

历史上看，思想政治课（自然辩证法）有好些模式，经历过的有这么三种：

第一种模式是经典原著释读。笔者做研究生时，一门重要的课程就是自然辩证法原著选读，要去研读恩格斯的《自然辩证法》《反杜林论》，要研读列宁的《唯物主义和经验批判主义》《哲学笔记》等很多经典原著。

第二种模式是把它作为自然观，即辩证唯物主义的自然观。通常从自然的演化来说明辩证唯物主义主要的理论观点和范畴，当时很重视天体演化，有一本书叫《最初三分钟》，从科学假设展开宇宙从无到有的演化，给予人们很大的震撼。还有地球的演化、生命的演化、人类的演化，通过这些演化，提取出唯物主义的辩证法，确立辩证唯物主义的自然观。

第三种模式是思想政治课＋通识课，它是思想政治课，同时又是通识课。记得20世纪80年代，推出了好些有关自然辩证法的新著作，事实上都是按这个模式去设计的。比较出名的几本教材，角度虽不同，却都是把它既作为通识课，又作为思想政治课来设计的。20世纪90年代笔者和清华的寇世琦教授等在一起，曾接受教委指令，讨论自然辩证法作为思想政治课究竟怎样设计比较好。当时大多比较倾向于这种模式，即思想政治课加上通识课，并且要根据不同的类别来选择各自的内容和特点。这样，对理工农医的学生，可以起到思想政治课的作用，又是一门受欢迎的通识课。对人文社会科学的学生，还能够起到科技普及的作用。

自然辩证法这门思想政治课，经过了 30 多年的运行，积累了许多经验，已经很有成效。当然，近期它也遇到一些新的问题，例如，究竟应当怎样去定位自然辩证法这门思想政治课呢？在学科建制中，它究竟是属于哲学，还是属于马克思主义理论？其实马克思主义理论跟哲学本来就是有交义的，只是在学科目录中，确实又是两个不同的一级学科。那么，对于定位问题，怎样去判断为好？另一个问题是，应该把自然辩证法设定为必修课，还是选修课？选修课的学分不可能太多，可选的通识内容自然有限；如果是必修课的话，至少有三个学分，那么它可以是另一种设计。

在实际操作中，个别学校把科学技术哲学的学位点撤销了。撤点出现的问题是，思想政治课所属的马克思主义理论是一个一级学科，其中并无自然辩证法的学科建制；哲学是另外一个一级学科，作为自然辩证法重要学科支撑的科学技术哲学又在哲学里面，究竟应该怎么样解决这个矛盾？课程有一个归属感问题，究竟应该归属到哪个学科？这些问题是需要认真研究解决的，基层许多同仁希望能尽快确定下来。

2. 两个基本态度

刚才提出了两个重要的可能的生长点，以及有关思想政治课目前的一些情况。不断产生的新问题，召唤我们去积极应对，也考验着学界和公众的成熟性、创造性。为着中国科学技术哲学的进一步发展，应该具备下面两个基本态度：

第一，要把科学技术哲学的良性运行和科学技术的良性运行联系起来。现在迫切需要推进科学技术的良性运行，无论是刚才说到的生态问题也好，还是究竟如何看待科学技术也好，都需要科学技术哲学具有良性运行的基本态势。这就要求我们从对科学技术的单纯辩护或者无情批判，转向一种审度的态度。传统科技哲学，倾向于为科技辩护，致力于说明科技的合理性，为科技发展开路。兴起的另一种倾向恰恰相反，是批判科技所带来的负面影响和负面作用，强调人类的许多问题，特别是当今的生态问题和精神危机，都是跟科技撇不开干系的。然而，不管是单纯辩护，还是无情批判，都不能走到极端，不能说只能持其中的一种态度。实际上，你尽可批判，也尽可辩护，但你不能说我只能批判，所有的辩护都是错误的，或者说我只能辩护，批判就是反科学。应当有一种对科学技术全面审度的态度，才能使科学技术哲学良性运转。要特别警惕漠视甚至反对科学的虚无主义。虽然科学也有许多问题，可能这些问题极其严重，但反对科学，试图回到科学前或者前科学的虚无主义的倾向，则是绝对错误的。当然，也要防止仅仅把科学作为一种功利性工具，而忽视它作为一种思想武器的浅薄眼光。科学不仅是功利性的工具，它还是思想武器，这种思想武器可以用于批判世界，也能用于自我批判。

第二，自然辩证法课程之所以一直受到理工农医科研究生和一般读者的欢迎，是因为它既具有思想教育功能，又具有通识课的作用。它的跨学科性，特别有助于提高理工农医科研究生的人文素养。这是其他思想政治课较难达到的功效。在该课程的定位和建设中，应当坚持三点：一是基点不动摇，作为思想政治课，自然辩证法应当传播、弘扬科学精神和人文精神，应当坚持马克思主义基本观点，这就是基点不动摇。二是功能有特色，如何实现自己的功能，自然辩证法应该有自己的特色，马克思主义理论教育为什么要有自然辩证法？答案很明显，想一想1956年，为什么有了历史唯物主义，还要相辅相成地提出自然辩证法？把它建制化，还不是因为它有自己的特色——功能有特色，当下，科学技术哲学也就具有这样的特色。三是学科要开拓，自然辩证法和科学技术哲学，不能故步自封，一定要与时俱进，要随着中国的实践，包括生产实践、社会实践、科学实践，随着世界的发展变化，让学科不断地开拓，才能永葆青春。

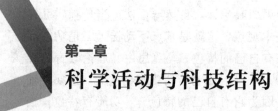

第一章
科学活动与科技结构

对科学的传统认识是静态的、单线条的，它们只能大致适用于古典科学。20 世纪以来，特别是二战结束以来，科学研究与技术乃至生产之间有了极为密切的相互依赖的关系，科学本身的状况及其在经济、社会发展中的地位和作用有了质的变化，科学精神日益成为主流观念，人们不但从新的视角看待科学和技术，并且对科学活动的主体、对科学共同体及其规范、对现代科技的结构和发展趋势、对科学精神的内涵等问题有了崭新的理解。

一、科学活动与科学共同体

1. 科学是一种人类活动

（1）科学的主要形相

科学究竟是什么？随着科学的意义和社会作用愈来愈突出，国内外学人开始从活动的观点来看待科学。著名英国科学家、科学学创始人之一贝尔纳很早就指出，"科学"或"科学的"，在不同场合有不同的意义，必须在科学发展的一般图景中把它们联系起来。按照他的意见，科学可以取作若干主要形相，每一个形相都反映科学在某一方面所具有的本质，只有把它们全体综合起来才能抽取科学的完整的意义。贝尔纳认为，现代科学所取的主要形相是：

"一种建制"。"科学作为一种建制而有以几十万计的男女在这方面工作"，它是现代社会不可或缺的一种社会职业。

"一种方法"。在科学建制中，科学家从事科学职业，采用一整套思维和操作规则，有程序性的，也有指导性的，称之为科学方法。科学家遵循和运用这套方法取得科学成果。

"一种累积的知识传统"。科学的每一收获，不论新旧程度如何，都应当能随时经受得起用指定的器械按指定的方法对指定的物料来检验，否则就会被科学排除。这种公认的客观检验标准，在其他知识系统，如宗教、法律、哲学和艺术中，是不存在的。

"一种维持或发展生产的主要因素"。这是当代科学最重要的形相。科学与技术变化的密切结合，导致生产的发展和社会的进步。"在较早的时期，科学步工业的后尘，目前则是趋向于赶上工业，并领导工业。正如科学在生产上的地位被人认清的那样，科学是从车轮和罐缶学习而来的，但却创造了蒸汽机和电机。"

"一种重要观念来源"。科学不仅能供实际应用，而且是"构成我们诸信仰与对宇宙和人类的诸态度的最强大的势力之一"。科学是当代文化中极其重要的一部分。科学知识必然反映出当时一般非科学的知识背景，受到社会的、政治的、宗教的或哲学的观念的影响，反过来又为这些观念的变革提供推动力。①

贝尔纳有关科学的多种形相的描述，引发了对科学的一种动态的观点，即把科学看作一种重要的人类活动。首先，当代科学是从事新知识生产的人们的活动领域，它不再局限于个别科学家自发的认识过程，而表现为一种建制，在其中，科学家、科学工作者被社会地组织起来，服从一定的社会规范，为达到预定的目的而使用种种物质手段和周密制定的方法。其次，科学又是人类特定的社会活动的成果，它表现为发展着的知识系统，是借助于相应的认识手段和方式生产出来的，构成当代观念和文化的重要方面。最后，科学活动是整个社会活动的一部分，它与经济活动、社会活动、文化活动相互作用，特别引人注目的是，现代科学活动与生产活动有着最密切的关系，前者是后者的准备及手段。知识并入生产过程，知识转化为直接生产力，正是科学活动分内的事情，是科学建制的重要功能之一。

科学活动说反映了当代科学的本质特点，突破了把科学仅仅看作意识形式的传统理解的框框，也有助于支持"科学是直接生产力"这个关键性命题。

(2) 科学是一种高层次的人类活动

科学认识活动因其内部所特有的复杂程度和有序程度而属于高层次的人类活动。

在人类发展的初级阶段，人类以树果为食，假兽皮为衣，以洞穴为居，事事听命于大自然的安排，处处依赖于大自然的恩赐。风暴雷电、洪水旱灾、疾病猛兽，无时不在威胁人类的生存。但是，原始的、质朴的、自然的人，受外界压力的驱使，在自己内部萌动了创造力，大脑的智力日益发展，逐渐地走向更高级的生命状态——从自然的人转变为自为的人。所谓"自为"，就是说，人类此时已不再单纯依赖大自然的恩赐，而有能力把自己的意志加诸自然界，用自己的双手改变自然界的本来面目，创造更好的生存条件。自然界是一切生物（其中包括人类在内）赖以生存的空间，是由非生物成分和生物成分互相联系、互相渗透、互相作用形成的大链条。人是这自然链条中的重要一环。在人类的自然状态，这一环节基本上受制于其他环节；而在人类的自为状态，人类则要主

---

① J. D. 贝尔纳. 历史上的科学. 北京：科学出版社，1981：6-27.

动地改变这个大链条各个环节之间的关系，创造新型的人—自然关系。

在改变原有的人—自然关系的过程中，人类首先通过制造工具，进行有目的、有意识的生产劳动，创造出更适宜人类生存的自然环境。"只有人能够做到给自然界打上自己的印记，因为他们不仅迁移动植物，而且也改变了他们的居住地的面貌、气候，甚至还改变了动植物本身，以致他们活动的结果只能和地球的普遍灭亡一起消失。"① 然而，自然界的运动有着本身固有的规律性，要改造自然，就要认识自然，把握自然的运动规律。于是，人类怀着一腔好奇心，俯观仰察，穷究万物之理。随着时间的推移，这种在改造自然的过程中产生的探索自然的活动，逐渐演化为专门的活动——科学活动。正是科学的巨大力量，使得人类改造世界的能力空前强化。正如恩斯特·卡西尔所言："对于科学，我们可以用阿基米德的话来说：给我一个支点，我就能推动宇宙。在变动不居的宇宙中，科学思想确立了支撑点，确立了不可动摇的支柱。"②

但是，是否所有认识自然的活动都是科学活动呢？事实上，早在科学文明的曙光照亮人类之前很久，人类就获得了大量的自然知识。他们学会了钻木取火，变生食为熟食；学会了依季节的变动耕种收获；发明了车轮，制定了历法；等等。然而，这些活动还不是科学活动，从中得到的知识不能称为科学知识，而是常识。毋庸置疑，科学联系于常识，起源于人们对日常生活的实际考虑。例如，几何学与测量土地有关，力学与建筑及军事技术有缘，生物学发端于对人体健康水平的关注。但是，若仔细将科学与常识进行比较，则可以发现二者之间存在着诸多不同。

首先，常识乃知其然而不知其所以然，科学活动则为一种解释性活动。旅行家的游览见闻、图书馆的书目分类，不管多么有系统，不管组织得多么有条理，都不能称为科学。区分科学与常识的一个重要特征，是科学的解释性特征。古人早已知道装有圆形轮子的车搬运货物时省力，但却不知道何谓摩擦力，不了解装轮子的车子何以省力；农民知道施肥浇水会在秋后获得大丰收，但却不明白其中的作用机理。科学活动则可以说明这一切。科学家不仅要弄清事实，而且要对事实进行解释。常人遥望星空，叹为观止；科学家则要弄清星体位置、性质，找出其间的必然联系。正是对解释的追求造就了科学，依解释性原则进行的系统化和分类乃是科学的一大特征。

其次，科学所使用的概念比常识更加精确化、条理化。常识很少意识到自己的使用限度，因而是盲目的；科学则时时圈定自己的使用范围，因而是明智的。农人的常识是施肥浇水则根深叶茂，但如果连续不断地往田里施肥，到了一定程度，这种方法就会逐渐失去原初的效力，甚至发生反作用。农学家则是既懂得生物学原理，又了解土壤化学，因而知道肥料的效力依赖于特定时地的土壤条件、气候环境以及所种作物的需求。事实上，常识只有在一组因素保持不变的情形下才真正有效，因而往往具有严重的缺陷。科学则致力于消除这种缺陷。

再次，科学具有可预言性。常识的表述是模糊的，科学的表述是严格的。以"水足够冷时就会凝固"为例。在常识中，"水"没有精确的意义：从天而降的雨、自地而出的

① 马克思恩格斯选集：第3卷. 北京：人民出版社，2012：859.
② 恩斯特·卡西尔. 人论. 上海：上海译文出版社，1985：363.

泉、广布世界的海洋，都可能被常人称为"水"；而所谓"足够冷"的概念，"足够"在常识中，它可以指仲夏时日最高温度与寒冬子夜最低温度之间的差异，也可能仅仅表征冬日午时与拂晓间的温差；由于语言的模糊性，在常识中，"水足够冷时就会凝固"的陈述就不可能具有明确的界域。科学则不然，它要明确道出水的组分（H_2O），严格界定水凝固的准确温度（0℃），并在此基础上做出准确的预言。

2. 科学共同体的规范结构与科学范式

科学共同体既有一般的社会学意义上的共同体的特点，又有其作为科学家群体的特殊规定性。在社会学和人类学中，"共同体"有两种不同用法，即地域性的用法和关系性的用法。地域性的共同体是指一个具有特定地理边界的有专门特征的社会实体。这种共同体是一组人，他们处于同一地方，功能上相互依赖。关系性的共同体是指具有特质的人类关系。这种共同体不再是区域上受限制的社会实体，而是具有特定性质的关系的人的集合，并且恰恰由其关系的特定性质而与其他人分开以形成一个集合。共同体是靠同感和同类这种结合力联系到一起的，其基本特征是：相互关系包含强烈个人色彩、高度的内聚力、集体性和时间持续。

按照上述区分，科学共同体更多的是关系性的共同体。而且就"科学共同体"这个词而言，可代表两种情形，一指整个科学界，二指部分科学家组成的各种集团。第一种情形能显示科学共同体的外在功能，显示科学与社会文化环境的相互关系；第二种情形显示了科学界的内部结构。

对科学共同体的规范结构进行开创性研究者首推默顿。他研究了科学共同体的内部结构、体制、规范、动力以及作为共同体成员的科学家的行为模式等理论问题。在 1937 年 12 月召开的美国社会学会议上，默顿宣读了他的论文《科学与社会秩序》。从这篇论文就可以发现默顿对"纯科学的规范"的第一个暗喻以及他对科学共同体的结构和动力发生兴趣的迹象。30 年代的德国，希特勒对科学的毁灭性摧残，使默顿意识到研究科学自主性丧失的社会条件的重要性，这篇论文正是为此而作。默顿发现，纳粹政府（极权主义政府）与科学家集团的摩擦，部分原因来自科学规范与政治规范之间的无可比性，科学规范要求以逻辑一致、符合事实来评价理论或命题，而政治规范却把种族、政治信仰等强加于科学，这毫无疑问会引起冲突。此时默顿已赋予科学特定的规范，为他以后制定科学的规范结构做了准备。默顿还进一步认为，科学的自主性或精神气质——知识纯正、诚实、怀疑性、无偏见、客观——正受到政府施加于科学研究领域的一套规范的触犯，并使科学共同体从原来的结构（在这种结构中，有限的权力点被分散于几个活动领域）向另一种结构演变（在这种结构中，只有一个统治科学活动各个方面的权力中心）。这种情况促使各个领域的成员都起来抵抗这种转变，力图保持原来的多权威结构。因此，为了维持科学的自主性，抵抗来自科学共同体外部的压力，必须完善科学共同体的体制，并采取足够的防范措施。

40 年代，默顿进一步对科学作为一种特殊的社会现象感兴趣，着手制定科学的社会结构模型，以便发现科学这一特殊的社会体制是如何维持并运行的。结果他发现，几种作为惯例的规则——普遍性、公有性、竞争性、无偏见性、合理的怀疑精神——共同构成了现代科学的精神气质，成为科学共同体的特征。这一研究是开创性的，尽管受到一些人（包括科学家）的猛烈攻击，但在当时它显然作为一种"研究范式"对科学共同体的研究产生了深远影响。

60 年代，人们普遍强调科学是以共同体结构的形式组织和发展的。令人感兴趣的是，库恩把科学共同体结构的存在当作他重建科学史的逻辑起点，并实现了科学共同体与范式的结合。

库恩把范式作为科学共同体的存在依据，一定程度上甚至将二者等同起来，他说，"'范式'一词无论实际上还是逻辑上都很接近于'科学共同体'"："一种范式是，也仅仅是一个科学共同体成员所共有的东西。反过来，也正由于他们掌握了大量共有的范式才组成了这个科学共同体。"于是，"要把范式这个词完全弄清楚，就必须首先认识科学共同体的独立存在"①。据此，库恩对科学共同体下了一个定义，认为科学共同体是由一些学有专长的实际工作者所组成的，他们由所受教育和训练中的共同因素结合在一起，自认为也被人认为专门探索一些共同的目标，包括培养自己的接班人。这种共同体内部交流比较充分，专业方面的看法比较一致，然而由于专业不同，不同的科学共同体之间的交流将是困难的。

不难看出，库恩的科学共同体的基础就是"一种范式"或"一组范式"，或者如他后来提出的"专业基质"。库恩认为，对科学共同体活动最基本的"专业基质"是：符号概括、模型、范例。这三种成分构成了科学共同体成员价值取向的参考框架，影响着集团的研究重点，也影响着评价标准和选择标准，一句话，影响着科学共同体怎样生产、证实、评价、选择科学知识。

在理论评价和选择过程中，科学共同体的裁决作用是无可置疑的。一旦出现了候补范式（未来的新范式），起初肯定势单力薄，旧传统还要提出质疑，然而，科学家们是有理性的人，这样那样的理由终将说服他们中间的很多人，于是，科学共同体最终还将转向新范式。

科学共同体与范式的关系相当复杂，初步归纳为以下四个方面。第一，范式是科学共同体的共同信念和共同约定，是科学共同体的存在根据，科学共同体是范式的承担主体；第二，范式是常规研究活动时期科学共同体提出与解决问题的指导性范例、工具、方法等；第三，范式与科学共同体之间具有对应性，特定的范式隶属于特定的科学共同体，某一科学共同体可具有一个或多个相关的范式；第四，可以认为，科学共同体是一种有结构的实体，或称其为实体结构，而范式是一种关系结构，正是有了这种关系结构，才形成一个相应的实体结构。

把握库恩的科学共同体研究框架，必须同把握他的革命性科学观联系在一起，因为正是这种科学观，使库恩运用科学共同体和范式这两个基本概念，并从二者的动态进程中勾画出科学知识增长的模式。库恩强调科学知识的偶然性，肯定认识一定程度的非理性；否认科学进步的必然性，肯定科学中错误的可能性和理解这种错误的必要性。

---

① 库恩. 科学革命的结构. 上海：上海科技出版社，1980：141.

总之，通过把"范式"概念引入科学共同体，库恩把科学的知识结构与社会结构结合起来，打开了对科学做社会学分析的大门。

3. 科学的职业组织与名誉共同体

英国科学社会学家理查德·怀特莱等认为，科学共同体对科学知识的发展是至关重要的，因为它联结"知识主张"的生产与评价，从而控制科学研究的方向。因此，就它是知识生产与评价的独一无二的部门而言，"科学共同体构成科学"，只有被生产并证实的东西才是科学知识。按照这个观点，"科学就是由知识的生产者和消费者组成的一系列松散联结、大体上自治的群体的集合"①。这些群体环绕特定的知识目标形成各种独特的"共同体"，控制着研究设备，在相对隔离的状态下决定自身的优势重点和工作程序。这样，怀特莱的一个重要思想就明确为：要把握科学知识及其类型的变化，必须从科学的组织结构（科学家组织）的变化去理解。

怀特莱进一步认为，科学形成职业组织，或叫工作组织的一个子集，这个子集由于科学事业的特殊性，由于名誉在其中的中轴地位，可称其为"名誉组织"。也就是说，"名誉组织"是一种工作组织与控制系统，组织内的成员按照名誉共同体的信念和目标，控制着工作方式和工作目标。工作任务是由那些正在追求名誉（以对某一领域的智力目标的贡献为基础）的科学家选择、执行，并加以协调的。

作为一种名誉组织的科学在大学中的建立，在科学职业化过程中起了非常重要的作用，并且产生两个重要后果。一是人们认识到，科学不仅是有用的系统的知识，而且知识生产的实际过程能够被计划，并加以组织。科学作为关于世界的知识是稳定的、真的、逻辑一致的这种观念，逐渐为科学是能够加以组织和计划的知识生产过程和方法这一观念所替代。二是出现了强有力的学术体制，这种体制融培训、授课、名誉授予、网络、设备、雇佣关系于一体，是适应研究任务和技术程序的精确化、纯粹化、标准化，以及研究设备的复杂化而产生的。这种学术体制首先出现于 19 世纪的德国大学，20 世纪的大学教育体制是这种体制的部分沿袭。

怀特莱认为，生产科学知识所需的技术手段的增长速度远远超过了个别科学家的承受能力，客观上要求形成共同体协作攻关；同时，技术程序和符号结构标准化，有助于建立正式的标准化的信息交流系统，名誉共同体也就能更有效地控制工作实践和工作成果。

科学领域的主要特征是对集团目标做出新颖贡献并追求名誉。为了产生对组织目标具有重要意义的知识主张，并且获得专业同行的承认，最后获得相应荣誉和奖励，作为名誉共同体成员的科学家需要相互依赖、相互协调工作过程及其研究成果。但是，由于科学体制对独创性规范的强调，科学家的研究愈来愈专门，而且成果的可预见性、可计划性往往又很差，这就使科学的研究过程和评价过程具有较大的不确定性。于是，怀特

---

① N. Elias，M. Martins and R. Whitley eds. Scientific Establishment and Hierarchies. Springer Netherlands，1982：313.

莱建立了分析科学组织结构的两个维度："相互依赖程度"和"任务不定程度"。他利用这两个维度及其相互关系来分析科学领域的组织结构及其演变。

总之，怀特莱试图描绘出把现代科学作为产生并选择智力创新过程的社会学框架。他勾画了一个分析并系统地比较处于变化条件下的科学领域的框架，以作为理解智力生产系统如何和为什么变化与转变的工具；通过精心地把科学作为一种特殊类型的工作组织，来确定科学领域据以变化并产生不同种类的知识的两个重要维度。与默顿和库恩不同，怀特莱分析的对象是科学（不单指自然科学），因而是从智力创造的角度去揭示问题的实质；而且，他用组织代替了前二者所指的科学共同体，这是用社会学的组织理论去分析科学共同体的产物。他的维度理论较好地体现了科学的认识结构与社会结构的结合。

二、现代科技结构与发展趋势

现代科学与现代技术紧密结合，它们构成的体系像一座雄伟的大厦，内部各分支或部门相互交织而又层次分明地、相对稳定地联系在一起。研究现代科技的整体结构和层次结构及其规律，可以揭示这一体系的本来面貌，进而达到结构优化的目的。

1. 科学与技术的旨趣

今天，每每提及科学与技术，常常统称其为科技。但是，科学与技术的独特目的取向或旨趣其实是并不相同的，只是因为20世纪以来科学与技术的发展由两条平行线变成交汇和相纽结在一起的曲线，人们才自然地并称为当代科技。

（1）科学的旨趣

科学的首要旨趣是认识世界，即对世界做出解释和预言。

近代以来，世界发生了翻天覆地的变化，其根本原因在于近代科学革命使人类拥有了全新的世界观和认识事物的新方法。近代科学革命始于哥白尼的日心说，经由拉瓦锡的化学革命、赖尔的地理学革命，一直延伸到达尔文和孟德尔的生物学革命。科学革命使科学作为一种思想观念的功能得到了最好的发挥，科学革命的实质就是思想观念的革命。哥白尼的日心说告诉人们，眼见为实的传统观念不一定正确。虽然我们的感官看到太阳东升西落，但实际的情况并非如此，要想认识客观世界的真实过程，还必须借助于抽象的科学思维。由此，人们开始告别含混和无法检验的抽象概念，转而寻求明晰和可检验的科学概念，使理论思维走向科学化。

科学使人们从根本上改变了对世界的直观性、常识性和静止性的看法。近代科学革命的直接后果是人们利用科学重建了自己的世界观。20世纪以后，在相对论、量子力学、分子生物学等现代科学革命的推动下，人们的世界观又一次得到了重建。由此可见，科学的认知旨趣使科学成为一种永无止境的求索，正是科学层出不穷的阶段性成果，使动态性成为近代以来人类的世界观演变的基本特征。

那么，从事科学活动的人为什么有一种不懈求索的精神？其根源是，在科学的认知旨趣的背后，还有一种更深层次的目的取向，那就是好奇取向。所谓好奇取向，就是指很多人之所以从事科学，在很大程度上是因为他们有一种抑制不住的冲动——揭示自然的奥秘。无疑，好奇取向的根源在于科学的早期形态是哲学的一部分，而哲学源于人对世界和存在的惊诧和好奇。由于人们易于将科学等同于科学的应用，往往会忽视科学这一独特的目的取向。将认知旨趣与好奇取向综合起来，就是科学所独有的内在旨趣，我们可以简称之为好奇认知旨趣。

（2）技术的旨趣

技术的基本旨趣是控制自然过程和创造人工过程。

从刀耕火种的时代开始，技术就成为人的生活的一部分。当我们欣赏古代文明所创造的奇迹的时候，总会对古人所掌握的技术手段产生极大的兴趣。这些奇迹都是人通过技术实现的，技术使人的力量得到了几乎无限制的延伸。首先，得到延伸和放大的是人的肢体。几千年来的技术变迁，使人类在生理力量有所退化的情况下，逐渐成为自然界最有力量的生物。其次，人的感官和大脑的功能也开始得到延伸和放大。随着新科技革命的发展，技术使人的力量得到了空前的拓展：便捷的通信使地球仿佛一个村落，电子计算机和人工智能正在部分替代和拓展人脑的机能。

透过这些已经或正在发生的奇迹，我们可以看到技术的基本旨趣——控制自然过程和创造设计人工过程。这种旨趣体现了人对自然的能动关系，即人希望以技术为中介使自然成为人可以掌握的对象；然而，意义更为重大的是，人们还试图用技术为自己编织一个人工世界。因此，技术不仅仅是对自然的改造，更是一种创造。

在控制和设计思想的指导下，人类将各种自然的力量从天然的状态中调动了出来，使它们成为人类控制和设计的对象：石油、煤炭、铀、太阳能、氢能等能源相继得到了开发；青铜、钢铁、塑料、合金等人工材料被制造了出来；印刷术、电视广播、电话和最新出现的互联网给我们带来了越来越多的信息。

技术对自然过程的控制和人工过程的设计，使世界在人的手中得到了重新的安排，使人类生活的世界愈益人工化。在16世纪以前，不论是在东方还是在西方，大多数人一生都不会离开生养他的故里。而今天，地球已经变成了一个小小的村落，我们已经生活在一个利用技术建立起来的人工世界之中。我们要了解世界，就要看报纸、听广播、看电视，不论是学校、汽车还是电话都已经成为我们生活中须臾不可离的东西，而这一切都不是自然的直接赐予，而是人工技术的产物。这种人工世界有时是有形的物体：公路、铁路、火车、飞机、电脑、绘画，有时又是无形的东西：软件、信息、知识、音乐等等。

有形的人工世界在不断地发展，新的材料和能源层出不穷；人类所涉足的空间会越来越广阔，甚至有一天，我们也许会移民火星或者其他星球，再创新的文明纪元。无形的人工世界正在发生一场革命性的变化，那就是电脑网络空间的出现，正在形成一个虚拟的电子世界。通过这个虚拟世界，我们可以在家学习和在家上班，不用出门就可以买到自己需要的商品；甚至还可以建立异彩纷呈的网上社区，或者穿上传感服进入虚拟世界欣赏人工奇境。

本来，科学与技术是各异其趣的。早期的技术被称为技艺，主要是某种世代相传的手艺或技术诀窍。古代的时候，技术并未受到重视。西方人更注重哲学和科学，东方人则更关注人际关系和政治统治，因此匠人的地位都不高，他们只是被看作社会生活所必需的灵巧的"手"。这其中的重要原因是古代的技艺大多为经验型的技巧，一般的人假以时日便能掌握，并不需要太高的智力要求。

技术的这种命运直到培根之后才得到改变。培根提出了一个非常有名的口号："知识就是力量。"这个口号的完整含义是，科学知识不仅是人对自然的认识，而且是人的真正力量所在，人们可以利用科学知识所揭示的自然规律控制自然、创造和设计人工世界。培根又说，要命令自然，就必须服从自然。所谓命令自然所体现的就是技术的旨趣，而服从自然的前提是不断地探求自然的规律，这即是科学的旨趣所在。从此，技术由以常识为基础的传统技艺，发展为现代科学技术，科学开始与技术的结合，使人的知识的力量延伸到世界的每一个角落。

2. 现代科技的整体结构

现代科学技术的整体结构是从整体上对现代科学技术知识的概括。在现代科学技术日益发展成为一个门类繁多、纵横交错、相互渗透、彼此贯通的网络体系的情况下，各个分支或部门的结合方式，它们在科学技术整体中的地位和作用，越来越引起人们的关注。

（1）科学活动的现代结构：基础研究、应用研究和开发研究

作为一种重要而复杂的社会活动，当代科学活动形成特定的结构，这就是由基础研究、应用研究和开发研究三种科学活动组成的庞大而有机的体系。基础研究包括理论和实验两个方面的工作，主要从事基本理论研究，目的在于分析事物的性质、结构以及事物之间的关系，从而揭示事物所遵循的基本规律。一般地说，基础研究的特征是创造性以及不直接与实用相联系。所谓不考虑实用目的，意味着基础研究这种科学活动，不是为了直接的实际应用，不直接与生产、技术相联系，它的基本任务，在于对客观世界做出理论说明，建立宏观世界的知识体系，从而为应用研究和开发研究提供理论基础。尽管当代基础研究需要昂贵的、精密的仪器、装置和设备，但我们还是可以说，它与传统理解的科学比较一致，因为它直接以认识世界为目的，以追求真理为最高价值。

但是，当代的科学活动不仅仅止于基础研究，虽然它依然非常重要，不容忽视。相对来说，应用研究和开发研究是占据主要地位的科学活动。应用研究致力于解决国民经济中所提出的实际科学技术问题，它的核心是技术。科学理论和生产，一般是通过应用研究联系起来的，它一方面开辟科学理论转变为技术的方向，一方面将技术和生产的信息反馈给科学。通过应用研究，可以把理论发展到应用的形式，使理论具备为人类实践直接服务的可能性。应用研究的着眼点转向了确定基础研究成果的可能用途，以及利用这些成果达到预定目标的方法。

开发研究在现代工业社会是最为普遍的科学活动形式，它直接从事生产技术方面的研究，担负着把科学技术直接转化为社会生产力的工作。应用研究的成果，只是在技术上成功了，还有个交付实际生产的问题。生产中的技术保证和可行性考虑，都是从可能生产力变成现实生产力所不可缺少的。开发研究正是凭借已有的知识，指导生产新的材

料、产品和设计，建立新的工艺、系统和服务。它是以对生产的直接性为特征的，通过它，科学活动系统与生产活动系统便直接联系起来了。

通过对基础研究、应用研究、开发研究共同组成科学活动的结构的上述分析，对于我们从理论上认识什么是科学具有决定意义。把科学看作一种具有特定结构的人类活动，可以有说服力地解释科学为什么是直接生产力。从宏观的角度来看，生产力有几个主要部分：科学技术、产业构成、生产力组织。科学活动结构与生产活动结构交叉，开发研究成为生产活动的直接准备，这就使科学直接成为生产力这个有机体的必要组成部分。在基础研究和应用研究指导下的开发研究，在科学活动结构中充当了把知识转化为直接生产力的角色，转化的过程不是别的，恰恰是科学活动极其重要的一部分。

（2）现代科学由基础科学、技术科学和工程科学形成一个"三足鼎立"结构

在现代科学中，基础科学、技术科学和工程科学三者既相互独立，又相互联系、相互促进。基础科学是现代科学的基石，是技术科学和工程科学共同的理论基础，其发展水平和状况反映着一个国家的科学水平。基础科学的发展，开辟着新的生产技术领域，产生新的并促进技术科学和工程科学的发展。例如在 20 世纪 30 年代，当时物理学一个重要的研究课题就是中子与铀核的相互作用，物理学家们原先预料这种相互作用将可能获得更重要的超铀元素，但结果却出人意料地发现了铀核裂变反应。正是这一发现导致了原子能技术科学和核电工程科学的诞生。技术科学是将基础科学知识用于解决实际问题的中间环节。它既带有基础研究的性质（相对工程科学而言），又为基础研究提供新的研究课题和研究手段，从而推动着基础科学的发展。技术科学发展的状况和水平，反映着一个国家的技术水平。基础科学和技术科学只有通过工程科学才能转化为现实的生产力。工程科学的发展，依靠基础科学和技术科学的发展状况，同时与经济、社会有着密切联系，它作为生产力最重要的组成部分，成为推动经济、社会发展的强大力量。所以，工程科学发展的状况，反映着一个国家生产力发展的水平。

（3）现代技术由实验技术、基本技术和产业技术形成了另一个"三足鼎立"结构

在现代技术中，实验技术、基本技术和产业技术也是既相互区别，又相互联系、相互促进的。尽管实验技术是随着近代科学发展而产生的，较之基本技术产生为晚，但在现代科学越来越成为技术和生产力发展的先导的情况下，仍可被视为基本技术和产业技术的基础。实际上，现代任何一项技术发明都是从实验技术开始，然后走向基本技术和产业技术而获得应用。例如，如果没有德国赫兹波存在所使用的实验技术，就不会有法国的布冉利、英国的洛奇和意大利的马可尼等人的无线电波传播这项基本的物理技术的出现，更不会有无线通信技术的产业实现。至于基本技术，则既可以为实验技术提供仪器设备促进其发展，又可通过劳动过程中的技术来推动产业技术的进步。劳动过程中的技术往往是不同基本技术的组合，例如，在一个火力发电厂中，发电技术作为一种劳动过程中的技术当然需要物理技术，但其许多工作是要提高煤或油的燃烧效率、改善水质和减少环境污染，这些又离不开化工技术乃至生物技术。产业技术则是由劳动过程中的不同技术组成的，例如，冶金产业就需要采掘技术（采矿）、建设技术（矿井、选厂、高炉）、机械生产技术（破碎、浇铸、轧制）、能源技术（焦炭、电力）、输送技术（矿石、钢锭运送）、信息处理技术（化验、检测、控制）等劳动过程中的技术。基本技术的开发

必然会促进产业技术的巨大发展，这可以从电子计算机这项物理技术明显看出，它不仅改造了机械制造、冶金、煤炭、化工、交通运输等传统产业技术，而且还使计算机、通信等高新技术产业得以兴起。产业技术既以劳动过程中的技术和基本技术为基础，又与工业、农业、交通运输业等经济部门密切相关。因此，如果说实验技术和基本技术代表着一个国家的科学能力和技术力量的话，那么，产业技术就代表一个国家的经济水平。

3. 现代科技结构的演化

在从横的方面对现代科技的整体结构进行研究之后，再从纵的方面探讨现代科技结构的演化。

（1）时空分布

现代科学技术结构的空间分布包括两个方面：一方面是沿着客观辩证法方向伸展的空间分布，即向符合研究和改造的物质层次结构由简单到复杂的发展顺序性的方向发展；另一方面是沿着主观辩证法方向伸展的空间分布，即向认识、改造自然的逐渐深化的方向发展。考察物质层次结构序列和科学技术结构，发现二者并不完全符合，如按物质发展由基本粒子到整个宇宙的序列，基本粒子物理应排在最前列，但它事实上直到20世纪30年代才产生。这说明科学技术结构的演化除了取决于各种物质运动形式本身的发展过程外，还取决于人们认识和改造自然的程度。这就是说人们认识和改造自然的方法深刻影响着现代科技结构的空间分布。

现代科技结构随时间发生的变化是对其空间分布的逻辑补充。在以往，各门学科总是先后得到发展的，但在现代却可能有几门学科同时获得巨大发展。例如，在20世纪40年代，物理学中的原子物理学、力学中的空气动力学、化学中的放射化学和物理化学、天文学中的射电天文学、地质学中的海洋科学、生物学中的生物化学、数学中的数学分析都是当时的主流学科。

（2）相关生长

20世纪以来，现代科学技术出现了相关生长的趋势，大量边缘学科、综合学科、横断学科的产生都是这一趋势的具体表现。现代科学技术之间的相关生长主要有三条途径：第一，理论的转移和综合。即通过概念的延拓、补充、修正使原有学科发生分化，发展出另一些新学科。例如，把量子力学基本概念转移到生物大分子结构的研究中，创建了量子生物学。第二，方法的转移和综合。一门成熟科学的研究方法一旦转移到其他新的领域，可以显示出它的巨大威力。据统计，用数学方法、物理方法、化学方法研究其他学科对象所形成的学科数目分别为79门、555门和271门。第三，对象的转移和综合。现代有些学科对象越来越超出其传统范畴，例如，海洋学自古以来一直是地质学中对地球水圈进行研究的一个分支，但是今天的海洋科学却已发展成为一门拥有139个分支学科的综合性学科，海洋成了包括物理、化学、地质学、气候学、生物学和工程学在内的许多学科共同研究的对象。

现代科学技术的相关生长还不限于此。一些重大课题的解决，需要把现代科学技术与社会科学知识结合起来。例如，要解决环境保护问题，不仅涉及一系列生态、生化、生物、地质、物理等学科知识和许多技术问题，也涉及一系列社会制度、政策法令、人口控制、历史沿革等社会科学方面的知识。现代科学技术与社会科学知识结合形成了许多杂交学科，如工程经济学、系统工程学、技术经济学、预测学、情报学、经济地理学、工程美学等。不管是现代科学技术本身的相关生长，还是它与社会科学的相关生长，都改变着现代科学技术的结构。

（3）不平衡发展

现代科学技术的发展是不平衡的，并不是各个学科或部门齐头并进的。总有一门或一组学科或部门作为先导带动其他学科或部门前进，这就是所谓带头学科。带头学科对于整个科学技术发展往往具有非常巨大的影响。20世纪初的带头学科是相对论和量子力学，它的理论和方法为其他学科或部门所采用，解决了现代科学技术中的许多难题。二战以来，控制论、原子科学、航天科学、信息科学、生物科学这样一些科学成为带头学科。当然这并不是否定其他基础科学的带头作用，从某种意义上讲，物理学和生物学（尤其是分子生物学）影响着现代科学技术的各个方面。

4. 现代科学技术的一体化

无论是作为知识，还是作为社会活动，科学与技术之间都有很大差异，但又有不少共同之处。在历史上绝大部分时期，它们联系松散，基本是相互独立地发展。20世纪以来，由于社会生产力的提高和经济制度的演变，也由于二者自身发展的逻辑，它们之间的联系日益密切，形成以科学为先导的相互促进、共同发展的良性循环。现代的科学更加技术化，现代的技术更加科学化，科学与技术逐渐一体化。

（1）科学的技术化

科学的技术化是指在总体的科学活动中包含着大量的技术科学研究、技术发展研究和技术应用作为其辅助部分。这些辅助的技术活动并非用于科学研究成果向相应技术领域的转化，而是服务于科学研究活动自身的需要。

科学技术化是科学实验规模日益增大、所用仪器设备日益复杂，并且越来越普遍运用现成工艺技术而导致的必然后果。以粒子物理学为例。这是当代物理学前沿。它通过高能粒子的碰撞实验来探索是否存在尚未知的新粒子。实验所需的高速粒子通过加速器获得，实验结果则通过专门的探测记录仪器得出。随着粒子能量的不断提高（如质子已超过5 000亿电子伏）和探测记录仪器的大型化、精密化，实验装置的设计制造已超出同时代工程技术的常规，必须由实验物理学家和工程师协作，做出新的发明创造和订立新的技术规范。又如，为了精确观测极为遥远的天体，需要在大气圈外设置巨大望远镜，这就要研制能在大气圈外工作的望远镜和相应的信息传递装置。这项工作涉及光学仪器制造技术、信息加工传递技术和许多空间技术。

不仅科学实验要解决大量的工程技术难题，像数学等传统的非实验性基础学科在今天也借助大型计算机来证明定理。数学的某些分支、量子化学、大气空气动力学等基础科研现在都使用运行速度极高的计算机，需要科学家和计算机软件硬件工程师密切合作才能完成计算工作。

（2）技术的科学化

技术的科学化有两重含义。

第一，是指已有的技术上升为技术科学，形成系统的技术知识体系，反过来又完善和提高已有的技术。例如，冶金、农业、金属加工、建筑、纺织等传统技术从19世纪以来相继形成各自的技术学科体系。如今，这些技术领域都有根据技术科学原理、技术科学实验制定的技术极限和技术规范，为实践中避免盲目的探索提供了极大帮助。例如，工程结构力学和材料力学使建筑工程师不必像古代工匠那样反复用试错法才能找出新建筑的最佳结构，正确地运用这些科学原理就能设计出轻巧的新建筑。

第二，是指技术创造发明根据已有的（包括最新的）基础科研成果做出，即技术进步以科学进步为先导。以激光技术为例。爱因斯坦在1927年提出原子系统与辐射相互作用时会产生受激辐射的理论。1951年珀塞尔等做核感应实验时第一次观察到微波的受激发射现象。同年，美国的汤斯研制成第一台微波激射器。1953年，肖洛和汤斯在一篇论文中提出由微波激射器过渡到激光器所存在的问题及解决问题的建议。1960年，梅曼制成第一台激光器。激光器制成仅几个月就应用到技术中，由此开始了激光技术的发展。梅曼的激光器本是作为验证受激发射的物理理论装置而发明的，因此，它也是科学的技术化和科学技术连续体形成的典型事例。

（3）科学技术连续体的形成

科学技术连续体是科学技术高度一体化的产物，它是从基础研究经应用研究和发展研究到实用技术的连续的整体。这种连续体的形成一般通过两种途径：一是科学的技术化与技术的科学化两个过程相对展开，衔接后由于实践需要的推动相互渗透与融合而成；另一种是由于科学实验提出的技术原理符合某种实践需要，科学的技术化连续演变成新技术。

例如，半导体科学技术是通过前一种途径形成的。先看有关理论方面的进展。由于1927年发现的"异常霍尔效应"用经典电子学无法解释，英国的威尔逊等提出新的半导体电模型——"威尔逊模型"，指出半导体有两类："电子导电"型和"空穴导电"型。1938年，达维多夫和奔撒等研究了两型半导体相连时的导电，提出了半导体接触整流理论（二极管理论）。再看有关技术领域的进展。二战期间雷达研究过程中，首先出现使用硅锗等材料制成二极管做检波器件的技术。人们受真空二极管发展为三极管后能有电信号放大功能的启示，考虑半导体二极管能否发展为有放大功能的三极管。1945年美国贝尔实验室指定肖克莱等人负责研制半导体三极管。三年后，他们研制成功第一代点接触锗的三极管。然后，科学家在研究两个pn结构成面接型三极管时，发现理论准备不足，又掀起了半导体物理的研究高潮，完成了半导体技术的基础理论，为以后微电子学技术的蓬勃发展打好了基础。

当代的生物科学技术（群）则是从另一途径形成的。50年代，以发现DNA双螺旋结构和分子生物学建立为开端的生物学革命产生了许多划时代的成果，从60年代开始，生物学实验技术，尤其分子生物学实验技术开始向生物工程的实用技术转化，由遗传工程（主要包括基因重组技术和细胞融合技术）、发酵工程、酶工程组成的生物工程技术伴随生物学革命迅速发展起来，成为最有潜力的新技术（群）。

科学与技术连成一体后科学对技术的研究方式及发展速度、价值取向都产生了深刻的影响。在一体化科学技术中，以寻求客观本质规律为目的的基础科研一般要以技术发展的未来范围为科研选题的主要依据，认识世界的活动明确地服务于改造世界的活动。而应用研究与发展研究则根据基础科研的最新成果，主动探索可导出的新技术原理和新技术应用，使得实用技术的发展基本上摆脱了已有经验的局限，而能够广泛灵活地运用各种新技术原理，在技术开发中实现最优的技术组合。科学家和工程师在一起协作，互相启发，互相促进，对双方的研究与开发工作都会产生积极的影响。

三、科学技术的伟大力量

1. 科学的四个层面及其"革命力量"

科学的力量来源于四个层面：科学知识、科学思想、科学方法和科学精神。

科学知识是人类对于客观规律的认识和总结。科学知识不仅能够帮助人们形成智力、能力、生产力，同时也形成新的思想道德和精神品格，促进人的全面发展。恰如培根所说，知识就是力量。正是不断积累的科学文化知识，揭示出自然过程的奥秘，使人类在一定程度上逐渐摆脱环境的制约，能够相对自主地决定自身的命运。

科学思想是人类在科学活动中所运用的具有系统性的思想观念，它们是人类智力的集结、智慧的结晶，是认识和改造世界的锐利武器。科学知识，只有集结为科学思想，才成其为条理化、系统化、理性化的知识，才能体现出科学知识的力量。科学思想一旦形成理论体系，并同社会需要、技术发展结合起来，同亿万人民改造世界的实践活动结合起来，就会变成巨大的物质力量。人类认识和改造世界的重要成果都凝聚在科学思想中。人类社会所取得的所有历史进步，所创造的一切人间奇迹，也都是在科学思想指导下进行的。

科学方法是人们揭示客观世界奥秘、获得新知识和探索真理的工具。科学方法一旦形成，就能指导人们更有成效地进行思维，更有成效地学习科学知识，运用科学知识，解决实际问题。由于科学方法建立在对于客观世界及其发展规律正确认识的基础上，所以科学方法的确立为科学指明了方向，也为科学的应用找到了最佳途径。对于每个人来讲，确立科学方法的一个重要方面就是实现思维方式的科学化，这往往是一种革命性变化，能使个人认识和改造世界的能力获得指数式的增长。

科学精神是科学的灵魂和光芒所在，是科学发展的动力源泉。科学精神不仅为科技界所推崇，也是现代文明的标志和现代社会的一种基本精神面貌。科学精神的核心是求真务实和开拓创新。求真务实就是相信真理、按客观规律办事；开拓创新则是现代社会发展的动力所在。

由上述诸层面的综合作用，科学产生了伟大的力量，体现为"最高意义上的革命力量"。

作为一种革命的力量，科学首先具有知识启蒙的意义，科学知识是开启民智、彰显理性的先锋。在蛮荒的年代，对自然的恐惧和敬畏使人生活在一个万物有灵的世界，"神秘"的世界的解释权为少数人所垄断，神秘主义被特权阶层发展为蒙昧主义和专制主义，人们难以发现人自身的力量。

知识像暗夜中的明灯把世界一点点地照亮，而日渐系统化的科学知识是其中最亮的一盏。科学知识所流射出的光就是真理之光，它使人们意识到，世界有其内在的规律，人可以认识真理。于是，人类开始用已有的科学知识理解世界，致力于探寻未知的奥秘。科学知识使世界的面纱一点点揭开，世界不仅不再神秘，而且可以被认识。

与科学新知相伴而至的是科学思想，新的科学思想往往是观念创新的动力和先导，科学革命常常会使人的思想观念发生革命性的变化。每一次科学革命，都会带来世界图景的改变，都会更新世界观，改变对待人和事物的态度。近代以来的哥白尼天文学革命、牛顿力学革命、拉瓦锡化学革命、达尔文生物学革命等思想成就，使人们看到了理性洞悉世界的威力和人类控制自然过程的可能性。在近代决定论的世界图景下，人的主体意识和创新意识开始迸发，甚至一度产生了主宰世界的思想。相对论和量子力学等现代科学革命，将抽象性、复杂性和不确定性的观念引入了科学。这些新的思想，一方面使人们看到了理性力量的伟大，另一方面又使人们看到了认识和改变世界的艰难。于是，人们的思想开始成熟起来，一方面，乘胜追击不断地进入自然的深处，发掘出更强大的自然力量；另一方面，开始思考科学的局限性，开始反省人与自然的关系，开始考量科学技术与人类其他文化形式的互动和融合。

毫不夸张地说，科学方法是人类方法库中最有力量的工具，科学方法的每一次更新，都是具有方法论意义的革命。这种革命首先发生在科学内部。科学方法每一次新进展不仅会导致科学的新突破，还可能转化为一种具有普遍意义的方法论。例如，逻辑分析方法已经成为现代社会生活中运用得最多的方法之一。在自然科学与社会科学日益融合的背景下，许多新的科学方法从一开始就为社会科学所运用，这一新的趋势使科学在方法论层面上的革命性影响更加广泛而深入。

作为科学灵魂的科学精神，是最具革命性的精神武器。这是因为以求实和创新为核心诉求的科学精神，是现实可能性和主观能动性的完美结合。其中，现实可能性来自科学精神中对客观性的追求，主观能动性则最好地体现于科学精神中强烈的创新意识之上。因此，科学精神不仅是对科学活动的观照，更是对普遍性的人类活动具有规范意义的精神指南。几千年来的科学实践表明，科学精神是科学探索真理、坚持真理和发展真理最有力的武器。科学的不俗表现进一步使科学精神成为现代社会的一种主流文化精神。换言之，科学精神是现代社会区别于传统社会的首要标志，其对传统向现代社会转型的作用是毋庸置疑的。

2. "科学技术是第一生产力"

从马克思关于"科学是生产力"的洞见，到邓小平关于"科学技术是第一生产力"的论断，刻画了理论随时代不断更新的脉络，为人们提供了正确认识现代生产力和现代科学技术的基点。

　　在西方还没有一个思想家，能像马克思那样深刻地理解科学在历史上所起的伟大作用。马克思"把科学首先看成是历史的有力的杠杆，看成是最高意义上的革命力量"[1]。马克思在生命的最后时日，对电学方面的各种发现依然十分注意。"在马克思看来，科学是一种在历史上起推动作用的、革命的力量。任何一门理论科学中的每一个新发现，即使它的实际应用甚至还无法预见，都使马克思感到衷心喜悦，但是当有了立即会对工业、对一般历史发展产生革命影响的发现的时候，他的喜悦就完全不同了。"[2]　恩格斯高度评价马克思的科学观——关于科学的基本思想，认为这是与马克思的唯物史观、剩余价值理论一样重要的贡献。

　　首先，马克思的"科学是生产力"的思想，正确揭示了科学的生产力性质。科学不仅表现为社会发展的一般精神成果，以知识形态而存在（他称之为"一般的生产力"），而且从资本主义大生产的实践中洞察到："一般社会知识，已经在多么大的程度上变成了直接的生产力，从而社会生活过程的条件本身在多么大的程度上受到一般智力的控制并按照这种智力得到改造。"[3]　当科学以一般知识形态存在、尚未并入生活过程时，它是以知识形态存在的一般社会生产力；而当科学并入生产，即转化为劳动者的劳动技能、物化为具体的劳动工具和劳动对象、通过管理在生产结构中发挥作用时，它就直接进入生活过程，成为社会劳动生产力，即直接生产力。

　　其次，马克思透彻分析了科学在生产力中的地位和作用。马克思认为科学是生产力中的一个相对独立的因素，它能够促进整个生产力的巨大发展。马克思在《资本论》中写道："劳动生产力是由多种情况决定的，其中包括：工人的平均熟练程度，科学的发展水平和它在工艺上的应用程度，生产过程的社会结合，生产资料的规模和效能，以及自然条件。"[4]　他非常注意科学的力量对资本主义生产的作用，强调科学是生产过程的独立因素、是"不费资本家'分文'"[5]　的另一种生产力。马克思的这些论断，既有助于我们理解科学是生产力发展的主要源泉之一、劳动生产力各要素的提高也取决于科学技术的水平这个重要思想，又揭露了现代资本主义发展的一个秘密："大工业把巨大的自然力和自然科学并入生产过程，必然大大提高劳动生产率，这一点是一目了然的。但是生产力的这种提高并不是靠在另一地方增加劳动消耗换来的，这一点却绝不是同样一目了然的。"[6]

　　最后，马克思深刻指出了科学与生产的互动关系以及科学转化为直接生产力的基本途径。科学既是观念的财富又是实际的财富，同时还是"生产财富的手段"和"致富的手段"。科学的发生和发展一开始就是由生产决定的，现代科学更需要大工业生产提供强大的物质基础。反过来，科学并入生产，又使整个生产结构、生产过程、生产面貌发生了革命性变化。按照马克思的理解，作为一般社会生产力的科学知识，具有一个重要特

①　马克思恩格斯全集：第19卷. 北京：人民出版社，1963：372.

②　同①375.

③　马克思恩格斯全集：第46卷（下册）. 北京：人民出版社，1980：219-220.

④　马克思恩格斯全集：第23卷. 北京：人民出版社，1972：53.

⑤　同④424.

⑥　同④424.

征，即"不费资本家'分文'"，通俗地说，就是具有使用的无偿性。这种"不需花钱的生产力"，当它被应用到生产过程后将"使商品绝对降价"。转换的关键在于将科学并入生产，或者说将科学转化为直接生产力。转化的途径主要有：物化、人格化和科学管理。物化是自然科学和技术转化为新的劳动工具和劳动对象；人格化是科学武装劳动者，提高劳动者的文化科学水平，提高他们的技能和科学素质；科学管理则是运用科学的管理理论和方法，建立合理的生产结构和生产过程，改善劳动者之间的关系，通过提高管理水平提高生产力。

科学技术对生产力发展的作用，人们一向是有所注意的。工业革命后，科学技术进步作用的迅速增长更为研究社会经济发展的观察家和学者所关注。但是，一般来说，他们比较重视科学技术所造成的某些后果，注意到各种新的机器，承认这是经济增长加快的原因，却没有下功夫说明这些机器到底是怎样推动社会经济增长的。在 19 世纪，马克思是个例外，他致力于将对资本主义社会根本机制的研究与对科学技术进步本身如何发生的分析结合起来。他第一个突破了把科学技术当作经济系统外生变量的流行观点，开创性地认识到科学技术是社会经济系统的内生变量。马克思关于"科学是生产力"的理论是实践的结晶又具有超前性。

法兰克福学派的重要代表哈贝马斯，在他 1968 年为纪念马尔库塞诞辰 70 周年而撰写的长篇论文《作为"意识形态"的技术和科学》中，颇有见地地提出，20 世纪以来西方资本主义出现的新趋势，其中之一是科学研究和技术之间的相互依赖日益密切，而这种密切关系使得诸种科学成了第一位的生产力。不过，对这种趋势的意义，他的估价与我们迥然不同。在他论证科学技术是"第一位的生产力"时，着眼点是在说明科学技术已成为当代资本主义社会的"意识形态"，从而造成人的异化和工人阶级革命性的丧失。他竭力证明科学技术在现代社会中消极的社会效应，是由科学技术革命本身所带来的，因而他用虚构的"科学技术与人性"的对立来代替真实的阶级之间的对立。更有甚者，哈贝马斯从"科学技术是第一位的生产力"这个命题出发，竟得出马克思主义全面"过时"的推论，声称马克思的劳动价值论的应用前提便从此告吹了，经济基础、上层建筑、意识形态的范畴也不再像过去那样起作用了。

在中国社会主义的实践中，第一次真正有意义地把现代科技发展与社会主义的命运连接起来，是在结束"文化大革命"十年动乱后不久。当时积重难返、百废待兴，怎么办？邓小平高瞻远瞩地说："我们国家要赶上世界先进水平，从何着手呢？我想，要从科学和教育着手。"[①] 他根据当代科学技术为生产开辟道路，给世界经济和社会各个领域带来巨大变化的事实，深刻地指出："四个现代化，关键是科学技术现代化。没有现代科学技术，就不可能建设现代农业、现代工业、现代国防。没有科学技术的高速度发展，也就不可能有国民经济的高速度发展。"[②]

邓小平在一系列的讲话特别是在全国科学大会开幕式上的讲话中，对当时一系列颠倒了的历史功过与理论是非进行了拨乱反正，着重阐述了科学技术是生产力和科技人员

① 邓小平文选：第 2 卷. 北京：人民出版社，1994：48.

② 同①86.

是工人阶级的一部分这两个关键问题，为我国新时期制定发展科学技术的方针政策、在社会上确立"尊重知识，尊重人才"的风气，奠定了有力的理论基础。

1988年，正当我国的改革开放事业进入一个关键阶段之际，邓小平又及时告诫大家："从长远看，要注意教育和科学技术。否则，我们已经耽误了二十年，还要再耽误二十年，后果不堪设想。"接着又指出："马克思讲过科学技术是生产力，这是非常正确的，现在看来这样说可能不够，恐怕是第一生产力。"① 邓小平还特别讲到解决好少数高级知识分子待遇的问题，把"科学技术是第一生产力"的理论与社会主义现代化的实践紧密结合在一起。在1992年初，他进一步指出科学技术是解决经济建设问题的根本出路。

为什么要在马克思关于"科学是生产力"这个论断中加上"第一"这个修饰词？首先是因为现代科学技术处于一切生产力形式、过程和因素中的首位，现代科学技术是生产力中相对独立的要素，是生产力诸因素中起决定性作用的主导因素。

科学成为生产力发展的独立因素和主导因素，是资本主义生产方式建立以后的事情。马克思写道："自然因素的应用——在一定程度上自然因素被列入资本的组成部分——是同科学作为生产过程的独立因素的发展相一致的。生产过程成了科学的应用，而科学反过来成为生产过程的因素即所谓职能，每一项发现都成了新的发明或生产方法新的改进的基础。只有资本主义生产方式第一次使自然科学为直接的生产过程服务。"②

二战以来，这一特点更为引人注目。科学及其在生产上的广泛应用，事实上同单个工人的技能和知识分离了。现代科学技术不仅渗透在传统生产力的诸要素中，而且在社会生产力的发展中起着比劳动者自身、生产工具和劳动对象更为重要的作用。现代科学技术除了决定着生产力的发展水平和速度、生产的效率和质量，还决定着生产中的产业结构、组织结构、产品结构与劳动方式，它不单使生产力在量上增加，而且使生产力在质上产生飞跃，导引着未来的生产方向。所以现代科学技术在生产力系统中已上升到主导的地位，在资本、劳动、科技三个因素对经济增长的作用中，科技已愈来愈显重要。现在，向生产的深度和广度进军，不能只靠劳动力和资本，更要靠科学技术。

3. 科学技术是先进文化的基本内容

科学作为最高意义上的革命力量，不仅表现为先进生产力，而且还是先进文化的基本内容。

爱因斯坦曾指出，科学对于人类事务的影响有两种方式。第一种方式是大家熟悉的：科学直接地并且在更大程度上间接地生产出完全改变了人类生活的工具。第二种方式是教育性质的——它作用于心灵。尽管草率看来，这种方式好像不大明显，但至少同第一种方式一样锐利。其中，第一种方式所说的是科学技术的物质生产功能，第二种方式则指科学技术的精神文化功能。

说起科技文化，就必然要说到哥白尼日心说的提出和传播，这件事不仅是一个科学

① 邓小平文选：第3卷. 北京：人民出版社，1993：274-275.
② 马克思恩格斯全集：第47卷. 北京：人民出版社，1979：570.

事件，更是一起文化事件。在当时，仅从观察实证的角度来看，哥白尼的日心说甚至处于劣势，但日心说为什么能够拥有布鲁诺、伽利略等坚定的支持者，这与当时的社会文化心态有关。人们反对地心说、倡导日心说的一个重要原因是，他们已经十分厌恶教会及其用于附会《圣经》的地心说，而日心说一旦成立，正好用于宣泄心中强烈的反宗教的情绪。结果日心说胜利了，这胜利是反宗教的文化心理的胜利，也是科技文化的初次大捷。日心说只是一系列胜利的开始，在接下来的 400 多年里，维萨里的《人体的构造》、牛顿的《自然哲学的数学原理》、拉瓦锡的《化学基本教程》、达尔文的《物种起源》、麦克斯韦的《电学和磁学论》、爱因斯坦的《论动体的电动力学》等胜利的里程碑相继树立。与此同时，电报、电话、汽车、广播、电视、计算机、互联网等新的应用技术层出不穷，并以文化的形式融入人们的日常生活之中。这些胜利的结果之一就是，科技文化逐渐发展为一种相对独立的社会亚文化系统。

作为一种重要的社会亚文化系统，科技文化在与其他文化的互动中不断发展，已经成为当代社会的一种先进文化。科技文化在现代社会的拓展和渗透，主要有三个途径。其一是科技对生产方式的变革，从器物层面传导到制度层面再影响到文化价值层面。其二是科技在生活中的广泛应用，新的科技文化不断涌现。科技供应与消费需求互动互促，新科技的应用，起到了直接塑造人们生活方式的作用；个人和群体的偏好，又反过来影响到科技应用的方向。其三是通过教育、宣传和普及直接进入社会文化价值领域。当下，科技文化在世界大多数国家都被视为主流文化，科技文化得到了广泛而深入的传播。

◆ **小 结** ◆

随着科学的意义和社会作用愈来愈突出，人们开始从活动的观点来看待科学：科学表现为一种建制，一种发展着的知识系统，是整个社会活动的一部分。科学是以共同体结构的形式组织和发展的。

科学的首要旨趣是认识世界，技术的基本旨趣是控制自然过程和创造人工过程，现代科学与技术紧密结合，构成一座宏伟的大厦，内部各分支或部门相互交织而又层次分明地、相对稳定地联系在一起，现代的科学更加技术化，技术更加科学化，科学与技术逐渐一体化。

科学是"最高意义上的革命力量"；科学技术是"第一生产力"，是先进文化的基本内容。科学的力量来源于下述四个方面：科学知识、科学思想、科学方法和科学精神。要把握科学的主要特征，也要避免形而上学地看待科学，不断促进科技文化的拓展。

◆ **思考题** ◆

1. 怎样从人类活动的角度看待科学？
2. 何为科学共同体？它与范式之间是什么关系？
3. 如何认识现代科学技术的一体化？
4. 科学技术的伟大力量体现在哪些方面？

第二章

科学技术与自然观

　　人类对自然的认识绝不是简单的临摹，而是依赖于人类的认知概念框架，对自然主动地进行同化和建构的结果。认知概念框架包括语言、神话、宗教、艺术、科学甚至政治等诸种观念，每一时代的自然观来自历史上迄今为止人类知识的全部，代表着每一时代人类对自然和自身的认识，体现着人类关于自然的秩序以及人类在自然界中的地位的信念。时代不同，人们的认知概念框架就不同，主导人类自然观的因素就不同，就会有不同的自然观和对待自然的不同态度。

　　科学的发展与自然观的变革是不可分离的，相反亦然。人类的自然观有一个演变的过程。与近代科学一道兴起的是机械论自然观，它是还原论方法的一种具体形式；现代辩证的自然观随着现代科学革命登上历史舞台，它使我们得以恰当地把握人与自然的关系；而当代自然观的新探索又展现了极为丰富的思想内容。

一、近代科学的兴起与机械论自然图景

1. 近代机械论自然观的肇始

　　从中世纪末期始，在逐渐加快发展的手工业和农业中越来越多地应用各种机械技术，为早期的机械论自然观提供了大量丰富的感性材料。文艺复兴以来日益发展的工场手工业，尤其是钟表业，更促进了机械技术的发展，并激发学者们借鉴机械技术的成功，用机械论的思想去理解大自然的运行。许多学者在认识自然规律时都认为自然界的运行是与钟表等机械相类似的。应该说，当时的生产实践和生产力发展水平是机械论自然观的根本基础。

　　伽利略为机械论自然观奠定了认识论和方法论的基础。他有一句在当时极为流行的

格言：圣灵的心意是教导我们如何升入天堂，但决不是教给我们天堂本身是如何行走的。在他看来，自然界的一切都是服从机械因果律的。他曾说，他对于外界的物体，除掉大小形状、数量以及或快或慢的运动外，从来没有做过任何别的要求。

哈维的血液循环理论是用机械力学方法研究生理学的成果。他用机械术语和机械原理描述血液运动，把心脏比作一个中心水泵，把心脏的收缩比喻为水泵的压水运动，把心脏瓣膜比作两个控制血液单向流动的阀门。

法国哲学家、数学家笛卡儿是早期机械论哲学的代表人物。他的哲学是一种理性主义的二元论。他把世界分为两部分——形体世界与精神世界，对灵魂与肉体、内心感应与外部世界进行了严格的区分。

笛卡儿认为，物质是形体世界里唯一的客观实体，一切形体都是做机械运动的物质。他对物质运动、天体运动以及人体的运行机制都做了机械论的解释。笛卡儿以量的特征定义物质，认为物质的唯一特性是广延。在这样一个实体中，只有物物相触才能产生运动。他提出了著名的"动量守恒定律"，认为物质的唯一运动形式是空间位移。在笛卡儿物理学中，宇宙是一个巨大的机械系统，在上帝提供给它"最初起因"之后，就按照严格的机械运动规律运行下去。他自信地说："给我运动和广延我就能构造出世界。"

笛卡儿将机械论引入生物界，他将动物看作具有各种生理功能的自动机器。他甚至提出人体本身也是一种"尘世间的机器"。在他看来，人的活动也严格遵循着物理定律，人作为机器与动物机器的区别，就是人要受到存在于他自身的"理性灵魂"的控制。他认为，人除了思想之外，机体的所有功能都像钟表一样是纯机械性的。他赞赏哈维的血液循环理论，认为哈维的理论正好说明了生命就在于血液的机械运动。与哈维不同的是，他把心脏比作热机。

笛卡儿对自然的认识基本摆脱了目的论和唯灵论的束缚，对后来机械论和唯物论的发展都起了重要作用。但他的哲学也明显地表现出早期机械论自然观的弱点：参照当时的机械技术进行朴素直观的类比，没有用力、速度、空间、时间等科学的概念去把握自然。

2. 牛顿力学的影响与机械论哲学的成熟

正确地提出力的概念，并由此对自然的机械论哲学做了根本上的修改并赋予其更为深刻思想的是伟大的英国科学家牛顿。

牛顿所提出的力并不是一个像文艺复兴时期自然主义中"爱"和"憎"一样含糊的、起定性作用的词，也不完全是那种解释碰撞作用的"一个物体对另一个物体的压力"，而是改变物体机械运动状态的、能够精确度量的力学上的一种物理量。在此基础上，他不仅根据"自然的一致性（或简单性）原则"、"同因同果的线性因果决定论性原则"、"物体属性的普遍性原则"和"归纳主义的原则"，从现象中推出普遍的规律，而且明确提出了他的核心研究纲领："我希望能用同样的推理方法从力学原理中推导出自然界的其余现象。因为有许多理由使我猜想，这些现象都是和某些力相联系着的，而由于这些力的作用，物体的各个粒子通过某些迄今尚未知道的原因，或者相互接近而以有规则的形状彼此附着在一起，或者相互排斥而彼此分离。正因为这些力都是未知的，所以哲学家一直试图探索自然而以失败告终，我希望这里所建立的原理能给这方面或给（自然）哲学的比较正确的方法带来光明。"①

可以说，牛顿在他的著作中很好地贯彻了他的研究纲领。他在其经典名著《自然哲学的数学原理》中清楚地定义了涉及物质运动的"质量""动量""惯性""时空"等基本概念，提出了运动三定律和万有引力定律，从而将天上的运动和地上的运动统一了起来，构建起严谨的经典力学体系。而且他开始把表面看来并非力学现象的"自然界的其余现象"与力学原理联系起来，要从力学原理中导出它们。他明确地把热看作物体微粒的振动，并且以此为基础，假定物体微粒间的斥力与距离成反比，竟然从力学原理中推导出玻意耳定律。他把光学与力学原理联系起来，竟导出了包括折射定律在内的许多光学定律，建立起了近代科学中第一个光学理论。牛顿的光学理论是一种机械还原论的光学理论。因为他将微粒说作为光学理论的基础，并且借助于微粒说通过一种力学机制来推导出光学定律，获得了巨大的成功，从而把光学还原为力学。不仅如此，他还暗示人们如何进一步从力学原理中导出种种其余的自然现象。可以说，牛顿借助于力学还原论实现了科学史上的一次大统一。

总之，牛顿通过在物质和运动基础上加上一个新的范畴——力，把伽利略的数学传统引入笛卡儿的机械论哲学的途径，使得数学力学和机械论哲学彼此协调。"力的概念使自然科学达到一个前所未有的水平，并从此成为科学实证的范例。"②

牛顿经典力学建立并获得巨大成功后，牛顿力学的思想和方法迅速向其他学科、领域扩展，带来了学科的全面发展和兴盛。例如，道尔顿将有机械力作用的原子带进物理和化学，用原子论说明了气体的性质，把质点和力的概念应用于化学；库仑把平方反比关系引入静电学，揭示出静电力的内在联系；安培仿照万有引力定律写下了平行导线间的作用力公式。科学家们竞相模仿，力图把牛顿力学的定律推广到整个自然界，并使牛顿力学的思想方法成为近代科学固定的思维模式。在整个18世纪乃至19世纪，几乎所有的自然科学家都按这种模式去研究自然。甚至在20世纪初，卢瑟福还把原子看成与太阳系类似的系统，用牛顿的思维方式构造模型。

牛顿经典力学的建立及其巨大成功又启发哲学家将其概念范畴和思想方法运用到哲学中，使机械论哲学很快发展成熟。与牛顿几乎同时，英国唯物主义哲学家霍布斯和洛克把机械论从自然科学扩展到哲学领域，使机械观发展为成熟的经典形态。

霍布斯曾被恩格斯誉为"第一个近代唯物主义者（18世纪意义上的）"。他建立了第一个比较完整的机械唯物论哲学体系，将力学范畴引入哲学，确立了物体、偶性、运动因果性等基本范畴。他把物体定义为不依赖于我们思想的东西，与空间的某个部分相合或具有同样的广袤。在西方哲学史上，他的定义是第一个比较完善的机械唯物论物质定义。霍布斯将机械运动观引入哲学，认为机械位移是物体的唯一的运动形式，世界的一切事物都受机械运动原理的支配，都可以用机械运动原理解释。他把一切运动都归结

① 林定夷. 近代科学中机械论自然观的兴衰. 广州：中山大学出版社，1995：79.
② 理查德·S. 韦斯特福尔. 近代科学的建构：机械论与力学. 上海：复旦大学出版社，2000：153.

为物体在空间位置上的变动，提出人和自然没有本质区别，心脏不过是发条，神经不过是游丝，关节不过是一些齿轮，甚至人类的推理活动也不过是机械的计算，一切推理都包含在心灵这两种活动——加与减里面。霍布斯将牛顿物理中的因果联系思想引入哲学，提出了机械决定论的因果律。但他把必然性混同于因果性，否定了偶然性的存在。

洛克吸收并发展了牛顿、玻意耳用微粒说概括物体性质的观点，认为微粒说"最能明了地解释物体的各种性质"。他把组成物体的物质微粒的空间结构和数量组合看成物体的"实在本质"，当作决定一切物体特征的内在根据。他认为，自然事物的一切特殊性都由物质微粒的量的机械组合而决定，用物质微粒的这些机械的量的特征可以说明自然界的一切现象。

霍布斯和洛克使科学中的机械论自然观上升为机械唯物论哲学，使机械观的概念范畴得到进一步的概括和提炼，发展为经典形态的机械观，即成熟的机械观。其基本思想是：整个宇宙由物质组成；物质的性质取决于组成它的不可再分的最小微粒的空间结构和数量组合；物质具有不变的质量和固有的惯性，它们之间存在着万有引力；一切物质运动都是物质在绝对、均匀的时空框架中的位移，都遵循机械运动定律，保持严格的因果关系；物质运动的原因在物质的外部。

牛顿经典力学和英国机械论哲学传到法国后，对18世纪法国思想界的启蒙运动起了决定性影响。启蒙运动中的唯物主义哲学家吸收了牛顿力学的成果和英国机械论哲学的主要内容，将公开的战斗的无神论思想引入机械论，使经典的机械论进一步发展为极端化的机械唯物论。百科全书派拉美特利和霍尔巴赫的哲学鲜明地体现了法国机械唯物论的特点。

拉美特利的哲学体系表现出彻底的无神论精神。他指出物质是唯一的实体，是存在和认识的唯一根据，在整个宇宙只存在着一个实体，只是它的形式各有变化。在《人是机器》一书中，他不仅批判了宗教唯心主义的不死灵魂说、贝克莱的主观唯心主义和莱布尼茨客观唯心主义的"单子论"，也否定了笛卡儿的二元论，直言不讳地宣称自然界和物质无所依赖地在宇宙中独占首要地位，没有给造物主留下丝毫空隙。拉美特利对机体和心灵活动的形式做了机械论的解释，认为人与动物并无太大的差别，人只不过比动物"多几个齿轮""多几个发条"，它们之间只是位置的不同和力量程度的不同，而绝没有性质上的不同。他曾说，人体是一架会自己发动自己的机器；一架永动机的活生生的模型。体温推动它，食料支持它。拉美特利关于"人是机器"的思想虽然打破了自然哲学中唯心主义的最后壁垒，但其错误也是显见的。他的哲学是极端形态的机械论哲学的代表。

霍尔巴赫建立了系统的机械唯物论哲学体系。他第一次从思维与存在的关系上对物质下了唯物主义的定义。他提出，物质一般地是以任何一种方式刺激我们感觉的东西；我们归之于各种不同物质的那些特征，是以物质在我们内部所造成的不同的印象和变化为基础的。他的定义比起17世纪英国机械唯物论对物质和物体不分彼此的表述前进了一大步。但他对运动的理解没有超过笛卡儿，仍把运动归结为机械运动。霍尔巴赫认为，宇宙本身不过是一条原因和结果的无穷链条。他把因果联系简单地理解为机械的因果必然性，夸大了必然性的作用，否定了偶然性，反而把必然性降低为纯粹偶然性的产物。

3. 机械论自然观的社会、宗教背景

　　哲学中的笛卡儿主义把主体和客体严格区分，对客体进行冷静的观察、实验，在数量和规律上把握客体的近代科学风格。把自然作为科学技术对象加以彻底把握，意味着把自然界彻底客体化、外部化，毫无顾虑地把自然视为人的研究资料、生产资料和生活资料。用亚里士多德的用语来说，剥夺自然形相，使自然质料化。

　　马克思对笛卡儿的评价值得注意。马克思指出，笛卡儿提倡机械论自然观的背景是处于工场阶段资本主义意识形态的影响，笛卡儿把动物定义为机械时是处于和中世纪不同的工场时代，在中世纪，动物被看成人类的助手。笛卡儿试图把周围所有物体的作用、对力的认识与手工业者的知识结合起来。这种机械论自然观，是受当时自然科学发展水平的制约，也是当时有效利用劳动资料的要求的反映。

　　近代科学的建立、机械论自然观的形成，与工场的发展、机械的发明和制作密不可分。伴随着劳动过程和社会过程的机械化，近代社会形成的诸过程，是机械论自然观产生的基础，也是其发展的推动力。这种观点对近代科学的评价是有益的。

　　笛卡儿对物理学等自然科学的发展，并不单单是从知识好奇心的角度进行评价，也从产业和技术的发展以及当时市民的幸福的角度进行评价。我们对近代科学发生和展开中形成的自然观认识，应该和近代市民社会也就是当时的资本主义生产体系联系起来。近代社会的人类、自然和社会也应该被看作一个整体，自然观也就在这个框架中得到正确的认识。

　　所谓近代市民社会，亚当·斯密称之为"商业社会"，是重视经济和商业的社会，对自然的评价也离不开这个特征。也就是说自然在经济上被视为开发、索取的对象，是劳动材料。在这种逻辑基础上，自然通过人类劳动变成了人类的所有物。培根所说的对自然施加考问，使其供出自己的规律也是同一旨趣。这样，人类是自然的主人，自然是与人类主体相对的客体和材料，变成了没有内部性和神秘性的机械。这种自然观与中世纪的自然观明显不同，自然是可以反复强制实验的对象，是人间完全的从属物。人类这一面也同时发生了改变，像霍布斯指出的那样，变成了按照自我保存欲望、以他人和自然为利用对象的合理主义的个人。

　　对于上述近代的情形，可以从两个方面加以评论。从积极的一面说，近代克服了中世纪的封建特权和宗教压制，肯定了现世生活的市民的个人欲求。在其之后的现代社会的生命尊严、基本人权等思想都来源于那个时代。但是这种倾向也助长了个人主义，使人与人之间产生隔膜。这种人类观的变化，和上述的自然观的变化是一起发生的。自然破坏与人类破坏是一体两面。

　　在 17 世纪，科学与宗教也有着紧密的联系。笛卡儿自己就说过自然界的规律是神设定的。因此，合理主义并不如现代人所想象的那样清楚简明，把合理主义想象为铁板一块实际上是忽略现实社会发展的一种幻想。在特定的场合下，某种宗教信念也会促进自然科学的研究，但不能把这一点绝对化。

　　有些学者认为，基督教《圣经》中表述了作为近代科学源头的自然观。在《创世记》

中，上帝对诺亚和他的儿子们说，把地上所有的一切都给你们。这预示了上帝、人、自然的层次性，意味着上帝保证了人类自由处理自然界万物的权利。这当然和佛教中万物平等的自然观相去甚远。既然上帝从无创造世界，自然是上帝真理的一以贯之的体现，那么，人类是能够认识自然规律的。但不能因为这一点就说近代科学自然观来自《圣经》。

有些科学史家指出，哥白尼、开普勒等提倡地动说，与其宗教自然观有关。哥白尼说"太阳居于万物中央的王座上"，提倡太阳信仰。这样的信仰对地动说的形成的确起到重要作用。哥白尼一直关注着过去的天动说不能很好解释的太阳、行星、月亮等的天象观测数据，试图在数学上对行星运动予以正确、简洁的说明。实际上他做到了这一点，但是，这主要应归功于他认为本质与现象一致的科学精神以及他优秀的数学能力。

开普勒也确信"只有太阳与上帝相匹配"，信仰新行星主义。但不能只停留在这儿。开普勒把数学的协和看作上帝给予这个世界的秩序，进而发现了行星运动三大定律。但是如果把三大定律的发现视为只是信仰宗教的结果，也无法让人接受。因为开普勒发现的基础首先在于他的老师第谷长年观测积累的大量数据，其次是开普勒自己的优秀的数学能力。实际上有三种因素是形成科学理论不可或缺的：卓越的设想或假说；正确的观测数据的积累；包括使用数学工具的、合乎事实的理论构筑。单纯的太阳信仰是不能发现天文规律的。

4. 机械论自然观是还原论方法的一种具体形态

机械论自然观在思想发展史上占有非常重要的地位，对科学、文化及思维方式的发展产生过重大的积极作用和一些消极作用。

在哲学中，机械论自然观推动了唯物主义哲学的创立和发展。在科学发展史上，它指导着几个世代的科学家的思维方式。它的运用促进了力学的进一步发展，继牛顿之后，伯努里和欧拉研究了多质点体系、刚体和流体力学，拉普拉斯研究了天体力学。19 世纪的热力学、电磁学等一系列科学理论都是运用机械论自然观、以力学为模式而建立起来的。即使在 20 世纪，机械观思维方式仍然在相当的范围内流行，例如以还原论的形式在分子生物学等领域起了重要作用。

作为人类认识和人类思维发展过程中一个不可超越的发展阶段，机械论思维方式的作用应当予以正视。机械观在原则和渊源方面，特别是它的还原论的方法论基本原则，有着非常深刻和丰富的内容。只要我们抛弃那种绝对化的态度，进行还原尝试的方法就是极富成果的。

在人类认识史上，特别是在西方科学史上，以分析为主的思维方式和以综合为主的思维方式是交替出现的，它们是当时科学发展水平的重要标志。16 世纪至 17 世纪开始的科学革命，使人们的观念发生了重大变化，有机的、精神性的宇宙观念被"世界机器"的观点代替。这种变化是物理学和天文学革命的产物，其中，哥白尼、伽利略、牛顿是最重要的里程碑。与此同时，科学在这个时期自觉地建立在一种新的求知方法的认识论基础上。

牛顿经典力学是近代科学成就的顶峰，他采用机械观的视角，运用一套严谨的数学理论来描述世界。牛顿把以培根为代表的经验的、归纳的方法，与以笛卡儿为代表的理性的、演绎的方法结合起来；把开普勒的行星运动经验公式与伽利略的自由落体定律结合起来，总结出对一切天体都有效的物体运动的一般规律，这就使牛顿的宇宙成为一个庞大的按精确的数学规律运转着的机械系统。因此，机械观同严格的决定论紧密相关，巨大的宇宙机器完全具有因果性和决定性：一切发生的东西均有原因，并导致确定的结果；换言之，一切东西都可以精确地解释和预言。

机械论自然观使人类从古代素朴直观的世界图景转变为牛顿的"经典的"世界图景。其特征是，在这个图景中，认识对象的感性外观已经让位于抽象的关于认识对象的描述。一般地说，牛顿用以解释物体运动原因的那些"力"是隐蔽的、肉眼不能直接看到的。由经典力学所描述的世界图景，具有如下要点：首先，自然界是不变的，当上帝给予第一推动力创世之时起迄今，普天之下原则上并无新物。其次，宇宙大厦的基础是某些绝对简单的、不可再分的物质粒子——"原子"，我们周围的大小物件，一切都是由这些原始砖块构成的。再次，机械模型本来是抽象的形式，却被想象成与看得见的东西相类似。因此，一切基本范例和模型的机械的直观性，成了被它们描述的自然界的本质。最后，自然界中一切要素都是预先给定的，这就是说，世界是既成的，我们在自然界中所见到和认识到的物体是什么样子，它们实际上就是什么样子。概括地说，机械论自然观或近代经典的世界图景的要点是：自然的不变性、原子的基本性、机械的直观性、世界的既成性。

从方法论的角度来看，由牛顿力学确立的机械观主张：一切真实的知识，都能被一种正确的、一般同质的获得知识的方法论加以规范。这种方法论就是本质上类似于物理学方法的"科学方法"的普遍化形式。例如，生物科学的研究基于这样的假定：人们能够根据物理学和化学说明生命的过程，而物理学和化学最终要根据原子内部或原子之间的作用力来加以说明。其他领域的研究，也可以化为这样的方式处理。

作为还原论的一种具体的历史形态，机械观指明了一种特定的科学解释的途径。力和物质（质量）被看作理解一切现象（首先是自然现象）的基本概念，用运动定律规定了物质、运动和力之间的普遍关系。从此，在长达两个多世纪的科学研究中，这些概念和关系就成为一切自然研究的出发点、归宿。德国著名科学家亥姆霍兹甚至说，一旦把一切自然现象都化成简单的力，而且证明自然现象只能这样来加以简化，那么科学的任务就算完成了。

二、辩证自然观的革命

1. 自然科学的新发现与机械观的衰落

但是，19 世纪下半叶以来，随着自然科学从经验领域进入理论领域，自然科学本身所固有的辩证性质与机械论自然观的矛盾逐渐激化。自然科学发展中一系列重大成就的出现，在机械论自然观上打开了一个又一个缺口。可以说，19世纪末20世纪初以来重要的科学成就都是对机械自然观的重新审查和否定，其中特别具有代表性的有：细胞理论、能量守恒和转化定律、达尔文生物进化论，这是19世纪自然科学的三大发现。这场革命性的大变革迫使承认自然界绝对不变、否认自然现象普遍有机联系的形而上学观念一步一步地后退，让位给关于自然界的普遍联系和发展的辩证法思想。

在19世纪与20世纪之交，从物理学开始发生了许多根本的变化。X射线、电子、放射性的发现，揭示了原子、元素的复杂结构，证明了它们的可分性和互变性。物理学，过去被认为是衡量精确知识的准绳，被当作是把推理的严谨性与建立在经验基础上的可证实性恰当结合起来的理论典范，此时突然发现自己以前关于原子的一些基本概念，其实具有重大的局限性。因此，绝对的基本性被否定，不可穷尽性取而代之。列宁写道："原子的可破坏性和不可穷尽性、物质和物质运动的一切形式的可变性，一向是辩证唯物主义的支柱。"[①]

爱因斯坦相对论特别是量子力学的创立，坚决要求否定机械直观性的原则。量子力学已经证明，微观过程领域中有自己独特的规律，即间断性和连续性的统一、波和粒子的统一。要想直观地描述这种统一是不可能的。一般地说，在理论物理学中新出现的许多抽象概念，并不能用关于研究对象的感性表象来构造。实际上，微观规律，除了数学模型外是任何直观的模型都无法描述的。科学的突破是以抽象的概念取代了直观的形象和模型，或者说，是以数学的抽象性取代了机械的直观性。

亚原子领域（或微观）物理学的现代成就表明，所谓基本粒子虽然是复杂的、可以相互转化的，但并不具有构成性质：它们不是彼此由对方构成的，也不是由别的更简单、更基本的粒子构成的。例如，由中子分出电子和反中微子，不能与化合物分解相提并论。后者分离出来的粒子在分解前就以现成粒子的形式预先存在于被分解的系统之中了，而重核子（在这里是中子）产生的轻粒子（在这里是电子和反中微子）的过程则完全不同，轻粒子并没有以现成粒子的形式预先存在于核子里，它们纯粹是利用被裂解的核子的质量和能量重新产生出来的。人们现在认为，基本粒子的"结构"极其独特，根本不像我们已经熟悉的原子的结构，甚至也不像原子核的结构。基本粒子是由潜在的即可能存在的粒子构成的，在一定的条件下，这种可能性便转化为现实性。正是在粒子的分解和生成的过程中，显示出该粒子的实在性，即在其母粒子内部潜在的预存性。此后人们不再把研究对象当作现实地存在的东西了，而仅仅承认它是可能存在的、潜在的东西，这就否定了研究对象在其构成形态上的既成性。基本粒子的"结构"问题现在发生了根本的变化，这里涉及的已经不仅仅是这些粒子应当具有什么性质的问题，而且首先是：只能从这种粒子生成别种粒子的可能性、从粒子的潜存而不是实存出发来确定粒子的"结构"。这是从既成性到潜在性的变革。

20世纪物理学家们遇到的根本挑战，是回答他们本质上是否有能力认识世界这个问题。情况是，每当他们对自然提出一个有关原子实验的问题，自然界会回报他们以一个悖论，他们越是试图澄清这种局势，悖论的矛盾就变得越加尖锐。以牛顿为代表的经典

---

① 列宁全集：第18卷. 北京：人民出版社，2017：295.

科学试图把世界分解为一个个组成部分，并且根据因果关系来安排它们，但在现代原子物理学中，这种机械论与决定论的图景再也不可能了。

2. 还原论的现代意义

机械观的衰落，对于还原论的命运有何影响呢？我们知道，正是还原论的一再成功，扩大了机械观的影响，使人们相信并奢望能把自然界的一切最终还原为同样的要素及其关系。机械观的衰落曾经引起误解，以为一切还原论的方法论原则也最终过时了。苏联自 30 年代后，不仅批判机械观，而且长期把还原论作为与辩证唯物主义自然观完全对立的形而上学，采取极端否定的态度。显然，这是把一种方法论原则与它的特定的历史形态混同起来了。

今天，有关还原论存在着三个突出的问题，它们有着重大的理论和实践意义。这三个问题是：（i）我们是否能够或是否希望把生物学还原为物理学或者还原为物理学和化学？（ii）我们是否能够或是否希望把我们认为可归诸动物的那些主观意识经验还原为生物学，以及假如对问题（i）给予肯定的回答，我们能否再把它们还原为物理学和化学？（iii）我们是否能够或是否希望把自我意识和人类心灵的创造性还原为动物的经验，以及假如对问题（i）与（ii）给予肯定的回答，那么，我们能否再把它们又还原为物理学和化学？

显然，如果相信还原方法能够达到完全还原，那就重复了类似机械观的错误。因为我们生活的世界是进化的，在这个世界上，任何新事物都不可能完全还原为任何以前的阶段。但是，上述问题仍然是值得并必须解答的，也就是说，进行还原的尝试是有价值的。当人们这样做时，是把还原确立为科学解释的基本原则而运用。科学理论的主要目标是回答有关外在世界尚存疑问的问题，并且对自然现象提供解释。用构造性语言把现象纳入某个理论模型，就给现象提供了某种解释。在这个意义上，解释相当于还原：就是把表面上极为复杂的自然现象归结为几个简单的基本概念和关系。

还原论的方法之所以有效，首先，是因为在科学研究中对纷繁多样的总体加以限制，可以把注意力集中于现实的完全确定的方面，而免去可能产生的不明确的思想。用分析客观实在多样性中主要的、稳定的、相似的东西的方法，用已知的比较基本的规律来解释所研究的客体，以便简化、缩小实在的多样性、复杂性的方法，乃是一切科学都必备的。其次，要想使一门科学趋向精确化、定量化，就必定会用已有的精密自然科学——物理学和化学的一般原理来加以解释。解释的基本要求是寻找并确定不变量，把复杂现象归结为简单的规律，这一过程正是还原论方法的运用。

实践中的科学在某种意义上都是还原论者，因为科学上的成功莫过于成功的还原。法国著名生物学家莫诺在哲学上是不赞成还原论的，但在方法上是一个还原论者，他竭力把一般生物问题还原为分子生物学的概念，试图从分子水平加以研究和阐明。

此外，还原的尝试还由于下述理由备受重视：甚至从那些不成功的或不完善的还原尝试中，人们也能学到大量东西，并且那些由此遗留下来的问题将属于科学上最为宝贵的知识财富。例如，企图将几何和无理数还原为自然数的所谓算术化计划，已被数学的基础的研究否定。但是，这个失败带来的意外的问题和意外的知识之多是惊人的，它极好地说明，即使在还原论者没有获得成功的地方，也能从还原的失败中涌现出极有价值的东西。

辩证自然观不是人类自然观的终结，也没有终结机械论自然观。尽管19世纪中叶自然科学的三大发现——达尔文生物进化论、细胞理论、能量守恒和转化定律暗含了对"自然的不变性""世界的既成性"等观点的批判，但是，由于牛顿力学的成功以及机械自然观的影响，这种反驳并不彻底。如对于生命有机界，至少到19世纪50年代，主流观点仍把生命看作有机体所具有的独特属性，不应该用物理化学方法来研究生物学，由此导致生物世界与无机世界相互分离。生命成了一个与物理化学物质无关，也与社会和其他高级现象无关的存在。但是，在此之后，分子生物学诞生发展，基因技术获得进步，使生物学上的还原主义得到了比较彻底的贯彻。"基因论"代替了"灵魂"、"隐得来希"、"普纽玛"、"阿契厄斯"和"原型"等众多活力论、有机论。基因术将生命最终还原为化学材料，揭开了笼罩在生物世界上的魔力迷雾，使生物体本身成为制造的对象。它所开辟的世界是祛魅世界的延续。生命的历史性和复杂性被简单取消，由此也造成生物风险、环境污染的危险。

上面的论述表明，机械论自然观存在许多不足之处，但是，对它的反驳和扬弃应该是一个过程。纵观科学的进一步发展，应该不断努力，进行自然观的新探索。

3. 辩证自然观的深刻内涵

自然科学新发现，突破了牛顿力学的框架，预示了一种新的自然观的诞生，即辩证的自然观。包括数学、物理学、力学、天文学、化学、生物学等可能涉及的领域，辩证的自然观都从生成、变化和相互关联的角度予以把握。正如恩格斯所指出的："整个自然界，从最小的东西到最大的东西，从沙粒到太阳，从原生生物到人，都处于永恒的产生和消灭中，处于不断的流动中，处于无休止的运动和变化中。"[①]

自然界具有层次性。自然是由从单纯到复杂的东西互相作用组成的。自然不是原来就以这个样子存在，而是"物质进化"的结果。这种物质进化，不但有宇宙论的、地质学的、生命论的，还有社会的进化。必须把自然作为一个有机的整体，从时间和空间两个维度上辩证地把握它。要通晓当时的自然科学成果，并对这些成果给予哲学的解释，解决自然观中争论的问题。解决的方法不是单纯地把自然观归结为原子论的或要素主义的，而是肯定各自的合理成分。用黑格尔或恩格斯的话来说就是，在辩证地扬弃了物理学、力学的地方出现了比较复杂的化学，进一步出现了更复杂的生命科学，这就是自然有机体的全体性。这样，辩证的方法就克服了原子论、机械论和有机论、浪漫主义的对立。

恩格斯认为，我们所面对着的整个自然界形成一个体系，即各种物体相互联系的总体。这是物质运动的一个永恒的循环，这个循环只有在我们的地球不足以作为量度单位

---

① 马克思恩格斯选集：第3卷. 北京：人民出版社，2012：856.

的时间内才能完成它的轨道，在这个循环中，最高发展的时间，有机生命的时间，尤其是意识到滋生自然界的生物的生命的时间，正如生命和自我意识在其中发生作用的空间一样，是非常狭小短促的；在这个循环中，物质的任何有限的存在方式，不论是太阳或星云，个别的动物和动物种属，化学的化合或分解，都同样是暂时的，而且除永恒变化着、永恒运动着的物质以及这一物质运动和变化所依据的规律外，再没有什么永恒的东西。[①]

辩证自然观对于地球生态系统的存在方式给出了有效的解释，而没有陷入神秘主义。辩证自然观认为物质拥有运动性和主体性，批判了自然（对于人类这个唯一的主体而言）依赖于外部作用而运动的机械论的观点，指出了机械论自然观的偏狭之处。从进化论的观点看，人类主体也是自然的存在，产生于漫长的进化过程。人类既是主体，也是自然界进化产生的客体，人类是大自然全体共同劳作的产物。恩格斯明确表达了如果人类扰乱了自然的机制，来自自然的反作用就会惩罚人类的思想。

恩格斯从历史的发展过程出发，重视劳动的作用，承认了"人对自然的统治"。人类只要从事劳动、维持生活，就必须在一定程度上承认对自然的统治。然而只从这一点看待自然，那就要导致环境破坏。恩格斯预言了自然对人类的报复，现代大规模的公害和环境破坏为他所言中。他写道："但是我们不要过分陶醉于我们对自然的胜利。对于每一次这样的胜利，自然界都报复了我们。"[②] 这些刚刚取得的胜利，固然带来了我们预想的结果，但两次、三次以后，这些胜利会抵消掉最初的成绩，引起当初不曾预料的后果。所以我们决不能像征服者支配异民族那样支配自然，我们的肉、血和头脑都属于自然。我们对于自然的支配，对于其他动物的胜利，根源于我们对自然规律的认识和正确利用。关于这一点我们每前进一步都要想起。

必须深刻理解"认识自然规律，正确利用自然规律"的表达，对这个表达的浅薄理解会导致轻易控制自然的结论。对自然的轻易管理，会不断地废弃最初的结果，同时引发最初不曾料到的结果。在这个问题上，马克思关于人与自然关系的论述特别值得注意：其一，要解决所谓自然环境被破坏的问题，首先应该审问人与自然是怎样的关系。马克思强调以劳动为中心的人类主体活动是以自然界为大前提进行的，劳动是人类的自然存在，受到自然界的制约。劳动是受劳动对象制约的实践。人类在破坏自然时也反过来受到自然的影响，因此人类也是一个被动的自然组成部分。把人类的位置摆在自然之中，这样的思想才能与解决环境问题相适应。其二，马克思认为，一方面，劳动是人类实现理性目的的活动，自然是为此目的的素材；另一方面，劳动是人类与自然之间的一个过程，是人类介入人与自然物质代谢的一个过程。作为物质代谢过程的劳动，是向人类社会输送自然质料和向外界排放废弃物，并且受到劳动控制的循环。这样两面性的劳动论，认为人类生活的全部过程都是这种"物质代谢"，并把物质代谢的概念扩展到饮食、排泄、生产、消费以及排放废弃物等领域。

所以，现代自然观如果不与劳动论、经济学、社会哲学等结合，是不会有什么具体

① 恩格斯. 自然辩证法. 北京：人民出版社，1971：23-24.

② 同①158.

结论的。

三、当代科学突破与自然观的新探索

以相对论和量子力学的创立为标志的现代科学革命，以信息科学和生命科学为主战场的现代科技革命，为人类勾画了一幅新的世界图景，自然观的新探索展现了极为丰富的思想内容。

1. 自然的简单性与复杂性

大多数古代的哲学家和科学家都认为自然的本质是简单的，而不是复杂的。它主要表现在两个方面：一是物质构成上的简单性；二是物质运动上的简单性。到了近现代，古代本体论意义上的自然简单性观念被近现代科学家继承并发扬。如牛顿就把上述自然的简单性观念作为一种信念置于众法则之首，以至在他的名著《自然哲学的数学原理》中认为："自然界不作无用之事。只要少做一点就成了，多做了却是无用；因为自然界喜欢简单化，而不爱用什么多余的原因来夸耀自己。"① 近现代科学的诞生和发展、机械自然观的形成表明，自然的简单性主要表现在下列几方面：

一是，自然的规律性。它表明自然具有机械性的确定性、固有的秩序、决定性、必然性和单一因果关联等。它在古代就为人们所持有，并且植根于一神教的思想和社会管理的实践中。

二是，自然的外在分离性。它包括两个方面：一是自然与人是完全分离和独立的，只存在外在关系，而没有内在关联；二是自然可以尽可能地还原成一组基本要素，其中一要素与另一要素仅有外在关系而无内在关联，它们不受周围环境中事物的内在影响。系统的性质等于各要素之和。

三是，自然的还原性。它包含两个方面：其一，以无限可分的思想探求物质的基本构成。如分子可以分成原子，原子可以分成原子核和核外电子。原子核又可分为质子和中子，由此走向无穷。其二，认为整体或高层次的性质可以还原为部分的或低层次的性质，认识了部分的或低层次的性质，也就可以认识整体的或高层次的性质。

四是，自然的祛魅。一般而言，自然的经验性与复杂性是紧密关联的，也是人们难以认识的。近代科学正是在一定程度上消除了自然的经验性的基础上产生和发展起来的。

当然，自然的简单性除了表现在上述几方面外，还表现在下列一些方面：绝对的时空观；时间的外在性、非生命性和对称性；自然的对称性、可逆性、相似性、最优性等。所有这些方面都表明自然在本体论意义上是简单的。

自然真的是简单的吗？当然，坚信自然的本质是简单的人们对此持肯定态度，并且认为坚持这一原则能够正确认识到自然的本质。如爱因斯坦就认为："自然规律的简单性

---

① 塞耶. 牛顿自然哲学著作选. 上海：上海人民出版社，1974：3.

也是一种客观事实，而且真正的概念体系必须使这种简单性的主观方面和客观方面保持平衡。"① 德国物理学家海森堡也认为科学认识体系的简单性可以作为科学假说可接受性的标准。如他所指出的，相信自然规律的简单性具有一种客观的特征，它并非只是思维经济的结果。而且，从科学对自然的认识和科学认识的历程看，近现代科学所揭示的自然的规律性、机械性、外在分离性、还原性和祛魅性等表明了自然的简单性，从而使人们认为自然的本质是简单的。

自然的本质是简单的还是复杂的呢？这是一个复杂的、存在争论的问题，很难回答。但是，如果我们考虑最新发展起来的复杂性科学——系统论、混沌学、协同学、自组织理论等，考察它们对自然界中复杂性现象的研究，就会发现自然界中存在大量的模糊性、非线性、混沌、分形等复杂性现象。自然界存在结构的复杂性、边界的复杂性、运动的复杂性。具体体现在：不稳定性、多连通性、非集中控制性、不可分解性、非加和性、涌现性、进化过程的多样性以及进化能力上。②

这是对"自然的本质是简单"的反动。它比较充分地说明：由传统科学所得出的"自然是简单的"结论没有充分的证据，自然具有广泛的复杂性。近现代科学所展现的自然的简单性特征并不能涵盖自然的全部，相反，自然具有一些不同于简单性特征的复杂性：不可分离性、不可还原性、不可完全祛魅等。

当然，如果这种复杂性能够约简为简单性，那么，我们仍然可以说自然的本质是简单的，否则，就不能说自然的本质是简单的。

自然的复杂性能否约简为简单性呢？从逻辑上说，如果某种复杂性能够约简为简单性，那么，这样的复杂性就不是真正的复杂性，而是隐藏着简单性实质的复杂性表象。从科学认识的现实看，自然的复杂性不是简单性的线性组合，更不可能被简单性覆盖，是不可以约简还原为简单性的。如对于非线性系统，往往存在间断点、奇异点，在这些点附近的系统行为完全不能做线性化还原处理。否则，就处理掉了非线性系统的非线性因素，从而也就人为消除了相关的复杂性行为。因为这些因素恰恰就是非线性系统出现分叉、突变、自组织等复杂行为的内在根据。

2. 时空的绝对性与相对性

在牛顿的绝对时空观中，时空是欧氏时空，符合伽利略变换下保持关系性质不变。时间与空间无关，是独立的存在。时间在宇宙中处处流逝着，时间是一条直线，具有同时性的绝对性。时间虽然以物质的运动来量度，但是，不依赖于任何外部事物，外部物质的存在不以时间的形式作为证明。空间是平坦的，是物质运动的场所，但是，它又不受物质及其运动的影响。

爱因斯坦的相对论时空观和量子力学的建立为人们打破这种绝对的时空观创造了条件。

---

① 许良英，等编译. 爱因斯坦文集：第一卷. 北京：商务印书馆，1976：214.
② 吴彤. 科学哲学视野中的客观复杂性. 系统辩证学学报，2001（4）：45-46.

一是同时性的相对性。绝对时间，它能独立存在而与任何特定的客观事件和物理过程无关。但是，爱因斯坦的相对论认为，时间并非处处相同，而是随运动的情况不同而不同。对于整个宇宙来说，不存在同一的时间。以有限速度传播的相互作用，使得在某一坐标系中同时发生的两个事件，在另一相对于此坐标系运动的坐标系中，将不同时，因此，是否"同时"与所选择的参照物有关，参照系变化时，不同时的事件可能变得同时，同时的事件也可能变得不同时。

二是时间与空间不可分离。时间离不开空间，时间通过空间变动来测量。如古代的观象授时就是这样。反过来，空间的测量也可以用来表示时间。在天文学家的观念里，天体之间的空间距离就是时间，即光年。而且，在现实世界中，时空又是不可分割地联系在一起的，我们说明一个物体在一个地点时无不处于一定的时刻，说明某一物体在某一时刻时，无不位于一定的地点。因此，传统的三维空间结构存在严重的缺陷，如果没有时间作为第四维的时空，那么，三维空间结构便是静止的、不动的、呆滞的，而这样的时空决不是客观存在着的真实世界。在一个真实的、运动着的世界中，时空是统一的，二者之间不存在本质的差别。

三是时间、空间与物质不可分离。爱因斯坦的狭义相对论所揭示的尺缩钟慢效应表明时间、空间与物体的运动状态有关，而他的广义相对论所揭示的时空弯曲效应表明，时间、空间与物质有着内在的联系，物质密度大的地方引力场的强度越大，黎曼空间的曲率大，时间节奏的变化快，时空弯曲得越厉害。时空随物质存在的不同而不同。

应该指出的是，对于牛顿和爱因斯坦的时间，都是一种运动（不含演化）时间，是事物的外在形式。在牛顿那里，时间一维的、均匀地流逝而与任何外在情况无关，时间成了描述事物运动的纯粹抽象的外部框架。爱因斯坦的相对时间虽与观察者的运动速度有关，并最终由物体的质量分布所决定，它是被动的；它虽与物体的存在不可分，并由物体运动所产生，但对于物体的演化来说，它仍是外部的相对参量，是用来调整动力学机制的外部因素。因此，绝对时间和相对时间同物质存在仅构成外部联系，而不存在内在联系。这是它的外在性。正是由于这种外在性，决定了它们只与物质运动相联系，只是对物体机械运动的空间量度，没有深入事物的内部，不具有生命性。但是，系统论、耗散结构理论认为，时间更重要的性质不仅作为系统外的一种因素（运动的存在方式），而且它本身就是一种参量、一种动力，从而使得这样的时间成为内部时间，内部时间是系统的内部变量，成为事物的内部属性。由它决定的熵区分了系统的过去和将来。一个系统由潜熵向熵的转化就是系统生命演化的动力，因此，系统所具有的"转化能力"本身就是系统生命的标志，而描述这一能力的参量"熵"乃是内部时间的函数。内部时间决定了系统的演化，与之相应的就是生命本身，时间在人和自然中，而不是人和自然在时间中，时间由系统演化的不可逆"动势"而产生，时间的指针不是由机械运动，而是由生命演化带动的。由此也使时间呈现出不可逆性。

虽然在现代许多科学理论中，时间的方向无关紧要，如果时间倒走，牛顿力学、相对论、量子力学等是成立的，因为在这些理论中，时间是可逆的。但是一旦涉及事件，涉及热力学、化学、宇宙学、自组织理论等领域中的一些现象时，时间的不可逆性就表现得非常明显了。此时，引入内部时间就成为必然。内部时间是对称破缺和不可逆的，具有方向性，此方向与熵增方向一致，由此表示系统产生、发展、消亡和演化过程。其本征值不是确定物体的空间位置，而是对应系统演化阶段的状态或进化程度，它是一种不可逆的演化的时间。

3. 自然的构成性与生成性

构成论的基本思想是：宇宙及其万物的运动、变化、发展都是宇宙中基本构成要素的分离和结合。可以说，古希腊自然观和机械自然观都含有这种思想。它们否定宇宙万物真正意义上的"生成"思想，把宇宙看作机械决定论的，否定了事物本身的随机性，否定了世界的历史性和创造性，由此在自然科学中表现为无时间性（无论是牛顿力学还是量子力学，方程两边的时间 t 都可消去）。

事实怎样呢？康德的星云演化学说、达尔文的进化论冲击着这种自然观，相对论量子力学所揭示的客体的性质与在其环境的整体关系中的生成性，粒子物理和场论所揭示的大多数基本粒子的不稳定性和生灭转化性，非平衡态热力学所揭示的系统开放和远离平衡态条件下借以形成新的稳定的宏观有序结构的自组织性，尤其是大爆炸宇宙论在对宇宙早期历史热的"考古"中所揭示的物质的种种形式（如粒子、辐射、真空等）和性质（不对称、时空等）的生成和演化，都回应着古希腊"自然"一词的本义，成为生成论转向的标志。现代科学对于实体论和还原论的拒斥，就是对于空间化思维和表态的结构分析、性质阐明的拒斥，而去关注四维流形中随着时间而来的事件序列、动态的关系网络、生成的量子现象、演进的整体动力学机制，也就是说，去关注更为具体的、本真的、具有某种主动性（activity）的自然。

在哲学上，法国哲学家柏格森试图用崭新的时间观念表达一种全新的进化观念。他分析批判了达尔文的进化论，认为，达尔文的进化论过分强调了生物体对外界环境的依赖作用而彻底忽视了有机体的自主性力量。他认为，达尔文的进化概念虽然是一个简单的、明晰的概念，但是，他将适应现象的产生完全归于外在的原因，即环境对不适者的淘汰，而没有考虑有机体内在的主动性；而达尔文的变异则是建立在偶然性、随机性基础之上，变异的发生与有机体的整体功能无关。问题是，偶然的、随机的变异如何能成就一个在结构和功能上都非常协调有序的整体？由此，柏格森就把"生命冲动"视为万物的本质，认为这种"原初推动力"是生物和非生物的共同根基，生命进步的真正原因在于生命的原始冲动，生命冲动是宇宙意志，是世界起始阶段就业已存在的一种"力"，一种生成之流。这种作用的方向不是预先决定的，但它具有瞬时性、延续性，所以，分享了绵延的特性。所谓绵延，是一种不能用知性和概念来描绘，而只能以直觉来把握的、不可预测而又不断创造的连续质变过程，是包容着过去而又面向将来的一种现时的生命冲动。①

由怀特海创立的，由建设性的后现代主义继承和发扬的过程哲学对上述思想进行了进一步的发挥。它的基本要义是："事件"这一术语表明现实的基本单位不是"永久不变"的事物或物质，而是瞬间事件。那些在现代哲学看来是"永久不变"的事物，诸如

---

① 柏格森. 创造进化论. 长沙：湖南人民出版社，1989：6-10.

一个电子、一个原子、一个细胞或一种精神，实际上都是一种短暂性的社会（a temporal society），由一系列瞬间（momentary）事件所构成。每一事件都接受了（incorporate）先前事件的影响。这样一来，原来当作世界基本构成单位的静止的、分列的、只具有外在关系的实体，为实体之间的关系以及由此表现出来的事件所代替，也就是为一种生成性的过程所代替。这就将实体、关系、属性等包含于世界的基本构成之中。

过程哲学有待商榷，值得怀疑，但是，复杂性科学表明，事物的进化从根本上取决于内部的自组织的力量，即一个远离平衡态的系统，都有使自身趋向于日益复杂的结构和秩序的能力（另一方面也有从秩序走向解体的趋势），这种自组织能力便构成了有机体形成和生长的原动力，从而为上述哲学论断提供了有力的科学佐证。

科学的新发展虽然是支持生成论的，但是，它并没有让我们完全否定构成论。下面这段话对我们如何对待构成论和生成论应该有所启发。"怀特海也许比其他任何人都更敏锐地认识到，假如组成自然的各个成员均被定义成永恒的、单个的实体，它们在一切变化和相互作用中都保持它们的同一性，那么就不可能想象出自然界具有创造力的演变。但是他也认识到，要使一切永恒成为虚幻的，要以演化的名义否认存在，要拒绝实体而支持连续的和不断变化的流，就意味着再一次堕入永远为哲学所布设的陷阱——去'沉湎于辩解的业绩'。"①

由自然的生成性自然而然地就可以得出自然具有有机整体性的特征。这可以概括为：世界是由关系网络组成的有机整体，整体先于关系；部分之和不等于整体；世界的各组成部分之间存在内在关系；世界是动态有序的整体；层创进化与自我超越；人类更大的意义与价值包含于自然整体的自组织进化过程中。

这种整体论的观点有一定道理。科学的最新发展表明了这一点。按照传统的观点，不管环境如何，基因总是具有自我统一性的物质微粒。而根据现代生物学的研究，基因可以受到有机体的影响，分子可以以各种不同的方式体现出来。至于以何种方式，则取决于细胞的环境影响以及当时分子所处的环境。如此，系统与要素、要素与要素之间就呈现出不可分离的状态，系统并非等于组成系统的各要素之和。

关于自然界事物之间的内部联系，现在虽然我们不能明确它究竟是什么？或有些事物之间是否真的存在内在联系，但是，仍然可以认识到有些事物之间确实存在着内在联系。在传统的生物科学中，生物在自然内部进化，只限于从自然吸取能量和物质，只为着自身事物和其他物质需要而依赖自然。自然则是各种生物系统的选择者，而不是把各种生物系统结合为一体的生态系统。而在现代生态学中，"生态系统的关系不是两个封闭实体之间的外在关系，而是两个开放系统之间的相互包容的关系，其中每一个系统即构成另一个系统的部分，同时又继承整体。一个生物系统愈是具有自主性，就愈是依赖于生态系统。事实上，自主性以复杂性为前提，而复杂性意味着和环境之间的多种多样的极其丰富的联系，也就是说，依赖着相互关系；相互关系恰恰构成了依赖性，而这种依赖性是相对的独立性的条件"②。

---

① 普利高津，斯唐热. 从混沌到有序. 上海：上海译文出版社，1987：137.
② 埃德加·莫兰. 迷失的范式：人性研究. 北京：北京大学出版社，1999：13—14.

至于世界的层创进化和自我超越，美国科学家哈里斯把自然看成一个单一的不可分的彻头彻尾的有机论总体，"这个总体是由其内在形式的阶梯所组成的，每一层次在某种意义上都是独立自主的和渗透一切的；然而，每一层次又都是借助于在它内部总体（在这一总体中，它不过是一个阶段）的内在原则所赋予的潜在性，引出比它更高的层次出现。这就是不仅把自然看作是一个包罗一切的活的动物，而且把它看作一个动态有机系统的自然观，这系统在复杂性和一体化以及各方渐次增加的各层次上包含一连续系列的整体。它们在辩证关系中互为整体，因此这完整的系统表现为进化的系列"①。在这里，互为整体指的是所关联到的各个整体一方面独立自主、自我依存，另一方面又相互影响、不可分割地相互联系。进化的系列指的是，每一整体都作为前驱者的完成而与前驱者发生关系，当实现前驱者没有能力实现的潜在性时，要求并且合并先前的形式。每个后继者都是比其前驱者表达更清楚、整体性更完善并且更自我决定的整体。它高于前驱者，包括了前面的一切，是以前潜在性的实现。

4. 自然的决定性与非决定性

机械自然观是决定论的自然观。法国数学家和天文学家拉普拉斯看到牛顿力学不仅把天上和地上的物体的运动统一到力学原理之中，而且根据力学大批量数学地推导出其他自然现象。因此，他认为，可以"用相同的分析表达式去理解宇宙系统的过去状态和未来状态。把同一方法应用于某些其他的知识对象，它可能将观察到的现象归结为一般规律，并且预见到在给定的条件下应当产生的结果"②。在他看来，一切事物的运动变化都存在着确定的、必然的联系，服从某种规律。

这种机械论的决定论随着科学的发展日益表现出它的局限性。19 世纪发展起来的统计物理学表明，由大量微观客体组成的宏观客体所服从的是概率论规律，而不是牛顿力学定律。1850 年，德国物理学家克劳修斯发现了热力学第二定律，并将此表述为"熵增原理"，它说明自然界中存在不可逆过程，而牛顿力学议程关于时间反演是对称的，即过程是可逆的。这样，拉普拉斯所断言的：知道系统目前状态，就可以推知它过去的状态以及未来的状态，就不适用了。而且，相对论表明，牛顿力学不适用于物体宏观高速运动的情况，这直接冲击了建立在牛顿力学基础上的拉普拉斯机械决定论自然观，说明它没有反映物体在高速运动情况的时间—空间新特性。

量子理论在表明牛顿理论在宏观领域有效性的同时，也暴露了在新的亚原子的领域，非决定论普遍存在。在亚原子世界中，实在的最基本构成不可能像它们真正是那样的被分离、准确地鉴定、预言或者理解。在认识和分析亚原子粒子的过程中，测不准原理起着基本的作用。如此由经典物理学所倡导的准确的预言以及观测对象的中立性、客观世界的稳定性就不可能获得了。

对机械决定论冲击最大的是 20 世纪 50 年代创立的混沌学。它表明，混沌运动具有

①　E-哈里斯. 自然、人和科学：它们变化着的关系. http://www.king2000.net.
②　拉普拉斯. 论概率. 自然辩证法研究，1991（2）.

内在的随机性、对初始值的敏感依赖性和奇异性。所谓内在的随机性，是指混沌的产生既不是因为系统中存在的随机力或受环境外噪声源的影响，也不是由于无穷多自由度的相互作用，更不是与量子力学不确定性有关，而是来自确定性系统内部的随机性。所谓对初始值的敏感依赖性，是指当初始值出现微小偏差时，便引起轨道按指数速度分离，"蝴蝶效应"是其生动体现。所谓奇异性，是指从整体上看，系统是稳定的，但从局部看，吸引子内部的运动又是不稳定的，即相邻运动轨线互相排斥，而且按指数速率分离；混沌吸引子具有无穷层次的自相似结构；它的空间图形具有分形的几何结构，其综合利用数一般是非整数维。牛顿力学是确定性的，即只要知道构成系统一些因素之间的相互关系和初始条件，就可以确定系统运动的状态。可是混沌学表明，非线性确定论方程存在着内在随机性，或者说必然性中潜藏着偶然性；由于混沌运动具有对初始值的敏感依赖性，使得预测变得不可能。这就从根本上动摇了机械决定论的理论基础。它表明拉普拉斯机械决定论只能适用于日常生活和线性科学。

◆ 小　结 ▶

人类的自然观有一个演变的过程，与近代科学特别是牛顿力学一道兴起的是机械论自然观，它是还原论方法的一种具体形式，其要点是：自然的不变性、原子的基本性、机械的直观性、世界的既成性。

随着现代科学的发展，机械论自然观又暴露其局限性，强调普遍联系和发展的辩证自然观开始登上历史舞台，它把自然作为一个有机的整体，使我们得以恰当地把握人与自然的关系。

当代科学的突破引发了自然观的新探索，对于自然的简单性与复杂性、时空的绝对性与相对性、自然的构成性与生成性、自然的决定性与非决定性等问题有了新的认识，展现了极为丰富的思想内容。

◆ 思考题 ▶

1. 机械论自然观与近代科学的兴起有什么关联？
2. 机械自然观的主要内涵是什么？
3. 辩证自然观是如何随着科学的进步而兴起的？
4. 当代对自然观的新探索有什么特点？
5. 简述自然观与科学进步的关系。

第三章

科学逻辑与科学方法

人类在创造自身生存条件的生产活动中，为了能够反作用于自然界，首先必须发现自然的奥秘，认识自然界的规律性，并因此获得自由。对科学认识活动的分析表明：问题是科学研究的始点；科学认识具有不同的层次，需要厘清科学发现与科学辩护（证明）之间的关系；直觉、灵感和机遇在科学创造活动中具有特殊的作用；应当在程式化的追求与随心所欲之间寻求互补。

一、科学研究中的问题

1. 科学研究始于问题

科学研究是从问题开始的。

科学问题一经提出，科学家就会通过猜测去寻求解答，或是发现新的事实，或是引入新的解释性理论，或是引入新的概念。科学问题的解答没有机械的、固定的、普遍有效的规则，它是主动、活跃、丰富多彩的探索，甚至对同一个问题可能有不同的提法，多种不同的答案可能同时存在而相互竞赛。科学认识的过程就是一个不断地提出问题、解决问题的永续过程。旧的问题解决了，新的问题又会被提出，通过不断地提出问题和解决问题，科学家对世界的解释越来越具有合理性和完备性。

科学问题是指一定时代的科学家在特定的知识背景下提出的关于科学认识和科学实践中需要解决而又尚未解决的问题。它包括一定的求解目标和应答域，但尚无确定的答案。

科学问题是特定时代的产物。时代所提供的知识背景决定着科学问题的内涵深度和解答途径。同一问题，在不同的事实和经验背景下，其内涵深度是不同的。如针对遗传的奥妙这一个古老的科学问题，19世纪末魏斯曼思考的是"种质"问题，20世纪初摩尔根讨论的是"基因"问题，20世纪50年代沃森和克里克则提出生物大分子DNA的结构问题。背景知识还制约着解决问题的途径。有些问题受目前认识和经验水平的限制，其求解目标和应答域尚不明确，这些问题还不能称为科学问题。

科学问题蕴涵着问题的指向、研究目标和求解的应答域。科学问题从形式上可以分解为以下三种主要类型：

其一，"是什么"的问题。这类问题要求对研究对象识别或判定，一般具有"x是?"的语句形式，如"原子是什么?""遗传基因是什么?""在显微镜下所观察到的某个斑驳陆离的图案是什么?"等等。

其二，"为什么"的问题。这类问题要求回答现象的原因或行为的目的，是一种寻求解释性的问题，如"为什么牛有四个胃?""苹果为什么会落地?"等等。

其三，"怎么样"的问题。这类问题要求描述所研究的对象或对象系统的状态或过程，是一种描述性的问题，如"太阳系的结构是怎样的?""铁元素的原子量有多大?"等等。

一般把问题所指向的研究对象，称为"问题的指向"。第一类问题指向自然界的某种可观察的实体或现象，第二类问题指向现象的原因，第三类问题指向对象或对象系统的状态或过程。

问题通常以疑问句的形式来表述。逻辑学家对疑问句的研究发现，疑问句在逻辑特征上不同于一般的陈述句。首先，任何疑问句都有一个或多个预设，即知识或经验背景。其次，不同的疑问句的答案有不同的类型。对于"是什么"的问题，回答是一个存在语句，即存在什么或不存在什么。对于"怎么样"的问题，回答是一个或取语句，即一个事态或另一个事态。对于"为什么"的问题的答案类型，逻辑学家之间还有不少争论，但一般来说对这类问题的回答要包括一种对因果关系的机制的描述。因此，并不是任何表面上的疑问句都构成问题，要区分真实问题与虚假问题。如果问题的预设是真实的，则问题的提法是正确的；如果问题的预设是虚假的，那么问题的提法是错误的。永动机问题，即"如何制造一部永动机?"就是一个虚假问题，因为能量守恒定律表明制造永动机的预设是假的。

科学问题不仅包含了问题的指向和与特定的疑问词相联系的义项，而且还包含了问题的"求解应答域"。应答域指在问题的论述中所确定的限域，并假定所提出问题的解必定在这个限域中。尽管这种预设是一种猜测，是可错的，但在实际的科学探索过程中，它却能起到定向和指导作用。预设的应答域可以排除许多因素，能对解决问题提供明确的方向。若问题只有求解目标而没有一定的应答域，其求解范围可能是一个无所限定的全域，这样的问题就不能构成科学的问题。维纳在1948年提出的关于信息论如何发展的问题就是如此。他明确指出，必须发展一个关于信息量的统计理论。在这个理论中，单位信息量就是对于具有相等概念的二中择一的事物做单一选择时，所传递出去的信息。维纳在这里提出了一个需要探索的科学问题，问题的目标是发展一个关于信息量的统计理论。问题的应答域是应用统计理论和单位信息量的基本概念。

必须看到的是，若一个问题的应答域是错误的，即问题的解不在所设定的应答域之内，这将会使科学家劳而无功。两千多年来，许多数学家为直接证明欧氏几何中的第五公设耗尽心血，但一无所获。直到 19 世纪初，俄国数学家罗巴切夫斯基等提出反问题，即第五公设不可证明，改变了应答域和问题的目标，采用反证法，创立了非欧几何，这一科学问题才取得突破性的进展。科学问题的应答域的设立是否合理，直接决定问题是否有解。

科学研究活动是创造性地探索活动，科学研究要从观察、搜集经验材料和科学事实开始，但科学家真正富有创造性地研究活动却是在从提出问题开始的。证伪主义的科学哲学家波普尔曾经明确指出：科学研究始于问题而不是始于观察。尽管通过科学观察可以引出问题，但科学观察必定是在问题和预期的理论目标指导下进行的，漫无目标的观察是不存在的。

严格地说，"科学研究活动始于问题"中的"问题"应该是"科学问题"，因为没有明确指向、没有确定应答域的问题无从立即下手研究，但这类问题对科学技术研究的开展并非毫无意义。如果坚持对它思考，在一定条件下它是有可能转化为科学问题的。据爱因斯坦回忆，他在 16 岁时就思考过"假如一个人跟随光一起跑会看到什么"的问题。但最初这一问题只能算简单问题，只有当他把这一问题与伽利略变换、麦克斯韦电磁理论联系起来思考时，这个问题才具有了科学问题的意义，并最终导致了狭义相对论的创立。

需要指出的是，"科学研究活动始于问题"与"认识以实践为基础"并不矛盾。前者着眼于科学技术研究的程序，是从方法论提出的命题；后者着眼于认识的来源，是从认识论提出的命题。二者层次不同，实质是统一的。作为认识的一般过程，实践是认识的基础，科学理论归根结底产生于科学实践和生产实践，但作为认识的局部或个人的研究过程，情况就复杂多了。认识过程的每一步既是终点又是起点，科学问题既包含先前实践的认识的成果，又预示着进一步实践和认识的方向。"科学研究活动始于问题"并未否定"认识以实践为基础"，而是把一般的认识论原则在科学研究过程中具体化了。

2. 科学问题的提出

爱因斯坦指出："提出一个问题往往比解决一个问题更重要。因为解决问题也许仅仅是一个数学上或实验上的技能而已，而提出新的问题，新的可能性，从新的角度去看待旧的问题，却需要有创造性的想象力，而且标志着科学的真正进步。"[1] 发现、提出和形成一个有重要价值的问题，本身就是一个了不起的科学成就。善于提出科学问题是科学家最重要的素质。牛顿曾在他的《光学》中提出了 31 个尚需研究的问题，德国数学家希尔伯特 1900 年提出了 23 个对 20 世纪数学发展产生了巨大的影响的数学问题。爱因斯坦在几乎无人注意的惯性质量等于引力质量这一事实中发现了深刻的问题，创立了广义相对论。

当代美国科学哲学家劳丹曾把科学问题划分为经验问题和概念问题两大类。人们对

---

① 爱因斯坦，英费尔德. 物理学的进化. 上海：上海科学出版社，1962：66.

所考察的自然事物感到新奇或试图进行解释就构成经验问题。经验问题可分为：（1）未解决的问题，即未被任何理论恰当解决的问题；（2）已解决的问题，即被同一领域中所有理论都认为解决了的问题；（3）反常问题，即未被某一理论解决，但被同一领域中其他理论解决了的问题。一般说来，未解决的问题只能算是潜在的问题，当存在适当的理论和足够的实验条件来判定这个问题时，它才转化为实际问题。反常问题对某些理论的威胁最大，更容易引起一些卓越科学家的关注。概念问题分内部概念问题和外部概念问题两种：内部概念问题是由理论内部的逻辑矛盾产生的问题；外部概念问题是指同一领域中不同理论的矛盾或理论与外部的哲学、文化观念等的不一致产生的问题，如科学家关于"时空""因果性""实在"等概念的争论就属外部概念问题。

从逻辑上讲，任何真正的问题都是在一定的背景知识之下提出的。背景知识是科学家解释所观测到的现象和形成对未来的预期的依据。所有作为背景的科学理论都是假说，是试探性地对经验现象的解释和预言。当原有的理论不能解释新的现象、新的事实时，就产生了需要探讨的问题。电子的发现与传统的原子不可分的理论之间的矛盾，水星近日点进动与牛顿理论之间的矛盾等皆属此类。

寻求经验事实之间的联系并给出统一解释，既是科学活动的基本目标，也是科学问题产生的最基本的途径，也是建立科学理论或假说的最基本的出发点。科学理论或假说的最基本、最直接的目的就是要寻求一定范围内的经验事实的联系和统一的解释。例如，各种化学元素以前曾经被一个个地孤立地发现和研究。但进入19世纪以后，当时所发现的化学元素已有60多种，并且还在不断地增长。这时科学家就提出问题，各种化学元素之间是否存在某种内在联系？如何揭示各种化学元素之间的内在联系呢？普劳特、段柏莱、尚古都、纽兰兹、门捷列夫等科学家相继围绕着这个重大课题进行研究，最终提出元素周期律。

再者，理论内部的存在的逻辑悖论或佯谬可能引出重大的科学问题。任何一个科学知识体系应当在逻辑上是无矛盾的，这是对科学知识的基本要求。科学知识体系的逻辑问题或者表现为逻辑上的跳跃或推理上的不严密，表面上的"逻辑结论"实际上并不能真正从前提中导出；或者表现为一种理论在逻辑上不能自洽，从同一组前提出发，却导出了相互矛盾的命题，从而造成科学中的所谓"佯谬"或"悖论"。一种理论或一个概念，如果从中推出逻辑矛盾，那就表明其中存在需要进一步探讨的问题。数学中的无穷小悖论、罗素悖论，物理学、天文学中的双生子佯谬、引力佯谬等都是如此。悖论或佯谬往往蕴涵着重要的科学问题，对它们的解决常引起科学理论的突破性进展。狭义相对论出现的背景是经典物理学在以太问题上陷入困境，其实质在于爱因斯坦发现电磁学方程在伽利略变换中不具有协变性，从而暴露出电磁理论与经典时空观的矛盾。

不仅如此，根据科学知识体系的逻辑一致性的要求，科学家甚至要在不同学科的理论体系之间寻求逻辑统一性，并进而发现不同学科的理论体系之间存在的矛盾和冲突，提出更具有普遍性的科学问题。19世纪确立起来的生物进化论和热力学在各自的学科范围内都能够揭示相当广泛的现象，是相对严密的理论体系，但科学家们进一步研究发现，这两种理论的基本原理很难在逻辑上统一起来。热力学第二定律表明，任何孤立系统的熵都将趋向于极大，而系统的熵与系统的组织状态密切相关，熵增加意味着系统的无序化程度加剧和系统组织程度的减弱，无疑，热力学理论提供的世界时间箭头是一个不断衰退的时间箭头。然而进化论所揭示的世界时间箭头却是一个不断进化的时间箭头。这二者如何统一？热力学第二定律和进化论如何统一？甚至物理世界和生命世界的途径如何统一？等等。这些就成了科学家必须加以解决的理论问题。20世纪70年代，普里戈金针对这些科学问题提出了著名的耗散结构理论，并因此在1977年荣获了诺贝尔化学奖。

一般而言，科学问题产生于对无知的憎恨。无知是精神的一种状态，是相对于背景知识而言的。然而，对无知的认识也是一种知识，苏格拉底说："我知道我一无所知"，而孔子则说："知之为知之，不知为不知。是知也。"（《论语·为政》）如果一个问题是在科学上目前根本无法解决的，它就属于无知问题。

3. 解决科学问题的基本途径

大多数科学问题是复杂的，要有效地解决科学问题，首先必须对科学问题进行分解。剑桥大学的爱尔兰生理学家巴克罗夫特认为，在研究工作中，最重要的就是要把问题化为最简单的要素，然后用直接的方法找出答案。牛顿在他的名著《光学》和《自然哲学的数学原理》中，分别提出了几十个"问题"，这些问题实际上是对光学和力学中许多重大问题的进一步分解，在很长时间内都是后代科学家们的研究指南。

对科学问题的分解，常常会发现其中所蕴涵的深层次问题。当代美国的著名物理学家伽莫夫，曾经这样评论伽利略关于单摆的研究和他对于问题深入分解的能力：伽利略在教堂做弥撒的时候，受蜡架摆动的启发，进一步的实验终于使他发现了单摆的周期与振幅无关，与摆垂挂的重物的重量无关。然而"为什么单摆的周期与振幅无关，即与摆动的大小无关？""为什么重的石头和轻的石头系在同一绳子的一端时，是以同样的周期摆动呢？"伽利略一直没有解决第一个问题。因为这需要微积分的知识，而这几乎在一个世纪之后才由牛顿发明出来。他也没有解决第二问题，这个问题要等到爱因斯坦关于广义相对论的工作问世才能解决。但是，他对这两个问题的系统提出无疑是有很大贡献的，虽然他没有足够的能力和知识解答这两个问题。

对科学问题的解决，可以总结出三条基本途径：

（1）通过进一步获取事实来回答问题

获取事实并不是要我们漫无边际地收罗材料，而是要从背景知识出发，根据问题的指向和预期的应答域，利用已知的普遍原理、定律去设计合适的实验和观察，从而取得我们所需要的解答。例如，针对17世纪和18世纪物理学界争论不休的光的波动说和微粒说孰是孰非的问题，19世纪的物理学家将其引申为一个事实问题，即"光在空气中传播的速度快还是在水中的传播速度快？"这样，只要能够制作出有效的仪器，确定出实际观测的方法，就能通过对事实的认定来解决这个理论问题。

科学家共同体的常规工作就是扩大对事实的认识范围，提高对事实精确性的认识，并为此制造出一个又一个复杂的仪器，设计了一个又一个精巧的实验。牛顿的《原理》出版以后100年间，测定万有引力常数问题成为科学家们瞩目的焦点，使得许多科学家投入了大量的才华在这个问题上面。

（2）通过引入新的假说来解答问题

在整个中世纪，关于血液运动流行的理论是盖仑学说。盖仑认为，血液在肝脏中形成，然后由静脉将一部分输送到全身，另一部分流入右心室，通过左右心室之间的孔道流到左心室，再经动脉流到全身，即是说血液只能来回流动。16世纪英国医生哈维通过放血实验，知道一头牛或猪的全身血液不过10公斤左右，他估计人体内的血液也不会太多。少量的血液在人体内是如何不断地运行的呢？他猜想人的每一个心室大约能容纳2英两血液，在每次心跳中心室排出的血液大约也为2英两，若每分钟心跳72次，则在一小时内每一个心室将排出8 640英两的血液，合245公斤，相当于4个普通人的体重。这样一系列问题产生了：这么多的血液流到哪儿去了？为什么没有把人体胀破？这么多的血液又来自何处？人能在一小时内制造这么多的血液吗？等等。盖仑的学说是无法回答这些问题的。哈维通过进一步的实验，并在总结塞尔维的肺循环理论的基础上，依据老师法布里奇的静脉瓣膜的发现提出假说：血液在人体内是循环流动的，其流动的道路是：静脉—右心房—右心室—肺动脉—左心房—左心室—主动脉—静脉。这个假说中虽然仍有一些问题解释不清，如血液是如何从动脉流到静脉去的，后来列文虎克等人在显微镜下发现了毛细血管，才解决了这个问题，但血液循环假说的提出的确使当时医学界面对的大多数问题得到了解决。

（3）通过引入新的概念解决问题

不管以何种形式提出来的反常问题，都是针对已有的理论和原则，特别是针对其中的基本概念的。因此，当反常问题久久得不到解决，对原有的主导理论中基本概念产生怀疑时，往往需要引入新的概念。狭义相对论与广义相对论事实上就是通过引入相对于经典物理学的新的概念来消解困扰经典物理学的理论难题而建立起来的。这些概念虽然与牛顿物理学的概念使用了同样的名词，但它们的含义却是不同的。后者所说的能量和质量二者互不相干，而前者所说的能量和质量则可以相互对应；后者所说的时空是绝对的，而前者所说的时空则是相对的，即时空的特性既依赖于物体运动相对速度（狭义相对论），也依赖于物体质量的大小与分布状况（广义相对论）。这些新的概念的引入，揭示了更具有普遍性的解释性规律，从而超越原有理论的局限性，很好地找到经典物理学难题的解决办法。

4. 由问题激发的创造过程

科学发现是科学创造力的同义词，而创造力意味着创造性思维，因此可以说纯粹经验的发现是不存在的，只可能有包含着先于经验事实的假定成分在内的发现过程。科学发现是由这些假定构成的。首先是通过创造性思维过程形成假定，当然，所有这些假定随后都要经受经验的检验或反驳。假定的形成是科学发现的关键，对假定形成过程的分析，将揭示出创造过程的要素。

每一个发现都是由客观存在的问题这一情况引起的，问题是发现的第一要素。发现从正在探索和解决的问题的成果中得到；有时，从一个问题又发现另外一个全新的问题，由此而可能导致全新的发现。发现是从问题开始的，重要的是你所要关心的问题，你应对问题入迷，走进问题，好像和问题不能分离。

当问题萦绕于心的时候，就开始了一个可称之为"主观模拟"的过程，科学家主观地模拟他周围的事物——现实的或想象的。他把自己的注意力集中在一种给定的现象情境中，尝试主观模拟这一情况来获取一种内部的表达形式，首先是现象本身，而后是现象来源等等。例如，物理学家在思考一个他所关心的现象时，时常或多或少把自己与一个电子或一个粒子画上等号，追问如果他就是粒子或电子该怎么办。这一模拟过程可以变成某种词语来表达，但通常不需要这样做，实际上是由非词语的表达形式开始的。简言之，创造过程首先由问题激发，问题调动了全部内在的思维活力，意识和下意识都被召唤来解决这一问题，科学家自身也被主观地投射到某种现象情境中，这种主观的模拟过程有可能获得一种内在的表达形式，从而找到问题解决的关键。因此，成功的主观模拟是科学创造的又一基本要素。由问题激发的创造过程，其突破是通过打开想象的大门发掘下意识而获取的。把这个复杂的包含下意识创造性活动的过程叫作主观模拟过程，是颇为恰当的。下一步就是把这一模拟文字化，确切地说是符号化，即用科学的语言把已经蕴涵于心中的发现描述出来，从而得到真正的科学假定。它是对问题的一个可能解决，并且具有科学家共同体可以理解的形式。符号化也是创造过程不可或缺的要素，它使创造确立下来。

发现过程不是平缓的、渐进的，它采取跳跃的形式，其中有一个突变，这个突变就叫创造。创造行为从思维突然被转变的角度来看是一种方向的改变，往往开初是不完善的，带有这样或那样的缺点。不过，人们不应当对最初的跳跃提出苛求，而应当感谢它给我们指出了新的方向。没有人说世界上第一架飞机是最好的飞机，但最好的飞机设计师决不会嘲笑而只会感激莱特兄弟的创造。

在科学发现的过程中，勇气是最可宝贵的。不但在产生新设想时需要大胆，在把设想应用到各种新情况，特别是与设想对立的情况中时，更需要大胆。创造性不仅要维护自己的假定，而且要无情地反驳自己的假定。这样它才可能成为问题的一个真正的解答。

发现是奇特的，是意料之外的事情。对发现者而言，发现驳倒了他曾经接受或推测过的某些东西。一个人在着手创造以前需要一种解放。1928 年，爱因斯坦在柏林曾说，如果他没有读过休谟的著作，他或许不敢推翻牛顿的基本假设。休谟的著作提倡一种怀疑精神，怀疑精神有助于使爱因斯坦离开教条主义的轨道。创造者常常需要从习惯性思维的框框中解放出来。人们都有创造性的潜在能力，但也有一种保守倾向。有人考察动物行为时发现，动物既会对新事物表示畏惧，也会被新事物吸引，可以把这两种行为分别叫作憎新趋向和趋新趋向。创造性强的人，趋新趋向似乎特别强烈。

不过，人们总是在有了一个更好的概念以后才放弃现有概念的，否则就不叫创造，只能叫紊乱。在生物进化过程中，不仅有突变，而且有雷同的复制，复制多次后偶然才出现突变。如果生物总在突变，任何有利的东西转瞬就会得而复失。一个开创新风格的作曲家，多处重复的是前人的风格，只是在个别但很关键的地方做了改变。任何时候都和别人不一样的人是不可能有创造性的，最有创造性的一定是在复制和突破之间达到最有利平衡的人。

二、证明的逻辑与发现的逻辑

当代关于科学方法的主要争议是：究竟着眼于对科学的结果（知识）做静态分析，还是着眼于对科学的过程（发现）做动态把握。用科学哲学的专门术语来说，这就是所谓辩护和发现的问题。

1. 证明的逻辑基础

差不多直到 20 世纪 50 年代末，西方大多数科学哲学家还认为，科学哲学或科学方法论的任务，应当是分析和证明业已形成的科学知识；至于这种知识的起源和科学发现的过程，则应当是心理学家、社会学家所研究的问题，因为科学发现是跟科学家的个人心理特征以及相应的社会环境因素联系在一起的。

科学哲学家赖欣巴哈在《科学哲学的兴起》中明确地表示："对于发现的行为是无法进行逻辑分析的；可以根据其建造一架'发现机器'，并能使这架机器取天才的创造功能而代之的逻辑规则是没有的。但是，解释科学发现也并非逻辑家的任务；他所能做的只是分析所遇事实与显示给他的理论（据说这理论可以解释这些事实）之间的关系。换言之，逻辑所涉及的只是证明的前后关系。"①

经验论的科学哲学家比较强调归纳推论的作用，一般认为，归纳推论是一套根据事实、由猜测引导到发现上去的发现逻辑。但逻辑经验主义者仍然坚持，归纳推论是在一种证明的要求中被完成的，因此它也是证明的逻辑。通过猜测而发现其理论的科学家，要到他看见他的猜测为事实所证明之后，才把他的发现呈示给别人，因此，他的着眼点不只是事实可从他的理论中推导出来，而且还是事实使他的理论有可能成立并促使他的理论预言以后的观察事实。归纳推论并非用来发现理论，而是通过观察事实来证明理论的正确性。

持这种立场的科学哲学家，显然认为发现的逻辑及产生新观念的逻辑方法是不存在的，每个发现都含有一种非理性的因素、一种创造性的知觉。爱因斯坦在谈到探索那些高度普遍的定律时说，从这些定律可通过演绎获得世界的图景，但通向这些定律的逻辑通路是不存在的，只能凭借那种建立在对经验对象的理性偏爱基础上的直觉才能达到。

因此，正统的科学哲学是对某种科学陈述的辩护。这种陈述可称为假定，一个假定是一个我们虽然不知道是否为真，但作为是真的来对待的陈述。当然，选定这个假定而不是那个，标准是什么，在辩护是如何贯彻这个标准之际，就形成了不同的科学哲学观点和流派。

逻辑实证主义的中心问题——知识的经验论证问题——就是为完成辩护的任务而设立的。经验证实是它的原则，为了贯彻这个原则，必须寻找一条从理论还原为经验的通

---

① 赖欣巴哈. 科学哲学的兴起. 北京：商务印书馆，1983；178-179.

道，于是求助于对陈述的逻辑分析，利用数理逻辑的成果对所有的知识命题进行逻辑分析，以揭示这些命题的经验基础。命题的意义是通过逻辑分析澄清的。具体说有下面三个主要观点：

（1）所有有意义的认识陈述或者是分析的（不然就是自相矛盾的），或者是经验的。逻辑和数学命题是分析的，实证科学的命题大多数是经验的。前者实际上是以某种方式使用语言的决定，提供用以判断对或错的法则。后者才真正是有意义的，可以为人们提供有关经验世界的知识。

（2）所有有意义的经验陈述，原则上可以用经验来证实，也只能用经验来证实。换言之，经验命题不可能单独由某些分析前提演绎出来，必定要诉诸某种直接经验的手段。

（3）所有有意义的经验陈述都能归结为中立的直接观察语句。观察语句最重要的哲学用途就在于能够以它来证明经验陈述的真伪，从而讨论知识基础的结构问题。

经验原则、证实理论和还原分析方法，这些都是逻辑实证主义的精髓，是现代经验论的核心。其中的根本点，是把直接观察和观察语言作为互相竞争的理论的取舍标准。辩护就是看理论的确证度有多大，看它在多大程度上能够接受直接观察的检验，看它的命题能否通过逻辑分析归结为观察语句。

当然，证明的逻辑并不止一种，辩护可以是多种多样的。例如波普尔认为辩护并不是以证实性而是以证伪性为标准，相应地，证明的逻辑就不是归纳推理而是演绎推理。所有以辩护为宗旨的科学哲学的共同之处在于它们都认为发现过程是不能做逻辑分析的。

2. 对发现逻辑的关注

关于科学发现的逻辑，即科学发现的逻辑是可能的吗？一直是科学家和科学哲学家争论的焦点。这其中隐含着对科学发现逻辑的不同理解。一般认为，研究科学发现逻辑的任务是亚里士多德在《后分析篇》中提出来的，即研究概念最初是怎样形成的和理论最初是如何生成的。以研究科学知识的创造方式为核心，这就是科学发现逻辑最初的明确观念。事实上，在近代科学发展的过程中，有许多重要的哲学家和科学家，如培根、笛卡儿、玻意耳、洛克、莱布尼茨和牛顿都相信可以确定某些导致科学发现的规则。其中，强调经验归纳的一派认为，科学发现的逻辑就是归纳逻辑，而主张理论推演的一派则认为是演绎逻辑。

19 世纪中叶及其之后的一段时间里，科学哲学家们开始将科学理论的发现与证明严格地区分开来，并将科学哲学的研究任务限制于仅对已形成的科学理论、概念或语言做逻辑分析。此后科学哲学家们相当普遍地把逻辑属性狭隘地理解为符号系统的可演算性。维特根斯坦认为逻辑就是关于形式和推理的学说，罗素则强调科学哲学化的最高目标就是寻找可能代替相应实体的那种逻辑结构，总之，多数的科学哲学家迷恋于命题之间的形式可推演性，而把科学发现问题视为非理性化的问题置于视野之外。

从 20 世纪 60 年代开始，人们对科学发现逻辑的兴趣开始缓慢而稳步地增长，研究科学发现问题的论著迅速增加。一些哲学家、心理学家、人工智能专家和神经生物学家从各自不同的研究领域出发着手对科学发现问题进行有益的探索。

1958 年，美籍英国科学哲学家 N. R. 汉森在《发现的模式》一书中着重对科学发现逻辑进行了研究。他对假说—演绎（H-D）法和归纳法同时提出尖锐的批评。"物理学家很少是通过枚举和概括可观察事物而发现定律的。然而，H-D 法也是有问题的。倘若认为 H-D 法是对物理实践的描述，那么它就使人走入歧途。物理学家不是从假说开始，而是从资料出发的。当定律纳入 H-D 系统的时候，真正独创的物理学思维就结束了。从假说推衍出来观察陈述的这一平淡的过程，只是在物理学家看到假说至少能解释要求解释的初始资料后才出现的。仅当讨论一个已完成的研究报告的论据时，或者为了理解实验者或工程师是怎样发展理论物理学家的假说，H-D 法才是有用的。……归纳的观点正确地提出定律是从资料推论而来的，但他却错误地提出定律不过是这些资料的概括，而不是它必须是的东西，即对资料的解释。"[1]

汉森确信存在发现逻辑，并寻找科学家构思和产生新思想时所遵从的逻辑方法。他说："假说的最初提出常常是一件理性的工作。它不像传记作家或科学家们说的那样如此经常地受直觉、洞察力、预感或其他无法估量的作用的影响。H-D 法的信奉者常常认为假说的开端只具有心理学意义而不屑一顾，要不然就宣称它只有天才的领域而不是逻辑的领域。他们错了，倘若通过假说的预言而确定假说具有逻辑，那么假说的构想也同样具有逻辑。要形成加速度或万有引力的概念，的确需要天才。……但是，这并不意味着导致这些概念的思考是不合理的或非理性的。"[2]

在此基础上，汉森对逻辑实证主义只限于考察科学研究的结果而不注意借以提出假说、定律和理论的推理方法提出了批评。他认为，科学哲学不应只限于研究科学认识业已取得的成果，它可以也应当对认识过程的一切阶段，因而也包括对新的科学思想、科学假说和科学理论的产生阶段加以研究。美国哲学家、逻辑学家皮尔斯曾用"逆推"这一术语来表示导致发现的系统过程，汉森重新使用这一术语，并细致地解释了引导开普勒发现行星的椭圆新轨道的逆推道路。

汉森写道："物理学理论提供了一些使经验材料在其框架内成为易于理解的模式，这些模式乃是概念的格式塔。理论不是由所观察到的有关现象的各个片断堆砌而成的，它还使人们有可能去进一步察觉一些现象……理论把现象安排成有条理的体系。这些体系是按反向程序，即以逆推方式排列起来的。理论是作为显露前提所必然会得出的结论总和出现的。物理学家从所观察到的现象属性，力图找出一种能获得基本理论概念的合理方法，借助这些概念，那些现象属性就可以得到切实可靠的解释。"[3] 他认为，假说或理论的最初提出往往是合理的，并不经常受到直觉、顿悟、预感或其他无法估量因素的影响。如果通过预言的实现而确立的假说有逻辑的话，则在构想假说之时这种逻辑也存在。

汉森曾具体地提出溯因推理的形成：

（1）一些意外的令人吃惊的现象 P1，P2，P3……被遇到；

（2）找到一个假说 H，它能对 P1，P2，P3……的原因做出解释；

① N. R. 汉森. 发现的模式. 北京：中国国际广播出版社，1988：76-77.
② 同①77-78.
③ 刘大椿. 科学技术哲学导论. 北京：中国人民大学出版社，2000：104.

（3）因此有理由提出假说 H。

许多学者对汉森所阐明的发现逻辑——逆推——做了发挥，并试图把具有某种明确目的的科学探索活动看作逆推过程，建立有关逆推程序的一般理论。

以"复活发现逻辑"为己任的美国科学哲学家拉里·劳丹从概念分析入手，认为赖欣巴哈的"发现的前后关系"和"证明的前后关系"这一传统的两分法并不科学，因为它不仅无法从时序上恰当地表述出一个概念从产生到接受的真实过程，而且它也使发现的性质不明确以及证明包含的内容过宽。为此，他从"发现的前后关系"中独立出理论的初步评价、检验和修正这一部分内容，即所谓"追求的前后关系"，将传统的两分法变为三分法，即发现的前后关系、追求的前后关系和证明的前后关系，进而将发现的前后关系看作"理论最初如何被发明"这一"尤里卡（Euveka）时刻"。他说："我将把发现狭义地解释为'尤里卡时刻'，即一个新思想或概念最初萌生的时刻。并且我将把发现逻辑看作一套规则或原则，根据这些规则或原则可以产生新的发现。"① 他认为，发现的逻辑应当能够用以发现深刻理论（概念），它是与争鸣逻辑相独立的，这种逻辑应是一种算法或一套可行的规则，而不仅仅是其中包含个别的逻辑因素。

发现过程是从特殊事实到以某种方式从中归纳出来的一般定律，检验发现的过程则是从定律到从中演绎出来的特殊事实的预测。因此得出结论：普遍的演绎逻辑提供了有关定律检验（尤其是定律证伪）的规范理论的形式基础；而有关定律发现的规范理论则被认为需要归纳逻辑作为其基础。有人担心，如果情况是这样的话，发现过程就是归纳过程，发现的规范理论因而会遇到归纳逻辑所具有的困难——结论的不确定性和归纳本身的逻辑悖论。但是，情况并非如此，发现过程中并没有所谓归纳问题，因为只有当人试图把发现的模式外推时，才会引起归纳问题的困难。定律的发现仅仅意味着在已被观察的数据中找出模式，至于模式能否继续适合于被观察的新数据，这将在检验定律的过程中判定，而不是在发现它的过程中判定。所以，发现过程中并没有归纳问题，倒是证明（检验）过程中会遇到归纳问题。

3. 发现与辩护之间的真正区别

随着研究的深入，人们懂得，发现与辩护之间的区别是含混不清的，并不像乍一看那么分明。从原则上说，发现涉及科学理论和假说的起源、创造、发生及发明。它是主观的，与文化因素、心理构成、社会背景有关，属于心理学和社会学的课题，只适合于描述性研究。辩护则涉及科学理论和假说的评价、检验、维护、成功及确认。它是客观的、规范的。它决定什么应该被接受，属于科学哲学（认识论和方法论）的课题。但在实际研究中，发现并不仅仅是心理事件，至少部分还是辩护，因为只有已经被辩护了的东西才是发现，所以发现应当包含在辩护中。

真正的区别在于猜测、假设的或然性与理论可接受性之间。

猜测表示最初的思索，这可以不要理由，逻辑对于猜测不是必要的。德国化学家凯

---

① 严湘桃，石义斌，韦振仕. 科学发现观的演进. 杭州：浙江科学技术出版社，1998：255-256.

库勒关于苯环结构的梦并没有什么明确的理由。最初的思索先于或然性和可接受性，往往既无或然性更无可接受性。发现来自猜测，猜测不一定是发现，甚至多数猜测根本不成其为发现。因此，猜测或最初的思索在逻辑上是与或然性推理、与辩护有别的。猜测不属于科学哲学，是典型的个人思维心理学的课题。

假设的或然性是指有好的理由支持一个假设，但它尚未被检验。这是值得进一步考察的猜测，虽然并不一定能被接受。考察这个假设而不是另一个假设往往是合乎情理的，因为它在检验之前就有几分合理性了。有关这种或然性推理的规律应当是可寻的，它们就构成所谓"发现的逻辑"。今天，许多学者也把它们归入科学哲学（方法论）研究的范围。

理论的可接受性或理论的确认，这就是辩护。科学家们相信，假设通过经验检验，被确认是真的，是经验的证实使假设具有可接受性。当然，支持假设可接受的还有逻辑的丰富性、可扩展性、多重关联、简单性和因果性等等。这些原则都以经验确证做基础，但不归结为经验确证，它们具有相对独立性。

或然性先于可接受性。好的理由支持或然性，肯定将有利于可接受性。但给或然性以根据的东西可能不足以给可接受性以根据，可接受性更为严格，要求的东西更多。或然性的一个强的甚至结论性的理由，对于接受而言，可能既不足够强，也不具有结论性。当然，这种差别只是程度上的，或然性的理由和可接受性的理由之间不存在基本的区别。

发现和辩护之间没有一道鸿沟，而且它们正在逐渐接近。除了最初的思索——猜测尚游离开科学逻辑之外，或然性和可接受性都是可分析的。支持或然性发现的东西，也是支持或然性的辩护，因此，一切真正的发现是辩护。当前科学哲学发展的一个重要趋势是，既探讨证明的逻辑，也探讨发现的逻辑；确切地说，是把或然性的发现纳入辩护的轨道，或扩展传统的辩护的范围，让证明的逻辑也渗入发现的逻辑的地盘。发现和辩护可以看作同一件事，它们之间只有程度的差别。至于最初的思索——猜测，暂时还被看作主要与心理学、社会学有关的，它只是发现的肇始。

4. 收敛性思维与发散性思维的互补

无论对于科学的活动还是对于科学的反思，创造性都是一个极其重要而又十分敏感的问题。创造性对于科学工作者的思维素质提出了复杂的要求，这种要求可以简单概括为：在收敛性思维与发散性思维之间形成必要的张力，即达到某种适当的平衡。

发散性思维是指科学思维中具有高度思想活跃和思想开放的性格的思维。科学中大多数新理论和新发现并不仅仅是对现有知识的量的增添，而更主要是在不同层次上质的改变。为了得到新理论和新发现，科学家必须经常调整他过去的思维模式和行为习惯，放弃从前坚持的信念，重新估价科学实践中的许多因素。如果没有发散性思维，没有高度思想活跃和思想开放的性格，就不可能有科学的突破，也很少可能有科学的进步。

收敛性思维是指科学思维中建立在传统一致基础上受到一系列规范约束的思维。仅有发散性思维也谈不到真正的科学发现。科学思维还需要一种与之互补的素质：收敛性思维。科学家为了完成自己的工作，必然受到一系列思想上和操作上的约束，科学活动的基础牢固地建立在从科学传统中继承下来的一致意见上。如果没有收敛思维的严格训练，常规的研究或解题活动就不可能进行，在这种情况下，当然也谈不上任何创新。

美国科学哲学家库恩强调，全部科学工作具有某种发散性特征，在科学发展最重大事件的核心中都有很大的发散性；同时他又认为，某种收敛式思维也同发散式思维一样，是科学进步所必不可少的。这两种思维形式既然不可避免地处于矛盾之中，那么，在它们之间保持一种必要的张力，正是成功地从事科学研究所必要的首要条件之一。

收敛思维与发散思维的统一，在某种意义上可转化为科学研究中传统与创新的统一。科学研究必须牢固地扎根于当代科学的传统中，这种传统是由严格的科学教育所给定的。自然科学教育不同于其他领域，它完全是通过教科书进行的，各个专业的大学生从专门为他们写的教科书中获得该学科的主旨和概念结构，并按一定的程序学习该学科特有的技巧。通过教科书，向未来的专业工作者提供一个解题的规范，然后要求学生自己用理论推导或实验操作进行解题练习，这些问题无论在方法上还是在实质上都十分接近于教科书上相应章节给以引导的题目。这是在科学中维持一种传统的有效方法，再也没有其他办法能更好地产生这样的"精神定向"作用了。

但是，几乎所有人都同意，虽然学生必须从学习大量已知的东西开始，但教育应当给予他们比单纯掌握已有知识更多得多的东西，这就是一种面向未来的态度，一种做好准备探求未知领域的创新精神。他们必须学会提出、识别和评价尚未给出明确答案的问题，必须获得一些方法作为武器，必须具有一种怀疑的审慎眼光，不抱偏见，对新事物、新现象极其敏感，大胆地提出前人未曾设想过的意见。

传统和创新是科学发现的两个相互补充的方面。常规研究是一种遵循传统的、高度收敛的思维活动，这种研究总是在科学传统的范围内进行，试图调整现有理论或现有观察，使之越来越趋于一致。常规研究的魅力在于阐述的困难，而不在于工作中的意外性。常规研究的关键是释疑，而不是革新，人们所集中注意的疑点，恰恰是在现有科学传统范围中能够表达和解决的。只有到已有的规范——传统已容纳不下新的研究成果，出现了反常或危机的时候，传统的方法与信念才开始动摇，最后终于被抛弃，由新的规范取而代之。但是，科学传统的革命转换，相对来说是比较罕见的。而且，收敛式研究的持续阶段，正是实现革命转换必不可少的准备。科学研究只有牢固地扎根于当代科学传统之中，才能打破旧传统而获得创新。在一个明确规定的根深蒂固的传统范围内进行研究，比那种没有收敛标准的研究更能打破传统，因为任何其他的研究都不可能像这样通过长期集中注意而找到困难所在。识别和估价反常的深度，是以能否深刻地了解已有科学传统为转移的。

当托马斯·杨在19世纪初向光的微粒说提出挑战的时候，牛顿的光学研究仍是这方面根深蒂固的传统，托马斯·杨对此是熟悉的。但光的干涉和衍射等现象在依赖传统的研究中遇到了困难，正是传统不可克服的困难，才使托马斯·杨转而提出波动说。波动说不能说是绝对反传统的，因为早在牛顿同时代，以惠更斯为代表，就有波动说的传统了。可以说，托马斯·杨恢复和发展了一个更早的传统而代替了延续到他那个时代占统治地位的现实传统。从这个角度来看，他的创新工作同样具有收敛性。

简言之，科学发现过程中富有创造性的科学家，一般都是从遵循传统开始的，他把现有理论传统作为一种暂时接受的试探性假说，如无不恰当就可用作研究的起点。如果碰到麻烦、出现问题，他就得依靠自己的创造力去克服疑点。科学家需要彻底依附于一种传统，但突破性的成功又在于与之决裂。现有的传统给所遇到的难题以意义，难题的解决反过来却可能提示出新传统，并且最后导致对旧传统的否定。

5. 言传与意会、知道是何与知道如何

发现的逻辑和证明的逻辑，在某种意义上就是罗素所说的熟而知之者和述而知之者。人们曾长期认为，发现是心理学研究的对象，只是辩护才是科学哲学——方法论应该关注的。这是一种偏见。英国科学哲学家 M. 波兰尼认为，人类的知识分为两类。通常被说成知识的东西，即用书面语言、图表或数学公式表达的东西，只是其中的一种，即言传知识；而非系统阐述的知识，例如我们对正在做的某事所具有的知识，是另一种形式的知识，叫作意会知识。波兰尼认为，意会知识实际上是一切知识的主要源泉，但意会知识像是我们个人的行为，缺少言传知识所具有的公共性和客观性。所以，言传知识与意会知识分别表现为概念化活动与体验的活动。

言传知识显然重要的原因是，只要大脑在不借助于语言的情况下工作，即使成年人也看不出比动物高明多少。言传知识具有清晰的逻辑特征，它使我们可以对之进行批判性思考。但是，在知识的获得过程中，起决定性作用的不是可言喻的逻辑操作的功能，而是头脑的意会能力。所谓意会，就是理解。精神的意会作用是理解的过程，对词语和其他符号的理解又是意会过程。词能传递信息，一系列代数符号能构成数学演绎，一张地图能表示出一个地区的地形；但是无论词、符号还是地图，都不能说是传达对它们本身的理解。虽然可以用最易使人理解其信息的形式来表达，但对信息载体所传递的信息的理解，总还有赖于接收者的智慧。只能说，向接收人提供的是陈述，而接收人是借助于理解行为，是借助于本身的意会作用，才获得知识的。

意会知识的最大特点在于它不脱离认识主体，人的身心是达到意会的工具，因此又可以把它称为个体知识。认知者对知识形成的参与，长期以来只是作为缺陷而容忍的，但它实际上是我们认识能力的向导和主人。总的来看，意会知识比言传知识更为基本，人们能知道的比他所能说出来的东西多得多。言传知识，也只有通过意会才能被深刻理解。意会知识既是诀窍，也是认识的中心动作，因为理解包含并最终依赖通过实践而成功地获得的领悟。我们认识一副面孔，却不能确切地说出我们是依据什么特征认出它的。了解一个人的内心也是这样：一个人的内心只能全面地、通过专注于外在表现的不能详细说明的细节来认识。广而言之，发现的逻辑虽然不能用语言充分表达出来，但发现的过程作为一种意会过程，常常迸发出极大的创造性。因此，方法论研究应当把发现纳入自己的视野。这是一个困难而有意义的任务。

1949 年，英国哲学家赖尔在《心的概念》一书中，提出了区别两类知识范畴的一种有用的分法：知道是何（knowing that）与知道如何（knowing how），这种分法可以很好地说明发现与辩护的关系。

知道是何，是一种可以明确表述的知识，证明的逻辑就属于这种知识，常以劝告、

程序和常识规则的形式出现，目的是对科学活动过程做出明白无误的解释。正如一个建筑师，必须具备住宅建筑在材料、结构、设计规范、施工程序诸方面的有关要求一样。

知道如何，则是一种无法明确表述的知识，认知者心里明白，但讲不出来。发现的逻辑属于这种知识。尽管它不确切，却肯定存在，它是在科学活动中体验到的。正如建筑师的诀窍来自规划、设计和建筑许许多多房屋的经验，来自对规则的巧妙领悟以及实践中的偶然激发。

证明的逻辑经过长期研究已经比较成熟了，虽然从方法论的角度来看，众说纷纭，并没有完全统一的结论。研究和了解证明的逻辑，可以帮助人们宏观地把握科学活动，特别是对其过程和真理给出明确的解释。但是，人们切不可忘记，在实际科学活动中，更为重要的是发现的逻辑，从某种意义上来说，辩护之所以有价值，就在于它能帮助人们把握发现。

应当清醒地看到，知道是何终究依赖于知道如何，尽管后者说不太清楚，人们感知、估计和评述大千世界的能力，取决于起码的诀窍。创造性越强，做出的发现越多，科学活动越有成效，才可能由自己或别人从中得出可以言传的知识。因此，知道如何要先于知道是何。

还应清醒地看到，知道是何并非在任何情况下必不可少。人们并不是非学语法、词法就不能说话、写文章。相反，若想真正熟练地进行操作，就得把规则、劝告及指导加以内化和"遗忘"。按诀窍行事即使不是不加思索的，也是不自觉的。从事科学活动，不能把主要精力集中在规则和明确的步骤上。没有一个伟大的科学发现是按现成的方法或程序做出的。因此，轻视辩护或拘泥于辩护都是不恰当的；既不要天马行空，也不要按图索骥。

三、直觉、灵感和机遇

在科学发现或者一般地说在科学创造活动中，直觉思维和灵感状态起着特殊重要的作用，人们应当注意，究竟怎样恰当地处理逻辑与直觉的关系、自觉地激发灵感、让头脑做好充分的准备以便随时抓住机遇。

1. 直觉思维

科学认识过程仅仅从逻辑认识的角度是无法充分说明的。发现表现为思维的飞跃，这种特有的创造性认识形式，不同于用逻辑形式固定下来的那种习惯的思维方式，在心理学中被称为无意识认识或下意识认识。

所谓无意识或下意识，彭加勒曾把它的构成要素比拟为某种"原子"，它们在脑力工作开始之前处于静止状态，仿佛固着在"墙上"；当最初的有意识的工作驱使注意力集中于所研究的问题时，这些"原子"便从"墙上"下来，开始运动。即使意识休息了，无意识的思维过程也不休息。"下意识的原子"不停地工作，直到得出某种解决办法。

　　有意识的努力和下意识的作用，相互之间有如下关系：在科学发现的过程中，有意识的努力给下意识一个寻找问题答案的参考范围；下意识则从知识积累的材料中、从个人以往和现在的经验中，选择某种可用概念的结合；然后，把下意识的想法交给有意识的见解去鉴定，如果证明它们是有用的就保留下来，要不然就自行消失。下意识活动的主要特点是联想，它是不受控制的，因而有可能提出完全出乎意料的思想。

　　在科学发现中，下意识活动的主要形式是直觉，创造过程达到高潮时产生的特殊体验是灵感。直觉这种思维形式和灵感这种情绪体验常常相伴而出。可以把直觉理解为思维推论的缩减性，就是说，人们在直觉中，思维采用了逻辑推论进程的缩减性，忽略了推论的全过程，但把握住了个别的、最重要的环节，特别是最终结论。

　　在科学活动中，逻辑思维是基本的。然而，一旦原有的理论无法解释新发现的事实时，光凭逻辑推论就不够了。这时，直觉思维便成为科学活动舞台上的主角。爱因斯坦对直觉一直给予极高的评价，他认为科学发现的道路首先是直觉的而不是逻辑的。"要通向这些定律，并没有逻辑的道路；只有通过那种以对经验的共鸣的理解为依据的直觉，才能得到这些定律。"[①] 事实上，绝大多数科学发现，都来源于直觉的猜测。

　　直觉思维区别于逻辑思维的重要特征，在于它那种直接把握的思维方式。在直觉思维过程中，跳过了许多中间步骤，做出了许多省略，它是从总体上进行识别和猜想，一下子得出结论。看上去，直觉思维很自由，没有任何逻辑的"格"约束它，反倒表现为逻辑的中断。逻辑思维则更多地表现为渐进的发展。从量变到质变的普遍发展规律来看，直觉的顿悟就是在长期沉思的基础上，经过量的积累，在某个关节点上引起了质的飞跃。

　　德国化学家凯库勒长期研究结构化学，试图揭开有机物中碳原子之间是如何结合的谜底，可惜，久而不得其解。后来，据说是在梦中，看见蛇咬住自己的尾巴，突然达到创造的高潮，才终于发现苯环结构。这个发现彻底革新了有机化学。根据凯库勒本人的叙述："事情进行得不顺时，我的心想着别的事了！我把座椅转向炉边，进入半睡眠状态。原子在我眼前飞动：长长的队伍，变化多姿，靠近了。连接起来了，一个个扭动着回转着，像蛇一样。看，那是什么？一条蛇咬住了自己的尾巴，在我眼前轻蔑地旋转。我如从电掣中惊醒。那晚我为这个假说的结果工作了整夜。"凯库勒没有对发现过程的实质做出分析，但是对发现时的心理状态进行了细致的描述。科学发现既要经过长时间的准备和严密的逻辑思考，也有一时的顿悟和戏剧性的突破。

　　概言之，直觉思维是人脑对客观世界及其关系的一种非常迅速的识别和猜想。它不是分析性的、按部就班的逻辑推理，而是从整体上做出的直接把握。所谓顿悟，很好地概括了它的特点。在直觉思维的情况下，人们不仅利用概念，而且利用模型和形象。大脑中长期储存的各种"潜知"都被调动出来，它们不一定按逻辑的通道进行组合，即用一种出乎意料的形式造成新的联系，用以补充事实和逻辑链条中的不足。由于提供了缺环，往往导致创造性的结论。

　　虽然直觉是难以预期的，但直觉思维需要一定的主客观条件。这些条件是：有一个能解决的问题，问题的解决已经具备了相当的客观条件，研究者顽强地探求问题的答案，

---

　　① 许良英，等编译. 爱因斯坦文集：第一卷. 北京：商务印书馆，1976：102.

并且经历了一段紧张的思考。机遇常常在此基础上起着触媒的作用，使人们在探索中产生新的联想，打开新的思路，从而实现某种顿悟。由于直觉以凝缩的形式包含了以往社会的和人的认识发展成果，因此，它归根结底是实践的产物，是持久探索的结果。以凯库勒发现苯环结构为例，产生灵感，实现顿悟，并不像表面显示的那样，完全是不可理解的梦境。我们可以约略分析当时的主客观条件。那是一个有机化学理论已经兴起，正处于大发展的阶段，凯库勒本人思考苯的结构也有 12 年之久。还有两件事值得注意：一是他在大学学习过建筑，建筑艺术中空间结构美的熏陶，不会不给他对分子结构的研究带来影响；二是他年轻时当过法庭陪审员，曾经对某一刑事案件中出现的首尾相接的蛇形手镯产生过深刻印象。当时，这些蛇形手镯是作为有关炼金术案件的物证提出来的。可见多年来积淀下来的所有这些"潜知"，最终统统被调动出来，才形成梦中那个环形的蛇，与苯的结构联系起来，达到顿悟式的突破。

还需注意，尽管直觉思维不同于逻辑思维，但在科学理论的创造和发展中，二者之间存在着一种互为补充的关系。在直觉的创造以前，人们总是在前人铺就的逻辑大道上行走。一旦逻辑通道阻塞了，产生了已有知识难以解释的矛盾，在逻辑的中断中才会出现直觉的识别和猜测。

由直觉得到的知识，还要进行逻辑的加工和整理。直觉的结果本身，只是某种揣测，它们的正确性应当通过尔后的研究来验证。验证包含两个方面，首先是从揣测引至逻辑结果，进一步还要把这些逻辑结果跟科学事实相对照，并把它纳入一个完整的理论体系。直觉的毛坯不能作为科学成品。如果不进行逻辑处理，原封不动地把直觉思维产生的思想火花呈现于世，即使这是可能的，也不会有说服力。严密的科学要求人们把他的成果用准确的语言、文字、公式、图形表示出来，构成系统知识。凯库勒在他梦醒后的那天晚上，余下的时间全用在逻辑的加工和整理上了。他报告于世的是苯的结构式，而不是梦中飞舞的咬住自己尾巴的蛇。

2. 自觉地激发灵感

既然肯定了直觉的作用，接下来的问题是如何利用和产生直觉思维。由于直觉的非逻辑性，人们常常分析直觉的孪生兄弟——灵感，通过了解灵感，在科学活动中自觉地激发灵感，产生直觉，获取创造性科学成果。

多数人并不否认灵感的存在，因为灵感是一种心理状态，是人们能够体验到的。但对于灵感是怎样产生的，有不同的看法。说灵感纯粹产自天才，这是不正确的。长期的艰苦劳动和执着探索，是产生灵感、获得成功的基础。伟大的美国发明家爱迪生说，发明是百分之一的灵感加上百分之九十九的血汗。甚至可以进一步说，若没有百分之九十九的血汗，就根本不可能产生百分之一的灵感。做出科学发现，不能不对问题的解决怀抱强烈的愿望。他要翻来覆去地考虑问题的各个方面，掌握与该问题有关的各种资料。唯其如此，才可能不失时机地抓住那些富有启发的东西，产生灵感，成为匠心独具的发现者。

应当强调，灵感产生的前提条件，就是科学家执着于创造性地解决问题。对要解决的问题，他已经做了非常充分的准备，强烈地期望有所突破。由于对该问题挥之不去，驱之不散，长期思索的结果，大脑建立了许多暂时联系，一旦受到某种刺激，就如同打开电钮一样，豁然贯通。所以，灵感是长期艰巨劳动的结果，正如俗话所说：积之于平日，得之于顷刻。或者如词中所写：众里寻他千百度，蓦然回首，那人却在，灯火阑珊处。

俄国画家列宾说得好，灵感是对艰苦劳动的奖赏。凯库勒发现苯环结构，不但应归功于炉边的灵感，而且应归功于他之前的长期思索。事情一直进行得不顺利，也就是创造的过程非常曲折、艰苦。不进行艰苦的探索而把成功的希望寄托在心血来潮、灵机一动上面，那无异于缘木求鱼、守株待兔。19世纪著名的俄国民主主义者赫尔岑说：在科学上除了汗流满面，是没有其他获得知识的方法的；热情也罢，幻想也罢，渴望也罢，却不能代替劳动。

灵感产生时，注意力处于高度集中状态。这时，人们的所有活动都集中在自己的创造对象上，仿佛要汇聚起全身心所有的精神力量去解决所提出的任务。由于注意力高度集中，其余的东西，几乎都忘记了，甚至可以达到忘我的程度。难怪当牛顿专心致志研究问题时，竟把怀表当作鸡蛋放进锅里。这与作家的情况很相似，据说陀思妥耶夫斯基创作的时候，无论吃饭、睡觉以及和别人谈话，都在考虑作品，除了构思，另外干了些什么，自己全然没有知觉似的。

容易想见，摆脱分散注意力的各种干扰，尤其是不为私生活的烦恼所困，对于灵感的产生是非常必要的。焦虑不安、悲观失望、情绪波动，都会降低智力活动的水平。心胸开阔、乐观开朗，则可以促使人们浮想联翩、创造精神旺盛、高效率地思考问题；灵感在这种心理状态中最可能出现。

琴弦不能绷得太紧，否则就会使声音发木。在紧张工作一段时间之后，悠游闲适，暂时放下工作，或者把精力主动转移到其他活动上去，善于这样调剂是有助于灵感产生的。注意力集中不等于死碰硬拼。文武之道，一张一弛，有弛方能有张。荷兰出生的化学家范特荷甫是首届诺贝尔化学奖获得者。他不但能专心致志地搞科学研究，而且酷爱自然，喜欢旅行、登山等各种运动。他在柏林居住期间，一直亲自经营郊外牧场，与科学研究并行不悖，以此作为科学研究的有益调节。获得诺贝尔奖以后，他仍然每天清晨驾着马车挨家挨户为居民送鲜奶。心理学的研究表明，灵感属于无意识活动范畴，它的进行和转化为意识活动，需借助一定的心理条件。如果长期循着一条单调的思路，精神特别容易疲劳，大脑这部机器就会运转失灵，难以找到问题的症结。拉普拉斯曾经介绍下述屡试不爽的经验：对于非常复杂的问题，搁置几天不去想它，一旦重新捡起来，你就会发现它突然变容易了。

灵感是突发的、飞跃式的。灵感出现在大脑高度激发状态，高潮为时很短暂，瞬息即过。科学家对问题长期进行探索，智力活动在出其不意的一刹那——在散步中、在看电影时、在闲谈中产生飞跃，于是智慧从蕴积中骤然迸发，问题便迎刃而解。灵感出现之前，智力活动处于高度的受激状态，此时，或因外界的某一刺激，或因某种联想，突然间科学家的各种能力得以充分发挥，智力水平超出平时一大截，记忆储存的材料立即重新组合，思路畅通了，科学认识便提高到一个崭新阶段。

对于瞬息即逝的灵感，必须设法及时抓住，牢记在心，不要让思想的火花白白浪费了。许多科学家都养成了随时携带纸笔的好习惯，记下闪过脑际的每一个有独到见解的念头。爱迪生习惯于记下他所想到的每一个新意念，不管它当时似乎多么卑微。他一生获得专利发明有1 328项，这与他善于抓住灵感是分不开的。爱因斯坦有一次在朋友家里吃饭，与主人讨论问题，忽然来了灵感，他拿起钢笔，在口袋里找纸，而没有找到，就在主人家的新桌布上展开了公式。美国著名生理学家坎农曾说：当他准备演讲的时候，他就先写一个粗略的提纲，在这以后的几夜中，他常常会骤然醒来，涌入脑海的是与提纲有关的鲜明的例子、恰当的词句和新鲜的思想。他把纸墨放在手边，便于捕捉这些倏然即逝的思想，以免被淡忘。

3. 机遇及其利用

大自然具有神奇的力量，它常常干出些令最深谋远虑的头脑出乎意料的事情。大自然提供的活生生的经验永远是科学发现的最生动的源泉。

大自然又是一本奇异的书，并非每个人都能从中看到同样的东西。它所隐含的奥秘只向那些懂得怎样追求它的人打开。

绝大部分划时代的发现，或多或少都是意外做出的。这很容易理解，因为那些确实开辟了新天地的发现，人们很难做出预见。这些发现常常违背当时流行的看法。它们在旧的知识框架中，在原有的科学范式中找不到相应的位置。人们在科学认识过程中，在进行观测和实验的时候，虽然自始至终受理论思维的指导，虽然从选题、实验设计、构思，一直到对获得的经验材料加工整理，都有明确的目的性和计划性，但是，这一切都不是绝对的，一旦出现与已有范式不相容的事实，就构成科学活动中的"偶然"：本来研究此一现象，却意外地发现了彼一现象；为某个问题所困扰、百思不得其解，却因为另一个意外的事件提供了有希望的线索而豁然开朗，开辟了发现的坦途。人们把观测和实验中导致发现的出乎意料的现象或事件，称为机遇。

机遇，按语义学上的解释，就是偶然的遭遇。但机遇是蕴涵着转化为必然条件的偶然。它们是客观的、不以人们的意志为转移的。科学认识本来要达到必然性，为什么客观上倒常常由偶然性起作用呢？原因有二：其一在于科学认识过程本身的复杂性，人们不可能完全循着一条预定的路线达到预期的目的。科学认识的目的性和意外性交织在一起，体现了主客观之间的相互作用和辩证统一。其二在于客观事物发展的必然性，总是通过偶然性来实现的。必然性通过偶然性为自己开辟道路，偶然性是必然性的表现形式，一旦条件具备，偶然的东西就转化为必然的东西了。

巴斯德曾说：在观察的领域中，机遇只偏爱那种有准备的头脑。科学发现有赖于机遇，却不能靠侥幸，不能凭运气去瞎碰。应当培养敏锐的洞察力，掌握丰富的准备知识，简单地说，就是要让你的头脑做好准备，对客观事件的进程和事件丰富多彩的现象时刻保持警觉，一俟机遇出现，就认出它，从中找到解决问题的线索。

认识了机遇在做出新发现中的重要作用，就应当正视它，辩证地看待它，并且认真研究机遇与发现之间的关系。理论预见或用理性指导观测和实验固然非常重要，但对大自然通过机遇偶然透露的信息，却不能等闲视之。在任何情况下，事件进程本身对于认识的增长都是决定性的。

当人们回溯那些导致伟大而深刻发现的机遇时，事实上已经阐明了机遇所具有的意义。但在发现之初，能认出机遇并把它抓住，却是很不容易的。在做前瞻性的研究时，应当做好准备，有意识地利用机遇。

主动增加机遇的出现率。机遇固然是偶然的、意外的，但是，积极、勤勉、经常尝试新步骤的研究人员遇到这种偶然机会的次数要多得多。即使在机遇的领域，科学家也不是纯粹被动地起作用的。既然机遇是在观测实验中出现意外现象或事件，人们就有可能做一些事情，以便更频繁地碰到机遇。首先，要尽可能多地从事实际观测和实验，让客观进程本身有透露意外信息的充足条件；其次，不要把自己的研究活动局限于传统的步骤，应当有出其不意的精神准备，主动去尝试新奇的步骤，这样，遭逢幸运"事故"的可能就最大。

注意线索，保持对意外事物的警觉性。新发现常常是通过对细小线索的注意而取得的。要有敏锐的观察能力，在注意预期事物的同时，要保持对意外事物的警觉。从事科学发现，切忌把全副心思都放在自己的预想上，以致忽略或错过了与之无直接联系的别的东西。没有发现才能的人，往往不去注意或考虑那些意外之事，因而在不知不觉中放过了可能导致重大成果的偶然"事故"——他们很少有机遇，只会遇到莫名其妙的怪事。反之，对机遇所提供的线索十分敏感、非常注意，并对那些看来有希望的线索深入研究，这才是富有创造力的表现。达尔文具有一种捕捉例外情况的特殊天性。很多人在遇到表面上微不足道又与当前的研究没有关系的事情时，几乎不自觉地以一种未经认真考虑的解释将它忽略过去。达尔文却能抓住这些事情，并以此作为起点。保持对意外事物的警觉性，就有可能走上科学发现的道路。

善于解释线索。观测实验中的机遇，严格地说，只能提供线索，并不能真正解决问题。成功的科学家善于抓住有希望的线索不放，追根究底，弄清真相，做出科学解释，这才是真正的科学发现，也是发现的更重要、最困难的方面。有时，机遇提供的线索，重要性十分明显；有时，只是微不足道的小事，只有造诣很深的人，他的头脑已装满了各种准备材料，才能看到这些小事的意义所在。大部分机遇是属于后一种情况，因而解释线索是特别重要的。这是从偶然性上升到必然性的过程。1928 年，英国细菌学家弗莱明正在进行葡萄球菌平皿培养，实验过程中需要多次开启器皿，以致培养物受到污染。弗莱明和许多同行都注意到霉菌抑制葡萄球菌菌落的现象。但是，许多人认为这并没有什么了不起。弗莱明过人之处在于，他认为这种现象可能具有重大意义。其后，他发现了杀死细菌的真菌——青霉菌。后来，英国生物化学家弗洛里发明了大规模生产青霉素的方法，使人类的医疗水平提高到一个新阶段。弗莱明的发现不仅得力于机遇，而且得力于具有敏锐的判断力，善于解释线索，能够抓住别人放过的机会。

具有坚持的胆识。利用机遇做出新发现，还有最后、最难的一关。这就是人们对新观念的抵制心理和社会上的落后势力的阻挠。要认识一件新事物的真实意义是非常困难的。詹纳发明牛痘接种法预防天花，起因也是机遇：他注意到挤牛奶的女工一般都不受天花感染，即感染过牛痘的人可以对天花免疫。这是当时许多医生熟视无睹的现象，但他们不愿意也不敢认真对待这一事实，当然更不能设想用牛痘接种法来预防天花。但是詹纳暗自努力，他 30 岁结婚，生下儿子后，给儿子接种猪痘，并证明了这个孩子后来对天花免疫。他试着就这个题目写了一篇论文，但被退了回来。直到 47 岁（1796 年）时，才第一次成功地为许多人接种了牛痘。1798 年，他出版著名的《探究》，其中报告了约 23 个或因牛痘接种、或因自然感染牛痘而对天花免疫的病例。在这以后，牛痘接种法才得到普遍的采用并在全世界推广。詹纳成功的秘诀主要是凭借胆识来接受一个免疫的革命设想，并凭借想象来认识其潜在的重要意义。

四、程式化的追求与随心所欲

1. 两个互相矛盾的基本目标

杰出的科学家能够自觉地认识科学方法的基础、模式和限度。科学方法的合理性以科学是理性事业的信念为前提，但是，科学是合理的吗？它怎样成为合理的？这正是亟待解决的最重要的科学基础问题，它决定着科学方法论研究的方向。当代的研究进展告诉我们，在这个问题上的答案是一个两难的悖论。最大的困难在于，人们对科学及其方法的追求有两个互斥的基本目标，一个是基础性和程式化方面的追求，另一个是摆脱任何先验预设和固定方法程式束缚的倾向。把这两方面的考虑结合起来，也就是说，要做到随心所欲，不逾矩。

科学的巨大进步和威力在当今世界形成了科学是理性事业的信念。但是，几十年来，在科学与方法的基本问题即科学的合理性问题上，形成了两条明显对立的路线，一条是预设主义，一条是相对主义。目前，人们只能期望通过它们之间的某种互补作用而找到出路。

（1）预设主义

经验主义的预设主义是对科学合理性问题的传统解决办法，它的宗旨是预设两个前提来为科学辩护，其一是以经验为合理性的最终目标，其二是以逻辑为合理性的基本形式。

首先，预设主义者相信所有的科学理论必定依据于经验，正因为与经验相联系，科学词汇才可能有意义，科学命题才具有可接受性。为了清楚地表明这一点，他们将"理论词汇"和"观察词汇"区分开来，把"观察词汇"当作其意义是无疑问的而加以使用，并想方设法在"观察词汇"的基础上对"理论词汇"予以解释。

预设主义的另一个基本特点是逻辑主义。在预设主义者看来，科学方法论给出了一切理论都应具备的、永久不变的公理结构。具体的理论会产生或消亡，它的内容会变化，但科学方法论所把握的是科学中不变的本性——任何可能理论的结构或形式。

预设主义的上述两个特征叠加起来，就构成了那种在科学界家喻户晓、影响深远的科学合理性标准：科学真理的最终标准、科学命题的意义所在，非经验莫属；同时，应当用一种合乎逻辑的形式或结构体系，把科学中所有的陈述组织起来。这条预设主义的解决科学合理性问题的路线，用可证实性预设了意义的标准，用逻辑规律预设了科学陈述的形式。

当然，在历史上，预设主义有各种各样的表现形式。预设可以是关于世界的断言，这些断言作为经验研究的前提是必须被接受的；也可以是某种科学方法，一旦这种方法被发现，就所向披靡，必定能获得关于世界的知识；或者是某种推理规则，如演绎规则或归纳规则，它们决定推理的程序而不为任何推理结果所改变；或者是某些"元概念"，它们运用于科学中，但独立于实际科学内容，如"观察""证据""理论""解释"等等。但不管已知的预设是什么，不管它们之间有多大的不同，预设主义的实质是，认为正是它们构成了人们称之为科学的东西，它们为科学合理性建构了作为进步标准的内核。

（2）相对主义

预设主义把视角投向科学中既成的方面和相对稳定的方面，给人们造成了一个科学大厦至少已经落成了框架的印象。但科学并不总安于谦谦君子的形象，它常常有出人意料的表现。科学的现代发展，对科学史的深入研究，为人们揭开了科学的另一极。在这一极，预设主义没有立锥之地，科学在本质上变动不居，以往的科学合理性标准都成为建立在沙滩上、海浪一冲就可能坍塌的小屋。与预设主义唱反调的，主要是20世纪五六十年代兴起的、以科学历史主义为代表的相对主义。

相对主义者在分析近代、现代科学革命时发现，事实往往与预设主义者断言的相反。例如，并不是"观察词汇"决定"理论词汇"的意义，反而没有理论就不可能有观察；再者，科学理论在一定程度上总是要受先验的世界观、形而上学支配的。他们认为，科学中从来没有一个单一的、包罗万象的表征科学特征的方法，科学的发展和变化不仅导致对世界的新的理解，而且也导致方法、推理规则、科学概念以至元科学概念的改变。对一个理论而言，证实或检验并不是那么重要的，唯有在一个理论消耗尽了它的潜能以后，它才会被取代。因此，科学的发展，并非已被证实的东西的逐渐积累，而是以一个科学共同体的世界观的根本变革为核心的科学革命。

相对主义者还发现，任何形式的东西都不是绝对的、不可改变的，包括科学陈述的逻辑特征、科学理论的逻辑结构，概莫能外。他们认为，在科学中真正重要的不是形式而是内容。研究的重点应当放在科学理论本身是怎样产生、发展、变化上面，放在它们是在什么社会文化条件下产生、发展、变化上面。逻辑的静态分析应该让位给历史的动态分析，预设主义应该为某种相对性范畴所取代。

相对主义对预设主义倾向的讨伐有时候也是对科学合理性本身的否定。美国科学哲学家费耶阿本德曾经用非常极端的形式试图表明，并不存在什么简单而可靠的规则和标准可以作为科学和理性的本质部分。任何规则，不管多么抽象和美妙，在事实上都经常被违反，并且不可能不被违反。费耶阿本德认为，促进科学发展与捍卫规则和标准，二者不可得兼。为了说明这个论点，他详尽分析了哥白尼式革命中伽利略的研究方法和宣传策略，以此为案例考查理性成果与非理性手段之间的交织关系。他强调：一方面，并无理由脱离开特定的问题去事先规定什么适用于一切场合的规则和标准；任何以不变应万变的规则，在无限多样的科学活动中，都必定显得苍白和空洞；事实上，为了获得成功，科学家可以任意选择规则。另一方面，科学中划时代的发现必然自觉或不自觉地打破看似显然的方法论规则，因此，违反规则是科学进步所必需的；在任何场合都要把具体的境况和条件摆在第一位，一旦脱离了这种境况和条件，规则不但将失去意义，而且会成为新的科学研究的绊脚石。

作为彻底的相对主义者，费耶阿本德不仅试图从内部打破科学的僵化和教条，而且决心从外部打破科学的沙文主义。他不认为科学是某种鹤立鸡群的理性事业，相反，他认为科学不过是人类诸多传统中的一个传统，它与其他的传统（包括神话），彼此间既是不可比的，从地位上来说又是平等的。科学凌驾一切的优越性不是靠论证而是靠假定提供的。科学至上也许可以看作科学作为历史上一种解放力量胜利的结果，然而一旦造成科学至上的局面，则科学将不再至上，反而会变成某种新的教条而退化。如果人们想理解自然，就必须使用所有的观念、所有的方法，而不管它们是不是科学的。不仅在科学内部不存在合理性的规则，而且在科学与非科学之间也根本不可能划一条可以区分合理与不合理的界限。于是，相对主义把科学方法论的研究带到了另一个极端：反对方法。

（3）互斥两极的互补性

由预设主义为一端，先验地确立科学合理性及其标准，由相对主义为另一端，先验地排除科学合理性及其标准，它们反映了在合理性问题上截然不同的立场。这两极间的争辩，使情况暴露得非常清楚，从而在当前科学哲学研究领域造成了动荡和重组。

在科学合理性问题上，有两种基本情况是不容忽视的。第一，科学的变化和创新是无所不在的，它们比单纯发现新事实、比简单更替有关世界的信念要深刻得多。很难确定一个作为普适的仲裁者的科学合理性或科学进步标准，标准本身如同科学事业也是变化的。第二，在人类的实践中，科学确实在进步，现代科学的主张确实比过去的要好，这是一个给人印象深刻的事实；尽管科学并非万能，但科学在大多数人心目中毕竟更具合理性、更有资格被称为理性事业，这也是无可否认的。

上述两个共存的基本情况明显地具有互斥性。它们各自为对方设定了界限和障碍，以致如果任何人固守某个确定的预设的标准，他必定行之不远；而如果任何人放弃科学是进步事业的信念、否定科学合理性，他又必定与人类的实践相左。看来，出路应当从这互斥两极的互补性中去寻找。例如，"可观察性"一向是科学的基本原则，但它也不是绝对的。例如，在微观粒子世界中，人们一旦进入夸克理论领域，在理论上就需要假定"夸克"在原则上是不可观察的。显然，在这里就只好舍弃与之矛盾的"可观察性"基本原则，唯有这样才能保留夸克理论。然而，如果人们在整个科学活动中完全不再顾及"可观察性"原则，不设计与夸克理论有关的各种可观察实验，那也无法把夸克理论坚持和发展下去。这就是说，在微观领域的深入探究中，作为传统科学方法论基本原则之一的"可观察性"，与夸克理论关于"夸克"原则上不可观察的基本假设是互补的。

一般而言，尽管在科学发展的某个阶段，被当作合理的科学理论、方法、问题、解释、考虑等等，与另一阶段被当作合理的科学理论、方法、问题、解释、考虑等等极不相同，但常常有联结两套不同标准的发展链条，通过这些链条可以找出这二者之间的合理演化。只要有这种起联结作用的链条，我们就可以谈论科学方法的合理根据以及科学发展的合理性和进步。当然，这并不意味着有不变的科学合理性标准，它只是把科学及其方法的研究推进到一个更高的层次。总之，人们有可能在预设主义和相对主义之间，不但正视其互斥性，而且发现其互补性。

2. 程式化追求的里程碑

方法论研究的基本目标之一，是为科学认识活动建立相对稳定的工具系统。从思维方式的角度而言，则要求形成某种行之有效的、有约束力的定式或框架。为了顺利地到达彼岸，人们应当有所遵循、有所依赖、有所借鉴。在这个意义上，方法愈是程式化，愈易于掌握，愈能够发挥作用。这个目标，用培根表述比较极端的话说就是：我给科学发现所提供的途径并不为聪明才智留下多少活动余地，而是把一切机智和理智差不多摆在平等的位置上。因为正像画一条直线和一个圆形一样，如果只是用手来画，那就要依靠手的稳健和训练，但是如果是用直尺和圆规来画，那就很少依靠这个，或者根本就不依靠它了。对我们的方法来说，也恰好是这样。①

用圆规必然可以画出真正的圆，任何人只要会用圆规都能办到这件事。这个简单的道理类比用于方法论研究，就是企图找到某种如圆规一样的思维工具，以及某种如作图步骤一样的思维程序。假定这样的意图能够实现，方法论的遗留问题就所剩无几了。

当然，在科学研究的实践中，这种一劳永逸、适用于每一个人每一个课题的方法是不存在的。但这不等于说，程式化的努力在方法论中毫无意义。事实上，人类一直在成功地把越来越多的东西纳入程式化处理轨道，以便让自己的思维从中摆脱出来，解决那些至少在现在尚不能程式化的任务。

回顾历史，我们可以看到在方法论研究领域几个像里程碑那样屹立着的成就。

（1）亚里士多德的科学方法论

亚里士多德对科学程序、科学解释和科学结构提供了一套完整的论述。关于科学程序，他认为是从观察上升到一般原理，然后再返回到观察，即科学研究应该从被解释的现象中归纳出解释性原理，然后再从这些原理演绎出关于事件、性质和现象的陈述。关于科学解释，他认为是从表面现象的知识过渡到原因性的知识，其完成以现象陈述能从解释性原理中演绎出来为标志。为了避免解释中的无穷倒退或恶性循环，前提必须真实，比结论更为人所知，并且无须演绎证明。关于科学结构，他把科学看作通过演绎组织起来的一组陈述，逻辑原理处于一切证明的最高层次。因此知识体系是一个宝塔型有序结构，从作为公理的第一原理和方法（逻辑原理）开始，然后是普遍程度愈来愈小的定理。作为亚里士多德科学方法论关键的显然是演绎逻辑，他的主要逻辑著作《工具论》对三段论法和一些重要的逻辑规律做了比较透彻的研究，为建立一种程式化的思维和推理准则——形式逻辑奠定了基础。

（2）归纳逻辑的深入研究

1600年前后，弗·培根在科学方法论领域一反亚里士多德的正统地位，把程式化的方向转向科学发现的程序，导致了归纳逻辑的深入研究。培根主张逐渐上升的科学程序。他说："寻求和发展公理的道路只有两条，也只能有两条，一条是从感觉和特殊事物飞到

① 北京大学哲学系外国哲学史教研室，编译. 十六—十八世纪西欧各国哲学. 北京：商务印书馆，1975：22.

最普遍的公理，把这些原理看成固定和不变的真理。这条道路是现在流行的。另一条道路是从感觉和特殊事物把公理引申出来，然后不断地逐渐上升，最后才能达到最普遍的公理。这是真正的道路，但是还没有试过。"① 两条道路的差别在于，前者是从感觉和特殊事物"飞到"普遍原理，后者则是"逐渐上升"；前者对于归纳的机制不甚了了，后者试图提出一种真正的科学归纳法。所以培根说："我们只有根据一种正当的上升阶梯和连续不断的步骤，从特殊的事例上升到较低的公理，然后上升到一个比一个高的中间公理，最后上升到最普遍的公理，我们才可能对科学抱着好的希望。"② 培根本人向后人推荐的归纳程式是一种不同于枚举归纳法与例证表，试图通过查阅存在表、缺乏表和程度表，利用排除归纳程序，逐步排除外在的、偶然的联系，提取事物之间内在的、本质的联系。由培根开创的归纳逻辑研究，在19世纪由英国逻辑学家约翰·穆勒完成，穆勒提出了称之为"穆勒五法"的归纳格，认为科学理论是依赖这些归纳格（特定程式）才得以发现和证明的。

（3）现代归纳主义

20世纪正统的科学方法论思想是一种现代归纳主义者的观点，认为只有经验才能给我们提供关于世界的可靠知识，只有通过数学与逻辑寻求到的知识才可能精确。他们广泛运用符号逻辑作为推理和表达的工具，其中包括数理逻辑、归纳逻辑、概率逻辑。建立一种现代程式方法的努力成为科学哲学不可分割的部分。

正如赖欣巴哈所强调的，归纳逻辑虽不能直接作为发现的方法，却对科学发现有辩护作用。所以归纳逻辑是一种证明方法，归纳推理应当被理解为一种概率演算，用确证度来衡量命题的真实程度。这样，方法论问题就被程式化为一种概率逻辑。

但是，这种正统的现代归纳主义的程式化努力遇到的困难超过了当初的想象，首先是实际可行性问题，也就是理论上有关确证度的计算方法如何运用于实际理论求解的问题；其次是归纳逻辑的前提——可证实性原则——是否成立、发现与证明是否截然可分等等理论问题。上述困难导致了这种努力的衰落。

由现代逻辑学发展带来的物化成果，即由程式化努力和电子学进展结合的产物——电子计算机，在另一种意义上提供了思维程式化的可能。人类在思维领域程式化的努力，其最初成果表现为古典逻辑，后来表现为所谓科学逻辑，这些都是与方法论直接联系着的。与此同时，符号逻辑不仅逐渐成为一门真正的数学分支，而且成为机器思维的前提和形式。以数理逻辑为代表的现代逻辑不但运用于理论研究和科学方法论研究，而且运用于智能机器人——它不是我们人类的大脑，却能帮助我们思维。因而，人工智能可以看作方法论领域中程式化努力的崭新阶段。

（4）智能机器人的成功与困惑

随着电子计算机从第一代发展到第五代，人类思维程式化的努力已经获得了惊人的成果。最近，计算机已经能够击败世界冠军。把专家的知识分成事实和规则，以适当的形式存入计算机，可建立起知识库，形成专家系统。这种专家系统应用于科学检验、医

---

① 北京大学哲学系外国哲学史教研室，编译. 十六—十八世纪西欧各国哲学. 北京：商务印书馆，1975：10.

② 同①.

疗诊断和军事等方面，效果十分显著。

程式化已经取得的成果固然给人深刻的印象，但它的可能前景却使人困惑。作为人类思维工具的机器思维是否能超越作为工具的职能而达到人的智能的水平？如果答案是肯定的，那么，从正面来说，人类通过某种程式化的努力，终于可找到一种具有自主性的方法——智能机器人，它具有类似人的创造性，人类可以借助它达到自己的目的。从反面来说，人类这种程式化的巨大努力，不仅可能给自己提供一种有效的帮助思维的方法，而且可能成为人类的对手，反过来和人类激烈竞争，一改人类把它作为自己工具的初衷。

尽管对于智能机器人的前景现在仍然众说纷纭；尽管在方法论研究中，程式化努力的意义不可低估（因为人类自身的思维活动也依照一定的程式，我们称之为思维模式），但与人类主体分离的程式是否可能真正具有自主性，自古至今，多数人是持怀疑态度的。思维模式在特定的实践方式和文化背景下形成，形成后相对稳定，其变化需要相当长的时间和相应的条件；但人类的思维模式与人类思维的某种程式化产物有所不同，因为人类能够学习，在丰富的社会生活中，实践方式和文化背景又是必然变化的，人类将调整和改变自己的思维模式。

可以把人工智能看作方法问题上程式化努力的顶峰。这种努力一直是方法论研究中的主流，尽管多数人对它的限度都持有清醒的保留。

3. 摆脱固定方法程式的束缚

然而，有关方法的程式化努力，不应当限制人类认识的无限可能性；换句话说，为了创造性地提出和完成新的认识任务，要求人们能够自觉地摆脱某种固定方法程式的束缚，这是方法论研究的另一个基本目标。

（1）方法论中的"机会主义"

一位法国哲学家说过，真正聪明的人，是能在头脑中同时容纳两种不同观点的人。对于方法，也必须破除那种封建式的从一而终的迂腐观念。善于解决问题的人，总是能在不同的方法间为自己保留必要的选择余地，时刻重建自己的思路。许多今天还被认为是错误的观念、行不通的方法，明天就可能变成正确的思路、有效的工具。在此一场合不适用的方法，换到彼一场合也许恰好派上用场。因此，决不要轻易对自己说：什么是绝对正确的，什么是完全错误的；决不要成为某种方法程式的俘虏，作茧自缚。方法不过是达到目的的手段，它是为一定的认识任务服务的。在我们的思想中，应当允许互补的观点、方法、程式同时并存，重要的是善于比较和做具体的取舍。

科学巨人爱因斯坦把这种不受制于固定思想和方法程式的态度戏称为"机会主义"，他自己一生的思想和工作恰恰具有这种特点：敢于正视矛盾的、互斥的两个极端，善于在它们之间保持必要的张力，由此而得益匪浅。关于这个特点，爱因斯坦有一段精彩的论述："寻求一个明确体系的认识论者，一旦他要力求贯彻这样的体系，他就会倾向于按照他体系的意义来解释科学的思想内容，同时排斥那些不适合于他的体系的东西。然而，科学家对认识论体系的追求却没有可能走得那么远。他感激地接受认识论的概念分析；但是，经验事实给他规定的外部条件，不允许他在构造他的概念世界时过分拘泥于一种认识论体系。因而，从一个有体系的认识论者看来，他必定像一个肆无忌惮的机会主义者：就他力求描述一个独立于知觉作用以外的世界而论，他像一个实在论者；就他把概念和理论看成是人的精神的自由发明（不能从经验所给的东西中逻辑地推导出来）而论，他像一个唯心论者；就他认为他的概念和理论只有在它们对感觉、经验之间的关系提供出逻辑表示的限度内才能站得住脚而论，他像一个实证论者；就他认为逻辑简单性的观点是他的研究工作所不可缺少的一个有效工具而论，他甚至还可以像一个柏拉图主义者或毕达哥拉斯主义者。"①

　　研究表明，具有创造个性的人在思维过程中和常人有所不同，例如爱因斯坦，在思想和行动中往往表现各种相互对立的特征。正如美国科学史家霍耳顿所说：物理学（乃至一般科学）在表面上看来像铁板一块，但是在平静的水面下，却是两股对立的潮流在激荡。平庸的科学家只置身于其中的一股潮流中，解决日常任务。卓越的科学家就不是这样，他像一个弄潮儿，同两股潮流互相撞击激起的波涛相搏击，从而做出惊人的壮举来。

　　科学发现并无一定之规，常常要另辟蹊径。众所周知，数学史上，一代又一代的数学家曾经花费毕生的精力，试图证明欧几里得平行公理，结果都失败了。俄国数学家罗巴切夫斯基和匈牙利数学家波耶没有在这条路上继续走下去。他们设想平行公理根本就是不能证明的，改变欧氏平行公理，构造出新的自洽的几何体系，从而取得了远非证明一个命题所能比拟的成就。卓越的德国数学家希尔伯特也是因为突破已有的方法程式，解决了果尔丹问题。所谓果尔丹问题，是有关代数不变量的问题，它试图弄清楚对于各种多元奇次多项式来说，是否存在一组个数有限的不变量（叫作"基"），能把其他所有不变量表示成它们之间的简单关系。被人们誉为"不变量之王"的数学家果尔丹曾经证明，对于最简单的奇次多项式——二次型——这样一组基确实存在，他的证明方式就是用计算机把这组基构造出来。构造性证明程式在数学证明中是相当普遍的。但是，二次型的结果若要用构造性证明程式推广到较复杂的代数形式上去，问题就变得出奇的困难了，以至于数学家们苦苦思索了20年也未奏效。希尔伯特从这种窘境中脱颖而出，敏锐地看到一个一般性方法的问题：难道非要遵循构造性证明程式把组基找出来，才算证明它们的存在吗？他换了另一种方式，先假定这组基不存在，然后推演下去得到矛盾，结果从反面证明了它们的存在性。这种方式用不着构造什么东西，只依靠逻辑的必然性。希尔伯特此举，不但证明了果尔丹问题，而且开创了现代数学中十分重要的纯粹存在性证明程式，对数学发展产生了巨大影响。

　　科学发明也常常是由于自觉采用与传统方法悖逆的方法来获得成功的。美国通用电气公司发明家库利奇，在发明钨丝灯泡时，关键就是成功地运用悖逆方法。在他之前，一般认为钨是脆弱金属，不可能引申成丝。库利奇偏偏悖逆定见，致力于拉制钨丝的研究，不到一年，就将别人认为不可思议的脆弱金属拉制成丝，随即发明了钨丝灯泡，并一度垄断世界钨丝灯泡业。如果他拘泥于已有理论而放弃研究，怎么可能有这个发明呢？

_____

　　①　许良英，等编译. 爱因斯坦文集：第一卷. 北京：商务印书馆，1976：480.

（2）随心所欲的反规则

科学的发现和发明有如某种竞赛，为着竞赛的顺利进行，制定某些规则是必要的。但是，"犯规"的事情也是屡见不鲜的。美国科学哲学界的怪才 P. 费耶阿本德认为，不阻碍科学进步的唯一原理是：怎么都行。他说，我们要探究的世界主要是一个未知的实体，因此，我们必须使我们的选择保持开放。费耶阿本德提倡一种多元的方法论，反对把任何确定的方法、规则作为固定不变的和有绝对约束力的原理，用以指导科学事业。因为没有一种方法、一条规则能避免有朝一日在某个场合遭到破坏的厄运。固守某种方法程式，不但不能自然而然地得到满意的科学结论，而且迟早会阻碍人们有效地做出科学新发现。从这个意义上讲，反对方法——反对固守某种方法程式，正是科学方法论的一条重要原则。事实上，古代原子论的提出、近代哥白尼式革命的发生、现代原子论的兴起以及量子观念的诞生，等等，都有这样一个前提：或者是那些思想家决定不再受某些"显而易见"的方法论规则的约束，或者是他们不知不觉地打破了这些规则。

费耶阿本德建议用反归纳来代替归纳。批判习以为常的概念和习惯的反应，第一步就要跳出这个圈子，或者发明一种新的概念系统。构筑这种系统，常常依赖于从科学外部，从宗教、神话以及从外行里汲取的想法。科学需要这种"非理性"支持方法。没有"混乱"，就没有知识。不经常"排除"理智，就没有进步。即使在科学内部，理智也不可能或不应被允许包罗一切，相反，经常应当有意识地压制和消除已有的理智，以便出现其他的动因。没有任何一条规则适用于所有的条件，没有任何一种动因可以诉诸一切场合。费耶阿本德认为，意见的多样性是客观知识所必要的，鼓励多样性的方法也是与人道主义相容的唯一方法。

费耶阿本德强调，科学是一种自由的实践，理论上的无政府主义比主张按规律和秩序办事更为人道，更容易鼓励进步。一律性损害了科学的批判力，也危及个人的自由发展。他说，认为科学能够并且应该按照固定的普遍规则进行，这种想法是不现实的、有害的、对科学不利的。首先是不现实的，因为它对人的才能及其发展条件持一种过分简单的观点；其次是有害的，因为坚持规则的努力只能提高我们的专业资格，却必定以牺牲人性为代价；最后是对科学不利的，因为它忽视了影响科学变革的复杂的外部条件和内部条件，使科学更不适应、更为教条。在费耶阿本德看来，所有的方法论都有它们的局限性，因此，留下唯一规则是：怎么都行！

费耶阿本德曾把他的上述原理称为"反规则"。对于方法论，他反对一切普遍性标准，以及作为普遍性标准的规则。他的意思是，一切方法和规则都有一定的适用范围，都不是普遍性标准。他的目的不是用另一套一般规则来代替一套规则。他的目的倒是让读者相信，一切方法论，甚至最明显不过的方法论都有其局限性。

费耶阿本德的非正统观点，提醒人们以更大的比例去关心科学发现的各个非理性方法论因素。他注意到，科学史上，证明标准常常禁止心理的、社会—经济—政治的和其他外部条件所引起的运动，而科学之所以流传下来，却仅仅因为允许这些运动常在。科学是理性的事业，而所谓非理性的因素，如成见、激情、奇想、谬误、冥顽，却常常反对当时所谓的理性观点。但正是部分因为它们的为所欲为，却使科学之树得以常青、不断壮大。在这个意义上，费耶阿本德下面这句话是非常深刻的：理性观点所以今天存在，只是因为理性过去曾被一度废弃。

程式化的努力一直是方法论研究中的主流，但这种努力往往情不自禁地把某一阶段性的结果绝对化。需要一个有力的声音在维护程式化和突破程式之间保持必要的张力。人们可以责备费耶阿本德只是一个批判者，因为他没有太多的正面建树。这也许是正确的。不过，他的观点有助于我们形成一种互补的观念，领会到互相对立、互相排斥的理论和方法在一定条件下具有同一性。

科学方法与科学活动本身一样，是历史的，永远不会停留在某一水平上。恰当的态度是：善于学习已有的科学方法和方法论思想，但决不要把任何一种方法和方法论思想绝对化。任何方法和方法论思想都有其一定的作用，又有一定的适用范围和局限性，它们之间可以取长补短。

◀ 小　结 ▶

在科学认识过程中，经验认识和理论认识之间的关系错综复杂。证明的逻辑主要分析科学理论与其经验事实的逻辑关系，发现的逻辑则侧重于建立科学发现过程的规范标准，发现和证明之间没有一道天然的鸿沟，反而正在逐渐接近，支持或然性发现的东西也支持或然性的证明。

科学研究是从问题开始的，科学问题的提出具有重要的科学认识功能。科学问题蕴涵着问题的指向、研究目标和求解的应答域。科学问题的解决有多种途径，可通过发现新的事实、提出新的科学假说，以及引入新的概念等来实现。

直觉是一种下意识的从整体上直接把握事物的活动，在科学创造活动中有特殊重要的作用，与逻辑思维存在一种互补关系。直觉和灵感常常相伴而出，应自觉地激发灵感，产生直觉；并让头脑做好准备，有意识地利用机遇，以获得创造性的科学成果。

人们对科学及其方法的追求存在着程式化和摆脱固定方法程式的束缚这两个互相矛盾的基本目标，在科学合理性的问题上，也形成了预设主义和相对主义两条明显对立的路线。从古典科学方法论到现代人工智能，人类在程式化的追求上取得了卓越的成就，但程式化的努力不应当限制人类认识的无限可能。

◀ 思考题 ▶

1. 为什么说科学研究是从问题开始的？
2. 什么是证明的逻辑，什么是发现的逻辑？
3. 发现与辩护之间的真正区别是什么？
4. 简述直觉、灵感和机遇在科学创造活动中的作用。
5. 对科学及其方法的追求中有哪两个互相矛盾的基本目标？各有什么特点？

第四章
科学实验与科学理论

在科学认识中，最基本的认识方法是科学实验，即观察和实验，这是科学获得直接的、第一手材料的重要途径。当然，科学实验不仅使认识者具有实践的品格，而且使科学认识带有鲜明的辩证色彩。对经验认识层次的探讨还必须涉及对事实问题、归纳问题以及各种科学概括方法的认识论分析。

一、科学实验的认识论反思

1. 科学实验的意义和作用

科学认识的基础是什么？一般说来，社会实践是人类认识活动的基础，而生产活动是最基本的实践活动。所以，科学认识首先建立在生产实践的基础上。然而，人类的社会实践并不限于生产活动这种形式。随着近代资本主义生产方式的出现，科学实验逐渐从生产实践中分离出来，成为一种独立的社会实践形式。在现代科学认识中，科学实验具有愈来愈重大的作用，是科学认识活动的直接的、重要的基础。弄清楚科学实验在科学认识中的地位和作用，揭示它的基本特点，阐明它与理论思维的联系，对于自觉掌握科学认识方法有十分重要的意义。

实验是近现代科学最伟大的传统。离开实验传统，科学之树就丧失了壮大成长的肥沃土壤。当然，我们也强调理论思维，反对狭隘的经验主义。但重视理论思维有个必要前提，就是首先重视科学的观察和实验。作为科学家个人可以在研究工作中偏重理论或实验，一个什么都在行的全才是很罕见的。但无论从事哪方面的科学工作，如果不树立把自己的全部科学研究建立在实验结果基础上的思想，那是不可能有所发现的。

生产的发展和科学技术的进步，使科学实验的深度、广度以及手段、规模发生了深刻的变化。从培根设计定性实验到伽利略从事定量实验，说明科学家们已经把学者传统同工匠传统结合起来，在进行理论概括的同时，亲自动手实验。但实验的规模，在 17 世纪、18 世纪还比较小。直到 19 世纪初，当时最卓越的化学家柏齐里乌斯的实验室是他的厨房，在那里，化学和烹调一起进行。1817 年，英国格拉斯哥大学建立第一个供教学用的化学实验室，1824 年，李比希在德国吉森大学建立了另一个更出名的化学实验室，实验才成为科学家训练的必要组成部分。19 世纪 70 年代，英国在剑桥大学建立了卡文迪许物理实验室，爱迪生在美国芝加哥主持建立了"发明工厂"（实验室），科学实验的规模有了突变。20 世纪以来，科学实验进一步社会化，由小集团到国家甚至国际的规模。例如美国为研究原子能所实行的曼哈顿计划，耗资 42 亿美元；西欧的核子研究中心实验室，集合了欧洲 12 个国家的人力和资金。今天的科学实验，已经成为千百万人参加的认识自然、改造自然的主要的社会实践活动形式之一。没有实验，就没有现代科学技术，更谈不上科学认识和科学发展。

科学实验之所以是科学认识的基础，一方面在于实验方法是证明和发展科学知识的有效手段，另一方面在于理论不断改进的原动力来自实验及其结果。

实验把感性认识和理性思维的特点在自身中有机地结合起来，因而具有直接现实性的品格，成为证明和发展科学知识的有效手段。也就是说，实验方法既是业已获得的知识真理性的标准，又是产生理论原理的基础。按照实践论的原则，科学认识的根本条件，首先必须是变革现实获取事实材料，然后才是对事实材料进行科学概括，最后再把带有经验性质的概括上升为理论。科学认识活动按这个顺序展开，表明科学认识是一个逐渐深化的过程，并且以科学实验为基础。

实验是科学认识活动的基础，这在科学认识中不但是个理论问题，而且是个实践问题。过去三百年间，科学，特别是物理学和生物学的伟大成就，是实验和理论密切结合的丰硕成果。这种成功，也为科学研究工作立下了一条极其严格的标准，就是：理论应当解释已知的实验结果，还应当预言今后可能得出的实验事实。在解释和预言中，一般都是拿理论导出的数字与实验中测定的数字做比较。如果解释或预言失败，理论就需要修正或被别的更能满足要求的理论取而代之。哪怕是有一个数字与实验不一致，尽管相差可能只是在小数点后第十几位，理论也需要改进。当然，对实验的要求也越来越精密，以启发和考验更深一层的理论。

一般来说，科学实验（包括观察和实验）最基本的作用，一是证明或反驳假说，二是提出新的理论。

在大多数情况下，观察或实验提供某种事实材料以加强或者反驳某一假说。这方面最著名的例子之一，是英国物理学家爱丁顿的日食观测。1916 年，爱因斯坦提出了广义相对论假说，根据这个假说，可预言光线在引力场中会发生弯曲效应。英国物理学家爱丁顿为了验证广义相对论，考虑到 1919 年 5 月 29 日发生日全食时，金牛座中的毕宿星团将在太阳附近，如果天气好，至少可以拍摄到 13 颗亮星，为此，爱丁顿就组织了一支观测队赴西非几内亚湾的普林西比岛进行观测（同时有另一支观测队赴南美观测）。结果测得光线经过太阳边缘发生了 1.61 ± 0.30 秒的偏转，与爱因斯坦 1.7 秒的预言值非常吻合，确认了光线在引力场中具有弯曲效应。这个观测事实对广义相对论的确立起了重要作用。

观察和实验常常提供新鲜的事实材料，它们构成新假说或新理论的经验基础。这方面最突出的例子之一，是丹麦天文学家第谷对恒星和行星在天空位置21年的细致观察，其结果后来成为开卜勒发现行星运动三定律的经验基础。观察和实验中出人意料的情况也不是罕见的。这方面影响最深远的发现之一是电磁原理了。1820年，丹麦物理学家奥斯特在一次报告快结束时，偶然将导线平放并与磁针平，他惊奇地发现，一旦导线通电，磁针就改变位置。起初，他想磁针的运动也许是因为电流使导线变热而产生的空气流所引起的。为了检验这一点，他把一块硬纸板放在导线和磁针之间，以便阻挡电流。但是毫无变化。由于敏锐的洞察力，他反转了电流，发现磁针也向相反的方向偏转。这种效应屡试不爽，使他弄清了运动电荷与磁针之间有相互作用，磁针的指向与电流在导体中的流向有关，从而揭示出电和磁之间存在着必然的联系。奥斯特把这个发现送到法国杂志《化学与物理学年鉴》发表，使他称为"电磁学"的学科得以诞生，并为尔后法拉第发明电磁感应发电机开辟了道路。

无论在验证假说还是在导致新理论的情况中，科学实验毫无例外都是科学认识的源泉和真理性的标准。一旦人们从获取科学知识的全过程及认识论的广阔背景中去考察科学实验，就能比较充分地理解科学实验这种实践活动的实质和它的重要意义。科学实验对于科学认识的决定作用，从根本上说是来自实践活动的本性。科学实验把感性认识和理性思维的特点结合起来，在实验过程中赋予理论假设直接现实性的品格，向人们提供无可置辩的事实，使人们据以判明理论假设的对错。这种力量当然是纯粹思辨望尘莫及的。

尽管科学实验的作用极其重要，但人们把实验作为知识的证明手段时，不能把任何具体的实验结果偶像化，不能不加批判地盲目接受这些结果。切莫忘记，任何实验都必须把某些思想具体化，都是个别性的东西，只有使用外推法才能把实验结果运用到类似的其他客体上去。这就是说，在实验中，一般性的知识是通过个别性的东西得到检验的。例如，在医学研究中，某种药品的效用先在数量有限的一批动物身上反复进行实验研究，但实验结果可以外推，运用于其他动物乃至人类。这样做是允许的、必要的，否则，人们就无法发明和使用新药了。但也决不能在这类场合排除错的可能性。

对实验证明本身，也要看到它的相对性。每个实验设计都无法脱离技术和科学知识业已达到的水平，因而实验结果必定受条件的局限。其实，那些尔后被科学认识摒弃的理论假说，当时也是建立在一定的实验基础上的，并被认为是得到了这些实验的证明。例如，丹麦医学家菲比格曾经因为"发现致癌寄生虫"获得1926年诺贝尔生理学及医学奖，但是他对恶性肿瘤扩散的研究，后来被认为是完全错误的。菲比格偶然观察到老鼠胃的前部肿瘤中有一种不认识的螺旋虫，进一步的研究表明，别的老鼠吃了被这种虫感染的蟑螂后，虫在老鼠胃中发育为成虫，这些老鼠胃的前部就形成了肿瘤。在某些老鼠中，这种肿瘤具有癌的形态特征：它可以转移，有时还能传染给其他老鼠。这似乎提供了一个实验证据，说明癌是由寄生虫引起的。实际上，更精密的实验表明，癌是由病毒引起的。这件事成了诺贝尔奖授予工作中的一个著名失误。一般而言，实验只有在自身的发展过程中，才能成为不断发展着的知识的有效证明手段。

综上所述，科学实验乃是实践与理论的有机结合。实验的提出和进行本身不是目的，实验也不是仅仅在科学认识某一阶段起作用然后便退出舞台的次要角色。实验起着确定事实、验证假说、获取有待探索的新信息的作用，是解决科学认识任务的物质手段。当然，与一切人类活动一样，每一个具体的实验都是有条件的，因此，必须把实验对科学认识的决定作用看作一个过程。

没有科学实验就没有近现代意义下的科学。但是，完全的科学认识不仅仅是实验，更需要提升为规律和理论。就是进行实验，也有与理论思维的关系问题。科学实验是离不开理论思维的，因为它是一种能动的变革对象的活动形式，因此，它必定是有目的、有组织、有预见性的。这就是说，实验必定要在某种思想或理论指导下进行。概而言之，贬低实验，科学认识将由于没有营养而枯萎，理论之树也没有根；忽视理论思维，实验就会因盲目而丧失力量。事实证明，科学实验的各个步骤，从实验目的的确定，到实验的构思和设计，再到实验结果的检验与评价，处处离不开理论思维。

总之，科学实验把感性认识和理论思维的特点结合在自身中，它既是业已获得的知识的真理性的标准，又是产生新的理论和原理的基础。科学实验与理论思维的联系是辩证的：一方面实验必定受某些科学知识体系的支配，另一方面它又产生更完善、更深刻的新的理论构成。在科学实验过程中，经验和抽象思维互相影响和渗透，抽象思维形式首先在科学实验的物化形式中体现出来，而为了得到符合客观对象的更全面、更高级的抽象，人们又要重新撇开一切感性的东西。

2. 科学实验的主客体结构

与生产实践一样，科学实验也是人类基本的社会实践形式。实践不仅有普遍性的优点，而且有直接现实性的优点。科学实验是直接的、现实的主体和客体相互作用的活动，即在主体积极支配下的对象——工具活动。

在抽象的理论思维中，规律性是思辨地把违反规律性的偶然性清除干净的，而在实验中，规律性是从实践上感性地、具体地展现在人们眼前的。这是实验与理论认识形式之间的区别。实验的这个优点依赖于它的结构。

苏联学者什托夫将实验过程与生产过程加以比较，他写道："由于实验和生产劳动一样都是实践形式，所以毫不奇怪，在它们的重要组成部分之间有许多共同之处。无论在哪一种情况下都有：第一，活动对象（生产对象和实验研究对象）；第二，作用于对象的手段（劳动的手段和工具，实验手段——仪器和设备等等）；第三，有目的的活动（一种情况是劳动生产本身和实验研究过程本身；另一种情况是实验者的活动）。因此，任何劳动过程的简单成分都类似于它们的实验活动的成分。这些类似之处表明，实验作为实践的一种形式，是以它们最重要成分的相互联系为特征的。"[1]

这就是说，在实验和生产这两种不同的实践活动中，客观上存在着结构上惊人的类似。实验可分为实验者及其活动、进行实验的手段（工具、仪器、实验装置等）、实验研究的客体三个组成部分。分析各个部分的相互关系，可清晰地把握实验活动中主体与客

---

[1]　什托夫. 科学认识的方法论问题. 北京：知识出版社，1981：78-79.

体的关系。

实验活动的主观方面即实验者的活动，是任何实验的首要组成部分。并不是任何实践活动都能说成是科学实验，究其原因，主要在主体方面。从事实验的主体是在进行一种特殊的理性活动，对现象做实验研究是以对现象做理性分析为前提的。英国物理学家卢瑟福是因为不满意他的老师汤姆逊那种西瓜式的原子模型，才决定用一种新的粒子当炮弹来轰击原子，以探索原子的内部结构。他设想，α 粒子在与原子的带电部分发生相互作用时，定会偏离原来的路径产生散射，这将揭示出原子内部电荷的分布情况。如果没有这种理性分析，当然不可能有任何实验。这类事实表明，在实验活动中，主体要把大脑这部机器开动起来，然后才谈得上对实验手段的利用。再则，实验的主体还必须具备一定的能力和水平，以便可能运用前人或同时代人通过创造性劳动所建立和积累起来的知识与技巧。在一切情况下，最重要的是实验者自己的创造性。明晰的观念、远见卓识、机敏顽强、观察力和想象力，这些对实验的成功都有不可低估的影响。

在讨论实验活动中实验者与对象、手段的关系时，应当把所有那些表征人的活动、能力、熟练程度、知识水平的特征称为实验活动中的主观方面。具体说来，包括如下：人的感官对信息的接收能力；理论水平和逻辑思维能力；工作能力和熟练程度；恰当提出问题和表述实验结果的水平；实验者本身的活动。上述一切构成认识论的主体范畴。

实验活动的客观方面包括实验研究对象和实验手段。为什么把研究对象和手段统一在认识论的客体范畴之中？因为，不管它们是人造的还是大自然创造的，它们在实验活动中都是客观地存在着并且按照自然界的客观规律而运动着的物质过程。当然，实验手段与研究对象之间也有原则的区别，它们是实验活动中客体的不同成分，是物理上相互作用着的不同的物质层次。

把实验手段和研究对象统一在认识论的客体这一共同范畴中有很重要的意义。在解释量子力学中仪器对微观客体的干扰作用时，由于某些物理学家和哲学家力图把实验手段归属于实验活动的主观方面，所以当仪器带给原子客体不可忽视的干扰时，他们就会情不自禁地做出客体依赖于主体的不正确的结论。有的甚至说，是认识主体借助于仪器的帮助才创造了客体。这些论断显然夸大了在实验活动中的主体因素，把仪器的作用错误地解释为主体自身的活动。认识论的客体范畴把实验手段和研究对象包括在内，把仪器和微观客体之间的任何相互作用解释为完全客观的过程，解释成不论它们是人造的还是以自然形态存在的，都同样不依赖于主体。这种概括不仅阻塞了把唯心论带入量子力学解释的通道，而且打击了狭隘的机械论决定观；一旦人们认识了客体间（对象与工具间）的相互作用，也就认识了研究对象。当然，由于仪器在一定意义上成了被测现象不可分割的一部分，人们根据测不准关系，原则上要按照随机的方式而不是严格决定论的方式来认识研究对象。因为人们一开始就决不可能准确地知道初始条件，所以不可能预言个别粒子的运动。但是，人们能够算出任何一个物质粒子将在给定的一部仪器中某处被发现的概率，即该粒子运动的趋势。

那么，又为什么把认识论的客体分为实验研究的客体和实验研究的手段两部分呢？因为，这两个部分虽然作为实验活动的客观方面是共同的，但在实验结构中的作用是不同的。

实验研究的客体在认识论客体中是这样的一部分，认识活动的兴趣指向它，它受到装备有仪器的实验者即实验研究的主体的作用，目的是要揭示出隐藏于其中的规律性。实验者通过仪器装备即研究的手段来实现对它的作用，而它在实验活动中扮演下列角色：某个假说或理论所预言的现象；被分析或测量的对象；用以合成新物质的材料；被研究的属性的承担者。

仪器、设备、器械、实验装置和其他工具，都是实验研究的手段，借助于它们，研究的主体对研究的客体施加作用和影响，它们的基本功能就是帮助主体变革客体。这类似于劳动工具，工人借助劳动工具作用于劳动对象，加工它、改变它的形式。与直观的或简单的观察不同，人在实验活动中已经不是与被研究的对象直接打交道，他是通过仪器设备作用于对象，从而获取有关对象的信息。实验手段作为人对自然过程认识的能动关系上的媒介，有效地克服了人的感官的生理局限性，使人们的感觉可以深入事物的里层，扩展到微观粒子领域和遥远的宇宙天际。当代建立在强大科学技术手段（包括科学仪器）基础上的直接观测，正是把对象改造成人类便于感知的实体而促进了人类认识的。

与劳动工具一样，实验手段大大扩展了人类与周围世界相互作用的范围，深刻改变了这种作用的性质。人类正是通过特定的物质手段，变革自己的研究对象，以便在研究者和他的对象间发生自然状态下不可能发生的相互作用，从而揭示对象的本质。为了构成一个相互作用的链条，仪器是必不可少的，对仪器的要求也越来越高。在现代科学的许多实验活动中，人类都是依赖这种相互作用的链条，通过仪器才使难以了解的对象间接地变成感觉所可触及的东西，自然的奥秘也因此变得可以理解了。

3. 科学实验的行为功能特点

（1）实验中要求简化、纯化以及强化自然过程

安德森发现正电子后，物理学家们便幻想有可能存在负质子。质子比电子重近两千倍，要产生负质子需要达到几十亿电子伏特的能量，因此开始了新一代粒子加速器的宏伟设计，以便能给核弹提供这么大的能量。加利福尼亚大学伯克利分校辐射实验室的"质子回旋加速器"达到了这一目标。1955年，美国物理学家钱伯林、西格雷等人在62亿电子伏特的原子射弹轰击下，观察到了从靶中发射出的负质子。

观测靶子被轰击时形成负质子，有一个主要困难就是，必须把负质子从必然伴随着它一起产生的其他粒子中过滤出来。钱伯林、西格雷等人是借助一种复杂的由磁场、狭缝等等构成的"迷宫"法达到目的的。当靶中被轰击出的大量粒子通过"迷宫"时，只有负质子能穿过它到达终端。负质子的发现使钱伯林和西格雷获得了1959年的诺贝尔物理学奖。

这是一个典型的实验，它表明科学实验的一个显著特点是简化、纯化以及强化自然过程，以便在人工条件下研究对象所具有的规律性。在自然状态下，往往有许多现象错综复杂地交织在一起，很不容易发现它们之间的真实关系。人们在实验过程中借助科学仪器、装备所提供的条件，排除自然过程中各种偶然的、次要的因素的干扰，人为地把被研究的对象同其他次要的、附属的对象隔离开来，使它们的属性或联系以比较纯粹的

形态呈现出来，因而能够比较容易和精确地发现对现象起支配作用的本质规律。马克思说："物理学家是在自然过程表现得最确实、最少受干扰的地方观察自然过程的，或者，如有可能，是在保证过程以其纯粹形态进行的条件下从事实验的。"① 简化、纯化以及强化自然过程这一实验在行为和功能方面最重要的特征，保证人们能够在有意识地利用物质手段变革自然中认识自然。

强化自然过程时，还可能产生自然过程中难以想象的情况，拓展人们对自然的认识。例如，人类关于物质状态的认识，千百年来只局限在固态、液态、气态这三态上。但是，在超高温条件下，核外电子的能量增大到一定的程度，电子便脱离其绕核运行的轨道，变成自由电子，原子核变成离子状态，于是物质处于由离子、电子及未经电离的中性粒子组成的等离子态。在超高压作用下，不但分子、原子间的自由空间被压缩变小了，而且当超高压达到一定程度时，电子壳层也发生巨大变化，甚至把电子压进到原子核里去，物质就变成了超固态。显然，上述成就把过去关于物质只有三态的认识大大推进了一步。这些成就的获得，都应归功于实验是在纯粹的形态下进行的。

（2）实验中经常通过各种形式实行模型化原则

在科学实验中，人们常常建立对象系统的简化模型来研究真实的对象系统，从而获得有关对象系统的知识。许多认识或实际问题受客观条件限制，不能够或不便于对自然现象或对象进行直接试验。例如，地球上生命起源的进化过程，已经时过境迁，难以重现。有些工程、建筑设计，如果直接进行实验检验，则耗资巨大，实际上不可行。诸如此类，人们往往采用模型实验的办法，先设计与该自然现象或过程（即原型）相似的模型，然后通过模型间接地研究原型的规律性。这就是维纳所说的，用一种结构上相类似的但又比较简单的模型，来取代所研究的世界的那一部分。

模型化原则是科学认识中的一条重要原则。没有模型，人们就很难对复杂的客体进行有效的研究。模型实验的功能是首先将对象在思维中简化，然后将实验的实际行为回推到对象中去。人们只要把握了模型，就能根据它与原型的类似认识原型。模型化有效地将自然状态下的对象转化为人工条件下的对象。

（3）实验过程中必须具备可重复性

确立一项科学发现，有一个基本要求，这就是实验的行为可以重复，实验的结果可以再现。简言之，实验的行为和功能在严格规定并加以控制的条件下，决不会因人、因时、因地而异。科学活动为此立下了一个规矩：任何一个实验事实，至少也应该被另一位研究者重复实现，否则就不能确立。

可重复性特点的意义，首先是体现实验过程在本质上是客观的物质过程。作为实践活动，它虽然离不开理性的指导，但却排除任何主观随意性的支配。为此，它常常显得十分严厉。例如，美国物理学家韦伯企图证实引力波的存在，从1957年开始，他设计和安装了一种可能接收引力波信号的探测天线，进行了十多年的观测。1969年，韦伯宣称，他的仪器接收到了来自银河系中心的引力波信号。这项发现曾轰动一时，随后许多国家都成立了探测引力波的实验小组。但是，所有这些小组都没有收到任何引力波信号，

---

① 马克思恩格斯选集：第2卷. 北京：人民出版社，2012：82.

所以韦伯的发现至今没有得到世界的承认。

可重复性特点在行为和功能方面，对实验的客观性和现实可行性做出了保证。这也是实验研究的基本要求和重要优点。自然条件下发生的现象，往往一去不复返，由于许多自然过程无法或难以重复，这就给观察研究带来了一定的局限性。在实验中，人们可以通过各种实验手段，使观察对象在任何时间任意多次地重复出现，因而便于人们进行深入的观测和比较，并对以往的实验结果加以核对。

4. 科学仪器与科学测量

科学实验对科学认识的决定作用，不能不牵涉到仪器和测量的问题。

感官是人类通向外部世界的窗户，没有感官，当然就谈不上什么观察和实验了。但是，人的感官本身存在着一定的局限性。主要表现在感官的感觉阈有一定的界限，只能接收一定范围的自然信息。研究表明，人的视觉器官能够感受到的电磁波，通常在390毫微米～750毫微米，肉眼看不到紫外线、红外线、X射线等；在明视距离（25厘米）上的分辨力，也只能达到0.1毫米左右。听觉器官能够感受到的机械波频率范围是20赫兹～20 000赫兹，耳朵不能听到超声波，也分辨不出离得较远的手表的嘀嗒声。一般而言，在感受范围之外，仍然存在物质世界的许多现象和过程，但它们却不能直接引起感官的感觉。可见，在生物进化过程中形成的人类感官本身，对于解决许多认识课题及实践提出的要求来说，是不能完全胜任的。

但是，感官的局限性并不意味着人类的认识能力有固定的界限。科学仪器弥补了人的生理感官的不足，帮助人类扩大和改进自己的感觉器官，大大丰富感性认识的内容。人们贴切地把科学仪器比作人的感官的延长。

科学仪器的作用首先在于它能帮助人们克服感官的局限，在广度和深度上极大地增强认识能力，使单靠感官观察不到的现象显示出来，单靠感官分辨不清的东西变得清晰，人的视野因而达到新的领域。例如，人类研究微观世界的结构，最早只能借助自己的眼睛进行观察，局限性是非常大的。因此在1590年显微镜发明之前，人类看不见任何微观领域的现象，不知道有细胞，更没有分子或原子结构的直观图景。对于小于一般物体的结构，我们的眼力不够，必须借助科学仪器，才可能叩开微观领域的大门。否则，只好停留在思辨猜测的水平上。事实上，光学显微镜的发明导致了19世纪细胞的发现。不过，光学显微镜的分辨本领受到作为成像媒介的光线的限制，最高约为所用可见光线波长的一半，即2 000埃。与此相应的最高放大率为1 500倍左右。要研究更小的微观世界，就要借助新的观测手段。由于电子既有粒子性，又有波动性，当电子加速到100千伏时，其波长仅为0.037埃，是可见光的十万分之一左右。这说明用电子束来成像的显微镜，分辨率可大大提高。20世纪30年代，出现了电子显微镜。现在，电子显微镜的分辨率已达到2埃～3埃，比光学显微镜高近千倍。不久前，在放大130万倍的条件下，人类已成功地拍摄了原子的照片，可以从照片上观察原子的外部形态了。芝加哥大学的物理学家还成功地拍摄了可以观察到原子运动的电影片，原子世界通过仪器的变革，在一定意义上对人类而言也成为"直观的"了。从肉眼观察，到利用电子显微镜，这个发展生动地说明，实验手段是人对自然认识的能动关系上的必不可少的媒介，利用实验手段可以最有效地克服人类感官的生理局限性，大大提高人类的观察能力。

科学仪器的作用还在于，它们能帮助人们改善认识的质量，使获得的感性材料更加客观化、准确化。人的感觉往往易受主观因素的影响，科学仪器在一定程度上可以排除感官的错觉和主观因素的干扰。特别是因为仪器能够提供比较可靠的计量标准和准确的记录手段，这就使人们的观察不至限于定性的结果，而将得到更精细、更准确的定量知识。自然界各种物质运动形态的质和量是统一的，只有从数量上精确地把握它，才能深刻地认识它的质的规定性。

科学仪器的运用，使科学实验从单纯凭借人的感官进行的直接观察，发展到间接观测阶段。这样，人的感官借助仪器或手段，间接地对自然现象进行考察、感知和描述，扩大了认识的可能性。但是，应该注意到间接观测也有一定的局限性。因为在间接观测中，在很大程度上取决于仪器的精度，而仪器的精度虽然是随着生产和科学的发展不断提高的，但不可能绝对精确。再则，精度再高的仪器也会出现误差，而误差的出现又会导致不准确的观测结果。更主要的是，间接观测不如直接观测那样，对所研究的对象具有感觉直接性——这是观察实验最重要的特性。因此，人们又在进一步做努力，设法克服间接观测的缺陷。例如，在空间观测方面，人造卫星技术，特别是航天技术的迅猛发展，为在宇宙空间进行直接观测提供了新的可能性。

在科学实验中，量的观察是很重要的。量的观察就是观测或测量，是对研究对象的一种定量描述。测量必须建立在对自然现象已经有了一定认识的基础上，与质的观察或定性描述是相辅相成的。随着科学的发展，测量的地位愈益重要，以至于人们把现代科学中的观察称为观测，把定量分析实验作为最重要的实验类型。定量分析实验是科学进步的显著标志之一。在科学研究中，只有把所研究的东西测量出来并表示为一定的数学关系时，才能说对这个东西已有所认识。测量实验的重要性是无与伦比的。划时代的实验几乎都涉及普适常数或关系的测定，例如：普朗克本人估计 h 的数值为 6.5×10^{-27} 尔格·秒。那之后，即使要测定小数的第二位也是非常困难的。中国物理学家叶企孙和他的合作者在 1921 年测得的这个数值，物理学界曾使用了 16 年之久。普朗克恒量 h 虽然小，却如物理学家金斯所说，意义是非常大的。因为"禁止发射任何小于 h 的辐射的量子论，实际上是禁止了除了具有特别大的能可供发射的那些原子以外的任何发射"，否则，"宇宙间的物质能量将会在十亿分之一秒的时间内全部变成为辐射"[1]。

测量在天文学、生物学、物理学及工程技术等领域得到非常广泛的应用。在天文学中，人们通过各种仪器测量天体的位置、大小、运动轨道和周期等；在生物学中，常常进行各种定量分析，如运用测量分析各自波长的光以及温度、湿度、土质、肥料等因素对植物生长的影响；在物理学中，使用天平测量质量，使用温度计测量温度，使用钟表测量时间，等等。这些都是司空见惯、不可或缺的。在工程技术领域，无论设计还是施工，离开测量就进行不下去。

测量的直接目标是获得关于现象的定量方面的信息。在比较简单的情况下，测量是

---

① 卡约里. 物理学史. 呼和浩特：内蒙古人民出版社，1981：298.

通过观察将对象进行比较、对照而完成的。古代就是这样测定恒星光度的。但是，现代科学中严格意义下的测量，必须使用物质的研究手段——测量工具和仪器，在理论的指导下，对测量对象施以能动的作用，才有可能得到有价值的结果。关于现代测量已经建立起了专门的学科。

必须强调，测量结果中的常数，是人类对客观世界的量的反映，并不是客体的直观映象。现实世界中某些常数，诸如 π、e、光速 c、普朗克恒量 h 等等，虽然数值的确定有赖于具体的测量，但这些物理常数本身毫无例外是反映客观世界本质的规律，它们在被人认识后是普适的。还有些数字要通过计算求出，其形式取决于记数系统。也有表示心理知觉的数字，如 7 ± 0.2。但是，无论如何，现实世界不是用数字构成的，而是由不同形状、大小的物质组成的。与其说它是定量关系，不如说它是拓扑结构。测量所获得的定量分析，不过是人类理解现实世界中拓扑结构的相互关系的替代办法。

选择和确定不变参数，是观察和实验得以进行的直接前提。特别是在实验中，对象系统具有不变参数是非常必要的。已有的科学知识，大都凝结成一些普适的常数，它们是定量研究的前提。这种情况在化学、物理学中表现得十分清楚。试想，如果没有原子量、化合价、阿伏伽德罗常数，没有热功当量、光速、普朗克恒量……怎么能设想有效的物理和化学实验？但是，这些普适常数本身也有个测定的问题，它们蕴涵着一些最重要的测量，通过这些测量，人们把对自然认识的关节点用量的形式确定下来。当所测出的常数与理论推导值很吻合时，就会给科学认识的发展以最有力的推动。

值得注意的是，作为定量方法的测量所揭示的却不仅是被测客体所具有的物理量值本身，更重要的还有隐藏在这一量值背后的"质"。测量只有通过在量上有限和在质上具有特殊规定性的操作过程，才能从量和质统一的意义上得以实现。定性认识使测量所得到的数据获得意义、具有目的性，而测量的定量结果又使对客体的认识臻于准确、富有说服力。

定量认识的核心就在于，通过科学仪器来测定观察对象的各种数量关系、刻画对象的数量特征。因此可以说，正是观测或测量将理论和实践、经验认识和它的数学表达联系了起来。测量在科学认识过程中的重要作用可以概括为：

其一，测量为运用数学概念和技术去研究自然提供了必要条件。它所获得的结果表述了一个数字与其给定对象之间的关系，利用此关系进行假设，再加上其他的关联，就可用来提出等式，进行预言。

其二，测量精炼了科学结构。测量确立了不同表现形式的特定属性之间的度量顺序，使科学事件便于经受数学描述的检验，把物理学与数学联结了起来。因此，具有与经验关系结构同构或同形的数字集合的演算，能够让我们做出关于自然规则性或规律的简洁陈述。

其三，测量作为一种说明具有简洁性、准确性、普遍性和不变性。简洁性是说它所给出的数量信息，如果用其他方法表达，就需要更多得多的话语。准确性是说由数字定位的特定存在（如某物温度的连续变化），如果用其他方式，将无法准确规定。普遍性是说测量能够以数学的形式化语言去表达与它相关的事实，这种测量语言易于被一致地和普遍地理解。不变性意指测量是客观的而不是主观的，它构建了某种恒定的描述。

　　测量有赖于计量，计量的理论和技术则是随着科学技术的发展而发展的。例如，激光计量在 20 世纪 60 年代激光科学大大发展起来后才登上舞台。反过来，计量科学的进步又会有力地改变人类的认识水平。现代激光技术在测量中的应用，引起了精密计量的重大变革。激光频率及长度基准的确立，使更精确地测量一些物理量成为可能。激光测距仪测量地球和月球之间的距离，误差仅 15 厘米～30 厘米。激光钟的准确度则是以若干万年差一秒来计算的。

　　随着现代科学的发展，测量已不仅仅着眼于提高精密度，而且对认识论提出了重大挑战。它还涉及哲学的基本问题。作为科学实验的特殊形式，测量是主体的对象——工具活动与理论活动的统一。测量离不开物质手段，这就存在着对被测客体的干扰。测量工具必定在某种程度上影响到被测客体及所得到的结果。在日常经验的世界中，人们在测量各种现象的性质时，不致对被测现象产生显著影响。例如，用安培计测量某电路的电流强度时，安培计对原电路的影响是很微小的，可以忽略不计，而且，在原则上人们可以精确考虑这个微量。但在原子尺度的世界里，人们无法忽略由于引用测量仪器而产生的干扰，因而不能保证测量结果所实际描述的恰好是测量装置不存在时会有的情况。观测者及其仪器与被测现象间存在着绝对不可避免的相互作用，这就使现代科学的测量在认识论方面遇到极为复杂的难题。20 世纪物理学最伟大的进展之一是量子力学的创立，它把人类对自然的认识深入微观原子世界。量子力学创始人之一、德国物理学家海森堡提出的"测不准关系"表明，由于微观粒子的波粒二象性，原则上不可能同时精确地确定其位置和动量。测不准是必然的。为此，海森堡强调，人们必须能动地通过宏观仪器对微观客体的变革（他称之为不可控制的干扰）来认识微观客体；必须用数学术语补充日常生活中形成的用语（概念），来描述微观的世界的面貌。这些见解对于发展哲学的认识论是有启发性的。它表明了测量与认识的本质之间复杂的联系。在观测中，测量仪器对微观客体的确发生了不可忽视的干扰。对微观客体的观察，正是通过测量仪器对微观客体的干扰或它们之间相互作用的联系，才能揭示出微观客体的特性，进而认识微观客体本身。

二、科学规律与科学理论

　　在科学认识的过程中，从经验层次过渡到理论层次，有一个必不可少的环节，这就是对科学事实进行概括。

　　科学实验的直接目的和结果，是积累作为理论知识基础的科学事实。依据事实建立起有坚实基础的理论，这是科学认识最重要的特点。但是，因此也提出了一些急需解决的问题，首先是有关科学事实的问题。什么是科学事实？事实概念在科学认识过程中的地位和作用究竟如何？科学事实与科学规律、科学理论的关系怎样？这些问题已经成为科学认识论的中心议题。不但需要把科学事实作为科学理论的基础，而且应当把对事实概念的分析置于科学的基础之上。

1. 客观事实与科学事实

不可能离开事实问题与规律问题来谈论科学。事实概念很早就在科学认识论中占据首要地位。中世纪末期是近代自然科学的孕育期，当时最杰出的人物，13 世纪英国哲学家罗吉尔·培根，对事实概念给予了特殊的关注。他认为，由于观察和实验可以为真理提供事实，因而观察和实验应被看作证明真理的唯一方法。罗吉尔·培根把归纳程序的成功归之于精确而广泛的事实知识。近代英国唯物主义的始祖弗兰西斯·培根进一步指出，实验科学最重要的特性之一，就是利用实验来增加事实知识。对于事实在科学认识中的重要性，著名生理学家巴甫洛夫说得好："在科学中要学会做笨重的工作，研究、比较和积累事实。不管鸟的翅膀怎样完善，它任何时候也不可能不依赖空气飞向高空。事实就是科学家的空气，没有它你任何时候不可能飞起，没有它，你的'理论'就是枉费苦心。"①

科学哲学的一个重要派别逻辑实证论，特别强调把事实作为自己的出发点。其主要代表之一、奥地利哲学家维特根斯坦写道："世界就是所发生的一切东西。世界是事实的总和，而不是物的总和。"② 维特根斯坦在事实和事物之间做了严格区分，强调世界是由发生着的事实组成的，事物依赖于事实。

要注意事实概念的两种主要含义：客观事实和科学事实，后者有时也称作经验事实、实验事实。

科学哲学中的所谓事实，特指某个单称命题，而且它是通过观察、实验等实践活动，借助于一定语言对特定事件、现象或过程的描述和判断。科学事实一般可以分为两类：一类是对客体与仪器之间相互作用结果的描述。例如，观测仪器上所记录和显示的数字、图像等。另一类是对观察实验所得结果的陈述和判断。

科学事实有极其重要的作用。首先，科学事实是形成科学概念、科学定律、科学原理，建立科学理论的基础；其次，科学事实是确证或反驳科学假说和科学理论的基本手段，是推进科学进步的动力之一。

回避客观事实，只承认经验事实，固然是错误的。但是，在科学认识活动中，简单地把经验事实与客观事实等同起来，只强调它们的同一性，忽视它们之间的差异，也是不恰当的。

科学事实与客观事实之间有很深刻的辩证关系。

第一，科学事实作为客观事实的反映，固然具有不依赖主观意识的客观实在性，但是，对科学事实的客观性，要做认真的分析。仅仅在作为客观事实的反映这个意义上，它的客观才是绝对的。面对具体的科学认识，我们应当分辨清楚：物质世界的事件、现象、过程，这些是客观事实；人们从观测和实验中所得到的映象，对观测实验结果做出的经验陈述或判断，这些是科学事实。科学事实是对客观事实的反映，二者具有同一性，

---

① 巴甫洛夫选集. 北京：科学出版社，1955：31-32.
② 维特根斯坦. 逻辑哲学论. 北京：商务印书馆，1962：28.

但由于反映过程的复杂性，二者往往并不直接一致。

第二，就事实概念而言，这里同一件事情是从不同的关系上被考察的。当我们说到客观的事件或现象时，往往是对事实进行所谓"本体论"的考察，即在它们对其他事件或现象的关系上加以考察；而当我们把这些事件或现象称为科学事实时，我们对它们是着眼于认识论的考察了。也就是在它们与认识主体的关系上、与在事实基础上创立的假说和理论的关系上加以考察。

第三，在科学认识活动中，事实也是认识的一种形式。科学事实不仅反映客观的、不依赖于主体的事件或现象，而且也同样反映它们与主体的客观的关系。科学事实是科学研究感兴趣的现象，它们被研究者借助于观测实验而发现并记录下来。

第四，科学认识活动从经验地收集事实开始，最终目的是建立能解释事实并预见新事实的理论。收集、积累、概括事实，这是科学认识系统化、理论化的必要前提。但是，客观的事件和现象会随着观测实验过程的结束而消失。怎样才能长期保存事实，把它们纳入科学认识的系统中并在理论上加工它们呢？这就需要对事实进行描述。能够保存事实并使之纳入科学构成的手段是语言。首先是自然语言，但更重要的是人工语言，即各种专门的科学语言。借助于语言可以表达陈述和判断。科学事实就是用语言记录有关客观事实的陈述或判断。科学事实的总和组成科学的描述。在科学认识中，描述作为在一定语言中对事实的表象，同时又是概括的基本形式。最初的概括，通过把所反映的事件、现象、过程纳入一定的概念系统而得到了实现。

第五，与客观事实不同，由于科学事实是某种经验的陈述或判断，所以允许对它做出某种评价或估计。在科学活动过程中，人们对客观事件、现象、过程的描述难以避免出现错误，并可能丧失重要信息。怎样才能辨明科学事实究竟与客观事实是否一致呢？这个问题非常复杂。原则上，我们可以要求对事实的描述必须是真实的，实际上，它们的真理性却只能依赖实践通过反复校正来实现。如果科学事实不仅是被检验着的，而且是被检验过的；不仅被检验过一次，而且被多次相互独立的实验所检验；在这个意义上，科学事实与客观事实就能说是一致的。

最后要指出，科学事实的经验性质并不是从它的内容而是从它的来源获得的。例如，关于零族元素——氦、氖、氩、氪、氙、氡——具有惰性这个论断，如果是从化学实验中得出的，我们涉及的就是科学事实。但是，同一个论断，如果是从原子的量子理论的正确原理中推导出来的，那么我们说的就不是一个事实概念，而是理论的推断了。科学事实是在经验上被确认的，理论推断则是在理论上合乎逻辑的。在这两种情况下，真理性都意味着陈述与现实的一致。不同在于，前者同实践直接联系，同确定它们真理性的经验方法直接联系；后者则是理论和理论思维的产物，它最后还须接受实践的检验。

2. 必然规律与统计规律

按照逻辑和实践的顺序，在科学认识活动中，紧接着获取和积累科学事实的，是对科学事实进行科学概括，形成科学规律。

系统的科学观察旨在揭示自然界的某种重复性和规则性。科学规律即是尽可能精确地表达这些规则性陈述。如若一种规则性毫无例外地在所有时间和所有地方都被观察到，这就是必然规律的形式。有些规律断言一种规则性只以一定的概率出现，而不是在所有的场合下出现，这种规律就是统计规律。

必然规律在逻辑形式上，由"全称条件陈述"予以表达。对于所有的 x，如果 x 具有性质 P，则 x 也具有性质 Q。符号表示则为：

$$(x)(P_x \to Q_x)$$

单称形式的科学陈述，即是科学事实。几乎所有的科学知识都导源于对特殊事件的特殊观察所形成的单称陈述。一个全称陈述能否作为规律，除了由相应的单称陈述来验证，还依赖于背景知识，依赖于当时所接受的理论。如果它蕴涵于某个已被接受的理论，或者其推论与已知的背景知识相符合，那么它就可以被称为规律。

并不是所有的科学规律都是必然的，有一类陈述的真只具有可能性，其陈述形式为：如果某种特定种类的条件 F 发生，那么另一特定种类的条件 G 可能发生，我们称之为统计规律或概率规律。

统计规律以相对频率表达事物之间或事物属性之间的"不变关系"。形式化表达为：

$$RF(Q,P) = r$$

式中 RF 表示相对频率。该统计规律是说，在一系列随机实验 P 的系列中，产物为 Q 的情况所占的比例几乎可以肯定地接近 r。统计规律表示了可重复的事物种类之间的定量关系，是某种产物 Q 及某类随机性过程 P 之间的定量关系。

必然规律与统计规律是科学陈述的两种形式，尽管二者有较大区别，但是，它们是互为补充的，它们为人们预言未知事实提供了运作前提，使科学认识成为可能。

3. 科学假说成立的前提

现代科学积累了与日俱增的、数量庞大的经验材料，如何从经验层次的认识上升为理论层次的认识，是哲学家和科学家十分关心的重大问题。科学的理论建构是以假说为中心，依靠经验材料，运用假说—演绎方法，并在实践中不断深化理论规律与经验规律的联系。

（1）假说是通向理论的必要环节

科学认识的结果是科学理论，科学理论的建立有其特殊的思维形式—假说。假说为实现由"感性上的具体"到"抽象的规定"，再由"抽象的规定"到"思维中的具体"的提升提供了不可或缺的桥梁，是科学认识发展过程中的重要环节。

科学假说作为科学理论发展的思维形式，是人们根据已经掌握的科学原理和科学事实，对未知的自然现象及其规律性，经过一系列的思维过程，预先在自己头脑中做出的假定性解释。

科学假说是科学理论的可能方案。假说经实践检验，可以转化为理论；理论随着实践的发展又将接受新的假说的挑战；一旦经受检验，新的假说又转化为新的理论。假说与理论之间，没有一条不可逾越的界线。假说积极地作用于研究过程，导致新事实的积累、新思想的涌现和新知识的产生，从而达到可靠的理论。这个把理论方案转变为科学理论的过程，也就是达到真理认识的过程。

恩格斯在批评轻视理论思维倾向的归纳主义时，肯定了假说在理论建立过程中的作用，他说："只要自然科学在思维着，它的发展形式就是假说。一个新的事实被观察到了，它使得过去用来说明和它同类的事实的方式不中用了。从这一瞬间起，就需要新的说明方式了——它最初仅仅以有限数量的事实和观察为基础。进一步的观察材料会使这些假说纯化，取消一些，修正一些，直到最后纯粹地构成定律，如果要等待构成定律的材料纯粹化起来，那末这就是在此以前要把运用思维的研究停下来，而定律也就永远不会出现。"①

假说之所以必要，是因为从个别的事实中，规律是不可能被直接看到的。不管事实积累有多少，本质跟现象总是具有质的差别。虽然第谷积累了丰富的天文观测事实，但并不能直接从中看到后来为开普勒发现的行星运动定律，更不能直接导出万有引力定律。可见，在理论形成之前，就要产生作为未来理论的前提或雏形的各种可能的方案和适当的思想。理论准备的这整个时期，从最初的推测，到建立依赖于某些推测的演绎体系，到对结果的实验检验，都可以称作假说形成和确立的过程。所以说，假说是通向理论的必要环节。

（2）假说是科学性和假定性的辩证统一

首先，假说是在事实和已有科学知识的土壤中生长的，它不但要以一定的实验材料和经验事实为基础，而且要以一定的科学知识做依据，经过一系列的科学论证才能提出。假说与主观臆测不同，同缺乏科学论证的简单猜测、随意幻想也有区别。它具有科学性的特点。例如，大陆漂移假说的提出，首先是因为下述地理发现：非洲西部的海岸线和南美东部的海岸线彼此吻合；同时，它们在地层、构造、古气候、古生物方面存在一致性。德国地球物理学家魏格纳依据已知的力学原理和上述地理发现，在1910年提出了大陆不是固定的，而是可以漂移的初步假定。1915年，魏格纳在《海陆的起源》一书中，依据地球物理学所揭示的地球内部结构、物理性质等规律，以及古气候学、古生物学、大地测量学等学科的材料，对大陆漂移的初步假定进行了广泛的科学论证。魏格纳设想，在三亿年前地球上只有一块大陆，即泛大陆，在它周围是一片广阔的海洋。大约在二亿年前，由于天体的引力和地球自转所产生的离心力，原始大陆分裂成若干块，像浮冰一样在水面上逐渐漂移、分开，形成今日的七大洲和四大洋。地球上的山脉也是大陆漂移的产物。纵贯南北美洲的落基山脉和安第斯山脉，就是美洲大陆向西漂移过程中，受到太平洋玄武岩底层的阻挡由大陆的前缘褶皱形成的。根据大地测量的结果，在最近二三十年间美洲与欧洲之间的距离有所增加，证明美洲大陆至今还在漂移之中。这一切表明，大陆漂移说是有一定科学性的。

但是，假说毕竟是假说，它还不是科学的真理，它的基本思想和主要部分是推想出来的，是否真实还有待于实践的检验，因而和确实可靠的理论不同。简言之，假说有一定的推测性，是一种思维中的现象，是对外界各种现象的猜测和推断。假说的假定性或

①　恩格斯. 自然辩证法. 北京：人民出版社，1971：218.

推测性，意味着它是作为问题的可能回答之一而产生的。作为问题而表述出来的困难是建立新的理论的起点。这样，提出假说，除了要求发达的理论思维能力和足够丰富的知识素养以外，还要求具备在困难中发现问题症结的能力。解开这个疙瘩是解决其他许多问题的前提。科学假说并不是直接从科学事实中引申出来的，而是为了说明科学事实而发明出来的。它们是对正在研究的现象之间可能获得的各种联系的猜测，是对这些现象的本质的猜测。这种猜测需要巨大的创造性——科学的创造性。

(3) 狭义与广义的假说

在科学认识中，假说常常在下述两个意义上使用：作为个别的假设与作为判断系统的假设的总和。

在狭义上，假说是有着对象存在或它与其他对象具有本质联系的某种猜测性判断。瑞士物理学家泡利在1931年发表的关于特殊粒子（后来费米命名为"中微子"）的推测，就是一个关于事物存在的假说。提出中微子存在的假说，目的在于对能量守恒定律某种表面上的不协调做出解释。当然，这个假说不仅是对某种粒子存在这一事实加以确认，而且包含着它在β衰变过程中同其他粒子的本质联系的建议。但总的说来，中微子假说属于个别的假设。几乎每一个实验都需要这种假设来提示或引导。

在广义上，假说是指判断系统，其中一些是具有或然性质的原始前提，即狭义的假说，而另一些则是这些前提的演绎展开。例如，不仅光的波动本性的推测是假说，而且，从它引出的光在不同介质中的折射性质这个结果（斯涅尔定律）也是假说，甚至整个光的波动学说也是假说。后者是以光的波动本性的假设为前提，以逻辑的必然性演绎出来的。但是，在光的波动学说的真理性没有被实践证明以前，它仍然是或然性知识。它是作为理论可能方案之一的判断系统。

在科学认识的理论层次中，最有意义的假说是广义的假说，即作为判断系统、作为理论方案的假说。我们这里着重论述这种假说。

假说成立的根本条件在于它能否接受实践的全面检验。实践检验对于假说是最高的裁判。但在科学认识过程中，允许也有必要根据科学实践的规律和能动反映论的认识论原理，规定任何假说都应当满足的一系列前提条件，以便剔除许多不适当的假说，而把精力集中于分析、验证真正有价值、有前途的假说，使这些假说获得科学假说的地位，有朝一日转化为理论。

下述前提，对于科学假说都是很必要的。

第一，科学假说应当符合科学世界观。这个要求，对于选择科学假说，淘汰不科学的假说起着准则的作用。它并不保证被选择的假说的真理性，但却无条件地从科学中排除毫无根据的迷信和虚妄的观念。例如，"宇宙第一推动力"假说和"生命永恒性"假说，这是与辩证唯物主义原理根本矛盾的，因而是不可能成立的。

当然，这并不意味着，根据辩证唯物主义的规律，就能科学地解决某一假说的取舍，但辩证唯物主义确实能帮助我们分析，什么是不同科学假说间的竞争，什么是科学与唯心主义的斗争。

第二，科学假说不应当与科学中普遍的、久经考验的规律和理论相矛盾。例如，现代科学拒绝研究任何永动机的方案，除非你首先能证明能量守恒定律不是普遍成立的。

当然，这个前提也不应当被绝对化，否则就会使知识的发展就此止步。理论具有继承性，也有适用的界限。当我们看到所提出的假说同某门科学已证明的原理相矛盾时，首先应当怀疑假说，对它进行严格的考察。但是，如果新的观测和实验事实不断加强假说，那就应当检查与假说矛盾的理论的可靠程度究竟怎样。在物理学史上，新假说指出旧理论局限性的例子是不胜枚举的。1911年卢瑟福提出的原子类似太阳系结构的假说，与麦克斯韦和洛伦兹建立的古典电磁理论就有矛盾，结果却导致了电动力学原理的重大变化。

第三，科学假说不应当同已知的经过检验的事实相矛盾，并且必须尽力做到，假说不仅能解释个别事实，而且能解释一系列事实的总和。一般而言，如果已知事实中哪怕有一个已经确认的事实跟假说不相符合，假说就应当修改甚至被抛弃。假说首先就是为了解释这些事实才提出来的。例如，康德、拉普拉斯的星云假说在宇宙观上是有革命意义的，他们认为太阳系是从原始星云演化而来的，第一次把太阳系的产生看作一个发生发展的过程。但是，他们的假说无法解释太阳和行星之间被观察到的动量矩的分布问题，这个一开始就遇到的障碍以及后来陆续发展的事实，迫使太阳系起源的假说不断被修改。

当然，这一要求也不能绝对化。假说与已知事实矛盾，并非总是来源于假说方面的错误。科学史上有过这样的例子，为了确立假说，需要重新审查事实。通常被确认的事实，可能是错误的。当门捷列夫提出元素周期律并阐明了当时已知的大多数知识时，情况正是如此。当时明摆着若干已知元素的原子量不符合周期律，门捷列夫并没有因此觉得有必要修改周期律，他认为事实与规律之间的偏离应当由化学家确定原子量时的误差来说明。结果，对一系列元素原子量更加准确的重新测量，得出了与周期律一致的结果。

第四，科学假说应当是可检验的。如果一个假说不但无法在技术上接受观测和实验或一般实践的检验，而且在原则上也不可能被检验，那就不能称之为科学假说。

假说的可检验性同假说的演绎展开的可能性紧密地联系着。观测和实验所检验的往往不是假说本身，而是它们的推论，即从假说中逻辑推导出来的描述个别现象或事件的判断。例如爱丁顿在1919年日全食时的观测，所证实的就是广义相对论的一个推论，而不是广义相对论的基本假设本身。可见，假说与其他前提条件（逻辑规则、科学定理、定律等）相结合，应当包括这样一种演绎推理的可能性，使其推理结果可以被检验。

第五，科学假说应当符合简单性原则，以便假说尽可能地简单，并能由少数几个原理或基本假说来解释一定领域内所有的已知事实。简单性原则之所以能作为假说成立的前提，是因为它反映了世界统一性的方法论要求。

哲学史上，奥卡姆的威廉曾经主张把简单性作为形成概念和建立理论的标准。他认为，应当淘汰多余的概念，在说明某类现象的两种理论中应当选择更简单的。所以，后来人们常称简单性原则为"奥卡姆的剃刀"。在现代科学认识中，简单性原则就是要求在假说体系中所包含的彼此独立的假设或公理最少。爱因斯坦认为，科学的伟大目标，就是"要从尽可能少的假说或者公理出发，通过逻辑的演绎，概括尽可能多的经验事实"[1]。

---

① 许良英，等编译. 爱因斯坦文集：第一卷. 北京：商务印书馆，1976：262.

当然，简单性是相对的。很难找到什么确定的数量指标（如基本假定的个数，等等），利用它们就可以便当地衡量哪个假说更简单。简单性可以说是个美学原则，但更重要的是它应当和知识的真理性相一致。因此，一个满足简单性原则的假说，必须保证能经受住进一步的实践检验。同时，按简单性原则挑选出来的假说，当它从原来的领域过渡到更广泛的领域时，应当仍然是真实的，并可以归入更普遍的假说体系中。

第一，建构的科学假说体系应当具有自洽性和相容性。所谓自洽性，指科学假说内部的无矛盾性。如果一个假说体系内部不能自圆其说，存在矛盾命题，那么这个假说体系至少是要修正的。所谓相容性，指一个科学假说体系不仅要内部自洽，而且要与相关的背景知识相一致。背景知识，是指已经得到确证且为科学共同体所接受的科学理论。

科学假说体系，在逻辑上还要追求体系内部的完备性，即体系中的任何一个命题非真即假是可以判定的。然而自洽性与完备性这两种追求是不可能兼得的，1931年哥德尔提出的不完全性定理深刻阐明了这种困难关联。面对困难的选择，内在无矛盾性应放在建构理论体系的首位，然后尽其所能兼顾体系内部的完备性。从某种意义上讲，理论体系内部的不完备性正是推动科学理论前进的逻辑动力，它凸显理论体系具有内部开放性。它旨在化解理论的固有疆域，拓展新的理论空间。

4. 科学假说向科学理论转化

假说向理论的转化是一个复杂的认识过程。假说是理论的可能方案，作为对现有知识的总括而产生的假说，积极地作用于研究过程，导致新事实的积累，扩大和加深现有的知识，引导人们提出新的思想，从而达到可靠的理论。这个把方案转变为理论的过程，也就是达到真理性认识的过程。

怎样才能判别假说已经转化为科学理论呢？归根到底，这有赖于各种实践活动，其中包括科学实验和生产实践。在实践中，如果假说满足下述两个条件，就可以认为假说已经转化为理论。

第一，把假说运用于实践，如果有愈来愈多的事实和这个假说相符合，并且没有任何已知事实与之矛盾，那么，就证明这个假说是客观规律的正确反映。这是假说转化为理论的首要标志。例如，牛顿的万有引力定律在刚提出时，只是一个假说。200年来，它运用于实践，无往而不胜。17世纪末，牛顿运用这个定律推断，既然秒摆长度愈接近赤道变得愈短，说明赤道处的引力比两极附近小，因而赤道半径大于极半径，可见地球是个两极较平、赤道凸出的扁球体。牛顿进而把引力定律用于状如扁球体的地球的运动，解释自古以来就知道的岁差现象。他指出，因为地球与其轨道平面（黄道面）成一倾斜角，所以作用在地球赤道鼓出部分的太阳引力，一定要引起地球的自转轴绕着垂直于黄道面的直线缓慢地转动，转动周期约26 000年。这个解释遭到当时天文学家的强烈反对，因为当时人们根据一些错误的测量认为，地球的形状应当是两极距离大于赤道直径的长球体。双方争执不下。为了解决这个争论，法国数学家德·莫泊图在1730年组织了一次探险，冒着遭遇狼群的很大危险，在芬兰北部的拉普兰测量北纬子午线一度的长度。他的测量说明，牛顿的观点是正确的。有趣的是，牛顿所计算的地球扁率是1/230，比德·莫泊图的测量值 1/178 还更接近后来的精密测量。1798 年英国物理学家卡文迪许采用扭秤法较精确地测定了引力常数的值，从而直接证实了地面物体之间存在着万有引力。正因为万有引力定律在实践中取得了圆满的结果，成功解释了一个又一个的事实，并且没有遇到不可克服的矛盾（反例），所以它就从假说逐渐转化为理论。

第二，假说是否已转化为理论，除了解释性条件，还必须有预见性条件。如果由假说做出的科学预见得到实际的证实，那么，就标志着假说已经转化为理论。例如，在 20世纪 40 年代初，关于有机体遗传的物质基础，有两种对立的假说。一种认为，蛋白质具有高度的特异性，因而主张蛋白质是遗传的物质基础；另一种认为，由于每个物种中核酸的含量和组成都十分稳定，因此主张核酸是遗传的物质基础。1944 年，加拿大生物学家艾弗里等设计了一组实验，从光滑型肺炎球菌里分离出纯的蛋白质和纯的脱氧核糖核酸，分别把它们加给粗糙型肺炎球菌，结果，只有后者能使粗糙型转变为光滑型。这是个判决性实验，它确定了遗传的物质基础是核酸而不是蛋白质。

拿假说能否预见未知事实与能否解释已知事实相较，前者是假说真理性的更有力的证明，当然更能作为假说是否转化为理论的鲜明标志。所谓判决性实验，就是在对立的两个假说之间，设计一个或一组观测或实验来证实哪一个具备预见性，或者更确切地说，证实哪一个不具备预见性。长期以来，科学家们相信，如果从一个假说做出的推断（预见）跟另一个假说做出的推断（预见）相抵触，实验结果支持其中的一个推断而否定另一个推断，那么就可以认为该实验在两个对立的假说中做出判决，其中一个便转化为理论。

不应当夸大判决性实验在假说转化为理论中的作用，正如同不要把假说向理论的转化绝对化一样。一般而言，判决性实验可以指望用来作为推翻某一种假说的手段，但不能指望推翻一个假说同时就能完全证明与之对立的另一个假说。巴斯德的实验推翻了自然发生的假说，但并没有成为生命永恒假说的证明。英国科学哲学家拉卡托斯曾经在科学史的研究中指出下述事实：判决性实验只是在数十年后才被认为是判决性的，水星近日点的反常行为作为牛顿纲领中许多尚未解决的困难之一已有数十年，但是只有爱因斯坦更好地解释了它之后，才把一个暗淡的反常转化为一个对牛顿研究纲领的光辉"反驳"。英国物理学家托马斯·杨认为，他于 1801 年做的双狭缝实验是在光学的微粒纲领和波动纲领之间的一个判决性实验；但是他的主张只是在很晚，即法国物理学家菲涅耳远为"进步地"发展了波动纲领以及牛顿派不能同它的启发力匹敌这一点变得清楚之后，才得到承认的。这表明，相互竞争的假说往往经过长期的不平衡发展，直到其中一个假说明显地具有更大的启发力即预见性之时，事后来认识，最初的实验才能被称作判决性的。因此可以说，判决性实验之所以常被看作假说转化为理论的根据，是因为它恰当地成为假说预见性的标志。

如上所述，假说一旦经受实践检验，具备解释性和预见性，就可以转化为理论。然而，这种理论仍然是相对真理，理论随着实践的发展又将接受新的假说的挑战。假说和理论之间的转化是不会终结的。因此，尽管在原则上可以根据其真理性来区分假说和理论，但在假说和理论之间并没有一条不可逾越的界线。创造条件促成它们之间的转化，将推动科学认识向前发展。

三、科学理论的功能、结构与模型

由于理论系统地反映了对象的本质和规律，因此执行着两个最重要的功能——解释功能和预见功能。

1. 科学理论的解释、预见功能

由假说转化而来的理论，是在一定历史条件下相对完成的东西，是科学认识的成熟形态。科学理论具有两个最基本的特点：一个特点是与实践检验相联系，就是具有客观真理性；一个特点是与形式结构相联系，就是构成严密的逻辑体系。用爱因斯坦的话来说，科学理论的基本特点或要求是："外部的证实"和"内在的完备"。这两个特点相互作用、相互补充，意味着科学理论系统地反映了客观事物的本质。科学理论两个最重要的功能——解释功能和预见功能——就是由此而来的。

从形式上说，解释一个现象需要说明有关现象的描述是从定律和先行条件的陈述中合乎逻辑地得出来的；同样，解释一条定律需要说明该定律是从其他一些定律中合乎逻辑地得出来的。从内容上说，所谓解释，就是揭示存在事物的本质。理论是对现象本质的系统化的反映，当然，在它的原理、规律、论断中反映着现实的各种本质的联系。对某一客观事物的科学解释归结为对这些联系的全面分析，并在分析的基础上综合地再现所解释的客体。

根据本质关系的特点，可以建立相应的科学解释的类型。

第一，因果解释。这种解释试图找出制约某现象发生、某规律存在的原因，在形式上表现为某种还原的程序。经典科学理论大多数属于这种解释类型，由于牛顿力学的巨大成功，近代物理学的一个主要倾向就是，企图用运动学和动力学的规律来解释一切物理现象。拉普拉斯曾经表达过这样的信念，只要给定初始条件，那么过去和将来都是完全可以决定的。这是科学解释的主要类型之一，但毋庸讳言，如果把它夸大为唯一的解释类型，就要犯机械决定论的错误。

第二，概率解释。这种解释建立在必然性通过偶然性表现出来这一哲学结论的基础上，试图说明现象是根据怎样的统计规律而产生的。在这里，应当强调，解释的概率特征取决于客观存在的概率本质，而不是主观造成的。不能认为，概率解释是认识不完全的结果，恰恰相反，由于不确定性（偶然性）是这类事物本身的性质，因此，人们关于不确定的事物具有不确定性的系统知识，正是确定和完全的。例如，在量子力学中，波动方程在一定的外部条件下，对于涉及原子客体（如电子）行为的概率给出确切的描述，这是一种概率解释，但决不是假定的、真理性没有把握的解释。

第三，结构解释。这是系统分析最重要的方面之一。结构解释在于阐明系统的结构，揭示系统各成分之间的联系，用结构来解释系统的某些属性、行为或结果。例如，在物理、化学中，常常通过揭示结晶、高分子、原子等等的结构，来说明物质的许多物理、化学属性（如硬度、弹性、化学活性、原子价等等）。

第四，功能解释。这也是系统分析的重要方面。把系统的某个因素（成分、器官）看作整个系统正常功能的必要条件，通过阐明由这个因素所实现的功能，帮助人们增加对系统总体的认识。例如，在商品生产中，对市场调节的分析，有助于揭示实现商品生产的必要条件。在生物学中，对氧气交换的分析，有助于揭示生命存在的必要条件。功能解释只是局部的、不完备的，通常要与其他类型的解释结合起来，才能在总体上得出令人满意的结果。

第五，起源解释。这种解释在于揭示各种作用的总和如何使一个系统转变为时间上较晚的另一个系统，并且考察这个发展的各个基本阶段。把起源解释作为科学解释的一种独立类型，其根据是发展原则以及逻辑与历史一致的原则。例如恒星演化学说，是通过星际弥漫物质—星云—主序星—红巨星—白矮星—黑矮星系统之间的嬗替，阐明天体起源的规律性。这种解释类型，只有当对历史形态和具体历史条件的研究成为解释的必要成分时才有意义。

科学解释提供了认识过去和现在，揭示已知事实的本质和从理论上领悟它们的可能性。科学解释标志着人类认识能力的大大提高。但是，解释并不是理论的唯一功能，如果科学认识只停留在对过去和现在的解释上面，只能说明已知的事实，那就很难理解为什么人类把科学当作自己行动的向导了。至少与解释功能同样重要，科学理论还具有另一个重要的功能：预见功能。

预见与解释是不可分割的，它们都是根据理论本身，也就是根据理论所揭示的规律性和本质联系，按照逻辑机制演绎出的结果。但是，作为解释，是从已知事实概括、抽象出理论，再从这个理论逻辑地推导出内容上适合于这些事实的判断；而作为预见，则是从该理论逻辑地推导出关于未知事实的结论，这些事实或者已经存在但不为人们所知，或者暂未存在，但应当或能够在将来发生。

科学预见提供了认识事物发展进程、预见最近和未来发展前景的可能性，是人类改造世界的思想基础。科学预见不同于经验推测。科学预见的可靠性和正确性，在可能范围内是由于理论揭示了对象本质的结果。科学预见要求准确地表达被预见现象发展的具体条件，要求善于运用逻辑的规律和规则、善于将数学计算运用于理论前提，并且要求对导出结果的现实可能性做出评估。

2. 科学理论的结构

如果假说经受实践检验被证明具有解释性和预见性，它就转化为理论。假说与理论的本质差别，在于假说是未被实践证实的理论方案，而理论是被实践证明了的假说，在它被实践证实的那条界限内是可靠的、真实的知识。换言之，假说和理论在它们原始前提的真实性是否确定上是不同的。

但是，假说与理论的差别又是相对的。作为理论方案的假说体系与理论在形式和逻辑结构上是完全相同的，而理论（和假说）与其他形态的可靠知识（如统计材料、经验事实）的区别也正是在结构上。

　　"自然科学的结论是一些概念"①。理论是由概念组成的，概念就是决定它的思想内容的成分。各门科学都有自己一系列的科学概念，例如：几何学中有点、直线、平面、全等、相似、变换等等；力学中有质点、路程、速度、力、质量、功、加速度等等；化学中有元素、原子、化合、分解、价、键等等；生物学中有物种、细胞、基因、遗传、变异等等；控制论中有信息、系统、反馈等等。每门科学中的原理、定理、定律，都是用有关的科学概念总结出来的。科学理论的完整体系就是由概念、与这些概念相应的判断，以及用逻辑推理得到的结论组成的。

　　反映理论成分（即概念和相应的判断、推论）之间的关系的总和，是理论的结构。理论的结构特点在于，理论所由构成的那些概念和判断并不是按照任意的或外在的次序排列的，而是在逻辑上严整的、连贯的系统。换言之，理论的概念和判断相互存在着逻辑联系，借助于逻辑的规律和法则可以从一些判断中获得另一些判断。理论的概念和判断之间的逻辑关系的总和组成了它的逻辑结构，这个结构大体上是演绎的。今天，科学理论通常被构造为假说—演绎体系。

　　运用构造性语言作为科学知识的模型，这是科学史上最重要的成果，也是方法论中最重要的课题——至少就知识的形式方面而言，这种估价是不过分的。

　　演绎理论是构造性语言的一种特殊形式。从句法学的角度来看，演绎语言是不考虑符号之外意义的某种符号组合，称之为演绎体系。已经得到解释的演绎体系就是演绎理论。

　　一个演绎体系通常由三个部分组成：第一，基础词汇（即基本符号手段的总和）；第二，给定语言所使用的逻辑手段；第三，通过逻辑手段而从基础词汇得出的体系。长期以来，演绎体系（首先是公理化理论）被认为是一种构建科学知识的最完美、最高级的形式。对经验知识来说，演绎体系转变为假说—演绎结构。科学知识的发展就在于从不完善的、具体的理论转化为假说—演绎理论。

　　理论的逻辑结构带有演绎的性质，不是偶然的。借助演绎规则，可以保证从少量真实的前提进到大量新的、逻辑必然的推论。由此建立的理论具有条理性、连续性和充分的科学严格性。采用演绎结构使人们有可能最大限度地发挥理论思维的作用、缩小为深入研究新的理论所必需的经验材料的范围。由于演绎推论的可靠性，避免了总是要借助观测和实验来检验单个命题真实性的必要，这就明显加快了理论知识的发展，并使它的运用在实践上变得更加有效和可靠。

　　随着近代科学的兴起，伽利略提出了用观测实验和数学方法相结合来研究自然界的方法。他不仅认为物理学原理必须来自观测和实验并接受实践的检验，而且认为物理学的研究应当寻求量的公理，由此研究物体是怎样运动的，用数学关系定量地表示出物体运动的规律。将力学实验与数学方法相结合，导致了第一个完整的科学理论体系——牛顿力学体系的建立。伽利略的实验——数学方法，蕴涵着两个重要的认识论原则：第一，科学认识必须建立在观测和实验的基础上；第二，科学认识不应当是零散的事实堆砌，它们之间必须有确定的、必然的逻辑联系，这些联系要力求用数学公式定量地表达出来。

---

　　①　列宁全集：第 55 卷. 北京：人民出版社，2017：223.

上述原则，现在已经更好地体现在理论的假说—演绎结构中。所谓假说—演绎方法，就是在深入研究对象系统的基础上，根据观测和实验积累的科学事实，经过理论思维加工创造，提出作为理论基本前提的假说（基本概念和基本判断），再以假说为科学理论的出发点，逻辑地演绎出各种推论，构成一个理论体系。例如，爱因斯坦狭义相对论的基本假定有两条：相对性原理和光速不变原理，这两条原理决定了不同系统之间的变换要运用洛伦兹公式。在洛伦兹变换下，电磁定律和力学定律都是协变的，可以逻辑地从基本假设中推演出来。

很明显，基本假设的真理性，并不能由逻辑结构本身来保证，它必须在体系之外，通过观测和实验才能确立。当然，寻找原始的理论前提也不是一件容易的事，这实际上就是提出基本假设的过程，而后，再用演绎法从基本假设导出各种推论，构造整个理论的逻辑体系。从经验到基本假设，是从具体到抽象；从基本假设到理论，则是从抽象上升到具体。后者是个"思维中的具体"，它把所考察的对象系统当作一个精神上的具体再现出来，使我们达到对事物完整的科学认识。

当然，完全符合无矛盾性和完备性要求的科学理论的演绎结构是某种理想。所谓成熟的精密科学在理论上接近于这种思想，例如经典力学、相对论、量子力学。但是，即使在这些典型的精密科学中，也一再发生着使理论偏离理想的情况。在大多数科学理论中，除了演绎结构的成分，除了对结论的严格的逻辑推导，还可以看到归纳概括的成分，看到被系统化了的事实材料，看到被加工过的实验材料，等等，它们并非总能完全纳入理论的演绎体系之中。由于科学是不断发展的，新的事实和发现有的尚没有纳入现存的理论体系，有的还可能与现存的理论体系矛盾，这就提出了修正甚至改变理论的逻辑结构的要求。

3. 科学理论的假说—演绎模型

（1）假说—演绎模型的确立

假说—演绎模型在近代科学史上的完善过程，是与牛顿创立力学体系的工作一道进行的。这一工作的实质是用一个与经验联系的公理体系来组织科学知识，具体说，可分为下述几个方面。

首先，提出一个公理系统。公理系统是通过演绎（特别是数学关系）组织起来的公理、定义和定理体系。牛顿力学体系就是以三定律为公理的公理体系，其中用公设的形式规定了诸如"匀速直线运动""运动变化""外力""作用""反作用"等等术语之间的恒常关系（数学公式）。这个公理体系本身是自洽的，全部定理都必须由公理逻辑地推导出来，而公理本身均为初始的基本假说。

其次，规定一个把公理体系的命题与观测结果联系起来的程序。抽象的体系在具体场合必须获得恰当的物理解释，所以，牛顿又要求将公理体系与物理世界中的事件联系起来。他自己建立这种联系的方法，是选择"对应规则"，把绝对空间—时间间隔的陈述转换为受测空间—时间间隔的陈述。

再次，确证用经验解释的公理体系中的演绎结果。例如，天体系统和地球上的物体系统，都是与牛顿力学体系（公理体系）相联系的物理世界，也可以说它们是牛顿力学体系的经验解释。

（2）现代假说—演绎模型

20世纪以来，假说—演绎结构作为最重要的演绎模型，形成方法论研究的焦点之一。对它的机制和实质的认识也在不断深化。

现在，最为流行的演绎模型可用图示如下：

$$P\cdots H\infty O_c \rightarrow H_c$$

其意义是，某项研究从解决一个问题（P），通过非逻辑的或者直觉的猜测——所谓智力突变（$\cdots$），导出一个假说（H），由此推演出（∞）必然的可观察的检验陈述（O_c），然后，如果这些陈述被证明是正确的，就归纳出（$\rightarrow$）被确证的结论（H_c）。

这里强调的是科学研究必须从解释或解决出现的难题开始，否则就无法前进一步。研究者是从有关问题的内容和已经掌握了的知识出发，提出试探性的解释，当这些解释作为命题被阐述时，它们便被叫作假说。假说用以指导我们整理事实。

研究始于问题，而不是始于观察和实验，这是演绎模型的关键。美国著名科学哲学家亨普尔更加明确地主张，鼓舞研究的不只是问题，而就是假说本身。他认为，收集全部有关的事实，这个"有关"的对象，如果仅指问题，意义仍是模糊的；经验事实只有参照给定的假说，才能从逻辑上判断其是"有关"还是"无关"。因此，演绎模型的关键，进一步地说，在于研究者以假说的形式对问题所做的试探性答案。试探性的假说对于指导科学研究是必需的，它决定在科学研究指出的问题上应该收集什么事实材料，它是演绎模式的出发点。

（3）波普尔的演绎模型

波普尔就此发表的意见更为极端。他认为，理论先于观察和实验，并且仅仅在这个意义上，观察和实验对于理论问题才是不可少的。在每次观察前，总是先有一个问题或者假说，不论你管它叫什么，总之，它是我们所关心的，是理论或者推理的东西。所以，观察乃是有选择的观察，要以某个选择原则作为先决条件。

波普尔的演绎模型甚至把一般演绎模型中最后的归纳确证过程去掉了，他的著名图式如下：

$$P_1 - TT - EE \text{——} P_2$$

这里 P_1 表示问题，TT 表示试验性理论，EE 表示消除错误，P_2 表示新的问题。与前述演绎图式相比，波普尔的图式实质上是删去了最后一步：

$$P\cdots H\infty O_c$$

按照这个图式，整个程序由两种类型的尝试构成，一种尝试是猜测出假说 H，另一种尝试是演绎出观察命题 O_c 来试图对假说加以否证。前者是直觉的突变，后者是演绎出来的论据。

很明显，这种演绎模型有两个特征。其一，反归纳主义的倾向。它强调科学发现不是来自对事实的归纳。波普尔主张，每次观察都有期望或假说居先，尤其需要期望，因为它能给出一个有意义的观察范围。科学决不是从零开始的。实际上，假说必定先于观察；我们有潜在的先天的知识，它处于潜在的期望中，在我们从事积极的探索时，通常由于我们反作用于它而使之活化。一切知识都是某些先天知识的变态，因而不存在重复性的归纳。其二，间断论的观点。它认为发现的过程并非单一的逻辑过程，而可分为两个不连续的思考阶段。第一步是非逻辑的或者直觉的，属于发现阶段；第二步是逻辑的或理论的重构，属于证明阶段。

四、经验规律与理论规律

科学的理论建构中，最关键的问题是经验规律与理论规律之间的过渡。既要善于区分这两类规律，又要把握它们的内在联系，通过从经验规律向理论规律的提升与从理论规律到经验规律的还原，深化科学认识。

1. 可观察性与两类规律

（1）"可观察性"的意义

经验规律与理论规律的分水岭在于规律的可观察性与不可观察性。

"可观察性"一词意指人们日常经验中可以直接观察的任何现象的特点，经验规律就是关于可观察现象的规律。问题是，对可观察的说法，普通人、科学家与哲学家的看法是相同的吗？"可观察性"在现代科学中的含义究竟如何？

首先，一般来说，随着科学的发展，"可观察"的内容和方式也发生了很大的变化。尽管人们可以用通常习惯的方式、直接用感官去觉察事物的状态，但是在现代的科学观察中，已经加入了一些数学方法和仪器设备作为观察的辅助手段。有些哲学家争辩说，电流强度一旦超过安全系数就无法真正观察到，因为人们无法用自己的感官去觉察。当安培计给出电流强度的准确量度时，电流强度并没有直接被人察觉到，而是从辅助的观察仪器中读出来的。但物理学家仍然认为，它们是一种可以观察到的经验。

其次，对于"可观察"的现象，还有一个实验设计参与观察的问题。但是正如人们所要求的那样，尽管近代物理学的实验需要安排原子客体源等一些设备，但其观察结果的表现仍然同我们日常生活中所观察的现象属于同一类型。如果缺乏这种类型的特征，其可观察性就很难被接受了。物理学家玻尔在论述可观察现象的时候认为，就是原子和原子物理学中的可观察现象也应当用日常用语因而也就可用牛顿物理学的语言来描述。

再次，"可观察"的现象与"不可观察"的现象之间的界限是模糊的。我们知道对现象的观察依赖感性知觉，依赖实际测量，但有时也依赖实验与各种客体、事件和过程的相互作用来确定。但是在这个过程中，数学工具的应用、各种实验仪器及其数据和标准的使用，就会带来"可观察"与"不可观察"的界限模糊性。当一个人通过普通显微镜观察某种东西时，他还可以说是运用感官直接感知。但是当他用电子显微镜时还是感官的直接感知吗？当人们看到一束原子客体（比如电子）射到一扇有两条狭缝的门上，波穿过两条狭缝之后互相干涉，在挡住波的去路并涂有氧化锌的屏上出现闪烁点的数目时，人们可以推算闪烁在屏上一定区域出现的概率。那么这样的观察结果还算不算是一种"可观察"的现象的结果呢？一般来说，物理学家往往是在非常广泛的意义上讲到"可观察"的东西，而哲学家对此则常常要求较严格。这样最终就出现了一个问题，即"可观察"与"不可观察"是从属于一个不断发展变化的历程中，这个历程被卡尔纳普称作一个认识过程的"连续统"。

存在着一个连续统，它开始于直接的观察，并深入极为复杂、间接的观察方法。明显地，不可以横过这个连续统画出一条界限分明的线，这是一个程度的问题。区分开可观察和不可观察的界限是高度任意的。

（2）经验规律与可观察性

经验规律的最大特征就在于它的实际可观察性，或者称为实际的可确证性。一般把经验的规律看作一种经验的概括，它表示这些规律是通过对观察和测量结果的概括而获得的。这种经验的概括不仅包括简单的定性规律，它也包括某些定量规律。例如欧姆定律，气体的压力、体积和温度的定律，都是如此。对某些事物，科学家进行反复测定，从中找出或发现了一些规律，于是这种规律性就表述成一个定律。当然这个定律要在不断的观察中接受检验，看其是否错误、是否应当修改。这些规律可以用来解释观察到的现象，同时由于规律性的描述，它也可以预言未来的可观察的事件。如果我们考虑到"可观察性"的特征，可以把经验规律看作是，它所表述的语言内涵可以直接用感官来观察或者可以用极为简单的仪器与技术给予测量。

对于经验规律而言，它的来源是经验的概括，并且表现出一种定律的形式。实际上经验规律还有另一个来源，那就是有许多经验规律是由理论规律"派生"出来的。这就是说，一种理论规律导致了一些经验规律的问世，并在一定意义上成为人们检验理论规律的一个手段。

（3）理论规律与不可观察性

理论规律作为与经验规律相区别的一种规律，在它与经验规律的比较中，可以发现如下几个特点：

第一，理论规律一般是表述为抽象的语言，借助某些科学家创造的概念来表述规律，如原子、电子、质子等等。有的学者称理论规律是运用概念表述的抽象规律。

第二，理论规律的词语不涉及可观察的东西。换句话说，理论规律所表述的内容是不能用简单的、直接的方法来测量的规律。

第三，理论规律不是观察现象的直接概括或总结。换句话说，理论规律与经验规律的来源有根本差异。经验规律直接来源于观察的经验总结，而理论规律却不是观察现象之后的一种人为的总结或者称为人为直接抽象。

就观察现象的"可观察"与"不可观察"的分界而言，我们曾指出它们之间的模糊性，但是在实际操作中我们认定理论规律涉及不可观察的东西，而经验规律涉及可观察的东西，这是否会带来混乱呢？应当说这是不会发生的，因为在对一个事物是否可观察的分析中，不仅在实际操作中区别很大，而且科学家共同体对这类区分早有一种共识。

我们所表述的可观察与不可观察的困难不会在此发生。例如，物理学中，对一个大尺度的静态场，它从其中一点到另一点并不变化。物理学家们认为它是一个可观察的现象，因为可以用比较简单的仪器来测量它。与此相较，如果这个场在很小的距离内从一点到另一点之间是变化的，或者说它在时间上变化很迅速，比如每秒变化几十亿次，则它不能用简单的仪器和技术加以测量。物理学家们将会认为这样的场是无法观察的。

当然，对于那些数量在空间距离足够大或者时间间隔足够大的范围内保持不变的所谓客观事件，一般来说比较多的是可观察的事件，有时人们就把宏观过程与微观过程分别看作可观察事件与不可观察事件。

2. 理论规律的获得及其普适性

（1）理论规律获得的途径

对于经验规律的获得，可以认为是物理学家（或者其他科学家）观察了自然界的某种事物，经反复地测量、比较，发现其中的一个规律，于是以一种归纳性的概括来描述这个规律。例如，对大气的压力、体积和温度这样的现象，就可以直接地、反复地用比较简单的方法来测量，于是这些测量就最终被表述为一个规律。

作为比较，我们可以寻找理论规律获得的途径。以气体为例，我们可以利用经验反复地测量、检验气体的压力、体积和温度的变化，并且把这些经验概括成一个规律——经验规律。那么，我们的测量、检验怎么会得出"分子"这一个概念呢？因为我们看不见分子，测量不到分子，"分子"这个词绝对不会是观察的结果。换句话说，就是无论你对观察进行什么样的概括，它也不会出现或产生分子过程的理论。"分子"一词是人为的概念创造，有关分子的理论也是一种抽象意义上的创造。尽管这些创造与观察、测量有关系，但它绝不是观察、测量经验的直接结果。

可以说，理论规律不是作为经验或事实的概括而被陈述出来的，而是作为一种假说的形式被创造性地陈述出来的。当然这类创造性的假说要接受类似检验经验定律的方式而被检验。从这种假说中导出它蕴涵的某些经验定律，这些经验定律作为假说的一种特定表现形式接受事实观察的检验（当然有些时候，从理论中导出的经验规律已经被很好地确证了）。无论被导出的经验规律在潜在的检验中是被确证还是被否证，这种导出经验规律的检验，实际上就是对理论规律的一种检验（确证或否证）。

理论规律是不可观察的规律，但是当科学家提出理论规律时，这个理论规律却应当可以导出多种多样的经验规律，而这些经验规律则应当可以解释已经观察到的事实，同时还可以预见尚未观察到的事实。于是，在经验规律得到观察检验的时候，理论规律也间接地得到观察的检验。理论规律与经验规律发生的关系，很像经验规律与个别事实发生的关系。与此相似，理论规律可以解释已经形成的经验规律（因为理论规律以此为基础构成），并且可以导出新的经验定律。当然，值得说明的是，一个经验规律可以由个别事实的观察来做证明，但是对一个理论规律而言，与经验规律相类似的观察不可能出现，因为理论规律中所指称的实体是不可观察的。对理论规律的确证，只能转而依赖它导出的经验规律的确证。

（2）理论规律构造的普适性

作为理论规律而言，如果导出的经验规律间的联系越少，那么说明这个理论的解释力量就越强。当一个理论规律导出的新的经验规律被用新的检验确证了，那就是说，这个理论使预见的新的经验规律成立。这种语言作为假说的方式被人们理解和承认，则这个理论也就被人们理解和承认，即这个理论被确立了。当然，这个经验规律的确证，它只是为这个理论提供了间接的确证。一个规律（无论是经验规律还是理论规律）的任何确证都只能是部分的，不存在完全和绝对的确证。

从理论规律的不可观察性及它与导出经验规律之间的关系，我们可以知道，一个新理论的创立的最高价值就在于它对新经验规律的预见性。如果一个新的理论系统，它只能解释已知的经验规律，而不能导出新的经验规律，那么它只能是原有理论的一个逻辑等价理论。尽管新理论有其表现的新颖性、优点性，但它不会超越原有理论的价值。例如，爱因斯坦的相对论，它的价值不在于它的简明、优美，而在于它巨大的预见能力。相对论导出的经验规律成功地解释了水星近日点的进动，并且预见了光线在太阳附近会由于巨大吸力作用而发生弯曲。这个预见在日全食时的观测中被证实了。

对于理论规律与导出的经验规律而言，它们并不是简单地从一个经验规律形成了一个理论规律，然后由这个理论规律导出这个经验规律的循环。我们这里暂且不讨论理论规律形成的原因和方式，只就理论规律的构造而言，它都具有很大的普适性，即科学家提出的理论规律都具有比较普遍的意义，而且从这个理论规律中可以导出多种多样的经验规律去供人们检验。理论提出新规律的能力越大，它的预言能力就越强。例如，牛顿的万有引力定律，就是一个具有普遍意义的理论规定。它可以小到用两个有限距离的物体来检验导出的具体经验规律，大到用天体间的相互作用来检验导出的具体经验规律。理论规律的重要意义就在于，它导出的经验规律对事实的解释能力和对未来事实的预见能力。

3. 从理论规律导出新的经验规律

（1）提出一种将理论词语与可观察词语联结起来的规则集合

当讨论、分析理论规律和经验规律时，我们说，一个理论规律是不可观察的，但它可以通过导出的经验规律来间接地观察和确证。这里存在一个问题，那就是，理论规律是怎样以及通过什么方式导出经验规律的呢？

从分析理论规律与经验规律的差异可知，理论规律运用概念性的理论词语，而经验规律却只含有可观察词语，一个概念性的理论词语是无法直接演绎出观察性词语的。

例如，我们分析 19 世纪气体分子的某些理论规律。这些理论规律描述单位气体体积分子的数目、分子运动的速度等。当时，人们猜想气体分子就像小球一样在无摩擦的状态进行完全的弹性碰撞。在这里理论规律只涉及分子的行为，可是人们对分子的行为只是一种凭借宏观规律的猜测，而所谓分子是看不见的。理论规律只含理论词语，如何才能从这些理论规律中演绎出关于气体压力和温度的可观察性质的规律？显然，如果不给出其他的方法和方式，气体的可观察性质的规律是无法从理论规律中推导出来的。

这里实际上就提出一种将理论词语与可观察词语联结起来的规则集合。没有这种规则集合，理论规律就无法演绎出可观察的经验规律，而这一点又是必然完成的一项工作。例如，在气体分子理论规律中，我们建立起这样一个规则："气体的温度（可用温度计测量是可观察的）与它们的分子的平均动能成正比。"这个规则将理论词语中不可观察的分子动能与一个可观察的气体温度联结起来。显然，由这个规则，使理论规律演绎出一个可观察的经验规律。

在科学的发展中，科学家和哲学家都承认这种规则存在的意义，并经常讨论它们的一些性质。对于这样的规则一些学者给出了不同的名称，卡尔纳普称它为"对应规则"，布里奇曼称它为"操作规则"，坎贝尔称它是"字典"（本书采用卡尔纳普的说法，称为对应规则）。

（2）数学实体与物理学理论体系的联系和差异

对于理论规律，有的学者还经常把它称为一种数学符号表述的实体，例如有的学者把理论物理就称为数学实体，并以此说明这些实体之间能用数学工具表示关联。但是，作为理论规律与经验规律的对应规则，我们必须清楚数学符号及其体系与物理学理论体系的差异。

数学是一个自洽的公理化体系，数学的任何一个公理系统中，由它本身的独立性、协调性、完备性建立起来的逻辑关系，完全不用与现实世界相关就形成一个独立的演绎系统。这个系统的每一个概念都可以在逻辑基础上定义，它不用与可观察的现实世界联系起来。然而物理学不行，不能用纯数学来说明"电子""温度""压力"这些词。

在物理学和其他的自然科学中，一个理论体系不能像数学那样独立于现实世界之外，例如"电子""分子"等词语，必须将它们用某些词联结到可观察现象上加以解释，而这些对应规则是数学符号无法胜任的。

运用对应规则从理论规律导出经验规律，具有开放性和无终结性这两个特点。

所谓开放性，指把理论规律用对应规则解释成可观察的经验规律，这种解释必然会是不完备的。正由于它是不完备的，所以就可以不断地补充对应规则，形成了对应规则不断增长的开放性。例如，19世纪的物理学由于经典力学与电磁学已经建立，经过好几十年，基本定律方面相对地没有多大的变化，物理学的基础理论仍然如此。但是由于测量数量的新程序不断地被提出来，所以新的对应规则就不断地增长起来。

所谓无终结性，指理论规律的对应规则的解释是不会一次性完结的。也就是说，对理论词的解释会由于新的对应规则的增加而增加，这些对应规则不会也不能对一个理论词语提供一个最终的、明确的解释。因为理论词项不是观察词项，只要它不变成可观察词语的一部分，那么它就存在着新对应规则给予解释的可能性。可以说，只要不出现不相容的或与理论规律不一致的对应规则，那么随着不断发展，总会有新的对应规则出现。事实上，目前科学发展的历史也表明，对应规则的增长及对理论词语不断解释的修正正是科学发展的一个过程。

对于理论规律而言，不断地出现新的对应规则，不断地有理论词语演绎为一个可观察的事实，这正是理论规律的生命和价值所在。

（3）运用对应规则把理论词语转化演绎为可观察词语

对应规则作为联结理论规律不可观察词语与经验规律可观察词语的特殊桥梁，在理论规律的发展和确证方面发挥着极大的作用。在一定意义上甚至可以认为如果没有对应规则的存在，那么理论规律就会成为无人问津的毫无用处的假说。作为科学理论规律及其对应规则的建立，牛顿物理学展示了人类历史上第一个综合的系统理论。它的万有引力、质量的概念、光线理论性质等等，都是不可观察的理论概念。作为理论，牛顿物理学表现了人类智慧的伟大预言力和深刻的洞察力。人类从未把天上的物体运动和苹果落到地上这样两个看起来毫无联系的事情放在一起思考。牛顿的万有引力作为一个理论定律成功地解释了苹果落地和行星运行的规律。借助对应规则，物理学家也成功地在实验中测得了两个物体之间的引力。

在气体动力论中，理论规律描述说，气体微粒就像一些小球，具有相同的质量，在气体温度恒定时，具有相同的速度（后来的玻耳兹曼—麦克斯韦分布表示，分子处于某个速度范围都有一定的概率）。但是作为实际经验和观察，谁也没有观察过分子，不知道一个分子的质量，也不知道在一定的温度和压力下 1 立方厘米的气体有多少分子。可以说，这些理论规律是无法观察的，但是当有关的数量被表示成一定的参数写入规律时，这个建立起来的数学方程就为对应规则的确立奠定了基础。对应规则把理论词与可观察现象联结起来，从而使人们可以间接地确定这些参数的值，这样就可能导出经验规律。其中一个对应规则把分子的平均动能与气体的温度联系起来。另一个对应规则把气体的压力与分子在禁闭器壁上的碰撞联结起来。这个对应规则可借助压力计把宏观上测量的压力用分子统计力学的术语表述出来。第三个对应规则是把分子的质量（不可观察词语）与气体总重量（可观察词语，例如用秤量）联结起来。这个对应规则表示：气体的总质量 M 是分子质量 m 的总和。

由于有这样一些对应规则，使得从理论导出的经验规律成为可检验的。于是人们就可以知道，当体积不变和温度上升时气体压力如何，也可以推测出容器的边缘被敲击产生声波是什么原因，等等。对应规则使人们可以验证经验规律，同时也可以间接地检验理论规律。这种理论规律借助对应规则，既对已有的经验定律给予解释，同时又导出许多新的经验规律供人们检验。

理论规律的提出，再加上对应规则的确立，使理论规律能够对原有的经验规律进行解释并且对新经验规律做出预见。这种理论规律的提出以及对应规则的确立，往往表现出一种天才般的创造性。但是，无论作为天才般的想象，还是作为一种预言式的构想，一种理论规律的提出，必然辅之以连接理论与可观察现象的对应规则，否则，这种理论规律就只能是一种假说而成不了科学的理论。

◈ 小　结 ◈

科学实验，即观察和实验，是科学认识的基础。科学实验结合感性认识和理性思维的特点，具有直接现实的品格，一方面是证明和发展科学知识的有效手段，另一方面是理论不断改进的原动力。

科学仪器可以帮助人们克服感官的局限并改善认识的质量，并通过测量把握事物的定量的信息。无论在实验的构思准备阶段还是在实验结果的解释阶段，科学实验都离不开理论思维。科学实验与理论思维的联系是辩证的，实验受科学知识体系的支配，同时又产生更完善和更深刻的新的理论。

区分本体论和认识论意义上的事实概念，搞清客观事实与科学事实的联系和差异具有重要意义。

科学的理论建构以假说为中心。假说是科学性和假定性的辩证统一。假说一旦经受实践检验，具备解释性和预见性，就可以转化为理论。通过假说—演绎方法构造的科学理论具备解释功能和预见功能。假说—演绎模型在不同时期有不同的形态。

经验规律和理论规律的分水岭在于可观察性（或不可观察性）。理论规律是作为一种假说形式而被创造性地陈述出来的，具有普适性，并通过对应规则导出新的经验规律。

◆ 思考题 ▶

1. 科学实验活动有什么重要意义？有哪些行为上的特点？
2. 简述测量在科学认识活动中的作用。
3. 科学假说如何才能转化为科学理论？
4. 简述假说—演绎体系的构造过程及其在历史上的各种形态。
5. 经验规律和理论规律是什么关系？理论建构的原则是什么？
6. 如何从理论规律导出经验规律？

第五章

建构主义的哲思路径

　　科学认知活动总是离不开科学实验，强调以经验为基础。基于科学知识的后验（非先验）特征，经验主义被看作科学哲学的底色。然而，如何在某个科学哲学流派中进行经验主义的建构，实际的演变进程是各个不同的。人们比较熟悉的有以卡尔纳普、亨普尔和波普尔等为代表的逻辑主义建构方式，有以库恩、拉卡托斯、劳丹等为代表的历史主义建构方式。此外，与之不同，还有什么特别有影响的经验主义建构方式呢？根据近半个世纪科学哲学的重要进展，可以发现有一种人们称之为建构主义的经验主义建构方式贯穿其中。

一、科学哲学新建构的主要路径

　　虽然多种科学哲学流派骨子里都是经验主义的，但其经验主义的建构方式是不同的。与逻辑主义的、历史主义的建构方式相比较，当代好些科学哲学流派都采用建构主义的经验主义建构方式。这种经验主义的新建构的路径各具特色。通过检视，发现下面几条路径是难以忽视的，它们是：新实验主义路径、科学实践解释学路径、新经验主义路径、科学知识社会学路径。它们让当今的科学图景"发生了翻天覆地的转变"，从而"对科学事业是什么、如何运作、它能达到什么和不能达到什么这些问题产生了比以往更为现实的理解"[①]。

1. 新实验主义路径

　　运用建构主义的理念来建构一种新的经验主义科学哲学，是当代许多科学哲学家的

---

① 托马斯·库恩. 结构之后的路. 北京：北京大学出版社，2012：99.

选择，新实验主义便是其中重要路径之一。与传统科学哲学过分看重理论和观察相比，新实验主义强调实验在科学活动中的重要作用和独立地位。

强调从实验中为科学寻找一个相对可靠基础的趋势，通常被称为"新实验主义"（New Experimentalism），有时也被称为"科学实验哲学"（Philosophy of Scientific Experimentation）①。"新实验主义"产生于20世纪80年代，其主要代表人物有伊恩·哈金（Ian Hacking）、德博拉·梅奥（Deborah G. Mayo）等。哈金是新实验主义的开创者，梅奥为之进行了精致的哲学辩护。新实验主义的主要论题是：实验的物质实现、实验和因果关系、科学—技术关系、实验中理论的角色、建模和（计算机）实验、使用仪器的科学和哲学意义，其讨论以实验的建构方式为中心。

在《表征与干预》中哈金指出，传统科学哲学所关注的用于证实理论的观察只是实验活动的一部分，而实验实际上是一个复杂的实践过程——"实验有其自己的生命"②。由此哈金开启了科学哲学的新实验主义进路：实验可以独立于理论为其自身的合理性辩护，并成为科学的认识论基础；对获取实验数据与实验知识的真实过程的分析，为探讨科学中的证据、推理等问题开创了新方向。新实验主义者认为，法拉第电动机和赫兹发现电磁波等案例表明，实验并不总是以检验理论为目的，也不一定依赖理论，实验者可以在独立于高层次理论的情况下开展受控实验，并通过实验本身证明实验效应或其所产生的新现象的存在。

在这一思想的影响下，梅奥等通过对科学实验案例的剖析展开了对实验的科学哲学研究。梅奥认为科学实验的主要任务是消除环境干扰和区分真实现象与人为效应等局部性的任务，而不是检验高层次的理论。为了拒斥理论主导的科学哲学的确证理论，梅奥试图通过严格的哲学分析推进新实验主义。在对主观贝叶斯主义提出质疑的同时，她提出了一种基于实验误差统计分析的确证理论。梅奥指出，包括归纳逻辑与主观贝叶斯主义在内的确证理论都以理论为主导，实际上是对科学推理的事后重建，新实验主义则聚焦于标准误差分析等真实实验层面所使用的局部统计方法。由此，她提出了"通过错误论证"或"从错误中学习"的论证模式。"通过错误论证"的要义在于：对于一个假设H，没有找到某个可能的错误，就意味着对H的检验。③ 这一模式强调，经过严格的错误排查之后，可以证明错误已经消除，并以此作为待检验主张成立的证据。更进一步而言，只有当一个主张经受住实验的严格检验——该主张的各种可能错误的情况得到研究并被排除之后，才能说它为实验所支持或证明。在具体的实验中，据此论证模式，只有在查明一个主张可能为假的各种情况下某现象或结果极不可能出现，才能指出该现象或结果使这个主张得到了严格的检验并因此得到确证。

一般说来，新实验主义有如下鲜明特点：第一，旗帜鲜明地认为"实验有自己的生命"，打破了理论优位的科学观；第二，认为实验可以先于理论而存在，打破了自汉

① Hans Radder. The Philosophy of Scientific Experimentation. Pittsburgh：University of Pittsburgh Press，2003：1-18.

② 伊恩·哈金. 表征与干预：自然科学哲学主题导论. 北京：科学出版社，2011：121.

③ Deborah G. Mayo. The New Experimentalism, Topical Hypotheses, and Learning from Error. Proceedings of the Biennial Meeting of the Philosophy of Science Association. Volume One：Contributed Papers，1994：273.

森以来的"观察负载理论"。有些学者认为，新实验主义对实验的强调存在某些逻辑缺陷①，笔者似难完全苟同。实际上，新实验主义并没有忽视理论的地位，没有将理论和实验截然对立起来。拉德在介绍《科学实验哲学》时就曾指出，对科学实验的充分说明并不承诺这样的教条，即所有关系到科学哲学问题的解决都可以完全基于对实验的分析，这就说明新实验主义者对实验的强调是理性的和清醒的；相反，他们认为实验和理论是互动并联系着的，"有些深奥的实验完全由理论生成。有些伟大的理论来源于前理论的实验"②。对于理论和实践（观察或实验）的二分，哈金以"思辨"、"计算"和"实验"的三分法取而代之，企图弥合因二分而造成的界限，正如大卫·凯里对哈金实验观的评价："伊恩·哈金想构建实验在科学的哲学形象和公众形象方面与理论的平等地位"③。

2.　科学实践解释学路径

科学实践解释学，也是运用建构主义来建构新的经验主义科学哲学的一种重要路径。在充分吸收欧洲大陆的解释学传统和英美的分析哲学传统的基础之上，它对"科学实践"进行了更为丰富和细致的讨论。

在科学哲学的当代发展中，美国新一代科学哲学家约瑟夫·劳斯（Joseph Rouse）的科学实践解释学（Hermeneutics of Scientific Practice）颇为引人注目。劳斯的理论探索三部曲分别展开了三种不同的研究方案：科学的政治哲学、科学的文化研究与哲学自然主义。科学实践解释学对"实践"概念进行了新的诠释，在此基础上强调实践优位，同时认为科学是一种地方性知识，科学实践具有权力维度等。

劳斯的科学实践解释学建基于对库恩"范式"的诠释，他将"范式"解读为一种共同的实践，或者说是"共有实例"，即相同规则之下的认知功能。这样一来，人们接受一种范式就等于接受一种实践，也即"获得和应用一种技能"④。劳斯通过将库恩的范式作为实践、操作、参与等来解读，表明知识不再是一种表象且完整的理论体系，而是由实践活动建构出来的东西。在此基础上，劳斯展开了一系列的论述。

首先，劳斯赋予"实践"更基础的概念地位，即一般意义的科学实践。在他的眼中，所有科学活动都是实践，这包括话语实践、科学实践、实验实践和实验室实践。与哈金等一样，劳斯对实验实践尤其关注，他认为实验实践是真正体现科学知识的地方性、情境性和反现代性特征的活动。在这里，实践不再是传统科学中与理论对立的概念，而是更为基础性或者更为底层的概念。劳斯赋予"实践"更基本的意义，以至于它将理论研究视为一种宽泛的活动而纳入实践领域中去了。

———————————

①　吴彤，郑金连. 新实验主义：观点、问题与发展. 学术月刊，2007（12）.
②　伊恩·哈金. 表征与干预：自然科学哲学主题导论. 北京：科学出版社，2011：128.
③　伊恩·哈金，安德鲁·皮克林，大卫·凯里. 如何认识科学（四）：大卫·凯里对伊恩·哈金和安德鲁·皮克林的访谈. 淮阴师范学院学报（哲学社会科学版），2015（2）：171.
④　约瑟夫·劳斯. 知识与权力：走向科学的政治哲学. 北京：北京大学出版社，2004：31.

其次，与传统科学哲学相比，他坚持实践优位，认为"实践有其独立于理论的生命"①。传统科学哲学将理论摆在优先地位，"理论解释学是一种理论优位的科学哲学"②。实验和观察是附属于理论的，只有在理论的情景中才有意义，因此它们没有独立存在的价值，而仅仅发挥一种工具性的作用。然而，劳斯认为，实验设计虽然部分服从某种模糊的理论，但更多地是受实验本身的调整，也正是在实验的调整中，模糊的理论模型得以精确化或者具象化。实验能够建构现象，以及科学家对建构赖以进行的实验室工具性情境的理解，是很难被纳入理论优位的科学发展图景中的。

再次，在对科学实践的分析基础之上，劳斯认为科学是一种地方性知识。传统科学观认为，在实验或其他方式中形成了某种理论，理论一旦形成就具有脱离具体的情境的普遍有效性，这些普遍理论的具体应用才是地方性知识。显然，这种知识观建立的基础是表象主义的理论，而这是劳斯所不赞成的。劳斯认为，我们在实践中获得的首先是地方性知识，经过标准化，将这种知识由一个地方转译到另一个地方，从而形成普遍性知识。地方性知识经过标准化（使用条件的宽泛化）而成为一种形式概念的普遍知识，若要想在另一个地方应用这种知识，必须重新基于普遍知识情境化的条件，才能获得在该地方的可理解性。

最后，传统科学哲学往往不谈论权力，而劳斯却认为科学实践具有权力维度。劳斯在对实践概念的分析中指出："实践因此只在反对抵抗和差别中得到维系并因此总是联系着权力关系"③，那么他眼中的权力是什么意思呢？他认为权力是某种场景和形塑，而不是其中的某种事物或关系。当他说实践包含权力关系、产生权力效果和运用权力时，是说实践以某种方式形塑或限制了特定情境中人的可能行动领域。在实践的权力之网中，各个行动者都会被塑造、改变、镇压或控制，以适应不断变化的实践。

3. 新经验主义路径

新经验主义科学哲学，作为建构主义的一种经验主义建构方式，非常激烈地与逻辑主义的建构方式对立，也明显地与历史主义的建构方式相区别。

新经验主义（New Empiricism）是与新实验主义几乎同时出现的一种科学哲学流派，正如卡尔·霍弗（Carl Hoefer）在介绍卡特赖特（Nancy Cartwright）的科学哲学时指出的那样，"新经验主义"之所以"新"在于，它是不同于逻辑经验主义的一种经验主义。这种经验主义遵循的不是休谟和卡尔纳普的道路，而是纽拉特和穆勒的路径；它关心的不是怀疑主义、还原论或者划界问题，而是实际中的科学是如何获得它的成功的，以及为了理解那种成功需要什么样的形而上学和认识论上的假设；不像逻辑经验主义拒斥形而上学，它不排斥形而上学，并主动寻求科学成功的形而上学原因。④ 新经验主义

① 约瑟夫·劳斯. 知识与权力：走向科学的政治哲学. 北京：北京大学出版社，2004：138.
② 同①74.
③ 约瑟夫·劳斯. 涉入科学：如何从哲学上理解科学实践. 苏州：苏州大学出版社，2010：123-124.
④ Stephan Hartmann, Carl Hoefer and Luc Bovens eds. Nancy Cartwright's Philosophy of Science. New York: Routledge, 2008：1-2.

的主要代表人物是南希·卡特赖特。

卡特赖特在其著作中为人们描绘出了一幅定律拼凑、反基础主义、反普遍主义和坚持多元主义实在论的斑杂的世界图景。

首先，她认为物理定律不具有客观性和普遍性。至于为什么物理定律不具有客观性呢？她认为，这是因为它只对模型为真，而不对世界为真。她区分了两种定律，即基本的解释定律和现象学的描述定律。具体来说定律可以划分为：基本物理定律、不太基本的方程式、高层次现象定律、具体因果律或因果原理。在这所有层次的定律中，只有因果律和某些现象律可以是真的。在卡特赖特看来，我们对认识对象的认识过程，即理论对实在的切实反映实际上是一个从基本规律到模型，再从模型到现象律的过程。现象律对于客观对象有一个真不真的问题，然而模型只是为了理论的形式美或计算的便利而人为地建构出来的，所以基本定律只对模型的客体为真就行了。

为什么自然科学的定律不具有普遍性呢？她认为那只是用"律则机器"（nomological machine）构造出来的，在此范围之外，就不适用了。什么是律则机器呢？按照卡特赖特的说法，它是组分或要素的（充分）固定安排，有着（充分）稳定的性能，该性能在适当的（充分）稳定的环境中，通过重复运作来产生我们用科学定律表达的规则行为的种类。它主要有三个功能：第一，规则性的建构，原理性的组合和运用；第二，特殊性情景的建构；第三，屏蔽条件。有了律则机器，就意味着在其他情况均相同的情况下，定律就是真的。然而，卡特赖特认为将律则机器所包括的所有条件拼凑在一起是不容易的，一般只能在实验中才能凑齐，但偶尔在自然界中，例如牛顿力学定律在行星系统中，也可以做到。如果是有许多因素参与而要求又非常精确，物理定律就不起作用。所以，自然科学的基本规律是具有地方性的（主要在实验室范围之内），超过这个界限，基本定律便失去了效力。

其次，卡特赖特反对科学的统一，倡导一种多元主义的科学观。他认为科学中的各个学科本来就是不统一的、不能整合的，这是斑杂破碎的世界的一个根本特征。他认为自然科学各个领域除了研究对象指的是同一个物质世界，用的是同一种语言之外，没有系统的、固定的联系。人们为了解决问题的方便而人为地将任何两门科学捆在一起的做法其实是很荒谬的，那个我们所谓大系统只是一个大的科学谎言而已。

逻辑经验主义的科学观是这样的：每个科学领域的定律与概念都可以还原为更为基础的领域，全都安排在犹如一个金字塔一样的等级体系之中，其内部按照某种规则有序地排列，最顶端则是物理学。在卡特赖特看来，自然科学的真实情况根本不是这么回事，学科之间是任意相互联系的。当我们需要解决不同的问题时，各个学科可以以不同的方式、不同的组合连接在一起。它们的边界是灵活的，它们可以被扩展或压缩，甚至可以重叠。但必须注意的是："它们无疑具有边界。不存在定律的普遍涵盖。"[①]

4. 科学知识社会学（SSK）路径

科学知识社会学（SSK），尤其是后 SSK 研究更关注科学活动的实践过程和人类学

[①] 南希·卡特赖特. 斑杂的世界：科学边界的研究. 上海：上海科技教育出版社，2006：8.

方法，此类经验主义的建构方式，带有典型的建构主义特点。

以爱丁堡学派为代表的强纲领 SSK 主要注重从社会学的角度来解释科学活动和科学知识，强调权力和利益等因素在科学知识建构过程中的决定作用，几乎完全否定科学知识的客观性和普遍性。因而，从整体上来说，强纲领 SSK 虽然也是科学哲学的经验主义新建构的重要组成部分，但其极端立场，后来受到共同体内部的检讨和批判，为所谓弱纲领 SSK（即后 SSK）所修正。在 20 世纪 80 年代之后，SSK 内部通过演变，整体上进入后 SSK 的研究阶段，呈现出一种多元主义的建构立场。在后 SSK 阶段，一方面，"社会的"因素已经没有实质含义和垄断性的解释力，而其他非社会因素却拥有了更大的理论解释空间；另一方面，其最为突出的特点是转向"科学实践"的分析。后 SSK 进路的主要代表人物有布鲁诺·拉图尔（Bruno Latour）、安德鲁·皮克林（Andrew Picker-ing）[1]，《科学在行动》和《实践的冲撞》是后 SSK 的代表性著作。

当代科学实践迫使科学哲学领域内外的一些学者或者视技术为科学的内在要素，或者将技术与科学整合进异质性的实践网络，或者将技术与科学统一于人的知觉层面的现象，开始从新经验主义、科学与技术研究和现象学等不同的视角关注"作为技术的科学"（science as technology），不再将技术视为低科学一等的"科学的应用"，而从技术与科学相互交织的角度统观二者，形成一种不同于基础主义科学与技术意象的、非表征主义的、技术化科学形象。[2] 后 SSK 强调这种对科学的新看法，其研究特点有二：一是把关注的焦点指向科学实践本身而不是作为实践结果的知识；二是不再突出社会因素在知识制造中的决定性作用，而强调科学实践中各种异质文化要素对建构科学的意义和作用。

拉图尔在《科学在行动》一书中提出了技术化科学（technoscience）这一概念，旨在描述"正在形成的科学"（science in making），而不是那种由科学家或哲学家给出的、关于科学包括什么成分的预设定义。在包括资助者、盟友、雇主、信任者、赞助者和顾客等人类因素和非人类因素在内的技术化科学之中，每一种要素都是一个行动者，他们形成了"行动者—网络理论"（Actor-Network Theory）。科学就是在由人类因素和非人类因素相互作用的网络中，才得以展开的。在这一活动中，任何一方都是行动者（ac-tor）和转移者（mediator），在面对科学决定或科学争端时，都没有优先权。总之，他所说的技术一般是操作和制造意义上的。技术化科学这一概念的内涵并不仅仅指涉了内在于当代实验科学的技术性，更揭示了当代科学技术活动的基本特征异质性的社会文化实践。

受拉图尔的影响，皮克林运用"实践冲撞"的概念，从人类学视角分析了作为实践和文化的技术化科学的形象。他主张一种基于人与物的力量的实践冲撞所带来的开放式的世界场景。他指出，我们不应该认为世界是由隐藏的规律控制的，不应只关注表征，因为那样只会导致人和事物以自身影子的方式显示自身，即便是科学家也只能在观察和

---

① 关于皮克林的科学哲学，笔者认为大致可分为前期和后期。其前期思想属于 SSK 领域，以《构建夸克——粒子物理学的社会学史》为代表；后期思想属于后 SSK，以《实践的冲撞——时间、力量与科学》为代表。这里着重讨论他的后期思想。

② 段伟文. 对技术化科学的哲学思考. 哲学研究，2007（3）.

事实框定的领域中制造知识。真实的世界充满了各种力量，始终处在制造事物当中；各种事物并非作为人的观察陈述而依赖于我们，而是我们要依赖于物质性力量；人类一直处在与物质性力量的较量之中。[①] 因此，我们应该超越仅仅作为表征知识的科学，运用操作性语言，把物质的、社会的、时间的维度纳入其中，将"科学（自然包括技术）视为一种与物质力量较量的持续与扩展。更进一步，我们应该视各种仪器与设备为科学家如何与物质力量进行较量的核心"[②]。皮克林的"实践冲撞"理论摆脱人与物的二元论思维，强调各种人类因素和非人类因素的相互作用及纠缠，具有典型的后人类主义或非人类中心主义的特征。

二、新建构路径间的关系及其实质

新建构所采纳的各条路径关系错综复杂，既相互联系，又相互区别。需要梳理和讨论的问题是：四条路径是什么关系？建构主义的经验主义建构方式的实质是什么，或其与传统经验主义建构方式有何区别？

1. 新建构路径间的关系

新实验主义、科学实践解释学、新经验主义和科学知识社会学（尤其是后 SSK），作为科学哲学经验主义新建构的四条路径，它们之间有什么关系呢？作为这四条路径的代表人物哈金、劳斯、卡特赖特和皮克林等，在不同的著作中往往被归于很不相同的阵营，这给我们的理解和研究带来一定的困难。例如，在《知识与权力》中，劳斯把哈金、卡特赖特、法因和赫斯等冠以"新经验主义者"的称号[③]；在《作为实践和文化的科学》中，皮克林把哈金、卡特赖特和法因等又称为后 SSK 的代表人物；而米可·布恩（Mieke Boon）在《科学与技术中的仪器》一文中却将哈金、卡特赖特、阿兰·富兰克林和梅奥等都称为"新实验主义者"[④]。为了澄清以上容易给读者，甚至研究者造成疑惑的不同命名，有必要对上述四条路径之间的关系做一些分析。

首先，路径名称的选用因有不同的来源，所以不是唯一的。"新实验主义"来源于罗伯特·阿克曼（Robert Ackermann）。1989 年，阿克曼在对富兰克林出版于 1986 年的《对实验的忽视》（*The Neglect of Experiment*）著作所做的述评——《新实验主义》（The New Experimentalism）中，将哈金和富兰克林中有关实验的理论总结为"新实验主义"[⑤]；后来，布恩把哈金、卡特赖特、富兰克林、皮特·加里森（Peter Gasison）、罗

---

① 安德鲁·皮克林. 实践的冲撞：时间、力量与科学. 南京：南京大学出版社，2004：6.

② 同①7.

③ 约瑟夫·劳斯. 知识与权力：走向科学的政治哲学. 北京：北京大学出版社，2004：8.

④ Mieke Boon. Instruments in Science and Technology//Jan-Kyrre Berg Olsen, Stig Andur Pedersen, Vincent F. Hendricks, eds. A Companion to Philosophy of Technology. Chichester：Blackwell Publishing Ltd., 2009：80.

⑤ Robert Ackermann. The New Experimentalism（Review），The Neglect of Experiment by Allan Franklin. The British Journal for the Philosophy of Science，Vol. 40，No. 2，1989：185-190.

纳德·吉尔（Ronald Giere）、阿克曼和梅奥称为"新实验主义"运动的代表人物。[①] 劳斯用"新经验主义"这一称谓对以更充分的经验主义来解释科学的学派进行了总结，并以"新经验主义者"来称谓以"新经验主义"为理论核心的哈金、卡特赖特、赫斯等哲学家。[②] 后 SSK 是皮克林对 20 世纪 80 年代以来的重视科学实践的科学知识社会学新的发展阶段的概括，以区别于产生于 20 世纪 70 年代重视科学知识的科学知识社会学。在他看来，后 SSK 路径既包括人种学学者（如拉图尔和卡伦）、科学人类学学者（特拉维克），也包括科学哲学家（哈金、卡特赖特和法因）。[③] 科学实践解释学，其实是劳斯的创造。他既吸收英美分析哲学传统，又从欧陆哲学的解释学传统中获取思想资源，为了充分表达其学术思想和旨趣，提出了"科学实践解释学"这一称谓。文中在分析经验主义新建构的路径时，主要是遵循有关文献中命名的历史，习惯的用法，特别是当事学者本人的倾向，把上述学者分别归入四条路径之一。

其次，不管各条路径如何命名，可以肯定的是，它们都有同样的时代背景和相似的哲学背景。无论从实践层面还是从理论层面来看，当代科学和技术都已经交织成（interwoven）一个被称为"技术化科学"（technoscience）的综合体。在这个综合体中，科学的进步依赖于技术的进步，离不开高精尖的实验仪器设备和现代的组织管理；反之，高科技的实验仪器和设备技术进步，也十分依赖于科学研究的推进。[④] 相应地，包括以上四条路径的科学哲学都蕴涵着某种实践转向，即发生着从着眼于"作为知识的科学"到着眼于"作为实践的科学"的转变。这就是科技一体化的时代背景和实践转向的哲学背景。实践转向中的科学哲学强调我们应该研究"实践中的科学"或"行动中的科学"，即"科学实际上是怎么样的"，而不是研究"想象中的科学"，即"科学应该是怎么样的"。它们致力于从哲学上探讨如何在实践中建构相应的科学，于是，建构主义的各个不同的经验主义建构方式应运而生。

上述四条路径，其名称来源各不相同，名称之间可以互相包含却又各有侧重，具体到某个科学哲学家属于哪个学派或路径，可能会有争议，但从整个科学哲学史的趋向来看，它们都是在科学哲学的研究中运用建构主义的理念和方法，形成新的经验主义的建构方式，而且，如果与传统的经验主义建构方式联系起来看，确实显现为"科学哲学的经验主义新建构"。

2. 新建构的实质

有研究者认为，自 20 世纪 80 年代以来至今的科学哲学处于"战国时代"，各种新的哲学思潮不断涌现，正统科学哲学的影响依然存在。面对这样的科学哲学局面，作为一

---

① Mieke Boon. Instruments in Science and Technology//Jan-Kyrre Berg Olsen, Stig Andur Pedersen, Vincent F. Hendricks, eds. A Companion to Philosophy of Technology. Chichester: Blackwell Publishing Ltd., 2009: 80.

② 南希·卡特赖特. 斑杂的世界：科学边界的研究. 上海：上海科技教育出版社，2006：26.

③ 安德鲁·皮克林. 从作为知识的科学到作为实践的科学//安德鲁·皮克林，编著. 作为实践和文化的科学. 北京：中国人民大学出版社，2006：2-3.

④ 同①78.

个哲学工作者不禁要思考：科学哲学目前到底处于一种什么样的状态？以往的科学哲学有什么样问题，而目前的科学哲学都解决了吗？科学哲学该走向何方？① 2001 年，吴彤曾写道："一个有别于以往科学哲学的逻辑实证主义、证伪主义或历史主义和实在论形态的新的科学哲学形态还没有形成。但是，这个科学哲学的新形态在后现代哲学的演化中多少出现了一些萌芽性、动态性的、不十分确定的变化和发展。"② 如今看来，一种不同于逻辑主义和历史主义建构方式的科学哲学，即我们称之为建构主义的科学哲学其实一直都在发生着，只不过当时还没有得到我们广泛的关注而已。

正如前文所引述的，与这两种传统的经验主义建构方式不同，建构主义的建构方式是当下十分显眼的。建构主义的经验主义新建构作为一种新的建构方式，在本体论、认识论和方法论等层面与传统经验主义有着明显的不同。

在本体论上反对普遍主义、基础主义和本质主义。对于普遍主义，劳斯认为"普遍主义在某种程度上是许多哲学家和科学家理论偏见的产物，他们在我们的文化中塑造了传统的科学形象"③。卡特赖特对基础主义进行了批判，"有一种倾向认为，所有事实必定属于一个宏大图式；而且，在这一图式中，第一个范畴的事实具有特殊和特权地位。它们是自然应该运作的方式的范例。其他的必须弄得符合它们。我认为，这种基础论教条，正是我们必须反对的"④，因此她呼吁我们拒绝基础论，认为实在（reality）很可能只是定律的拼凑。⑤ 在本体论上，卡特赖特坚持形而上学的多元主义，"形而上学律则多元论"（metaphysical nomological pluralism）的教义是：通过定律拼凑（patchwork of laws），自然界在不同领域中由不同的定律系统（不必以系统的或齐一的方式彼此联系）支配。"形而上学律则多元论"反对任何形式的基础论。⑥ 劳斯认为"科学的文化研究拒绝承认科学有任何本质或者一个单一的本质目标——所有真正的科学工作都必须追求这一目标"⑦。对于传统本体论，在批判的基础上，皮克林提出了一种生成本体论，即冲撞本体论或辩证本体论。该理论认为世界在永无止境地流动与生成，人类置身其中，而绝非受控于其中。⑧ 这与其他科学哲学家，如劳斯的观点是类似的，劳斯认为我们并不是外在于世界进而去表征世界，而是我们本身就处在世界之中，与世界不断互动。

在认识论上反对传统的二分，即反对主体与客体、自然与社会、人类力量与物质力量、男人与女人等。对于传统二分法，拉图尔等认为，"行动者网络理论根本就是否认自然/社会二分谱系的存在……在科学和技术的实践中，自然和社会是密不可分地交织在一起的。实践就是科学和社会的居所，二者之间的空间在持续地建构、解体和再建构。我们非常自信地赋予自然和社会的各种特性，恰恰就是实践过程的结果，而不能视为对实践过

① 刘大椿，刘永谋. 思想的攻防：另类科学哲学的兴起和演化. 北京：中国人民大学出版社，2010：23-24；吴彤，等. 复归科学实践：一种科学哲学的新反思. 北京：清华大学出版社，2010：1.
② 吴彤. 回顾与前瞻：科学前沿革命与科学哲学发展//吴倬，编. 在二十一世纪的地平线上：清华人文社科学者展望21世纪. 北京：东方出版社，2001：397.
③ 约瑟夫·劳斯. 知识与权力：走向科学的政治哲学. 北京：北京大学出版社，2004：116.
④ 南希·卡特赖特. 斑杂的世界：科学边界的研究. 上海：上海科技教育出版社，2006：27.
⑤ 同④40.
⑥ 同④36.
⑦ 同③223.
⑧ 郝新鸿. 走向辩证的新本体论：访问安德鲁·皮克林教授. 哲学动态，2011（11）：106.

程的解释"①。受拉图尔"行动者网络"的启发，皮克林提出了"实践的冲撞"理论，它关注自然、仪器与社会之间机遇性相聚集的空间或场所，即物质—概念—社会的聚集体。

在方法论上反对还原主义，坚持整体主义。哈金曾经认为："逻辑实证论者从而兴起了伟大的还原论纲领，他们希望通过逻辑，可以把所有包含理论实体的陈述，都'还原'为不指称此类实体的陈述。这一计划的失败，甚至比可证实原则的失败还要惨。"② 在劳斯看来，强纲领 SSK 的研究视角也是一种还原，它"把科学还原为政治或社会建构，就像把它限制在认识论领域一样错误"③。卡特赖特也反对还原主义，她认为："现在我自己的研究关注的主要不是经济学或物理学或是其他单一学科，而是关注如何从作为整体的科学知识中得到最多。我们如何最好地把不同领域的不同层面、不同种类的知识放到一起，来解决不属于任何单一理论、单一领域的现实世界问题。"④ 正如迈克尔·埃斯菲德（Michael Esfeld）对她的总体评价：卡特赖特以反对基础主义而闻名，基础主义是说自然规律在原则上可以还原为某个物理理论的具体规律或者随附于一套基本定律。在她看来，对自然的描述在原则上是不能还原为一个基础理论的。⑤

科学哲学的经验主义新建构是对传统经验主义，即逻辑主义和历史主义的经验主义建构方式的解构和提升。它代表着对科学的哲学思考总体上进入了皮克林所谓的"后现代"阶段，并在科学实践中，对泾渭分明的学科研究中的思维方式、学科界限进行质疑和挑战。⑥

三、建构主义所展开的哲学变革

建构主义的经验主义建构方式引发了一系列的哲学变革。首先，改变了传统经验主义理论优位的科学观，而以实践优位的科学观取而代之；其次，对实验活动进行了重新定位，实验不再是理论的附属物，实验也不仅仅是起到验证科学理论的作用，"实验有其自己的生命"；最后，质疑知识的普遍性，坚持认为从本性上来说科学知识是地方性知识。

1. 从理论优位转向实践优位

自逻辑经验主义伊始，理论优位的（theory-dominated）科学观长期占据着科学哲学的讲坛和论坛，在某种意义上成了"跛脚"的科学哲学。20 世纪 80 年代以来，一些具

---

① 安德鲁·皮克林. 从作为知识的科学到作为实践的科学//安德鲁·皮克林，编著. 作为实践和文化的科学. 北京：中国人民大学出版社，2006：19.
② 伊恩·哈金. 表征与干预：自然科学哲学主题导论. 北京：科学出版社，2011：40.
③ 约瑟夫·劳斯. 涉入科学：如何从哲学上理解科学实践. 苏州：苏州大学出版社，2010：80.
④ 南希·卡特赖特. 斑杂的世界：科学边界的研究. 上海：上海科技教育出版社，2006：20.
⑤ Stepham Hartmann，Carl Hoefer and Luc Bovens eds. Nancy Cartwright's Philosophy of Science，New York：Routledge，2008：324.
⑥ 同①6-7.

有自然科学背景的科学哲学家开始从科学研究的实际状态出发，本着自然主义的原则，反思科学哲学的发展路径问题。他们质疑理论优位的科学哲学，主张从只重视理论却轻视甚至忽略实践的科学观中解放出来，并发展出一种实践优位的（practice-dominated）科学哲学，以回归科学研究的实践本质。

皮克林曾对理论优位的科学哲学评价道："对于 20 世纪大多数英美科学哲学来说，他们始终关注的是科学理论、科学事实以及科学理论和科学事实的关系问题。这一点不仅对于逻辑实证主义者主流如此，对于其当代变种也是如此。"[1] 皮克林认为，"新的科学图景中的主题是实践而不是知识"[2]。哈金曾经对理论优位的科学哲学质疑道："科学哲学家们总是讨论理论与实在的表象，但是避而不谈实验、技术或运用知识来改造世界。"[3] 因此"自然科学史现在几乎总是被写成理论史。科学哲学已经变成了理论哲学，以至于否认存在先于理论的观察或实验"[4]。总之，劳斯对理论优位的科学哲学持批判态度，他认为如果哲学家们将太多的注意力集中于科学狭隘的思想方面，那么我们很容易忘记科学研究实质上也是一种实践活动。

基于对传统的理论优位科学哲学的批判，哈金、卡特赖特、皮克林、劳斯等最终都不约而同地走向一种相似的哲学立场，即主张科学哲学应该实现从理论优位到实践优位的转变。劳斯"在认识论和政治上将科学看作是实践技能和行动的领域，而不仅仅只是信念与理性的领域"[5]。劳斯的科学实践概念不是与理论对立的狭义的实践概念，而是将理论也包括进去的广义的实践，他强调科学研究是一种实践活动，这种实践不仅重新描绘了世界，也重构了世界。

总之，实践优位的科学哲学是对 20 世纪 80 年代以来科学哲学总体发展趋势的一种概括。如今它已经发展得非常壮大，并于 2006 年成立了"实践中的科学哲学协会"（Society for Philosophy of Science in Practice，SPSP），其宗旨在于，扭转传统科学哲学对科学实践的忽视和科学技术哲学的社会学研究对外部世界不加关注的局面，而要沿着自然主义的路径，通过对具体情景化的科学实践中的实验、模型和测量等的研究，提倡一种基于理论、实践和世界的科学实践哲学（philosophy of scientific practice）[6]。当然，我们也应认识到，强调实践优位固然是建构主义的经验主义建构方式对理论优位的科学哲学的一种矫正，但也要防止矫枉过正，以免滑入另一种基础主义。

2.　对实验活动的新定位

罗伯特·阿克曼在评价 20 世纪科学哲学时认为，"发展于 20 世纪实证主义的科学哲学对于观察事实给予了特别重要的基础性强调，把它作为控制理论增长的手段……实证

①　安德鲁·皮克林. 从作为知识的科学到作为实践的科学//安德鲁·皮克林，编著. 作为实践和文化的科学. 北京：中国人民大学出版社，2006：3.

②　同①13.

③　伊恩·哈金. 表征与干预：自然科学哲学主题导论. 北京：科学出版社，2011：121.

④　同③.

⑤　约瑟夫·劳斯. 知识与权力：走向科学的政治哲学. 北京：北京大学出版社，2004：中文版前言Ⅳ.

⑥　http://www.philosophy-science-practice.org/en/［2016-02-20］.

主义对于观察事实来源于实验实践的方法却几乎不关注"①。在科学实践中，实验本是一个最为基本的科学实践活动，然而，我们对实验的认识却经历了一个曲折的过程。逻辑经验主义者把实验活动和结果分离开来，把作为科学知识重要来源的实验降格为证实或者证伪观察陈述的一种毫无疑问的来源。他们只考虑观察，并且他们假定能分辨出观察语句的真假。然而劳斯等认为，这种假设忽略了实验是如何证实或证伪观察陈述的科学实践过程②，而"这种忽视必将导致我们对科学中实验的作用，对实验室、诊所或田野所具有的地方性的、物质性环境的意义以及这些环境所要求的技术的和实践的能知（know-how）的误解"③。

早在 1983 年，哈金就批判那种倾心于"理论优位"，而忽视实验独立地位的科学哲学。他认为，科学研究，既要重视理论和表象，也要重视实验和干预，"我们表征是为了干预，我们干预也要根据表象"④。他把这种干预概括为仪器的建造、实验的计划、运行和解释，理论的说明以及与实验室部分、出版部门等的谈判。他强调科学技术与社会因素的相互作用，正是在这相互作用中，形成了科学的本真形象。建构主义的经验主义建构方式，不是停留于单纯的表象，而是着重于复杂的干预。

新实验主义将科学合理性的来源投射于实验活动。它强调仪器运用、错误排查、样本处理、误差分析等细节的实施使实验得以独立于理论，而且实验可以对理论进行严格的检验。这使实验不再只是对理论问题的尝试性回答，从而具有了自己的生命，即对理论产生着实际的约束、推进和触发作用，以至于可将科学进步与科学革命解释为实验知识不断累积的结果。这是对科学发展的一种新的解释途径，同时开辟了一条科学哲学发展的新路径，这条路径是对过分强调理论支配的科学观的有益矫正。

3. 知识地方性观点的上位

"地方性知识"（local knowledge）⑤ 在不同的哲学语境中，往往有不同的指称，一般来说有三种基本含义，即"殖民化的"（与"西方的"相对应）、"前现代的"（与"现代的"相对应）和"情境化的"（与"普遍性的"相对应）。科学实践哲学中的地方性主要是第三种含义，意思是说知识总是在特定的情境中生成并得到辩护的，因此我们对知识的考察，与其关注普遍的准则，不如着眼于如何形成知识的具体的情境条件⑥，这种特定情境包括特定文化、价值观、利益以及由此造成的立场和视域等等。

传统经验主义关于科学知识持有的是一种普遍主义的知识观，即认为科学知识是普遍的，放之四海而皆准的。然而，建构主义的经验主义建构方式对普遍性的科学知识观提出了质疑和挑战。以皮克林和劳斯等为代表的科学哲学家认为，从根本上来说科学知

① Robert Ackermann. The New Experimentalism（Review），The Neglect of Experiment by Allan Franklin. The British Journal for the Philosophy of Science，Vol. 40，No. 2，1989：185.

② W. H. 牛顿-史密斯. 科学哲学指南. 上海：上海科技教育出版社，2006：143.

③ 约瑟夫·劳斯. 知识与权力：走向科学的政治哲学. 北京：北京大学出版社，2004：序言Ⅵ.

④ 伊恩·哈金. 表征与干预：自然科学哲学主题导论. 北京：科学出版社，2011：25.

⑤ local 在不同的语境中，常常被翻译为"地方性的"、"本土性的"和"局域性的"等.

⑥ 盛晓明. 地方性知识的构造. 哲学研究，2000（12）.

识是地方性知识，普遍性知识只是一种地方性知识转移的结果。

皮克林的操作性科学世界观和拉图尔的"行动者网络理论"都强调知识的地方性。在这种科学图景和网络中，科学处在各种力量、各种能力、各种具体操作之中，使用机器捕获着物质力量。不同的物质力量和非物质力量的冲撞过程依赖于某些具体的情境和路径，然而这些具体的情境和路径在传统经验主义镜像反映似的科学观中被冲刷掉了。因此，皮克林坚决地表示："我必须指出，在我的分析中不存在任何作用能够删除科学实践的情境与路径依赖，这也正是冲撞不能认同反映论的实在论的基本点。"[①]

劳斯认为："从根本上说科学知识是地方性知识，它体现在实践中，这些实践不能为了运用而被彻底抽象为理论或独立于情境的规则"[②]。他认为，理论知识来源于以技术、实验为代表的实践活动；知识就其本身来说是具体的，依赖于特定情境的，因此，知识在首要的意义上说不是普遍性知识，而是地方性知识。普遍性知识不是科学实践追求的终极目标，只不过是地方性知识从一个地方经过标准化而非去情境化转移到另一个地方的中间环节而已。对具体情境条件的重视，对地方性知识与普遍性知识之关系的理解，是建构主义的经验主义建构方式的应有之义。

◆ 小 结 ◆

近百年来，科学哲学的发展历经多个阶段。一般认为，科学哲学演化中的经验主义模式的转换大致为：逻辑主义—历史主义—建构主义。逻辑主义的卓越成就以逻辑经验主义和批判理性主义为代表，它们通过语言分析确认了经验是知识的来源和基础，逻辑是知识的基本架构。历史主义的建构方式，由于库恩和拉卡托斯等学者的工作，后来居上，改变了科学哲学的面貌，人们热衷于通过历史分析来揭示科学理论的演化模式。但逻辑主义和历史主义的建构方式，并没有穷尽科学哲学的经验主义建构。时至20世纪80年代及其后，一种新的经验主义的建构方式越来越明显，甚而占据科学哲学的主流。这种新的科学哲学潮流称为建构主义的哲思倾向。

"建构主义的经验主义建构方式"表明：以逻辑主义—历史主义—建构主义这一线索来观照科学哲学近现代演化史，有助于清晰明了地概括科学哲学发展的脉络和内在逻辑，显示科学哲学不同发展阶段的断裂和继承；亦可以帮助我们厘清科学哲学"战国时代"多种科学哲学路径间的关系，进而从宏观上把握20世纪80年代以来的科学哲学的总体趋势。当然，"建构主义的经验主义建构方式"突出下述观点：从理论优位到实践优位，科学实验有其自己的生命，科学知识在本质上来说是一种地方性知识。这的确是对传统科学哲学主张理论优位，强调科学实验的工具性作用，倡导普遍主义知识观的一种矫正。

"建构主义的经验主义建构方式"的提出，是在逻辑主义—历史主义的科学哲学建构方式的基础上，对当代科学哲学的演变进行宏观思考而自觉形成的一种认知理路，并不意味着它是诠释当代科学哲学发展的唯一视角。其实，从实在论、实证论、实用论的视

① 安德鲁·皮克林. 实践的冲撞：时间、力量与科学. 南京：南京大学出版社，2004：219-220.
② 约瑟夫·劳斯. 知识与权力：走向科学的政治哲学. 北京：北京大学出版社，2004：113.

角，从预设主义、自然主义的视角，也都可以去尝试把握当代科学哲学发展的脉络。况且，"建构主义的经验主义建构方式"与实在论的、自然主义的各种视角并不是截然分割的，而是相互交叉的。只是，"建构主义的经验主义建构方式"，与逻辑主义的、历史主义的建构方式，具有比较自然的现实与逻辑的联系。

本章首先梳理了科学哲学中践行这种经验主义新建构的四种路径，即新实验主义路径、科学实践解释学路径、新经验主义路径和科学知识社会学路径。接着，阐述这种新建构各路径间的联系，它们所具有的建构主义的共同特征，及与传统经验主义科学哲学的区别。最后，概括经验主义新建构所引发的哲学变革，如从理论优位转换为实践优位、对实验活动的重新定位，以及知识地方性的上位等。

对科学哲学的经验主义新建构所带来的问题，既不可能穷尽，也不可能给出确定的解决方案。但能肯定，在科学哲学的未来发展中，这些问题仍然将成为讨论的对象。随着新技术和新思想的不断涌现，科学边界将继续扩展，分支科学的研究也将愈益深入，科学哲学或将呈现为经典与前沿并重、微观与宏观并蓄、辩护与批判兼顾的某种审度性的发展态势。

───────◀ **思考题** ▶───────

1. 科学哲学当下流行的建构主义的建构方式有哪些重要路径？
2. 科学哲学新建构各主要路径之间有什么关系？
3. 何为科学哲学新建构的实质？
4. 建构主义的经验主义建构方式在哲学上带来了什么变革？

第六章
技术与工程的概念基础

在人类同自然界的斗争中，技术是劳动手段的体系。英国工业革命完成以后，世界各民族的传统文化的差别逐渐缩小并朝着统一的技术文明发展，这个趋势是显而易见的。因此，大多数人的牢固信念是人类只要解决好科学与技术及工业的关系，依靠把新技术投入生产活动中所获得丰富的物质资料，就可以促使社会文明的进步。但是，眼下技术化的世界是人类自己创造的，人类对它却又如此陌生。人们只有揭示出技术与工程的本质，深入把握技术发明与工程技术方法，才能更加有效地控制和驾驭我们的世界。

技术创新是现代经济增长的关键，而经济活动中的内在需求又是创新的基本前提。特别需要详细考察企业中的创新活动，它的动机、结构与组织，把企业真正当作技术创新的主体。

一、技术的定义、要素和结构

1. 技术的定义

技术一词出自希腊文 techne（工艺、技能）与 logos（词、讲话）的组合，意思是对造型艺术和应用技术进行论述。当它 17 世纪在英国首次出现时，仅指各种应用技艺。1760 年以蒸汽机为标志的产业革命爆发后，技术涉及工具、机器及其使用方法和过程，其含义远比古希腊时要深刻得多。作为那个时代的思想家狄德罗，在其主编的《百科全书》中，第一次对技术下了一个理性的定义：所谓技术，就是为了完成某种特定目标而协调动作的方法、手段和规则的完整体系。他抓住了产业革命初期技术的特征，在当时来说这个定义是完整的。

《不列颠百科全书》把 1879 年 10 月 21 日定为现代技术的诞生日，这一天，爱迪生在他创立的技术研究实验室中成功地进行了电照明实验。以科学为基础的现代技术，不仅仅与工具、机器及其使用方法和过程相联系，而且与科学、发明、自然、社会、人和历史紧密地联系起来。简单、直接地定义无法反映现代技术的本质，对技术的定义就呈现出"诸子百家"的局面。

（1）狭义定义

戴沙沃在1956年的著作《关于技术的争论》中把技术定义为："技术是通过有目的的形式和对自然资源的加工，而从理念得到的现实。"[①] 他所注重的是"目的"和技术中的精神因素。

R. 麦基在《什么是技术》（1978年）一文中指出，应把技术看成同科学、艺术、宗教、体育一样，是人类活动的一种形式，这种活动是一种具有创造性的、能制造物质产品和改造物质对象的、以扩大人类的可能性范围为目的的、以知识为基础的、利用资源的、讲究方法的、受到社会文化环境影响并由其实践者的精神状况来说明的活动。

G. 罗波尔从一般系统论的原则出发，区分了技术的三个方面：自然方面（科学、工程学、生态学）；个人与人类方面（人类学、生理学、心理学和美学）；社会方面（经济学、社会学、政治学和历史学）。他提出应当用一种跨学科的研究方法将这些方面统一起来。

C. 米切姆的论文《技术的类型》（1978年）则从功能的角度提出了技术的四种方式：作为对象的技术（装置、工具、机器）；作为知识的技术（技能、规划、理论）；作为过程的技术（发明、设计、制造和使用）；作为意志的技术（意愿、动机、需要、设想）。他把意志因素也包括在内，就把技术同文化所限定的评价方面联系起来了。

以上所列举的四种定义方法，无论是理性的、活动的、系统的，还是功能的，出发点都是技术包括具体的人造物品，它们是通过工程方法创造和使用的；表达了这样一种共同的思想：技术是在创造性构思的基础上为了满足个人和社会需要而创造出来的，它们是具有实现特定目标的功能、最终起改造世界作用的一切工具和方法。

（2）广义定义

广泛的定义把技术扩展到任何讲究方法的有效活动。

M. 邦格在论文《技术的哲学输入和哲学输出》（1979年）中把技术划分为四个方面：

物质性技术：物理的（民用的、电气的、核的和空间工程的）技术，化学工程的、生物化学的（药物学的）、生物学的（农学的、医学的）技术；

社会性技术：心理学的（教育的、心理学的、精神病学的）、社会心理学的（工业的、商业的和战争的）、社会学的（政治学的、法律学的、城市规划的）、经济学的（管理科学的、运筹学的）、战争的（军事科学的）技术；

概念性技术：计算机科学；

普遍性技术：自动化理论、信息论、线性系统论、控制论、最优化理论等。

由此，他把技术定义为：按照某种有价值的实践目的来控制、改造自然和社会的事务及过程并受到科学方法制约的知识总和。他所采取的这种广义定义法，是想要说明技

---

① F. Rapp. *Analytical Philosophy of Technology*. Boston，1981：34.

术的广泛渗透性，但其实质仍是工程学的，不同于以下的定义。

埃吕尔在他的《技术社会》这部著作中，把技术定义为："在一切人类活动领域中通过理性得到的（就特定发展状况来说）、具有绝对有效性的各种方法的整体。"①埃吕尔认为，技术和工艺学所指的是一种广泛的、多样的、无所不在的总体，它们处于现代文化的中心，包括了人类活动领域中有重大价值的部分。H. 马尔库塞在其著作《单向度的人》（1964 年）中则较为明确地指出：经济、政治和文化以技术为中介融为一个无所不在的总体，它吞没和拒斥一切别的东西。他们都坚持技术的"整体性"，认为广义定义不仅是正确描述的问题。他们着重指出现代技术的统治地位主要是为了批判，埃吕尔从文化的角度，马尔库塞则从"解放的"政治的角度来阐述他们的批判观点。

广义定义的目的是：人们不要把目光紧紧地盯在工程学的研究上，而忽视技术更广泛的问题和现实影响。但埃吕尔等人的广义定义并不能保证人们正确地理解技术以及技术的社会政治意义，相反，邦格的以及那些狭义的定义倒是更接近技术的原义。技术的工程学方面和广义的社会方面是相互关联的，广义定义指出了现代技术无所不包的性质，启发人们对技术的研究不必仅仅局限于工程学方面，技术的社会意义也是重要的方面。

（3）对技术本质的理解

技术的多重性因素决定了给它下一个定义是很难的，因为没有公认的理论基础和方法。但定义技术对于深刻理解技术本质又是必不可少的，因此几乎每个研究技术哲学的人都要对这一问题做出回答。

首先，必须明确技术的范畴。米切姆说，技术的基本范畴是活动过程，而人类的活动一般分为两类，即制造活动和行为活动，技术过程只能指前者，即劳动过程。

其次，必须明确技术的目的。波普尔认为，技术的目的是控制和掌握世界，技术过程是人类的意志向世界转移的过程。马克思也将人对自然的能动关系，人的生活的直接生产过程，作为技术定义的基本前提。

基于上述理解，可以认为技术的本质就是人类在利用自然、改造自然的劳动过程中所掌握的各种活动方式、手段和方法的总和。这种理解概括了技术的基本特征，体现了技术是人与自然的纽带这个马克思主义的思想。技术的本质决定了它具有双重属性，其自然属性表现在任何技术都必须符合自然规律，其社会属性则表现在技术的产生、发展和应用要受社会条件的制约。

2. 工程学传统与人文主义传统

在技术哲学的孕育和发展过程中，逐步形成了风格迥异的两大研究传统。米切姆把它们概括为工程学的技术哲学传统与人文主义的技术哲学传统；E. 舒尔曼则把它们概括为实证论传统与超越论传统。这两种区分本质上是一致的，只是名称有所不同罢了。

两种传统的技术哲学是像一对孪生子那样孕育的，但在子宫中就表现出相当程度的

---

① J. Ellul. The Technological Society. New York，1964：183.

兄弟竞争。"技术哲学"（philosophy of technology）可以意谓两种十分不同的东西。当 "of technology"（属于技术的）被认为是主语的所有格，表明技术是主体或作用者时，技术哲学就是技术专家或工程师精心创立一种技术的哲学（technological philosophy）的尝试。当 "of technology"（关于技术的）被看作宾语的所有格，表示技术是被论及的客体时，技术哲学就是指人文学者认真地把技术当作专门反思主题的一种努力。第一个孩子倾向于亲技术，第二个孩子则对技术持批判态度。[1]

各种有关技术的哲学观的确大相径庭。不过，我们可以在超越论与实证论之间做出一种整体的划分。这种划分在哲学意义上有其价值。对超越论者来说，自由是压倒一切的。在日常经验前后的自由，或是他们哲学的源泉，或是其方向，或者二者兼有。对实证论者来说，哲学的根基就是日常经验；他们的出发点是技术本身的可能性。[2]

以往人们对技术哲学问题的研究多是分立进行的。从表面上看，这是形成狭义技术视野与广义技术视野，以及工程学传统与人文主义传统的直接原因。然而，追根溯源，技术哲学的这两种学术传统却导源于科学精神与人文精神之间的对立。简言之，工程学传统或实证论传统体现的是科学精神，人文主义传统或超越论传统所彰显的则是人文精神，二者在价值观念、基本信念上是根本对立的。

技术哲学的这两种学术传统之间的差异是多方面的，其中技术概念界定上的分歧最为根本。不同知识背景、价值观念、精神追求的主体，对技术现象的认识和概括往往出入较多，分歧较大。至今关于技术的不同定义有数百种之多，大致可以归入关于技术的狭义界定与广义界定两大类。技术界定上的这一基本差异，进而形成了狭义技术视野与广义技术视野。一般而言，工程学传统或实证论者多持狭义技术定义，认为人外在于技术，可以创造、操纵和驾驭技术，而不受技术之约束；而人文主义传统或超越论者多倾向于广义技术定义，认为人是技术系统难以分离的构成要素，总是被纳入种种技术系统之中，受外在的技术模式或节奏调制。

技术哲学的两种学术传统之间的分野，主要体现在研究重心上的差异。简而言之，工程学传统或实证论传统，注重对技术哲学内部问题的研究和技术运行机理的探究。它"把人在人世间的技术活动方式看作是了解其他各种人类思想和行为的范式"[3]，"在技术中看出了对人类力量的确认和对文化进步的保证"[4]。而人文主义传统或超越论传统，则侧重于对技术哲学外部问题的研究和技术价值的评判。它"用非技术的或超技术的观点解释技术的意义"[5]，"觉察了人类与技术之间的冲突，他们确信技术危及人类自由"[6]，认为"人的本质不是制造，而是发现或解释"[7]。可见，这两种学术传统呈现在我们面前的是研究范式或内涵各异的理论形态。

抽象地说，工程学传统或实证论者对技术问题的研究虽然精细、具体，但视野过窄，

① 卡尔·米切姆. 技术哲学概论. 天津：天津科学技术出版社，1999：1.
② E. 舒尔曼. 科技文明与人类未来：在哲学深层的挑战. 北京：东方出版社，1995：3.
③ 同①17.
④ 同②.
⑤ 同①17.
⑥ 同②.
⑦ 同①20.

对技术现象的概括是不全面的，往往无视社会领域、文化领域和思维领域的技术存在，无视智能技术形态或充当技术单元或子系统的人的作用，缺少对众多技术形态统一基础的深入探究，在理论上多是不完备、不彻底、不深刻的。而人文主义传统或超越论者虽然长于对技术价值尤其是技术负效应或奴役性的全面而深刻的评判，但短于对技术本质、技术体系结构以及技术效应发生机理等问题的精细分析和深入研究，在理论上多不够深入、扎实、细致。这些也是技术哲学理论发育不成熟的具体体现。

3. 技术的基本要素及其分类

在谈到技术要素时，有人认为，凡是影响技术发展的因素都应算作技术的要素。这样一来，什么经济、政治、文化、宗教等因素都可算作技术要素了。但这种分法是欠妥的。埃吕尔说，在使用技术系统一词时，他并不排除其他因素（如经济、政治等等），技术不是一个封闭系统。但首先应该明确，要素与因素不同。因素能够影响技术的发展，但这只是它成为技术要素的一个必要条件，并不是充分条件。在现代社会中，对技术发展影响最大的，莫过于科学了，但科学并没有成为技术结构中的一个独立成分，因而它也不能成为技术的基本要素。只有能够成为技术基本结构中独立成分的因素，才能成为技术的要素，这就是技术要素得以成立的充分必要条件。凡是具备这个条件的，如经验、技能、工具、机器、知识等等，这些任何生产过程、任何专业技术都共同具有的基本构成因素，才是技术的基本要素。经济、政治、文化等等因素，虽然它们也能直接或间接地影响技术的发展，但它们并不是任何生产过程中的基本成分，也不是任何专业技术中的独立因素，因此并不能成为技术结构的要素，或者只能算作技术的外部要素。当然，在形成一个技术的社会大系统时，它们作为技术社会系统的要素还是当之无愧的。

可以将技术要素按其表现形态分为三类：

第一，经验形态的技术要素。它主要是指经验技能这些主观性的技术要素。经验技能是最基本的技术表现形态。一般说来，经验是人们在长期实践中的体验，而这种体验主要是在生产过程中，以生产方式为基础，在劳动过程中所表现出来的主体活动能力。它包括技巧、诀窍等实际知识，是人们在生产中的主要活动方式。经验技能在不同历史时期所表现的形式也不尽相同，如古代以手工操作为基础的经验技能，近代以机器操作为基础的经验技能，现代以技术知识为基础的经验技能，这三种形式的经验技能代表了人类在利用自然和改造自然的过程中，主体活动能力或方式的不同发展阶段。

第二，实体形态的技术要素。它主要指以生产工具为主要标志的客观性技术要素。米切姆曾将实体技术按主动性和被动性加以区分，前者是以技术手段为标志的"活技术"，后者则是以技术成果或技术对象为象征的"死技术"。如果我们把实体技术理解为生产手段的话，那它既包括活技术，也包括死技术，而以代表技术手段的生产工具等活技术为主。死技术与活技术的区分是相对的。马克思说："一个使用价值究竟表现为原料、劳动资料还是产品，完全取决于它在劳动过程中所起的特定的作用，取决于它在劳动过程中所处的地位，随着地位的变化，这些规定也就改变。"① 但尽管如此，他还是强调活技术的重要性，因为，"机器不在劳动过程中服务就没有用"②，因此"活劳动必须抓住这些东西，使它们由死复生"③。

与经验技能相类似，技术手段的范畴也是与技术发展的一定阶段相互对应的。实体技术也可以按不同历史时期分为手工工具、机器装置、自控装置等三种表现形式，不同形式的实体技术表现了人类利用自然、改造自然的物质手段的不同发展阶段。

第三，知识形态的技术要素。它主要是指以技术知识为象征的主体化技术要素。一提到知识，人们就认为技术是科学的应用，但只是一个方面，技术不仅仅是科学的应用，远在科学原理产生以前，人类就已经开始运用技术了。一般说来，技术知识应当是人类在劳动过程中所掌握的技术经验和理论，即技术知识也有两种表现形式：一种是经验知识，一种是理论知识。米切姆认为，古代的知识技术是具有描述性规律的技能、准则，而现代的知识技术是技术规则和理论。可以认为，经验技术知识就是关于生产过程和操作方法规范化的描述或记载，而理论技术知识则是关于生产过程和操作方法的机制或规律性的阐述。不同形式的技术知识表现了人类利用、改造自然的认识能力的不同发展阶段。

经验技术、实体技术和知识技术这三种类型的技术要素之间具有一定的相互关系，主要是：

第一，独立性与相关性。技术三要素之间是相互联系的。远古弓箭的发明就需要丰富的经验和发达的智力，近代工匠的经验技能又促进了机器的发展和知识的积累，现代技术理论也大量物化成机器设备并培养了新型的劳动者。同时，它们之间又是相互独立的。工具代替不了经验，知识也代替不了技能。现代化的企业设备先进、仪器精良，但这些企业的工人未必就会弃经验技能于不顾而只会按电钮。新毕业的大学生可能精通于技术理论，但老工程师的经验知识却令其望尘莫及。中国古代工匠的经验技能及其经验知识在世界上可谓首屈一指，可是标志近代技术革命开端的机械工具变革并没有出现于东方世界。英国人首先为电力技术的发展点燃了星星之火，但其燎原之势却出现在德国和美洲大地。历史的经验告诉我们，忽视实体技术、经验技术和知识技术三种技术要素之间既独立又相关的对立统一关系，就会贻误技术发展的时机。

第二，互补性与主导性。技术要素之间在技术活动中还常常表现出有机的整体性功能，体现出一种互补性与主导性结合的特点。

互补性是指在技术结构内部，各类技术要素之间存在着互补机制，其中任何技术要素的变化都可能影响并牵动其他要素的变化。互补机制保证了技术结构的整体协调。但是三类技术要素的发展是不平衡的，在一定时期某种技术要素处于矛盾的主导地位，它的发展规定或制约其他技术要素的发展变化，这就是这种技术要素的主导性功能。主导性技术要素具有触发性放大作用。如我国农业技术结构在改革开放初期是属于经验主导型技术结构，如果那时我们偏激地强调农业机械化，其结果只能劳民伤财，收效甚微。

---

① 马克思恩格斯全集：第 23 卷. 北京：人民出版社，1972：207.
② 同①.
③ 同①207—208.

相反，只要抓住主导要素，根据现实的生产力水平，实行农业生产责任制等措施，就可能收到事半功倍的效果。

第三，自稳性与变异性。某个技术要素在受到其他技术要素的干扰时，它具有抗干扰的能力，这就是技术要素的自稳性。近代技术革命使机械工具对原有手工经验技能产生了威胁，但后者并不因此就退出生产领域，而是在一定时期与前者并存。如英国在1850年已有22.4万台机械织布机，但在5年后也还有5万多名纺织工人，正像吕贝尔特在《工业化史》中所说，大多数手工业都表明，它们具有生命力，能渡过危机。

但技术要素的自稳性是相对的，在一定条件下，它们会相互转化。经验的积累会转化为技术知识，同样，在某一历史阶段属于知识水平的东西也会变成经验性的技能。在70年代的非洲，汽车驾驶员是最高级的技术人员，因为他们掌握着最高级的"技术知识"，但今天这些知识对于日本以及大多数的欧美国家来说，已经纯粹属于技能性的操作了。由此可见，在技术要素的发展过程中，自稳性与变异性是有机联系在一起的。

4. 技术体系的结构

技术结构是由相互联系和相互作用的技术要素组成的有机整体。由于对技术本质的不同理解，哲学家们建构了由不同技术要素组成的技术结构。

法国技术哲学家埃吕尔把技术定义为在一切人类活动领域中，通过理性活动而具有的绝对有效的各种方法的总体。他认为这种具有理性特征的技术实质上是技艺或技能，是一种社会技术，因而建立的技术系统是一个类似于技术社会的概念，即技术系统是由技术现象和技术进步形成的。

与埃吕尔的技术系统相比，美国技术哲学家米切姆的技术模式似乎更符合技术结构的含义。他针对技术本质的多样性，把技术分为实体技术、过程技术、知识技术和意志技术，在这种技术分类的基础上，形成了自己的技术模式。

户坂润在"手段体系说"的基础上，把技术作为生产力的一个要素，作为主体的劳动手段和客体的劳动手段在劳动过程中的统一。他把技术看作是主观的存在方式［即观念的技术（技能、智能）］这样一个统一体和客观的存在方式［即物质的技术（工具、机器）］。

星野芳郎认为，目的和符合目的自然规律是技术的主要因素，并把生产工程放在技术体系的中心位置，在八个工程部门（即采掘、材料、机械、建筑、交通、通信、控制、动力）之间建立了有机的联系，形成了自己独特的技术体系。

苏联系统论专家瓦·尼·萨多夫斯基把技术系统定义为由制造使用机器的人及其劳动过程和许多外部条件所组成的复杂结构。斯米尔诺夫则更为明确地提出主体—技术手段—客体的技术系统概念。

但是，对技术结构的研究，从深度和广度上来说是不够的，尽管我们的时代是技术的时代，尽管许多学者对技术进行了大量的研究，但是对技术结构的研究还是很贫乏、很有限的。有必要在理解技术本质与要素的基础上，建构恰当的技术结构的类型，促进对技术结构的理论研究。所谓技术结构，就是由经验形态、实体形态和知识形态等三种技术要素组成的有机整体。任何时代、任何国家或地区的技术结构都是由这三种技术要素组成的，但是在不同时期，不同形态的技术要素相互结合却形成了不同的技术结构，按照技术要素在技术结构中的地位和作用，我们可以将其划分为以下三种类型：

其一，经验型技术结构。就是由经验知识、手工工具和手工性经验技能等技术要素形态组成的，而且以手工性经验技能为主导要素的技术结构。

其二，实体型技术结构。就是由机器、机械性经验技能和半经验、半理论的技术知识等要素形态组成的，而且以机器等技术手段为主导要素的技术结构。

其三，知识型技术结构。就是由理论知识、自控装置和知识性经验技能等要素形态组成的，而且以技术知识为主导要素的技术结构。

历史上，技术经历了一个从简单到复杂、由低级到高级、由单一领域到多维领域的发展历程。伴随着科学的兴起与技术的发展，技术世界自下而上逐步分化出了基础技术、专业技术与工程技术的梯级结构。

从科学技术体系逻辑结构看，科学主要执行着认识世界的职能，技术则肩负着改造世界的职能。科学研究实现的是从实践到认识的飞跃，技术创新实现的则是从认识到实践的第二次飞跃。在现代科学技术一体化进程中，科学活动逐步从单纯的基础研究领域，扩展到了应用研究和开发研究领域。技术的应用与开发活动开始作为科学的对象，被纳入科学研究领域。作为知识体系的科学，也随之分化为基础科学、技术科学和工程科学三个层次。科学的发展开始走到了技术发展的前面，对技术创新起着规范和指导作用。在科学发展的推动下，技术世界在原有工程技术、专业技术层次的基础上，进一步分化出了基础技术层次。技术世界的基础技术、专业技术与工程技术层次，与科学领域的基础科学、技术科学和工程科学层次彼此照应。

从逻辑演进的角度看，技术问题的提出与技术创新思路的演进，是沿着从目的到手段的顺序展开的；而技术系统的建构与主体目的的实现，则是沿着从手段到目的、由局部到整体的次序推进的。如此就形成了由目的到手段转化推演的多簇链条。例如，要实现往来于河流两岸的目的，就并存着泅渡、架设桥梁、建造船只、开挖河底地下隧道等多种技术途径，其中的每一条途径又有许多种具体的实现方式。单就架桥途径而言，要建设桥梁（目的），就必须在河流中设立桥墩、预制构件等（手段）；而要在河流中设立桥墩（目的），就必须在河流中构筑围堰、排水、开挖河床等（手段）；……如此就形成了一个辐射状的立体族系。

从宏观上看，技术世界形成了一个以人类需求或目的为核心的立体辐射状网络结构。在技术世界建构过程中，围绕着众多人类目的的实现，往往在纵向上形成了多簇技术族系，如运输技术族系、建筑技术族系、通信技术族系、安全技术族系等。这些技术族系的一端与主体需求相连，另一端与科学、经验认识等领域相接。沿着从需求指向认识活动的方向，依次形成了工程技术、专业技术与基础技术的梯级结构。同时，不同族系之间在横向上也彼此贯通、相互联系。而且越靠近基础技术一端，技术族系之间的联系也就越紧密，它们共同植根于人类理智创造与认识活动之中。处于动态发展之中的技术世界，形成了在横向上众多技术族系并立，在纵向上同根同源、错综交织、融为一体的立体网络状结构。

注意，人也被编织进这一巨型网络之中。人既是这一技术之网的设计者和编织者，同时又是这一网络的构成单元或编织材料。由于在现实生活中，人同时扮演各种社会角色，参与处理多种事务，因而往往以多条纽带形式被编入这一巨型网络之中。可见，作为其中的一个纽结，人常常是多条纽带的交汇点，为多条网线所牵动。同蜘蛛和蜘蛛网之间的关系一样，人与技术世界不可分离。"网中人"依赖技术之网而生活，也为技术之网所束缚，而且这张无形的巨大技术之网将愈来愈细密、愈来愈结实。事实上，就像地球上的水圈、大气圈、岩石圈、生物圈一样，技术世界构成了人类赖以生存和发展的"技术圈"。

在技术世界的演化历程中，基础技术与专业技术层次是从生产实践活动中分化出来的，并为现实目的的实现服务。基础科学是基础技术发展的源泉，往往会开辟出全新的技术领域。基础技术就是对科学发现、原理、规律中所蕴涵的技术可能性探索的结果，是围绕技术原理的摸索与探究展开的，处于科学向技术转化的基础环节。原创性、原理性、原型性等是基础技术的基本特征。专业技术处于基础技术层次向工程技术层次转化的中间环节，是技术专业化发展的产物。随着技术形态的复杂化与技术创新模式的转换，技术应用过程中的许多基础性、共同性问题，开始从中分离出来，成为技术科学的研究对象。技术科学的研究有助于新技术途径的探寻，并使探寻活动方向明确、途径便捷、效率更高。围绕着这些基础性、共同性问题的解决，而发展起来的专业技术层次，表现出专业性、单元性、分析性与纵向推进性等基本特征，是建构实用的工程技术形态的直接基础。

工程技术就是在社会实践活动中广泛应用的各种实用技术形态。它处于技术世界体系结构的顶端，与工程科学关系密切。工程科学以各类工程实践活动中的普遍性问题为研究对象，综合运用基础科学、技术科学、经济科学、管理科学等学科的理论与方法，直接服务于各种目的性活动。实用技术以解决现实问题为目标，以众多基础技术与专业技术为内在支撑，以多项人工物技术形态为建构单元，往往表现为多项单元性技术成果的综合与集成。成套性、实用性、综合性与横向拓展是工程技术的基本特征。如三峡工程的设计与施工，就综合了地质勘查、水文、建筑、气象、航运、考古、运输、电力、施工管理、移民搬迁等几十项先进的成熟技术。由于工程实践问题的紧迫性，以及对技术形态可靠性、经济性的要求，实用技术形态中所综合或集成的技术，多是相关专业技术领域或工程技术领域的成熟技术。工程技术活动中某些环节一时难以解决的细节问题，会转移到专业技术领域，成为专业技术发展的重要方向。

二、技术发明与工程技术方法

技术发明与工程技术活动是在科学认识的基础上，人们利用客观规律变革和控制客观事物的实践活动，具有不可替代的作用。这里首先对技术发明与工程技术活动的含义和特点、基本形式与环节及其方法进行探讨。

1. 技术发明的过程与方法

已行与未行或已能与未能之间的矛盾，是技术开发活动的基本矛盾。这一矛盾的解决过程就是技术发明过程。

（1）技术发明过程

技术发明或创新是解决技术问题、孕育新技术形态的基本形式，也是推动技术世界演进的动力源泉。技术发明泛指创造新事物或新方法的活动。从本义上说，这里的"新事物"或"新方法"是就整个人类社会而言的。因此，只有世界"首创"或"领先"的技术成果才算得上真正的发明。形态从无到有，效率由低到高，功能由弱到强，一直是技术进步的基本方向。由于技术发展的历史局限性，任何具体技术形态的效率与功能总是有限的，不可能一劳永逸地满足不断发展着的主体需求。这就形成了新技术目标与原有技术系统功能之间的矛盾。植根于科学研究领域的技术创新活动可以拓展技术可能性空间，创造出效率更高、功能更强的新技术系统，逐步实现新技术目标，使这一矛盾逐步得到解决。

随着社会需求的发展，原有技术系统的功能往往难以实现新的技术目标，需要对技术系统不断进行改进。技术改进属技术二次创新范畴。它是在不改变基本技术原理的前提下，针对制约技术系统功能扩展或效率提高的约束技术要素的解除，而展开的技术创新过程，是技术一次创新过程的继续和完善。[①] 这一过程多从技术方案设计环节开始，重新走完上述技术创新过程的后续环节。其中，局部技术单元的更迭，又会引发技术系统结构的"连锁反应"与一系列适应性调整。从长过程、大趋势来看，技术改进是在技术原理框架内进行的再创造过程，往往由多轮小幅度技术创造活动构成，直至接近原有技术原理所容许的功能与效率极限。此后的技术创新活动将转入在新技术原理基础上的新一轮技术一次创新。

（2）技术发明方法

技术发明是创造性思维活动的结果，因此，创造性思维方法是技术发明方法的主体，广泛适用于技术发明过程的各个环节。由于技术发明对象的新颖性、创造突破的不确定性、应用的灵活性、应用主体或场合的个性特色等因素的影响，目前，技术实践活动中应用的上百种发明方法的经验性突出，适用场合不一，效果差异明显，难以纳入统一的方法论模式。事实上，并不存在实现技术发明的固定程序，也不存在必然导致技术发明的普遍有效的方法，但是，共性寓于个性之中，众多技术发明方法中也包含着一些共有特征。从方法论角度审视这些发明方法，从中可以概括出三个方面的方法论特点：

一是创造性思维演进的一般程序。英国心理学家沃勒斯（G. Wallas）把创造性思维过程划分为四个阶段。他认为思维过程是有步骤地推进的，呈现出前后一贯性和明显有序的阶段性特征。（a）准备期，主要是围绕研究问题进行前期准备，如收集有关资料、了解前人的工作、积累必要的知识等。（b）酝酿期，主要是利用已有的知识和方法，探求解决问题的途径，苦思冥想。然而，苦思、久思不得其解。（c）豁朗期，在酝酿成熟的基础上，在某个偶然因素的刺激下，突然灵感迸发、直觉闪现，创造性的新思想、新观念和新方法突然涌现。这一阶段在创造过程中具有关键性的意义。（d）验证期，对由灵感迸发而来的新思想、新概念和新方法，进行理性分析和逻辑判断，以及实验的证实、验证和修正。

[①] 王伯鲁. 约束技术与企业技术进步方向. 科研管理，1997（3）.

二是逻辑方法与非逻辑方法的综合应用。技术发明活动是逻辑思维与非逻辑思维交替推进、螺旋式递进的过程。在逻辑方法走不通的地方，往往需要非逻辑方法开辟新的通路；而当非逻辑方法打开通路后，逻辑方法又必须及时跟进与整理，在已行与未行的"鸿沟"上架起"逻辑的桥梁"。非逻辑思维所取得的成果，最终都要通过逻辑思维加工整理，以逻辑形式表达和交流，纳入人类技术知识体系之中。因此，一个足以完成技术创造过程的发明方法，必定是逻辑方法与非逻辑方法的辩证统一和综合应用。

三是发散性思维与收敛性思维的优化组合。发散性思维是指在解决问题时，思维从仅有的信息中尽可能扩展开去，朝着众多方向去探寻各种不同的方法、途径和答案。由于它不受已经确立的方式、方法、规则或范围等约束，往往能因此出现一些奇思妙想，所以也称作"求异思维"或"开放式思维"。发散思维的主要特征是流畅性、变通性和独特性。收敛性思维是指思维能尽可能利用已有的知识和经验，把众多的信息逐步引导到条理化的逻辑系列中去，从所接受的信息中产生逻辑结论。这种集中型的思维也被称为"求同思维"或"封闭思维"。

在技术发明过程中，发散性思维与收敛性思维反复交替、相辅相成、各司其职、缺一不可，二者的优化组合与有机融合是创造性思维的共同特征。只有集中精力和思维收敛，才能在技术实践活动中发现问题、选准目标，为在各种方向探索解决问题途径的发散思维奠定基础。同时，思维只有沿着多种渠道尽可能地发散开来，才可能捕捉到有助于解决问题的信息和思路，搜索到实现目标的手段，为更有效地聚焦所解决问题的收敛思维创造条件。收敛与发散相互依存，相得益彰。收敛和发散的层次越高、轮次越多，越有可能产生出具有独特性的新观念和新构想。它们的结合有助于技术发明的成功。

技术发明的常用方法有列举法、分合法、设问法、智力激励法、形态矩阵法、输入—输出法、联想组合法、移植构思法等几十种之多。这些方法各具特点，各有各的适用范围，在技术发明活动中，应根据问题情境灵活选择和应用。

2. 技术预测与方案构思

技术预测与技术方案构思是技术开发过程中的重要环节，对这两个环节及其方法的认识，是对技术发明过程及其方法认识的具体化。

（1）技术预测方法

预测是以事物间的齐一性与普遍联系性为基础，根据事物历史、现实及其所处环境，寻求事物发展的规律性，并借此预先推测事物未来发展过程或状态的一种科学认识活动。从本质上说，预测是在把握事物历史与现实的基础上，以事物发展规律为依据，对事物未来发展的一种超前性思维模拟。所谓技术预测，就是根据科学技术发展的一般规律，对技术在未来发展的状态、趋势、动向、成果及其影响的预见和推测。

技术预测涉及的领域和对象广泛，对社会各个领域技术需求发展和变化趋势的预测；对各个专业领域技术开发活动的发展趋向、可能成果及其效益和影响的预测；对某一技术领域的发展趋势及其可能出现突破的预测；对总体技术发展趋势及其带头技术的预测等，都是技术预测的具体表现。可以按不同的依据，对技术预测进行分类。根据技术预测的范围和领域的不同，可区分为世界性的技术预测、国家性的技术预测、地区性的技术预测，以及行业性和单位性的技术预测；根据技术预测结果的性质，可划分为定性的技术预测和定量的技术预测；根据构成技术系统的单元或层次，可划分为技术的基础理论发展预测、技术原理突破预测和技术产品更新预测；根据所处技术发明过程的环节，可划分为技术需求预测、技术设计预测、技术试验预测、技术应用预测等类型。

科学的预测应该使主观的逻辑推演符合预测对象客观逻辑的发展进程。时间上的超前性是预测的基本特征和困难所在。现实的技术预测总是在具体的边界条件和初始条件下，遵循惯性原则、类推原则、相关性原则和概率性推断原则等经验性原则展开的。由于技术发展的复杂性、特殊性，以及预测者所掌握信息的不充分性等原因，预测的经验色彩浓厚，准确性较差，其科学性有待于进一步提高。随着技术预测方法的不断完善和推广，目前已经形成了近百种具体预测方法。这些方法大致可归结为类比性预测、归纳性预测和演绎性预测三种基本类型。

第一，类比性预测方法。如果在两个技术形态之间存在着许多相似性，那么就可以根据一个技术形态的发展，类比推演出另一个技术形态的发展趋势。从类推中所得出的结论，称为类比预测。其中，作为类比参照系的技术形态为已知，叫先导事件。在技术预测中，人们常以发达国家或地区的先进技术，或者历史上的相似技术为先导事件。如以美、苏登月技术作为先导事件，类比预测我国登月技术的发展。类比推理是类比预测方法的逻辑基础，类比推理的或然性是影响类比预测准确性的根源。事实上，由于影响技术发展因素众多，同一技术在不同社会条件下的发展轨迹不可能完全相同；至于不同技术在不同地域或历史时期的发展差异就更大。

第二，归纳性预测方法。从关于同一技术发展的若干个别预测中，概括出比较全面的未来发展趋势。归纳推理是归纳性预测方法的逻辑原型，共性寓于个性之中的哲学原理是该方法的哲学基础。由于技术预测的不完全归纳性，以及作为归纳基础的个别预测判断的主观性等原因，归纳性预测结果也是或然的。专家集体预测法或德尔斐预测法就是一种典型的归纳性预测方法。为了提高预测结果的准确性，除认真筛选被征询的对象，增加材料的全面性和可靠性外，还应该尽可能增加征询专家数量以及搜集专家意见的轮次。

第三，演绎性预测方法。根据技术预测对象的历史和现状资料，建构一个恰当的数学模型，或绘制出它的发展趋势曲线，从中推演出该技术的未来发展特征。趋势外推法、计算机模拟方法等都是常用的演绎性预测方法。这类方法是依据一定的规则或原理而进行的演绎推理。事物之间的普遍联系以及发展惯性是它的理论依据。但是，由于事物联系和发展的复杂性，预测对象的历史和现状中所包含的信息是有限的，据此所建构的数学模型及其所绘制的曲线，与事物的真实发展轨迹常常难以拟合。因此，这类方法往往也存在着较大误差。

（2）技术方案构思方法

技术方案是关于实现技术目标的途径、方式和程序的总体构想。如果技术发明的起点是技术原理，终点是技术产品，那么联结二者的纽带就是技术方案。在技术开发过程中，技术方案把技术目标与技术原理结合起来，使技术目标明朗化，技术原理具体化，并为技术研制和试验提供具体指导。它不仅考虑了目标在原理上的可实现性，而且也考虑了实现目标的具体条件、途径、环节、程序和效果。因此，技术方案的构思是一个技术再创造过程。

与技术原理相比，技术方案的鲜明特点是具体性和综合性。技术方案是围绕着特定而具体的目标展开的，是一个有机统一的整体系统，主要包括下列分支系统：一是技术方案实现的"目标—功能"系统。二是技术方案据以实现其目标和功能的技术原理系统。三是技术方案据以实现其技术原理的动作系统。四是技术方案据以实现其运动或动作的物质承担者的机构或构件系统。其中，每一个分支系统又可相应地划分为若干层次的子系统。因此，技术方案是一种结构复杂、层次重叠的整体系统。

技术方案的构思是创造性思维的过程，是人们充分发挥创造性思维能力和作用的领域，具有突出的探索性和创新性。通过各种途径和方式获得设计思想是进行技术再创造的重要环节。在此过程中，不运用逻辑思维无疑是不可想象的，但灵感、直觉和形象思维在其中也起着重要的作用。因此，技术方案的构思没有固定的模式和程序。然而，人们在技术发明实践中创造和积累的许多经验依然有启发作用。技术方案的具体构思方法多种多样，数量有三百种之多，大致可以归结为三大类：

第一，塑造理想技术对象。技术研制总要构造理想对象，即性能最优的技术对象。这种对象在现实中尽管不一定能完全实现，但却能为方案设计提供新思路，缺点列举法和希望点列举法就能起到这种作用。缺点列举法的要点是通过列举现有技术或现有技术方案的各种缺陷和不足，逐一进行分析，寻求克服或弥补它们的各种可能途径，以构思技术方案。这种方法通过"还有什么缺点需要改善？"的思考原则，使技术对象不断趋向理想化。希望点列举法的要点是从人们的愿望出发，通过列举技术发明希望达到之点，即应该达到的技术状态、技术目标、技术水平等，然后深入具体分析，寻求达到每一希望点的可能途径，以构思技术方案。这种方案通过"如果能如何将该多好！"的思考原则，使技术对象不断趋于理想状态。

第二，变换思维方向。技术方案的设计带有一定的规范性，而设计思路的酝酿却应灵活多样。从对立、变换、联想中获得启发，找出消除技术对象的缺点，达到某些希望点的路径。逆向思考、类推思考、联想思考、等价变换思考等都具有这种作用。逆向思考是在"两极相通"中进行思考，即当一个问题感到很难解决时，从反方向进行研究。它是在"为什么一定要是这样而不应该是那样？"的思考原则指导下产生新的设想。类推思考相当于科学研究中的类比方法，即在前提准确而数据不足的情况下，进行带有归纳性质的推理。联想思考是一种极少约束的创造性思考方法，通过相似联想、对比联想和接近联想等方式形成新构思。等价变换思考以不同技术手段能等价地达到同一技术目的为前提，通过对原有技术的等价变换发明一种新的技术方式。它既能等价地完成原有技术的任务，又能超越其局限性。

第三，团队内部的相互激励。智力激励是指通过资料、信息的交流与反馈，激发研究人员的创造活力，把易于忽视或未曾想到的方案雏形纳入被选择行列，作为方案设计中可考虑的思路。智力激励法、群辩法等都属于这一类。智力激励法是美国著名创造工程学家奥斯本提倡的一种方法。它围绕一个明确议题，邀请10名左右与该议题有关的专家座谈，自由讨论，相互启发，让创造性设想产生连锁反应，激励出更多的设想，以供决策者进行综合和选择。群辩法是美国心理学家戈登提出的另一种启发式集体讨论方法。它与智力激励法的不同之处在于，不要求与会者围绕一个主题，而是由会议主持者以提问和提供材料的方式，启发和引导与会者围绕某个问题进行讨论，使问题逐渐明朗化。在讨论中，主持者要运用各种方法引导与会者对所讨论问题实现某种转换，获取对该问题的深刻理解或有关的创造性思想。

3. 工程技术的设计、试验与评价

技术方案构思只是关于实现技术目标的途径、方式和程序的总体构想，难于直接付诸实施，还必须进行工程技术设计。工程技术设计是一项细致而又复杂的工作，包括总体设计、初步设计、详细设计和工作图设计等环节。从一定意义上说，技术方法论主要就是设计方法论。

（1）工程技术设计方法

工程技术设计就是应用设计理论和方法，把人们头脑中的技术方案构思规范化、定量化，并把它们以标准的技术图纸及其说明书的形式表示出来的技术活动。一般而言，设计是在思维中塑造创造物，模拟与完善制造工艺流程，为人工物及其制造过程预先建构方案、图样、模型的创造性活动。随着技术的发展尤其是技术系统的复杂化、标准化，事先的技术设计已成为必不可少的环节。"今天，众多领域中最为明显的事实之一就是设计变得极为重要。我们从一种基本上是围绕如何掌握制造技艺来进行思考的技术，过渡到了一种对程序设计及使程序尽可能合理化进行思考的技术。"[1] 设计总是运用文字或图像符号、实物模型或观念形象等抽象形态，替代现实技术单元"出场"；进而在技术工作原理的基础上进行观念运作，创造性地建构虚拟技术系统，并对其运行进行模拟、预测、修正和评估。作为一个创造性思维过程，设计技术形态的构思与设计，是一个技术性与艺术性统一、逻辑思维与非逻辑思维并行的过程。设计者总是围绕目的的实现，调动以往所积累起来的经验、知识、技术、艺术等多种资源，出主意、想办法，探求实现目的的技术原理；进而在思维中把多种技术单元综合、组织到一个目的性活动序列之中，最终形成一个可以实际建构和运行的实施方案。

工程技术设计在技术研究和开发中起着重要的作用。它决定了生产什么样的产品（包括性能、寿命、效益等）以及如何进行生产（包括生产的工艺流程、施工过程、制造方法等）。技术统计资料表明，产品生产成本的 $75\% \sim 80\%$ 是由技术设计环节决定的。从反面看，错误的设计一旦付诸实施，将会酿成灾难性的后果，被称为"思维灾害"。一般说来，产品制造和使用不当出现的问题，具有局部性和偶然性，可采取一定的措施加以避免或予以补救，但因设计本身存在缺陷而出现的"思维灾害"，则是带有根本性、全局性的问题，后患无穷。

工程技术设计方法是在漫长的社会实践活动中孕育和发展起来的，最优化与可靠性是它的基本原则。近代以前，没有独立的技术设计，实践活动与设计活动浑然一体，同

---

① R. 舍普. 技术帝国. 北京：三联书店，1999：12.

步展开。经验丰富、技术娴熟的生产者既是设计者，又是实践者。他们虽然设计和制造过众多合乎科学原理的物品，但主要是依靠直觉和经验，并在多次尝试的基础上才逐步摸索出来的。近代产业革命把独立的技术设计推到了前台，形成了三阶段设计方法，即初步设计（方案设计）、技术设计和施工设计。其中，方案设计占据重要地位。它是技术方案构思的具体化，通常是根据任务的技术要求，在经验式、模仿式方法的基础上提出设计的初步轮廓，然后再逐步细化。现代设计是技术科学与工程科学发展的直接产物，是技术原理的具体贯彻和智能技术的凝聚过程，已形成了一套严密的设计规范体系。现代设计方法的主要特征是动态设计、优化设计和计算机辅助设计。

与设计方法的演进相应，设计中的思维策略也在不断演进。初期的思维策略以"尝试—错误"为特征，即不断尝试，不断修改错误，直到得出满意的结果。然而，这种方式所付出的代价是巨大的。为此，技术设计中逐步把背景理论作为启发性知识进行启发式搜索。在启发式搜索中，首先要画出"问题空间"，即目标状态与现实状态之间的差距大约涉及哪些因素，在什么范围内有望解决。进而引入"助发现模式"，即先查行之有效的方法，再进行"选择性"搜索。三段论设计实际上已体现了这种策略，动态设计与优化设计更是如此。

（2）试验方法

技术试验是指在技术方案构思、设计和实施过程中，为了确认和提高技术成果的功能效用或技术经济水平，在人为地干预和控制的条件下，对技术对象进行分析、考查的一种实践活动和研究方法。技术试验处于从技术方案到现实技术形态的中介或桥梁地位，是检验、修正和完善技术构思与设计的重要手段。它关系到技术系统的质量、功能和水平，是技术发明方法论的重要内容之一。

技术试验在技术发明过程中的地位，与科学实验在科学研究过程中的地位相当，存在着许多相似之处。首先，与科学观察相比，技术试验具有科学实验的某些特点，二者都不是在自然发展的条件下，而是在人为控制和干预的条件下进行的。其次，与科学实验相比，技术试验又具有自身的特点。实验的研究对象是自然客体，试验的研究对象只是人工创造物，包括人们拟定的规划、设计和研制出的机器设备等。实验主要表现为从客观到主观、从实践到理论的认识过程；试验则是从主观到客观、从理论向实践的转化过程。实验是为了揭示自然事物、现象和过程的本质与规律，创立相应的科学理论；试验是为了探索科学理论实际应用的条件、途径和形式，以取得新的技术发明。再次，尽管技术试验同实际应用的关系比科学实验更密切，但也只是实际应用的预备阶段，为实际应用奠定试验与试制的基础。技术试验是试探性与验证性的统一，往往能为技术的推广应用开辟出新的途径。

试验在技术活动中是必不可少的，在技术开发的各个阶段都需要试验。试验可以为技术构思、工程设计和样品试制提供事实根据，验证它们的科学性和可行性，发现在设计制造中的缺陷，改善工艺和产品。工程技术对象十分复杂，影响因素众多，有的在常态下特征或缺陷不易显现，有的造价昂贵。只有在设计过程中运用巧妙的试验来强化或模拟对象，才能形成技术制造或控制的最佳方案。例如，在设计制造新型飞机或轮船、兴建大型水利工程、推广农作物新品种等过程中，就有风洞试验、样机试验、水工模型试验和大田试验等。

技术试验过程大致可分为试验准备、试验操作和试验数据的分析处理三个基本阶段。其中，试验的构思设计居于核心地位。试验设计不仅要明确试验的目的、任务、内容和类型，选配相应的测试仪器，而且要确定恰当的试验步骤和试验方法，力求对所处理的因素进行合理的安排，从而用较少的试验次数，最低的人力、物力、财力消耗，实现预期的结果。在技术试验过程中，当试验的题目、内容和要求确定以后，也就相应地限定了试验的方法和类型。不同的试验题目、内容和性质，要求不同的试验方法或类型。即使同一个复杂的试验项目，试验步骤和阶段不同，往往也需要运用不同的试验方法。因此，应根据试验项目的具体特点、步骤和阶段，选取不同类型的试验方法。

（3）技术评价方法

技术开发是一个在众多因素影响下的复杂过程，自始至终都贯穿着评价活动。在项目立项、目标拟定、原理构思、方案设计、研制、试验以及成果鉴定的各个环节，都需要从价值角度审视技术活动，都应考虑由于采用或者限制某项技术而引起的社会后果，以便从中选择适当的技术方案。随着技术发展速度的加快和技术系统功能的扩大，技术评价越来越受到社会重视，成为决策科学或政策科学的重要内容。

技术评价是对技术是否可能、可行的真理性评价，以及技术是否合意、正当的价值性评价。在真理性评价中，只要事实材料翔实且受到尊重，得出趋同结论并不困难。而在价值性评价中，由于价值和利益的多元化，往往并存着各具差异的价值准则和权重。在价值观念没有得到协调或未经整合的情况下，得出趋同结论非常困难甚至不可能。因此，技术评估不仅是技术性很强的价值评判过程，而且也包含着复杂的价值冲突和协调。需要通过信息沟通和充分协商机制，才能找到各类价值主体广泛接受的技术目标，最终确定以大多数人利益为基础的技术方案。

由于技术评价主体、评价角度与评价对象的不同，现实的技术评价有多种多样。一般地说，技术评价过程中体现出如下特点：一是全面性。在技术评价过程中，应把技术对象置于社会大系统之中，不仅要评价技术内部的关系，而且要综合评价技术在经济、政治、心理、生态方面的多重效应。既要重视技术所带来的利益，又要关注它所造成的消极影响。二是有序性。应沿着技术效应衍生链条延伸的方向，从技术的直接后果追踪到"后果的后果"等多级效应。三是跨学科性。技术评估涉及技术应用的广泛社会后果和政策选择等学科领域。因此，应有多学科领域的专家参加，对技术进行多角度、全方位的立体式评价。四是客观性。技术评估应努力摆脱有关利益集团的影响，做到以科学分析为依据，以总体利益为目标，以便得出客观公正的结论。五是质疑性。技术评估的实质在于对技术后果进行质疑和批判，充分预测其可能产生的且不易预料的负效应，充分估计这些负效应能否消除及其所付出的代价，以便在较为可靠的预测分析基础上进行选择，对全人类包括子孙后代负责。

三、技术是人与客观世界实践关系的中介

人一开始就是技术的人，社会一开始就是技术的社会。技术是人与客观世界实践关

系的中介，在人类目的性活动过程中发挥着不可替代的作用。

1. 技术与人的实践活动

作为主体目的性活动的序列或方式，技术的基本功能就在于支持主体目的的实现。在现实生活中，主体的具体目的千姿百态，因而实现这些目的的具体技术形态的属性或功能之间千差万别。不存在属性与功能凝固不变，而又能实现各种目的的"万能"技术系统。随着主体目的的发展变化，人们总会选择或建构起具有不同属性或功能的个别技术系统。当主体目的指向生产活动时，所建构起来的技术形态就表现出生产力属性或功能；当主体目的指向军事活动时，所建构起来的技术形态就表现出克敌制胜的属性或功能；当主体目的指向健康领域时，相应的技术形态就表现出治病救人、延年益寿的属性或功能；等等。可以说，有多少种人类活动目的，就有多少种技术形态或技术功能。

以往人们只关注技术的生产力属性，而忽视它的其他属性和功能，这一认识是片面的。把技术的其他属性归结为生产力，并通过生产力与生产关系、经济基础与上层建筑的社会基本矛盾运动机理，直接或间接地推动社会系统各个领域的发展，从而显现出它的多方面、多层次社会功能。[①] 这是以往人们认识技术功能的基本格式。在技术生产力视野中，生产力属性是最根本的，技术的其他属性都是派生的，都可以归为生产力属性。技术生产力观点的破绽就在于，难以诠释技术在现实生活中所展现出来的种种功能。例如，把先进的军事技术装备投入战争，可以摧毁敌方军事力量，甚至经济与民用设施。在这一过程中，技术所显现出来的破坏属性是与生产力属性直接背离的。技术的生产力属性或功能，与技术的其他属性或功能处于同一个层次上，其间虽有联系与转化，但难以归并或通约。因此，仅仅看到技术的生产力属性或功能是片面的、不充分的。

技术是实践活动展开的基础，处于主体与客观世界的中介地位，支持着实践目的的有效实现。实践是人类活动的基本方式，是以变革和改造客观世界为内容的目的性活动。因此，技术活动与实践活动合二而一，密不可分。实践活动的展开过程，同时也是技术形态的建构或应用过程；反过来，技术形态的建构与应用过程，也是实践活动的重要形式。辩证唯物主义认为，实践是主观见之于客观的能动性活动，处于主体与客体的中介地位，是连接主体与客体的桥梁。从技术与实践的天然联系角度出发，不难理解，作为主体目的性活动的序列或方式，技术也是连接主体与客体的桥梁。其实，实践并非人类目的性活动的唯一形式，也未囊括所有的人类目的性活动形态。因此，技术概念的外延又超出了实践范围，在人类活动中处于更为基础的地位。这也是技术之所以具有广泛社会文化功能的原因。

事实上，技术系统与技术世界就是按照社会实践的需要建构起来的。技术不仅是按一种内在的技术逻辑发展的，而且也是由创造和使用它的社会条件所决定的；具体技术

---

① 国家教委社会科学研究与艺术教育司. 自然辩证法概论. 北京：高等教育出版社，1989：293.

的发展路径并不是唯一的，在建构和使用新技术过程的各个环节，都涉及在不同技术可能性中的一系列选择。目的性活动是孕育和塑造新技术的温床。我们不否认技术发展的规律性与内在逻辑，但更应当看到社会文化因素在技术创新与选择过程中的调制作用。社会实践需要是建构技术系统的出发点，也是选择和应用技术形态的根本性因素。技术的发展植根于特定的社会环境，社会实践发展的格局与走向决定着技术的演进轨迹。

2. 仪器工具系统的形成

在社会实践发展的推动下，人们建构和积累起了众多技术形态，形成了技术世界的仪器工具系统。所谓仪器工具系统，指人们在认识和实践活动中，创造和使用的物质技术手段体系。仪器工具系统主要表现为物化技术形态，是主体认识和实践目的展开的技术基础。无论当初的技术建构活动多么简单，但都是人类经验、智慧及其理论研究成果的凝聚与物化。仪器工具系统与客体对象之间的相互作用，逐步取代了主体与客体对象之间的直接相互作用，从而使人对客观事物的认识和实践活动，由直接方式变为间接方式。人类目的的实现越来越取决于所建构和拥有的仪器工具系统的数量和质量。

人类在认识和改造客观世界的过程中，可供利用的最直接、最基本的手段，当然只能是自身的肢体、感觉器官和大脑。然而，作为自然界的普通物种之一的人类，其生物机体或天赋本能却存在着许多局限性，如，眼睛没有老鹰敏锐，鼻子不及猎犬灵敏，双腿没有羚羊迅速，体力抵不过老虎，寿命赶不上乌龟，等等。单凭人体器官本身所具有的功能，远不能达到科学地认识和改造世界的目的。这就迫使人们不得不创造出各种物质技术形态，提高认识与实践能力，推进其需求的实现和发展。

目的性活动是经过理性设计，并在主体意志控制下指向客体的对象性活动。目的性活动在时间上体现为一个诸环节或阶段相继展开的过程，在空间中形成了一个各相关因素相互依存的有机结构。技术就是内在于目的性活动之中的这种稳定而有序的时空结构。目的性活动中所运用的工具、设备及其组合方式、操作程序等因素之间的差异，就形成了不同的技术形态。在现实的目的性活动中，不同的主体会选择或创造出不同的技术形态，不同的行动目标或客体对象客观上也要求不同的技术形态。这也是推动技术形态演变的动因。作为主体的创造物与目的性活动的灵魂，仪器工具系统一经创立，就会脱离创立者而获得客观独立性，成为人类文明的组成部分。认识和实践活动总是有目的、有计划地推进的，是人类目的性活动的基本形式。"认识什么?"与"如何认识?"，"做什么?"与"如何做?"，始终是认识和实践活动展开的轴心。前者是认识和实践目的的体现，后者则是认识和实践手段的体现。从广义技术的观点看，"如何认识?"与"如何做?"本质上就是一个技术问题。正是这类问题的不断涌现刺激着技术进步，从而使主体目的性活动成为孕育和催生仪器工具系统的温床。

仪器工具系统与语言符号系统是人类进化发展的两大成果，前者是以实物形态存在的人类活动的物质基础，后者是以观念或知识形态存在的人类活动工具。人们为了一定目的而创造出来的仪器工具系统，具有相对的独立性，可以被纳入认识和实践活动之中，建构起各种具体技术形态。作为主客体之间的中介，仪器工具系统已经取代了主客体之间原始的直接相互作用方式。日趋复杂、精密的仪器工具系统弥补了人类躯体的先天缺陷，扩大了人类认识和实践的范围。"工欲善其事，必先利其器"，在人类目的性活动过程中，仪器工具系统发挥着愈来愈重要的作用。

第一，在认识活动之中，感觉器官的自然缺陷妨碍了人们对客观事物的认识。具备观测、分析、运算等多种功能的仪器工具系统，就是人们在漫长的认识活动中创造出来的。它放大或延长了人的感觉器官功能，克服了人类感官的各种"感觉阈"的局限，扩大了接收、记录和加工客体信息的能力。仪器工具系统作为感觉器官延长，在深度和广度上推进了认识的发展。仪器工具系统通过引进客观的计量标准，将感官难以把握的客体属性转变为可以精确量度的数量关系，弥补了人类器官接收和传递客体信息精度上的不足。同时，仪器工具系统还能放大或延长人的大脑功能，帮助人们加工处理各种信息，部分地代替人的脑力劳动，提高思维效率。现代认识活动给人类提供了非常丰富的巨量信息资料，这就要求人们的智力（计算、记忆、分析能力）也相应地发展起来。以计算机技术为核心的信息技术就是在这一背景下产生的。人工智能技术的发展必将极大地提高人的思维能力，推进对客观世界认识的发展。

第二，在实践活动中，人类天赋本能的局限性限制了人类对客观世界的改造。仪器工具系统放大或延长了人类肢体与器官的功能，扩大了对客观事物加工、改造的深度和广度，提高了实践活动能力。产业技术系统就是典型的仪器工具系统，它是人们在生产实践活动中逐步建构起来的。产业技术的发展逐步取代了人对劳动对象的直接干预，简化了生产过程中的躯体动作。工作机可视为手或躯体动作的投影，动力机可视为肌肉系统的投影，传输机可看作肩膀、腿脚或手的延伸，控制机可作为大脑或神经系统的投影。产业技术系统的开发极大地扩大了社会生产能力，增加了产品种类，提高了产品质量和生产活动的效率。

技术的快速发展，使以技术为支点的人类认识和实践能力远远超过了人的天赋本能。正是依靠它的智慧与创造力，依靠技术途径与仪器工具系统的支持，人类才超越了自然物种的限制。以技术创新与推广应用为基础的人的新进化，不仅弥补了人类天赋本能方面的种种欠缺，而且也使人类的后天才能迅速提升，日渐成为一种技术"超人"和自然界的"霸主"，如：射电望远镜把人类的视界延伸到河外星系，电子显微镜又使人的视力深入分子层次；运载火箭把人的奔跑速度提高到每秒十几千米，把人的抛射力扩大到几十吨；遥感探测技术使人们能感知上万米深的地下矿藏，预测几天乃至几年后的天气变化；火星探测器把人的触角延伸到了火星表面；等等。这些才能都是自然界中任何一个物种所望尘莫及的。

3. 技术是人与自然的桥梁和纽带

动物只能依靠躯体器官的天赋本能生存，而人类除了本能外还创造出了技术形态。技术是人们建构起来的目的性活动的序列或方式，表现为通达客观世界的桥梁，或人与客观世界连接的纽带。外在的物化技术体系的合目的性运行是人赋予和受人调控的。以本能为基础，以求生存为核心的动物生活模式是封闭的、停滞的。即使有缓慢的进化，也是依靠种群的基因突变、环境的选择与遗传等自然因素的作用进行的。而以技术为基础，以生存与发展为内容的人类活动模式却是开放的、发展的。除谋求满足生存的生理需求外，人类还表现出谋求物质文化生活质量的提高，以及生活内容不断丰富的发展特征。

从哲学层面看，在人类改造客观世界的目的性活动过程中，并存着主体客体化与客体主体化的双向运动。一方面，主体把自己的本质力量对象化，按照自己的需求与意志塑造世界，消除了客体片面的客观性，这就是主体客体化；另一方面，主体把客体的属性、规律内化为自己的本质力量，充实、发展自己的体力和智力，消除了主体的片面主观性，这就是客体主体化。主体客体化与客体主体化是技术世界建构的哲学基础。在这种双向互动的过程中，主体会不断创造出相对稳定的目的性活动序列，推动技术世界的建构。

从技术角度看，所有技术形态都是人类目的性活动的产物，都是围绕人类生存与发展问题展开的，都直接或间接地与人类社会需求的实现过程相关联。技术活动的展开就是人们依靠智能与动作技能，控制或操纵物化技术体系，实现各自目的的过程。技术是连接人与自然的桥梁和纽带，技术世界是人的无机身体。从技术在现实生活中所发挥的作用中，都可以还原出人的肢体器官原型或追溯到人类需求根源。与动物的本能性活动模式相比，技术形态可视为人的体外器官或肢体。它以变形或放大的形式发挥着这些肢体与器官的原型功能，支持着人的生存与发展，已成为人类安身立命之根本。技术系统的运行故障就像疾病一样，常常使人感觉不适，二者在心理上的感受几乎没有多大差别。例如，交通阻塞或汽车故障就像腿脚受伤一样，使人感到行动困难；电话失灵就像喉咙或舌头生病一样，使人感到表达或交流不便；等等。在现实生活中，一个人或一个团体拥有的技术形态越多、效率与层次越高，其生存与发展的条件也就越优越。

广义技术世界就是由人类所创造出来的种种技术形态所构成的体系。它既是人类文明的重要组成部分，又是建构人类文明大厦的脚手架。如果说单个技术形态有如人的肢体或器官，那么技术世界就好像是人的无机身体。它以放大的形态再现或替换着人体器官的功能，支持着主体目的的实现。正是依靠技术的武装与技术世界的支持，人类才日益进化为本领超群的物种，成为自然界的真正统治者。

四、技术的社会建构与发展动力

1. 技术的社会形成

虽然技术的发展有自身内在的规律性，但任何具体技术形态的开发或运行都表现为社会活动，都是在一定时代的社会场景中展开的，总要受到社会系统及其构成要素的影响。这就是技术发展的外部因素。盛行于欧洲的"技术的社会塑造理论"，就是基于对这一因素的深入研究而形成的。社会需求是推动科学技术发展的原动力。在技术发展过程中，社会因素的作用集中表现在对技术开发活动的选择、调节和支持等层面。

"技术的社会塑造理论"（Social Shaping of Technology，简称SST）十分强调技术是由社会因素塑造的，将科学和技术看作社会活动的领域，它们受社会力量的作用，并经受社会分析。技术的发展植根于特定的社会环境，社会的不同群体的利益、文化上的选择、价值上的取向和权力的格局等都决定着技术的轨迹及状况。或者说，我们的体制——我们的习惯、价值、组织、思想和风俗——都是强有力的力量，它们以独特的方式塑造了我们的技术。

SST主要有三种理论方法：第一种是社会建构主义方法。它认为某一种设计或人工制造物的成功很难说是一个简单的技术问题，而是成型（pattern）或形成（shape）于特定的选择环境。技术和技术实践是在社会建构与谈判中被建造起来的，这经常被看作由各种参与者的社会利益驱动的过程，因此特别关心冲突的利益群体是如何达到问题的解决的。

第二种是系统论方法。该方法很大程度上根源于技术史学家托马斯·休斯，用"系统"术语描述大型技术系统生长过程的努力。休斯在研究电力发展过程中认识到两种情况：其一，公用事业公司、研究实验室、投资银行等多种社会要素相互作用构成复合系统，而这种系统应该成为分析的真正焦点；其二，系统建造者并不承认技术与科学以及技术、政治和社会之间的传统区分，认为这种区分会妨碍对技术变化过程的理解。这种方法注重于对不同的因素之间的相互作用进行分析，这些因素包括物质的人工制品、制度及其环境，然后提供技术、社会、经济和政治等方面的整合性，并使宏观和微观的分析联系起来。

第三种是操作子网络理论方法。迈克尔·卡隆用一个高度抽象的词"操作子"（actors）定义科学技术和其操作子世界，即各种要素在结合为网络的同时也塑造了网络。卡隆相信，根本就没有什么外部的和内部的（即社会的/技术的）二元区分。

这三种方法的共同点就是，要深入看看一直被视为"黑箱"的技术的"内幕"，都认为技术不仅仅是由自然因素确定的，更主张技术只有同广泛的社会因素建立了联系才能消除人们对它的质疑，并能够被稳定地把握。[1]具体说来，有以下三个层面。

第一，社会选择作用。同自然环境变迁对物种进化的选择作用相似，社会发展对技术进步也存在着选择作用。也就是说，只有具备满足社会需求、功能较强、效率较高、操作简便等特点的技术形态，才能得到开发和推广应用；反之，就不会为社会所开发和采用，或者将被逐步淘汰。社会选择作用是立体的、全方位的，体现在技术发生、发展和消亡过程的各个环节。从这个意义上说，一部技术史就是一部人类技术创新与社会选择的历史。

从技术发生角度看，无论是作为有目的、有计划的技术开发活动的产物，还是作为机遇或非理性思维的创造物，技术在萌发之初就受到了社会选择的作用。且不论来自银行贷款、政府或社会基金支持、同行专家评议、市场潜力诱导等方面的社会选择，单就

①　肖峰. 技术发展的社会形成：一种关联中国实践的SST研究. 北京：人民出版社，1992：24—35.

技术开发者而言，技术开发的立项就是在发展预测的基础上确立的。不仅要考虑技术原理上的可能性、功能或效率上的优越性，而且还要考虑该技术的开发成本、市场前景等因素。表面上看，这些考虑是技术开发者个体对该技术价值的理性审视。其实，技术开发者本身就是社会体系的构成部分，其知识背景、思维方式、价值观念等都是在社会化进程中由社会赋予的，它们对技术项目的审查可视为社会选择的转化形态。至于源于机遇或非理性思维的技术创造，尽管在萌发之前很少受社会选择的影响，但一旦该技术构思或技术形态被确认，就必须接受开发者的理性审查与社会选择。

从技术开发或推广应用角度看，技术形态总是在社会场景中开发和应用的，社会对技术开发的支持以及对技术形态的应用过程，就是社会对技术的选择过程。技术功能、技术效率、技术价格或运行成本是影响社会选择的重要因素。一般来说，除个别功能奇特的技术形态外，在同一技术族系中，往往并存着功能相似的多种技术形态，这就形成了社会选择的空间。技术应用者总是从各自需求、经济与技术状况出发，选择适用的或性能与价格比最高的技术形态，这就形成了各种技术形态的市场空间。经济与技术指标越优异的技术形态，就越容易为社会所选择，其市场空间也就越大，反之就越小。当然，技术的市场空间并不是凝固不变的，随着技术的进步与社会的发展，原有的先进技术将逐步蜕化为落后技术，其市场空间也会随之萎缩。

从技术消亡角度看，技术世界的发展过程就是新技术的不断涌现与旧技术的不断消亡。在技术进步的推动下，先进的新技术形态不断涌现，落后的旧技术形态逐步淘汰，这一过程也是社会选择的结果。一般地说，新技术形态都是经济与技术指标优良的技术形态，否则在投入开发之前就会被淘汰。在同一技术族系中，由于功能上的相似性，各技术形态之间可以相互替代。因此，出于社会竞争、经济收益、未来发展等方面的考虑，人们总是倾向于选择经济与技术指标优越的新技术形态。如此，新技术形态的市场空间就越来越大，传统技术形态的市场空间就越来越小，以至于从技术世界中消亡。

第二，社会调节作用。社会调节是指社会对技术发展的方向、速度、规模等方面的塑造作用。社会对技术发展的调节作用，就在于保证社会的技术结构与社会需求结构相适应。这种宏观调节和控制，包括通过一系列具体的导向和选择机制而完成的自发过程，还包括采取某些自觉的手段对技术发展施加的干预和影响。就整个社会而言，这种干预和影响通常是由国家跟政府来进行的。社会通过立法、行政规划、人事组织、税收、信贷、教育、奖励、价值导向等机制或途径，对技术开发或应用部门的人、财、物的存量和流量进行调控，从而达到对技术发展的调节。

社会对技术发展的调节作用体现在技术发展的多个层面，首先，表现在对技术发展方向的调节。技术的发展实质上是对于社会需求的响应，随着社会的不断进步，社会需求结构也随之扩张。不断增长的社会物质文化需求引导着技术发展的方向。这种导向作用体现为社会对某些技术发展方向的扶植和激励或者阻挠与抑制。社会按需求不仅调节着对技术发展的各种资源投入，而且以需求为核心对技术成果进行评价。如此，技术开发者的主观动机就被纳入实现社会需求的轨道上。

其次，还表现在对技术发展速度的调节。社会是在内外多重因素的作用下发展的，不同时刻、场合下的社会形势与社会需求各具特点，对技术发展的轻重缓急等要求也不尽相同，例如：战争年代迫切需要军事技术的快速发展，和平时期则需要经济的持续增长；农业地区要求农业技术的优先发展，畜牧业地区对畜牧业技术的发展更为迫切；等等。技术研究工作满足社会需求的程度，决定了社会所能对它提供支持的程度以及技术成果在社会中推广应用的程度，因而也就决定了该技术领域未来发展的速度和限度。

再次，表现在对技术发展规模的调节。与对技术发展方向、速度的调节相关联，社会要求技术的发展应当与社会需求规模及其发展变化相适应。在社会现实生活中，社会需求不仅形成了一个种类结构，而且还表现为一个数量结构。因此，技术的发展既要与社会需求种类结构及其发展相适应，也要与社会需求数量结构及其发展相适应。就后者而言，这就要求不同种类的技术应具有不同的发展规模，这也是社会调节的重要内容。国家和政府应从社会需求数量结构及其发展态势出发，通过上述种种社会途径或机制，对技术发展的规模进行调节。

第三，社会支持作用。作为主体目的性活动的序列或方式，技术从属于社会主体的目的和意志，并按社会需求的变化而发展。今天的技术开发已经从生产实践活动中分立出来，形成了一个相对独立的社会部门。作为社会大系统中的一个子系统，其外围就是它的社会支持系统。技术开发活动既推动着社会的发展，同时又离不开社会所提供的开发经费、科学技术信息、试验技术装备和技术人才等层面的支持。社会对技术发展的支持作用主要体现在以下几个方面：

经济支持系统：现代技术开发项目普遍具有高投入、高风险的时代特征，这就要求必须有大量的资金投入。除了技术开发者自有资金的先期投入外，还需要来自政府财政、社会基金、银行、风险投资公司等渠道的资金支持。

信息支持系统：技术开发总是在继承前人、借鉴他人成果的基础上展开的。这些成果主要来自前人留下的图书资料、专利文献、实物资料，以及当今技术开发者之间的情报交流。所以，文献情报部门是技术开发的重要支撑条件，应当建立相对独立的综合性社会文献情报机构。

试验技术装备支持系统：随着技术开发难度的提高，试验技术装备越来越复杂，试验分工也越来越细密。造价昂贵的试验技术设备，如果只为某一专门机构和个别课题服务，就会形成巨大的浪费。于是，面向社会的试验技术设备及其人员，逐步分化发展为相对独立的试验中心、测试中心、计算中心等组织机构，为社会的技术开发提供试验技术装备支持。

教育支持系统：技术开发活动需要大量的高素质技术人才，有赖于教育系统提供的人才支持。教育不仅为技术开发培养后备力量，而且通过提高国民的科学文化素质来提高全社会的科学技术能力，推进技术成果的传播、消化、吸收和应用。

尽管技术有其自身发展的内在逻辑或自生长机制，但是社会支持系统的作用也不容忽视。作为技术开发的外部因素，社会支持系统在某种程度上甚至决定着技术开发进程。这也是"技术的社会塑造理论"的立足点。

2. 新目标与旧技术形态的矛盾

任何时代的技术都处于发展变化之中，引起技术变革的直接动力又来源于技术内部的基本矛盾，即技术目标与技术功能之间的矛盾。社会需要是推动技术发展的原动力。社会日益增长的物质文化需要，只有通过新技术目标设定的途径，才能转化为推动技术发展的力量。技术目标是社会需求的技术表达形式，是对技术发展方向和技术系统功能所做的设定。一般地说，技术目标是由技术的性能指标、经济与社会效益指标、环境影响指标等一系列指标构成的一个层级结构体系。

由于任何已有技术形态都有其经济性、安全性、可靠性、适用性以及功能与效率等方面的极限，往往难以满足实现不断翻新的社会需要。如此，在人类新需求与现有的技术形态功能之间，就必然会经常产生矛盾。这种新的技术目的和原有技术功能的矛盾就构成技术发展内在的直接动力。就现有技术形态而言，虽然它具有实现某一类目的的功能，但是其功能或效率总是有限的，不可能一劳永逸地满足不断发展的社会物质文化需求。随着社会物质文化需求的发展，现有技术形态的功能或效率往往难以满足快速或大规模地实现众多社会需求的愿望。这就要求人们必须创建新的技术形态，或者对现有技术形态进行改进，拓展其功能或提高其效率。

矛盾是事物发展的根本动力，新目标与旧技术形态之间的矛盾是推动技术发展的根本动力。新目标源于人类欲望的膨胀和不满足的本性，是这一矛盾的主要方面，并随着社会物质文化需求的发展而变化；而现有技术形态的结构与功能往往相对稳定，多属于这一矛盾的次要方面。技术目标与技术功能的矛盾不断产生又不断解决，在它们之间从不平衡到平衡，又到新的不平衡的过程中，我们不能只把技术目标看成是唯一积极的主动因素，而把技术功能看成总是消极的被动因素。事实上，在一定条件下，技术形态的发展又具有相对独立性，反过来也会推动和唤起新的技术目标的设定。

应当强调的是，除了这一基本矛盾外，在技术发展过程中还存在着技术规范与技术试验等多种矛盾形式。同时，社会生活中的种种矛盾也会反映到技术层面上，并通过技术途径得到解决。这也是推动技术发展的重要力量。例如，黑客对网络的攻击促进了网络安全技术的发展；反过来，网络安全技术的发展也刺激着黑客攻击技术的提高。盗版者对软件、音像制品、书籍等的盗窃与复制，促进了防伪、加密以及相关法律制度等反盗版技术的发展；同样，反盗版技术的发展也刺激着盗版技术的提高。

技术创新活动是主体智慧或主观能动性的具体表现。它会不断创造出效率更高、功能更强的新技术形态，逐步满足实现新目标的需求，使这一矛盾得到暂时解决。但由于技术创新活动的历史局限性，一时的技术创新不可能使这一对矛盾得到彻底解决。此后，在认识和实践发展的推动下，又会产生出其他新目标，形成新一轮的矛盾形态。正是这一矛盾的不断产生与不断解决，滚动或螺旋式地推动着技术的持续发展。

3. 社会竞争与科学研究

竞争是在法律、道德的规范下，在广阔的社会领域展开的生存和发展资源的争夺，是社会生活的本质特征，是社会发展的内在动力。"两极分化，优胜劣汰"是竞争的残酷现实。在关系到生死存亡和切身利益的竞争压力下，人们往往会通过各种方式增强竞争实力。引进或开发新技术愈来愈成为增强竞争实力的主要途径。优先拥有先进技术，就意味着掌握了竞争的主动权。英国学者 E. F. 舒马赫为发展中国家所设想的"中间技术"道路,虽然是美好的,但却是不现实的。对于落后国家或地区而言,中间技术可能是暂时适用的,短期内也许是有效的,但在竞争的社会环境中,它必将一直处于劣势地位,会被不断地边缘化。因此,追求先进技术的社会共识与价值取向,会促使人、财、物等社会资源向技术开发领域汇集,从而刺激和推动着技术创新活动,这是促进技术发展的重要外部动力,如市场竞争推动着产业技术的发展,商业竞争促进着营销技术的创新,军事竞争推动着军事技术的迅速变革,等等。

应当指出的是,由于技术对增强社会竞争力的基础性作用,技术尤其是自然技术开发领域的竞争,开始成为社会竞争的核心或焦点。谁拥有先进技术,谁就掌握了所属竞争领域的主动权,谁就能赢得竞争的全面胜利。因此,社会竞争向技术领域的转移与集中,必然会加大技术开发的投入力度,加快技术创新的速度。这也是现代技术发展的重要社会特征。当然,竞争是相对于合作而言的,没有合作也就无所谓竞争。强调竞争对技术进步的推动作用,并不否认合作对技术进步的重要意义。事实上,许多重大技术创新项目都是通过合作机制完成的,甚至大型技术系统的运行也必须以广泛的社会合作为前提。

技术创新是以解决"如何做"问题为核心的。从逻辑上看,认识是实践活动的基础,"如何做"问题是以"是什么""为什么""怎么样"问题的解决为前提的。而后者正是科学研究的主要内容。马克斯·韦伯在论及资本主义发展的基础时指出:"初看上去,资本主义的独特的近代西方形态一直受到各种技术可能性的发展的强烈影响。其理智性在今天从根本上依赖于最为重要的技术因素的可靠性。然而,这在根本上意味着它依赖于现代科学,特别是以数学和精确的理性实验为基础的自然科学的特点。"[①] 进入现代以来,科学研究对技术开发的作用日益突出。可以说科学是技术的直接基础,科学研究成果规范和指导着技术的发展。这就是所谓技术科学化趋势。当然,这里的科学既包括自然科学,也包括人文社会科学、思维科学等。

从历史角度看,科学诞生之前的技术创新活动,主要是在经验知识的引导下摸索的。经验知识是科学理论的初级形态,其发展主要来自实践活动的长期积累。由于经验知识的零散性、不可靠性,以及交流难度大等原因,因而对技术发展的指导作用十分有限。科学的分化发展,改变了技术发展的经验摸索方式,成为技术创新的主要源泉。科学理论向技术实践转化,对技术创新起着规范和指导作用;技术按照科学理论来创造,减少了技术创新过程中的盲目性。在现实生活中,由于人类不同活动领域的复杂程度以及相关学科发展的不平衡性,科学对这些领域的规范和指导作用的程度也各不相同。一般来说,科学研究越深入,学科分化发展越细密,对相关领域技术创新活动的指导作用就越明显,反之就越微弱。正是基于这一认识,我们说科学研究是推动技术发展的重要力量。

总之,外因通过内因起作用。外部环境因素只有通过向技术内部矛盾转化的途径,才能真正促进技术的发展。从自然科学理论作用来说,它只有通过技术试验转化为新的

① 马克斯·韦伯. 新教伦理与资本主义精神. 上海:上海三联书店,1996:13.

技术原理，或通过指导技术发明活动等途径，才能促进技术的发展。而对于社会竞争等因素来说，也只有转化为解决技术内部矛盾的技术创新活动（如技术调研、技术试验、技术设计等），或渗透到这种技术创新活动过程之中，才能真正地把技术的发展不断地推向前进。

4. 技术世界相干性的作用

对技术发展动力的剖析可以从多角度、多层面展开。从技术世界角度出发，技术世界内部的相干性也是技术发展的驱动力。如前所述，技术世界是一个分层次的、立体的、网络状的、开放的巨型系统，其中各技术形态之间存在着相互依存、相互转化的复杂作用机制。任何新技术形态的建构总是在技术世界中展开的，技术世界丰富的技术资源，以及纵横交错的复杂相互作用机制是新技术形态成长的"沃土"。

技术世界的相干性体现在技术开发活动的多个层面。首先，表现在技术试验与技术规范之间的矛盾运动。技术规范是已有技术成果的集成，包括技术原理、技术发明的构想方案与设计思路、技术模型与技术产品，以及人们在技术发明过程中所遵循的模式和法则等。技术试验是指尝试和验证技术设计可行性的种种试验活动，包括揭示科学理论实际应用的条件、途径和方式，确立新技术原理的试验，验证技术发明的构想方案或设计思路可行性程度的试验，技术模型或样机性能试验，以及技术形态的综合性试验等形式。在技术规范和技术试验的矛盾运动中，一方面，技术规范指导着技术试验的设计和进行，制约着技术试验的内容和方向；另一方面，技术试验又是技术规范产生和发展的实践基础。在技术发展进程中，技术试验是指向未知或未行领域的实践活动，处于经常性的变化之中，刺激和带动着技术规范的发展。特别是当技术试验揭示出科学成果应用的新条件、新途径或新方式，确立了超出原有技术规范的新技术原理时，也就提供了在这个基础上取得新技术发明，实现新的技术突破的可能和机会，甚至会导致技术体系的革命性变革。

其次，还表现在不同领域或专业技术形态之间的矛盾。在技术世界内部，各技术领域之间的发展速度或进程是不一致的，这就是技术发展的不平衡性。优先发展的技术领域会通过技术形态之间的联系，辐射和带动后发展技术领域的发展；基础技术的创新会推进专业技术、工程技术的发展；技术单元的革新会导致高层次技术形态的发展；等等。事实上，技术世界内部的相干性总是相互的，在上述同一作用的方向上，也并存着相反方向的作用，即后发展技术领域对先发展技术领域的约束、刺激等性质的作用。同时，即使在某一具体技术形态内部，构成该技术形态的材料、零件、部件、结构等技术单元之间，也存在着复杂的相互依存、相互协作关系。

再次，技术世界的相干性、渗透性还体现在具体技术形态的建构过程之中。任何技术形态的建构总离不开技术世界的支持。即使最单纯的元器件的开发，也需要工艺流程技术、试验操作技术平台等相关技术形态的支持。具体技术形态或者以其他技术领域成果为技术单元，或者以其他技术形态为建构的支撑条件、参考系甚至触发媒介。这些技术形态的发展会通过多种渠道、多种形式，刺激和带动所建构技术系统的发展。也正是由于技术形态之间的这种联系，某一技术形态尤其是低层次技术形态的创新或变革，会通过这种复杂的非线性相互作用网络，引起相关技术形态结构的变革与适应性调整，带动相关技术形态的发展。

总之，只有技术的内部矛盾因素和技术的外部环境因素的有机结合与辩证统一，才能真正构成技术不断发展的现实的推动力量。上述三个层面的基本动力构成了技术发展的动力体系，"外推内驱"是它发展的动力机制。其中，新目标与旧技术形态功能之间的矛盾属内部因素，后两个层面属外部因素。这三种动力之间并非相互独立，而是彼此交织在一起的。新目标与旧技术形态之间的矛盾是技术发展的基本矛盾；技术世界内部的相干性是这一矛盾运动的方式和解决的根本途径。科学研究的推动作用是科学理论方法论功能的展现，是解决新目标与旧技术形态矛盾的现实基础，社会竞争是解决这一基本矛盾的社会方式。技术形态之间的相互作用是技术发展的现实轨迹，是新技术形态建构的直接基础。在具体技术形态的建构过程中，这三个层面的动力往往展现为不同的作用方式，循着其内在联系和相互作用机制，推动着技术创新与技术世界的结构变迁。

◀ 小　结 ▶

技术的本质是人类在利用自然、改造自然的劳动过程中所掌握的各种活动方式、手段和方法的总和。技术哲学中的工程学传统认为，人外在于技术，可以创造、操纵和驾驭技术而不受之约束；人文主义传统认为，人总是在技术系统之中，受外在技术模式或节奏所调制。

技术的基本功能在于支持主体目的的实现，而社会实践的需要和发展决定着技术系统的构建及演化轨迹，在这个过程中，形成了技术世界的仪器工具系统，使人类超越自然物种限制，实现新进化。

技术在开发或运行时总要受到社会系统的影响，其作用集中表现在对技术开发的选择、调节和支持。社会需求是推动技术发展的原动力，技术目标与技术功能之间的矛盾是技术发展的直接动力。社会竞争加强了对技术进步的需求，而科学的分化改变了技术发展的经验摸索方式，成为技术创新的主要源泉。

◀ 思考题 ▶

1. 简述技术哲学的工程学传统与人文主义传统的主要区别。
2. 技术有哪些基本要素？它们之间有什么相互关系？
3. 简述技术发明过程及其方法论特点。
4. 如何理解技术在人类目的性活动中的地位？
5. 试多角度、多层面地分析技术发展的动力。

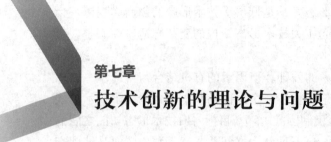

第七章

技术创新的理论与问题

技术创新是技术成果在商业上的首次成功应用。技术创新包含技术成果的商业化和产业化，是技术进步的基本途径。原始创新、继承创新是当前我国科技界和产业界关注的焦点所在，国家创新系统是市场经济构架下企业从事技术创新活动的基础性环境。企业是技术创新的主体，企业家是名副其实的创新者。有效的技术创新激励机制是影响企业技术创新活动持续实现的重要因素。

需要详细考察企业中的创新活动，它的动机、结构与组织，把企业真正当作技术创新的主体。特别应当注意高技术产业与高技术创新的机制。

一、技术进步、技术开发和技术转移

社会化大生产的发展，为技术进步提供了客观需要，而随着科学技术功能的日益增强，技术进步问题也愈来愈引起人们的重视。在过去，人们曾把自然资源、资本和劳动力等经济因素作为经济发展的唯一决定力量，但近年来人们已经认识到，科学技术等非经济因素在一个国家的经济增长中也具有同样的，甚至是更重要的意义。因为后一种因素往往决定着前一种因素在创造经济增殖中的综合效益。所以，在现代工业的发展过程中，经济因素必须依赖于非经济因素这一事实使人们对技术进步的作用有了新的认识和理解，以至于目前世界上许多国家都把技术进步问题作为一项重大的国策来加以研究。

1. 技术进步与技术开发

什么是技术进步？从技术本身的进化角度讲，技术进步应该是指技术的研究与发展（research & development of technology）及其取得的成果，它包括技术的基础研究、应用研究和发展研究这样三个方面或层次的问题。所谓基础性技术研究，实质就是技术原理的发现或基于原理性的技术发明，简称技术发明。例如美国的约瑟夫逊博士在1962年提出的"约瑟夫逊效应"，即用电磁场控制在极低温度下产生的超传导现象，就是一种技术的发现。根据这个原理制作的"约瑟夫逊元件"，可以使它保持通常状态或处于超导状态，从而起到像晶体管一样的作用，此元件即可称作技术发明。像约瑟夫逊效应及元件这样的技术发现和发明都属于基础性的技术研究范畴，它们对技术发展具有放大效应，会引发出该领域乃至其他领域的技术变革，是应用性技术研究及发展性技术研究的基础。

应用性技术研究是在技术发明的基础上使其逐步发展、完善，进入更加实用化的阶段。美国贝尔电话研究所发现了半导体的电流放大原理，并发明了替代电子管的晶体管。但从晶体管到集成电路，乃至从装有1 000个以上晶体管、自身具有完整功能单元这样的大规模集成电路，发展到装有10万至100万个晶体管的集成度更高的超大规模集成电路，却是经过了若干次应用性技术研究才得以实现的。应用性技术研究处于技术进步全过程的中间层次，它以其技术原理的整体性不变与基础性研究相区别，又以其技术功能的局部性变革使某一技术的发展显示出阶段性。

发展性技术研究是对现有成熟技术的改进提高，如改进产品的形状和质量，开发产品的性能和用途，以适应各种需求。这类研究是大量的、广泛的，国外统计资料表明，在技术研究中，有50%～60%是属于此类型的。日本在这方面进行了卓有成效的开发，如在微型化的录像机、超薄型的电视机、小型化的汽车等微型化的技术发展方面都是首屈一指的。发展性技术研究有别于前两种研究之处在于其技术原理和功能基本不变，但其产品结构或形状的某些变革、性能或用途的某些增强，不仅可以延长其技术产品的生命期，同时也提高了技术的经济效益，因此它是一种比较实用的技术研究形式。

但是，如果把基础性、应用性和发展性这些关于技术的研究形式看作技术进步的基本过程，那么，人们通常所说的技术开发却是指与技术发明（technology invention）这种基本研究相区别的技术革新或技术创新（technology innovation）。它是指在原有技术的基础上，人们依据一定的技术原理和社会需要，有计划、有目的地进行应用研究和生产发展的技术开发活动。这种开发主要表现为元件产品和工艺设备等实体形态的技术创新，它既包括研制新元件、新产品、新工艺、新设备这样的应用性技术研究，也包括对原有元件产品、工艺设备进行革新和改造这样的发展性技术研究。技术发明等基础性研究能力强，必然会对技术创新等应用性、发展性研究产生积极的影响。但技术创新活动并非一定要建立在技术发明的基础上，只要对生产要素进行重组便可。

狭义技术开发即技术创新的特点主要是：

第一，一体化。技术开发主要是利用知识形态或经验形态的技术要素，对元件产品和工艺设备等实体形态的技术要素进行创新的活动，它的这种性质要求技术开发活动必须一体化。技术开发一体化表现在两个方面：第一个方面是，在企业外部，产、学、研形成一体化。企业要进行技术开发，仅靠自己的力量是不够的，还必须和大学、研究所建立广泛的联系，从人才、信息等各个技术环节上相互依托，使大学、研究所的技术开发课题有企业作为基础、后盾，使企业的技术开发项目有科研机构的协助指导，这样既有助于技术开发的顺利实现，又保证了技术开发的水平不至于太低。第二个方面是，表现在企业内部，即技术开发部门与生产现场及质量管理和销售部门形成一体化。日本技术开发的长处就在于这种开发、设计与生产现场的出色结合。人们在汽车、家用电器、照相机等新产品的开发过程中，往往根据生产及管理销售部门的意见进行设计，使新技术的开发，从设计、生产到管理销售等环节都能协调一致地进行工作，保证了技术开发的顺利实施。

第二，国际化。由于不同国家间的技术互补性有利于技术开发，而技术开发又需要追求大规模的经济性，这样就导致了技术开发主体的国际化。它也表现在两个方面：一是国际地区性机构的作用或国家间的技术开发合作趋势正逐渐加强。欧洲共同体首脑会议的重要议题之一就是讨论技术开发的有关项目，如关于研究开发的总体政策，欧洲研究开发组织的效率化，研究开发资源的有效利用，调整盟国间的技术政策，推进技术开发和技术进步的社会影响等。国际共同开发的实例更是比比皆是，以航空为例，就有英法合作研究开发的协和超音速飞机，美日意合作开发的波音 767，日英合作开发的 XJB 航空发动机等。二是技术开发机构的多国籍化，即跨国公司技术开发的崛起。20 世纪 60 年代以前，跨国公司一般都是通过投资来推进国际产业的重新组合，现在则是通过技术开发来进行多国间的产业合作。目前许多跨国公司都有自己的中央研究所作为技术开发研究的中心，发展其世界性的技术战略，并将它作为经营战略的中心，保持和强化国际竞争能力。跨国公司的技术开发战略主要表现在三个方面：一是在世界范围内调配和利用包括智力在内的研究开发资源；二是以世界为对象的研究开发目标；三是通过技术开发控制世界市场。现在世界技术输出中约有 50% 是美国跨国公司开发输出的。

第三，连续性与阶段性的统一。技术发展的连续性使技术开发成为一个过程（如电子技术的发展），其突变性又使开发过程分为若干关节点，即分阶段进行（如从晶体管—集成电路—大规模集成电路—超大规模集成电路）。

一般来讲，进入稳定期（两个关节点之间）的技术其连续性较好，因此技术开发的目标明确，途径清楚。如超大规模集成电路，提高其集成度的方向是很明确的，这就是把集成在一块硅片上的晶体管等零件，由 1 万、10 万增加到几百万。为此所需要的技术开发途径就必须将电路的宽度由数微米降到 1 微米，再进一步减到 1 微米以下。

但技术发展从原来的关节点到新关节点之间的变化速度很快，技术开发的阶段间歇日趋缩短，因此就要技术开发具有敏锐性。以随机存取存储器的开发为例，从 1K 存储器到 4K、16K，其存储容量增加到 4 倍所需时间仅两年而已。而从 64K 向 256K、向 1 兆 K 的随机存取存储器的发展速度则更快，这就要求我们的技术开发应具有一定的提前量，在进行某种产品生产时，迅速捕捉下一代的开发目标，在产品元件的计划开发、开发设计、试验生产等环节上形成既分阶段又能持续的开发能力。

第四，技术开发经费的差异性。一般地说，三种形式的技术开发经费的比率是有较大差异性的，基础性开发、应用性开发、发展性开发三者的大致比例是 1∶10∶100。当然，这种比例也因国家和地区的技术经济状况不同而不同，如日本的基础性开发经费为 5.2%，应用性开发经费为 21.8%，发展性开发经费为 73%。技术开发经费的差异性对技术开发主体是有影响的。由于基础性开发所需投资少，它主要依靠技术知识和人才来完成技术发现、技术发明，因此这类开发通常是由科研院所、大学或小型高技术企业来完成的。而应用性和发展性开发使技术进入实用化阶段，需要不断投入大量经费添置设备、增加人员，以及开拓应用领域和产品市场，所以这两种开发的主体只能是技术力量强、资金雄厚的大型企业，或由产、学、研形成的技术共同体。

技术开发经费的差异性还表现在不同产业上，如果按技术开发经费占产品销售额的比例计算，电子和医药产业最高，约占 6％～10％，机电产业为 3％～5％，化学产业为 2％～3％，钢铁材料最低，为 1％左右，根据这个标准，各种产业中的工厂企业如果技术开发效率差别不大的话，那么最低也要保持与其他企业同样的开发投资水平，否则就可能在市场的产品竞争中落伍。

当然，由于不同产业在各个国家中的地位不同，所以各产业在不同国家的开发经费总额中所占比例也是有差异的。在航天、航空工业的技术开发上，美国与日本形成了鲜明的对照。美国开发总投资的近 1/4 投向航天技术，其费用大致相当于日本全部产业开发费用的总和。而日本由于航空航天部门不是一个独立的产业，只附属于重工机电企业，因此连单独的统计也没有，估计在 3％～4％左右。正是由于存在这样悬殊的技术开发投资，所以日美两国在航天技术上存在着巨大的差距。

第五，技术开发时间的差异性。据统计，大部分技术开发需要 2 年～10 年的时间。工厂企业开发部门从事的发展性开发属于短期开发，一般需要 2 年～3 年，主要是为降低成本、提高利润而进行的现有技术的改进。应用性技术开发属于中期开发，大概需要 5 年左右，如应用电子技术开发出电子手表以替换齿轮机构的手表就属于此类。基础性开发由于是技术原理的发现和新技术的发明，所以需要的时间可能较长，为 8 年～10 年。

了解了上述技术开发时间的差异性，对于各类开发主体在从事不同形式的技术开发时，制定开发规划，掌握开发进度，评价开发效果是大有裨益的。

第六，风险性。技术开发是一项风险性活动，国外统计资料表明，技术开发通常只有 2/3 的成功率，如果说某项开发中止或冻结，即标明该项开发失败了。在技术开发过程中，风险以多种形式出现在开发的各个阶段。首先是选题风险，如开发项目选错了，开发的产品卖不出去，就意味着想法破产了。还有开发战略风险。开发战略一般有两种：一是以现有技术为中心，加强已有市场或开辟新市场；二是通过开发新技术、新功能，去替换以前的技术和产品，从而开拓新市场。在后一项开发战略中，虽然包括所谓的产品多方向化，但是以新技术争取新市场的开发战略具有更大的风险。许多开发事例表明，以新技术一下子跳入新市场者多数是要失败的。所以产品开发最好要以现有技术为中心，制定长期战略，按阶段进行，这样风险较小，容易成功。

在进行技术开发时，产生风险的原因是多种多样的：没有充分掌握技术开发范围的专门知识及相关知识；在出现异常时，事先制定的代替方案应变能力差；技术开发的信息来源不足或以偏概全；开发成本投资过多，无力追加；等等。如果对上述风险因素处理不当的话，技术开发就可能半路夭折。

在技术开发过程中，应尽量避免较大的风险出现。但是否风险较小的技术开发就一定可行呢？也未必。因为技术开发的最终目标不仅是实现技术上的进步，同时还要追求经济上的效益，如果以技术开发投资与利润的比值为标准，那么衡量技术开发的可行性不能以利润/投资＝1为临界点，因这样无利可图，事倍功半。如果我们把税金支付、利润留成、股东分红等因素考虑进去的话，那么技术开发的临界点应是利润：投资＝2：5。如果再进一步考虑各种风险因素，那么此比例还应增大。国外一些企业在技术开发时，一般是利润/投资＝3～7时才肯从事该项开发，以增强技术开发的成功率。

2. 技术开发与创造力

技术开发是一个综合性的创造过程，它既包括独创力的发挥，也含有创造力的应用。日本野村研究所主任研究员森谷正规曾将技术开发分为五个阶段，即改良提高型技术开发，应用型产品技术开发，尖端技术的开发，未来技术的开发，革新原理的发现和发明。实际上这五个阶段基本囊括了三种形式的技术研究。他认为，发挥创造力的问题在这五个阶段都是存在的，只不过表现形式不同。在基础性技术研究方面的创造力属于"哥伦布型"，它是"对未知原理的发现和发明，是完全独创的成果，是划时代的创造力"。但在应用性技术研究方面也存在一种创造力，森谷正规把它叫作"植树直己型"，因为植树直己曾孤身一人坐狗拉雪橇到北极，这是一次伟大的探险，但这和哥伦布发现新大陆不同，因为这种创造力是"在已知原理的指导下"目标明确的探索。在发展性技术研究方面存在的创造力叫作"三浦雄一郎型"，三浦雄一郎是从珠穆朗玛峰上一口气滑下来的，从滑雪技术上说，能滑雪的人很多，但关键"是看谁先干"，所以这是一种率先性的探索。[1]

也许有人会提出疑问，上面的论述是否模糊了创造力的界说，因为所谓创造力是向未知的挑战，像应用性和发展性的技术开发研究有许多是属于原理已知的技术，这不能说是创造力的发挥。或者说，基础性的技术研究可以认为是独创（originality），即在未知领域和未知对象中产生新的东西，而应用性和发展性的技术开发研究可以认为是创造（creativity），即不管是未知、已知，只要创造出新的东西就行。这样的说法不是没有道理。如果我们说基础性的技术研究多是独创力的发挥，那么后两种形式的技术开发研究则主要是创造力的结果，独创与创造这两个概念确实是有些区别的，而且由此产生的整体创造力的强弱将直接影响技术开发的方向。

以美国和日本为例，在1965年以来的重大技术发现和发明中，日本是一片空白，基本上由美国包揽了。这表明日本在基础性技术研究上的独创力的确是比较贫乏的。但在技术开发研究上，即在已知原理而技术高度困难，在发挥开拓新领域型的创造力上，日本已经取得了不少成就。在重大革新性技术成果中，美国只占28％，而日本占51％。另外，通过日美两国在集成电路方面的技术实力对比，我们也可以看到，虽然两国在开发项目的数量上平分秋色，但美国比较擅长于计划、设计这些技术开发过程的前半部分，而日本则是在生产、制造这些技术开发过程的后半部分领先，这也表明了整体创造力的强弱对技术开发过程方向性的影响。

但不能仅以是否依靠自己的力量进行技术开发这个标准来区分独创与创造，因为在

---

① 森谷正规. 技术强国日本的战略. 北京：科学技术文献出版社，1985：1，20.

现代社会中，很多技术上的成果究竟是独创还是创造，这样的问题是很难说清的。像新兴的尖端技术，各国都在努力开发研究，已经不能证实谁是技术独创国，谁是技术引进国。在过去，我们可以毫无疑问地指出：喷气式客机和原子能发电起源于英国，尼龙和晶体管起源于美国，但现在很难说超大规模集成电路、光通信和智能机器人究竟产生在哪个国家。像近年的超导技术开发，中日美俄等国几乎同时取得重大突破，谁是独创、谁是创造，这个问题很难回答。所以，独创与创造这两个概念有时并不是泾渭分明的，关键是看我们如何去理解它。

另外，技术开发的方向不仅与创造力有关，还受其他许多因素影响。日本的独创型技术开发较少，这固然与日本民族不太擅长基础性的技术研究有关，但同时也与日本在这方面的开发投资逐渐减少有关。据统计，日本从 1965 年到 1978 年，基础性技术研究经费从 30.3％减少到 13.7％，而技术开发经费则从 69.7％上升到 86.3％，所以出现技术基础研究实力较弱，而应用和发展能力较强的现象。

还有，我们也不能从"日本的历史是一部模仿的历史"，就断定"日本势必缺乏独创性"。的确，二战后，日本吸收了欧美的技术，然后加以改造提高，这已成为日本技术开发的主要模式，但这不是造成日本在基础性技术研究方面独创力贫乏的直接原因，因为"创造力是受供需规律严重影响的"。一个国家只有在对发挥创造性产生强烈需求时，才会产生出创造力。从科学技术的历史看，许多国家都是靠技术引进这种发展战略才得以后来居上的，日本也不例外。在 1970 年以前，它从欧美引进了大量的先进技术，采取了"引进、消化、吸收、创新"的技术政策，使日本迅速赶上欧美等发达国家，成为世界上首屈一指的技术大国。正是在这种形势下，它才产生了发挥创造力的真正需要。因为现在它差不多已经吸收了欧美所能提供的全部技术，日本第一次面临着别无其他选择，只有依靠自己来创造新技术的局面了。也就是说，现在是日本需要在基础性开发研究方面发挥独创力的时候了。

3. 技术转移及其方式

对技术转移的理论研究是建立在传播理论基础上的，因为技术转移也就是技术传播过程。1904 年，法国学者 G. 泰特首次用模仿理论研究社会的进展，他用自然的类推法则来考察社会现象的类似性和差异性，探索社会现象的模仿机理，提出了关于通信渠道和过程的 S 型传播曲线。40 年代，美国的通信研究取得了很大的进展，产生了"二级传播理论"，即通过中介的非直接传播。50 年代，信息论迅速地发展起来，又进一步促进了传播理论的研究。

从 60 年代开始，系统地研究技术革新传播的理论已经成为专门领域。在美国的经济学中，重点是研究工业技术的传播，如美国学者曼斯菲尔德阐明了技术革新的传播速度与下列因素有关：企业规模；由新技术利用带来的期望利润；企业增长率；企业的效益水平；企业经营者的年龄；企业的流动性；企业的利益动向；等等。

60 年代后期至今，作为国际性的研究课题，技术转移变成国家和地区经济发展战略的重要内容。1968 年在经济合作和发展组织（OECD）科学技术部会议上，提出了"技术级差"的概念，讨论了造成发达国家之间技术级差的原因以及缩小技术级差的政策。1964 年在第一届联合国贸易开发会议上，首次提出了"技术转移"问题，讨论如何将发达国家的技术向发展中国家转移。1972 年第三届联合国贸易开发会议研究了技术转移的主要渠道和机制，以及技术转移的费用。1973 年在国际经济学会召开的国际会议上，提出了经济增长中科学技术的合作问题，对技术转移的研究采用了经济学方法。然而，这些研究的重点都放在形成具体政策上，并没有产生严格的理论。

日本中央大学经济系教授斋藤优，于 1979 年出版了专著《技术转移论》，阐述了技术转移理论的谱系和方法论，指出这个谱系包括许多理论，因而应当采用跨学科的方法，其中"关系过程"或"因果过程"的分析尤为重要。他还指出，在分析有利于经济发展的技术的国际转移时，应当从两方面讨论：一是传播理论的国际推广，在国际性转移中，最初的提供和采用过程，是在两国不同的技术传播机制中进行的，因而要分析各国的传播机构及国际性技术转移的渠道；二是以国际间的经济关系为出发点，把技术看作生产要素，而技术转移则是生产要素的国际流动。在此基础上，斋藤优系统地提出了产业移植的理论。

我国近年来也开始注意技术转移的理论研究。一些学者通过东方（主要是中国，还有近现代日本）与西方（欧洲，还有近现代美国）之间技术发明和转移情况的统计分析，得出技术转移所用的平均时间随着历史的进展在不断缩短的结论，远古要上千年，近代要百十年，现代只要几年，总的呈现出一种加速运动状态，即技术转移加速律。还有一些学者指出，由于经济和社会发展的不平衡，在国内自然形成了一种经济、技术发展的梯度分布：内地、边远一些少数民族地区，资源十分丰富，但是技术力量薄弱，资金不充足，开发较缓慢，相当多的地区仍在"传统技术"的水平上，经济落后；大部分地区处于"中间技术"水平；一部分地区具备了"先进技术"，经济力量雄厚。国内技术应当通过技术服务、成果转让、补偿贸易、合资经营、联合公司等方式，实现技术的梯度转移，即"先进技术"向"中间技术"地带和"传统技术"地带转移。

技术转移是动态的历史现象。在技术发展中，技术之间存在着相互依存的关系，技术在社会生产的部门结构中具有相关性，技术要素在技术体系中的结合是协调统一的，这就使技术转移沿着某种方向、通过某种渠道、采用某种过程进行，即表现为技术转移的不同方式。

（1）技术纵向转移

人类社会征服自然和改造自然的历史，也就是技术产生、发展和演化的历史，同时也是技术转移的历史。概而言之，在人类文明的最早期阶段，人们使用简单的生产工具，刀耕火种、捕鱼狩猎是最基本的生产技术。进入奴隶社会和封建社会以后，人们逐渐学会了播种、炼铁，随之产生了农业技术和原始工匠技术。产业革命以后，特别是工业近代化的完成，使近代工业技术代替了农业技术和原始工匠技术的核心地位。1970 年代以后，以电子计算机和自动化为标志的现代技术，正在国民经济的各个部门中发挥重要作用；信息技术成为科学技术和经济生产最有前途的领域，它带来了新的技术革命。

（2）技术要素的转移

从技术转移的角度来看，技术包括人、机械设备和情报信息三种要素，这三种要素的一定结合，表现为一定的技术形态。所谓技术转移，就是这三种要素的转移，就是这三种要素结合而成的技术形态的转移。机械设备的转移，实际上是直接引进生产力，尤其引进成套设备，见效很快。人的因素的转移、智力引进是现代技术转移中一本万利的事情。美国战后实行智力引进的开放政策，五六十年代从国外引进科学家、工程师、医生达22万人，不仅有力地促进了科学技术和国民经济的发展，并且节约教育投资150亿～200亿美元。技术情报信息在现代技术中的作用更加重要，它可以促进对现有技术要素的结合方式加以适当变更，以制造出新技术。

技术转移的基本类型主要有三种：通过机械装置、建筑工程、成套设备等形态进行的转移，可称为实物形态转移；通过专利、技术保密、基础设计等形态进行的转移，可称为信息型转移；通过科技人才流动进行的转移，可称为能力型转移。

（3）产业的移植

日本教授斋藤优在1979年系统地提出了产业移植理论。他区分了两种技术转移：国际间的转移和国内的转移。在他看来，国际间的技术转移涉及技术提供国和技术引进国的各种经济、政治、宗教和民族的关系，因此，技术转移在某种程度上也是经济要素、社会制度、政治要素、文化环境的发展和变化。同样，国内的技术转移也要涉及部门、企业之间的各种关系。所以，从经济学出发，技术是生产要素，而技术转移是生产要素的流动。

技术革新分为工艺型和产品型两种，它们都是通过技术转移而被接受、改进、应用和推广的。产业移植通常是产品型的技术转移。从历史上看，新产品作为生长中的产业而出现，并取代传统产业成为主导产业，然后又可能被随后出现的更新的产品取代。在工业化初期，纺织工业是主导产业。随着工业化向纵深发展，主导产业转向原材料和机械工业，进而向重化学工业发展。在工业化的历史进程中，发达国家向不发达国家进行产业移植。产业移植促进了技术的国际传播，缩短了技术差距。

技术转移从战略角度上看，就要研究技术的选择问题。以实物形态体现的技术主要从发达国家流向发展中国家。1963年英国学者舒马赫提出了中间技术概念。他认为，在创造必要的就业机会方面，最有效的技术转移应当适合发展中国家的实际经济水平，因此引进技术不能超过技术的吸收能力。后来，又有人提出了适用技术和累进技术的概念，它们分别从不同角度说明了产业移植的条件和特殊性。

4. 技术转移的经济效果和战略选择

整个生产过程不是劳动者的直接技巧，而是科学在技术上的应用。在这里，"科学在技术上的应用"是指科学向技术转移，它的后继环节是技术向生产的转移，最后才能取得经济效果。技术转移在这种链式反应中，起了极为重要的作用。技术转移的实质是技术转化为直接、现实的生产力，改变人类生产方式的过程。从经济学角度上看，技术转移是新技术流向生产过程，使建立在原有技术水平上的生产力要素发生变化，造成生产要素在不平衡状态下趋向平衡的流动，提高了经济水平和生产水平，甚至可能形成规模庞大的产业革命。技术转移也需要一定的经济基础，斋藤优称之为"经济诱因"。他指出，所谓现代化技术，都要花费巨额的研究经费，才能构成资本密集型技术和知识密集型技术。所以，技术转移要想成功，就必须筹措巨额的资金，拥有许多技术转移的专家以及相应的广大市场。

日本是利用技术转移迅速提高经济实力最有效的国家之一。斋藤优的另一部著作《日本企业成长的技术战略》论述了日本技术转移的经验和政策。明治维新以前，技术转移几乎都是古老的交易品和贡品，以珍贵物品和所谓文明物品为中心；从明治维新开始的工业化时期，以引进动力、无机化学技术、采矿技术和纺织机械技术为主；重工业化时期，引进的技术都与交通机械和动力的发展密切相关，它们是推动工业化前进的重要基础。二战以前，日本的技术引进处于基础时期，二战以后，是成功时期。从 1950 年到 1975 年，日本引进外国的先进技术达 25 800 件，花费了约 2 000 亿美元，是世界上引进技术最多的国家。在短短的 25 年内，日本把全世界半个世纪所发明的大部分技术成果据为己有，使主要工业产品的数量和质量达到世界先进水平。

日本技术转移的经验是：第一，技术转移的选择要从现实的历史条件和国内外条件出发，使必要的资源消耗和技术吸收能力相适应；第二，技术转移的现代化可用技术转移时间这个指标来衡量，转移离现代越近，所用的时间也越短；第三，产业移植的形式是多种多样的，要保持它们之间的平衡和协调；第四，对引进的技术要进行加工、吸收和改造，以适合于自己的技术体系；第五，要通过技术教育、技术交流和技术立法等手段，使转移的技术在产业中固定下来。

为了保证技术转移的顺利进行，并且取得经济效果，应当实现几个良性循环：在经济结构上建立科学—技术—生产的联合体；在技术分布上实行沿海与内地相结合全国合理分布的工业区；在企业管理上实行人—工具—环境的综合系统管理方法；在国外技术引进上实行引进—消化—配套生产的系统决策方针。从这一系列基本原则出发，调整、改革现有的组织机构和管理机构，加速实现技术转移，是历史给予我们的有益启示。

技术转移的形式多种多样，有企业之间的技术转移、行业之间的技术转移和国家之间的技术转移等，但无论哪种形式的技术转移，其实质都是技术开发成果从发生源向吸收源的转移过程。造成技术转移的原因，则在于技术发生源和技术吸收源之间存在着技术位差，即二者之间技术水平存在差距，这样就有可能使作为技术发生源的一方将技术开发的成果转移、输送出去，而作为技术吸收源的一方则利用技术转移，引进所需要的技术来促进自己的技术开发。

就技术发生源而言，技术开发本身不是目的，它除了要满足社会需要外，在很大程度上还是技术开发主体谋求经济收益的重要手段。在技术开发的竞争中，占有开发成果的企业或国家（即开发主体）通常要采取各种手段来维持其技术垄断地位，以获得最大的经济效益。一般来说，最能维持垄断地位的手段是商品输出，即出口作为技术开发成果的商品，因为此时尽管技术已物化在商品中出口到技术吸收源一方，但技术开发的水平不是简单地就能从商品中提取出来的，这样就可以通过长期输出技术开发成果以谋取较大的经济收益。当持续一段时间以后，对方已初步了解了技术开发的基本状况，这时为利用当地生产要素的有利性以及提高技术开发成果的适应性并扩大当地的产品市场，作为技术开发发生源的一方就利用海外直接投资取代简单的商品输出，这样能获得更多的收益。此时技术是资金的附属品，技术吸收源对转移引进的技术是难以选择的。在当地生产持续一段时间后，作为技术吸收源的一方技术水平已明显提高，进一步提出了技术开发整体水平的转移要求，或者这时它们已接近了自主开发出类似产品的时候，在当地投资生产的效益就明显下降。所以从这时起，技术发生源就应当转移进行生产所需的技术开发的成套技术（包括专利、许可证等软件和生产设备等硬件）。只有在此时，真正含义的技术转移才开始进行，这就是作为发生源一方的技术开发主体的技术转移战略。

在技术开发之战中，作为技术吸收源一方应采取什么样的技术转移战略呢？技术吸收源之所以要利用技术转移引进所需的技术，一般有以下几种原因：一是本企业或本国的技术水平较低，无力进行开发；二是技术开发所需的资金耗费巨大，企业或国家负担不起；三是出于技术发展目标的选择，不愿意开发周期长、风险大的项目。而技术引进由于具有花费少、见效快的特点，所以被许多发展中国家采用。但根据实践的结果看，有些国家或企业的技术引进虽然也提高了自己的技术水平，但其副作用也是相当大的，即对引进技术产生了依赖性。这不仅抑制了其技术自主开发能力的发展，而且导致了重复引进的恶性膨胀。为了克服这种消极性，必须明确，衡量技术转移成功与否的标准，不是看其引进了多少技术开发成果，而必须是立足于技术主体开发能力和水平的发展提高。日本战后所采取的"引进、消化、吸收、创新"的技术战略，其主要形式是技术引进—改良提高—创新输出，是值得借鉴的成功经验。

另外，针对技术发生源一方技术转移的"三步"曲（即商品输出、资本输出和技术输出），作为技术吸收源一方的企业或国家最好采取"一步"到位的措施，即通过建立合资企业来实行"动态技术引进"。一般意义上的技术引进多是一次性的"静态引进"，这样做的结果难以追踪技术发生源的新技术开发。而动态引进可以利用合资的有效期，在几十年内，由技术发生源系统地、连续地提供先进技术的开发成果，使自己始终保持在较高的技术起点上，这样有利于今后提高自主技术开发的水平。

在技术发生源和吸收源之间存在着技术位差，它不仅是造成技术开发成果转移的基本条件，同时也是衡量转移双方技术相容性的一个尺度。如果技术发生源与吸收源二者的技术差距过小，也就是说二者具有相近的技术开发能力，那么它们之间就不存在技术转移的必要性。但如果二者间的技术位差过大，那么技术吸收源就难以消化吸收引进的技术开发成果，技术转移成功的可能性也不存在。所以在上述两个极端之间，应该选择一个可以促成技术转移的位差范围，使转移双方既存在一定的差距，同时吸收源又能消化吸收引进的技术。这就要求技术开发和转移的只能是对双方都"适用"的技术。

最后需要指出的是，在技术转移中，作为吸收源的一方只能在引进、消化吸收的基础上开发创新，这样有时候就难免要经历模仿过程。有人认为模仿缺乏创造性，是没有技术开发能力的表现，这种看法不太全面。首先，应该看到，在所有的技术主体中，有独立开发创新能力的主体只是极少数，仅占2.5%，而大部分都是技术开发主体的追随者，因此要在技术开发过程中排除模仿是不可能的。如美国的化工企业，除杜邦公司外，其余都比较落后，它们在相当一段时间内是德国（法本）和英国（帝国）公司开发出的新技术的模仿者和采用者。其次，应当承认，模仿能力也是测量一个技术主体综合开发的最好尺度。模仿战略的成功，与模仿所花费的时间有关，一般保持最高技术开发率的国家或企业，同时也是模仿所花时间最短的。日本的一些企业开发效率高，正是与它们能在较短的时间内，紧紧追随海外的技术进行模仿有关。最后，模仿与开发创新是相辅相成的。模仿手段不只是落后国家或企业的技术开发战略，在国际技术开发竞争中常用模仿战略的企业，在国内的开发竞争中是常常获胜的，我们对技术转移过程中的模仿手段不能一概而论。

二、市场经济架构下的技术创新

技术创新不同于技术发明，它主要是指技术成果在商业上的首次成功应用。技术创新包含技术成果的商业化和产业化，它是技术进步的基本形式。原始创新和集成创新是当前我国科技界和产业界关注的焦点所在，国家创新系统是市场经济架构下企业从事技术创新活动的环境。

1. 创新、技术创新及其形式

在技术创新论和经济学中，创新特指一种赋予资源以新的创造财富能力的活动。任何使现有资源的财富创造能力发生改变的行为和活动都可以称为创新。创新并非一个主意，只有创新的主意或构想寻找到新的商业用途之后才是真正的创新。创新可能改变资源的产出水平和利用效率，增加消费者对其所获资源的价值和满足程度，因而它是企业家或者创业家改变社会经济的有力杠杆。

1912年，经济学家约瑟夫·熊彼特（J. A. Schumpeter）在《经济发展理论》中，首次将创新视为现代经济增长的核心，并将其定义为"生产函数的变动"[1]。1928年，他在《资本主义的非稳定性》中首次提出创新是一个过程的概念，并在1939年出版的《商业周期》中全面地提出了创新的概念和理论。他认为，创新是生产要素和生产条件的新组合，是人们用他们的智慧去改进生产方法和商业方法，也就是说，改进生产技术，占领新的市场，投入新的产品，等等。所谓创新，就是建立一种新的生产函数，也就是说，把一种从来没有过的关于生产要素和生产条件的"新组合"引入生产体系。这种新组合包括以下内容：采用一种新的产品或者一种产品的新的特性；采用一种新的生产方法；开辟一个新的市场；控制原材料或制成品的一个新的供应来源；实现任何一种工业的新的组织。总之，在生产体系中能够做到推陈出新就是一种创新。[2] 在熊彼特看来，创新概念不仅包括产品、工艺的创新，也包括市场、供应和组织的创新。

为了对创新的含义有更明确的把握，熊彼特还将技术发明与技术创新加以区分，他说："只要发明还没有得到实际上的应用，那么在经济上就是不起作用的。而实行任何改善并使之有效，这同它的发明是一个完全不同的任务，而且这个任务要求具有完全不同

① 约瑟夫·熊彼特. 经济发展理论. 北京：商务印书馆，1991：290.
② 同①73-74.

的才能。尽管企业家自然可能是发明家，就像他们可能是资本家一样，但他们之所以是发明家并不是由于他们的职能的性质，而只是由于一种偶然的巧合，反之亦然。此外，作为企业家的职能而要付诸实现的创新，也根本不一定必然是任何一种发明。因此，像许多作家那样强调发明这一因素，那是不适当的，并且还可能引起莫大的误解。"①

技术发明指的是完成一种设计构想、一种技术方案，以及一种新的改进了的装置、产品、工艺或系统的模型，它可以像萨弗里的蒸汽机那样是首创的，也可以像瓦特蒸汽机那样只不过是一种改进，总之，必须包含着新的构想或者新的技术设计方案。但是，技术发明仅仅只是一个构想或设计，它并不一定在商业上应用。它可以是一种创新，但不一定申请专利，也未必能带来适合市场的产品和服务。可是技术创新却是一个新想法或新的技术方案在商业上的实现，只有当新构想、新装置、新产品、新工艺或新系统第一次出现在商业交易中时，才算是一项技术创新。技术发明仅仅是一种技术活动，只考察技术的变动性，强调的是以技术解决问题；而技术创新则不仅包含技术活动，更关注技术方案的商业价值，强调的是以技术推动经济发展。

1951年，经济学家索罗（S. C. Solo）在《在资本化过程中的创新：对熊彼特理论的评论》一文中对技术创新理论进行了较全面的研究，首次提出技术创新成立的两个条件，即新思想来源和以后阶段的实现发展。这种"两步论"被认为是技术创新概念界定研究上的一个里程碑。

几乎同时，美国当代著名的管理学家德鲁克将"创新"概念引入管理领域，提出赋予资源以新的创造财富能力的行为都属于创新活动。他认为，这样的创新活动有两种：一种是技术创新，它为某种自然物找到了新的应用，并被赋予新的经济价值；另一种是社会创新，它创造一种新的管理机构、管理方式或管理手段，从而在资源配置中取得很大的经济价值与社会价值。技术创新必须以科学和技术为基础，而一些社会创新并不需要多少科学和技术。但社会创新的难度比技术创新的难度要大，其发挥的作用和影响也更大。他分析说，日本的成功完全来自社会创新，从根本上说就是自1867年以来实行的门户开放政策。在他看来，"创新"与其说是一个技术性的词汇，不如说是一个经济学的或社会学的术语更为贴切。德鲁克所谓的社会创新，接近于我们现在所讲的组织创新。

简言之，技术创新是以技术成果的商业化为目的，与研究开发活动密切相关，向市场推出新产品和新服务的活动或过程。技术创新本质上是技术资源和产业资源整合配置的过程与结果。20世纪90年代之后的技术创新活动表明，多数技术创新是在诸多创新主体，特别是研究型大学、高技术创业型企业以及在这些组织中，从事创新活动的技术专家和市场高手的相互作用的过程中实现的。个人电脑的设计、软件系统的开发和网络产品的创新等就是例证。

原始创新和集成创新是当前我国科技界、产业界追求的主要创新目标，二者都是技术创新活动的具体表现形式。原始创新和集成创新对现代社会经济活动产生了深远的影响，具有十分重要的意义。

① 约瑟夫·熊彼特. 经济发展理论. 北京：商务印书馆，1991：99.

（1）原始创新

首先，就技术创新过程中技术变化的强度而言，原始创新是相对于改进创新而言的。一般而言，改进创新又称渐进性创新（incremental innovation），是指对现有技术进行局部性的改进而引起的渐进的、连续的创新。在现实的经济技术活动中，大量的创新是渐进性的，如对现有的彩色电视机进行改进，生产出屏幕更大、操作更方便、能收视更多频道的电视机。改进创新是在技术原理没有重大变化的情况下，基于市场需要而对现有产品所做的功能上的扩展和技术上的改进，如由火柴盒、包装箱发展起来的集装箱，由收音机发展起来的组合音响、"随身听"等。原始创新也称根本性创新（radical innovation），是指技术有重大突破的技术创新，它常常伴随着一系列渐进性的产品创新和工艺创新，并在一段时间内可能引起产业结构的变化，如美国贝尔电话公司发明的电话和半导体晶体管、美国无线电公司生产的电视机、得克萨斯仪器公司首先推出的集成电路、斯佩里兰德开发的电子计算机等。此外，杜邦公司和法本公司首创的人造橡胶、杜邦公司推出的尼龙和帝国化学公司生产出的聚乙烯这三项创新奠定了三大合成材料的基础，波音公司推出的喷气式发动机创造了"高速客车"空中飞行的奇迹。原始创新一般利用新的科学发现或原理，通过研究开发设计出全新产品。

其次，就企业技术创新战略而言，原始创新是相对于模仿创新而言。原始创新在企业技术创新战略中具体表现为领先战略，它主要依赖于技术上的突破和优势，技术突破的内生性是领先战略的最基本的特征。与之相对应，模仿战略或者跟随战略的技术来源以模仿、引进为主。长期以来，我国相当一部分产业技术和高技术领域的发展，主要立足于跟踪和引进国际上的先进技术，但面对加入世贸组织后国际技术和经济竞争的巨大挑战，我们必须改变以跟踪和模仿为主体的技术创新思路，重视和支持各类原始创新活动。如果没有自己的原始创新，一个民族就难以在科技和商业中找到自己的位置，也不可能有真正意义上属于自己的产品或产业。

（2）集成创新

集成创新（integration innovation）是就技术基础的复杂程度而言的，其核心在于"集成"。"集成"的本义是指"将独立的若干部分加在一起，或者结合在一起成为一个整体"。从管理学的角度看，集成是指一种创造性的融合过程，即在各要素的结合过程中注入创造性思维。[①] 一些研究者指出，集成是一种特定的技术资源围绕某个单一产品（或产品体系）逐渐体系化或"固化"的过程。在这个过程中，相关的技术资源"融合"于以专门设备和专用生产线、特定生产供应链、生产规则和管理体制为特征的生产体系，以获得最经济、最稳定和最可靠的产出效果。[②]

技术活动的真谛就在于组合和集成。一项技术发明就是把以前未结合的各类有效的构想和发明资源，用新的方式整合或拼凑起来；而且一项技术发明中包含的技术因子越多，技术因子的结合方式越出人意料，这项技术的创造性或原创性就越高。如集成电路和核导弹的发明。从某种程度上说，计算机至少是由三种技术组成的：视频播放，数据

---

① 李宝山，等. 集成管理：高科技时代的管理创新. 北京：中国人民大学出版社，1998：1.

② 陈向东，等. 集成创新和模块创新：创新活动的战略性互补. 中国软科学，2002（12）：52.

处理、记忆和存储，键盘和鼠标。此外，还需要软件来支持计算机的运行；一些外围设备，如打印机、扫描仪和复印机等，使计算机更好地满足用户的需要。所有这些组成部分还能被分解为更专业的技术。技术集成是一种通过对现有技术的结合与改造而进行的技术开发活动。日本的索尼、东芝等公司通过重视其竞争对手的技术集成，来强化自己在电视和录像机设备方面的竞争力，结果获得了巨大创新收益。

技术创新的实现，不仅需要产品创新的相关知识，而且需要一些过程技术如制造、营销、售后服务技术的支持。技术集成是技术商业化的必备条件，一项技术的商业化成功，即技术创新需要许多补充性技术。许多技术创新活动之所以没有成功，主要是因为缺乏相关的补充技术。"核心竞争力的形成不仅仅是一个创新过程，更是一个组织过程。使各种单项和分散的相关技术成果得到集成，其创新性以及由此确立的企业竞争优势和国家科技创新能力的意义，远远超过单项技术的突破。因此，我们更应当注重技术的集成创新，注重以产品和产业为中心实现各种技术集成。"[①]

2. 国家创新系统及其意义

随着高技术产业创新在国家竞争力中地位的增强，促进技术创新，加速科技成果产业化和商业化的竞争，也开始在国家层面上展开。在一定意义上，国家创新系统是针对市场经济架构下的市场失灵，而提出的一种调集整个国家资源来推进技术创新的新体制、新思路。

1987 年，英国经济学家弗里曼在研究日本案例时提出国家创新系统的概念。他指出，技术领先国从英国到德国、美国，再到日本，这种追赶、跨越是一种国家创新系统演变的结果。在现代社会中，虽然企业是创新的主要参与者，但由于创新所需要的要素日益增多和复杂化，许多创新并非仅靠企业自身就可以完成，还涉及政府、研发机构、中介组织、金融机构等，以及有助于创新的政策体系和制度框架。国家创新系统是"公共和私人部门中的机构网络，其活动和相互作用激发、引入、改变和扩散着新技术"[②]。

1993 年，美国经济学家纳尔逊在其主编的《国家创新系统》中指出，国家系统是指"一系列的制度，它们的相互作用决定了一国企业的创新能力"。这种制度不只是针对研究开发部门，它也包括企业、政府和大学等。1994 年，帕维蒂强调说，国家创新系统是"决定着一个国家内技术学习的方向和速度的国家制度、激励结构和竞争力"[③]。

1997 年，经济合作与发展组织在出版的《国家创新系统》中提出："创新是不同主体和机构间复杂的互相作用的结果。技术变革并不以一个完美的线性方式出现，而是系统内部各要素之间的互相作用和反馈的结果。这一系统的核心是企业，是企业组织生产和创新，获取外部知识的方式。外部知识的主要来源则是别的企业、公共或私有的研究

---

①　徐冠华. 加强集成创新能力建设. 中国软科学，2002 (12)：4.

②　C. Freeman. Technology Policy and Economics Performance：Lessons from Japan. London：Frances Printer，1987：1.

③　王春法. 技术创新政策：理论基础与工具选择：美国和日本的比较研究. 北京：经济科学出版社，1998：94-95.

机构、大学和中介组织。在这里，创新企业被假定为是在一个复杂的合作与竞争的企业和其他机构组成的复杂网络中间进行经营的，是建立在创新产品供应商与消费者之间一系列合资或密切联系的基础之上的。"因此，"国家创新系统是一组独特的机构，它们分别并联合地推进新技术的发展和扩散，提供政府形成和执行关于创新的政策的框架，是创造、储备和转移知识、技能以及新技术的相互联系的机构的系统"。"国家创新系统可以定义公共和私人部门中的组织结构网络，这些部门的活动和相互作用决定着整个国家扩散知识和技术的能力，并影响着国家的创业业绩"[1]。

国家创新体系是由政府和社会各部门组成的一个组织和制度网络，它们的活动目的旨在推动技术创新。企业、科研机构、高校以及致力于技术和知识转移的中介机构是创新体系的主要构成要素，其中企业是创新体系的核心。国家创新体系的概念具有以下几个层面的意义：

第一，单个企业深深植根于其所在国家的创新系统之中，国家创新系统制约着单个企业应对机会和挑战的技术选择范围，对单个企业的创新方向和创新活力具有深远的影响。波特和纳尔森等认为，跨国公司的核心能力及技术战略原则受到其母国创新条件的制约，因为即使是大型的跨国公司，也主要是在一个或两个国家内制定、发展执行创新战略所需的战略技能和专业知识。[2]

第二，国家创新体系的效率取决于以下两个方面：创新体系内各要素的构成在创新中的功能定位是否恰当，以及创新体系内各要素之间的联系是否广泛与密切。因此，一国推动技术创新活动的重要举措就是建设完善国家创新服务体系，搭建各创新要素互动交流的体制平台，特别是产、学、研创新体制平台。

第三，政府在企业技术创新活动中具有举足轻重的重要作用。

3. 企业作为技术创新的主体

企业是技术创新的主体，企业家是名副其实的创新者。企业技术创新活动是不同的创新参与者共同作用的结果，这些不同创新参与者分别担当创新活动中的不同角色，对整个创新活动的实现发挥着不同的作用。有效的技术创新激励机制是企业技术创新活动持续实现的重要因素。

技术创新涉及新思想和新发明的产生、产品设计、试制、生产、营销、市场化等一系列活动，涉及多个部门和组织，企业、大学、科研机构、中介组织和政府部门都是组成创新系统的重要部门。但在市场经济的条件下，企业却是真正的技术创新的主体。

首先，技术创新的本质在于实现技术构想的商业价值。作为一项与市场密切相关的技术研发活动，技术创新能给企业带来巨额的收益，企业会在市场机制的激励下持续地从事技术创新活动。企业作为技术创新的主体主要表现在，它正在成为技术创新活动的投资主体和研发主体，并且能够将研发成果迅速地转化为商业成果。在激烈的市场竞争

---

① OECD：National Innovation System，1997：12.
② 玖·笛德，等. 创新管理：技术、市场与组织变革的集成. 北京：清华大学出版社，2002：55.

中，许多主动地从事技术创新，并看准市场需求、注重顾客导向的企业，越来越感受到作为创新主体的现实迫切性和必要性。

其次，根据新古典学派的创新理论，技术创新是生产要素的重新组合。这种组合只有企业和企业家通过市场才能实现，这一作用是其他组织和个人无法替代的。创新者未必是发明家或科学家，但必定是企业家。创新者能够赏识一个技术方案的商业潜力，并创造出一个有效的资源整合计划和市场营销方案，并将这些方案转变成消费者欢迎的产品和服务。这与仅仅提出一个技术方案或发明设计的科学家和发明家所从事的工作是完全不同的。再者，技术创新需要很多与产业有关的特定知识，它们是产业技术创新的基础。唯有企业家才能够将各种不确定的市场因素和技术因素有效整合，并予以现实化。因此，企业家是真正的创新主体。

更重要的，就现有的各种社会组织而言，还只有企业具备实现技术创新活动所必需的组织体制。由于技术创新活动涉及研究与开发、生产制造和营销等多个必要的环节，并且各个环节相应的职能部门保持相对的稳定和必要的协调。这样严格的体制条件对一般的研究机构是不适合的，因为研究机构虽然有强大的研究和发展能力，但其生产制造能力、营销能力一般较为薄弱，难以开展全过程的技术创新工作。目前，除一些具有公益性的研究机构有保留的必要外，一般的独立研究所均需要改制成公司，或进入企业。即使是具有强大科研能力的研究机构，如果不能更多地面向市场，也无法长期承担纯粹的没有商业利益的研究与发展活动。因为当今真正的科学研究活动无不依赖于巨大的科研经费投入。著名的贝尔实验室最终改制为朗讯公司，我国努力推行的科研院所转制，都旨在强化企业作为技术创新主体、加速实现科技成果的商业转化，推进科技与经济持续发展。

由于企业一般都拥有研究与开发部门、生产制造部门和营销部门等基本职能部门，这些关键的职能部门之间的协调机制也相对健全，而且由于企业直面激烈的市场竞争，多数已确立起以用户为导向，重视与用户、供应商等之间进行知识交流和合作创新的企业战略。这就为企业及时有效地根据市场变化和技术变革等进行技术创新，提供了得天独厚的体制平台和企业文化环境。

在一定意义上，我国技术创新能力薄弱的主要原因在于企业制度和功能不完善。我国的绝大多数企业，特别是国有企业是从计划经济过来的，带有很强的计划生产的痕迹。它们对市场的关注不够，研究和发展能力不足，特别是在研究与发展的投入上难以与世界先进企业相匹敌；加之，许多企业（特别是大企业）的职能部门之间分割严重。因此，总体而言，许多企业的技术创新和财富创造能力相对较弱。我国拥有自主知识产权的技术创新成果太少，原始创新和集成创新不足。所有这一切，都直接影响到我国产业竞争力和综合国力竞争的提高。

当然，这里说企业是创新的主体，并不等于说企业必须在技术创新活动中"单打独斗"。事实上，在以知识为基础的高技术产业中，高风险和高投入决定了合作的必要性。为了降低研究开发成本，分散风险，弥补技术、资金、人力等资源的不足，以及形成产品的技术标准，降低过度竞争等，企业必须积极寻求多方面的合作。这种合作一是表现在合作方式的日益多样化方面，既有传统的专利许可证制度、委托研究，也有合作开发、人员交流、设备共享，直至组织研究开发联合体，等等；二是表现在合作伙伴的不断扩展上，即在技术开发过程中，就充分融合了用户的要求以及产品生产者对材料供应者的要求。因此，企业作为创新主体的作用还体现在，企业对各种内外部创新资源的运筹和使用之中。

企业是技术创新的主体，但是在企业中，每个创新活动的参与者却承担着不同的任务，扮演着不同的角色。在企业的技术创新过程中，有一些角色起着关键性的作用，他们是创新组织高效运作所必不可少的。他们主要是：

其一，信息守门人。他们往往是科学家、工程师，也可能是具有技术背景、关注相关市场信息，并能有效地与从事技术工作的同事进行沟通的营销人员或企业家。信息守门人通常是懂技术、善交际的人物。这些人注意阅读技术文献和商业杂志，经常参加各类展示会，对竞争信息比较敏感，是创新组织与外界联系的纽带。即使在内外部信息系统比较发达的企业，信息守门人仍然发挥着很大的作用。

其二，创新倡导者。他们通常是比较有经验的、长期的项目领导者或企业家，具有创新精神，兴趣和活动范围广泛，善于将创新构思向他人宣传并使之接受。作为企业高层人员，他们能指导和帮助创新组织中的其他成员，并代表他们与高层领导对话，激励创新组织成员积极工作，使创新计划能够有条不紊地推进。一些经济学家指出，如果没有这类担当创新倡导者角色的高级人员的微妙的、常常是表面上看不到的帮助，许多创新项目将无法取得成功。

其三，创新构思者。他们通常是创造力旺盛的科学家或工程师，具有创新精神，并受过良好的技术教育，喜欢解决前沿技术问题，并能够在综合分析有关市场、技术生产等方面信息的基础上，提出解决挑战性技术难题的新方法或新产品构思。

其四，技术难题解决者。技术创新活动的有效实施，还需要能够解决大量设计和生产中的技术难题的核心技术骨干。他们不一定具有很高的创造力，但必须拥有较高的专业修养和技术能力，能够在技术上实现别人提出的一些创新构思，将这些创新构思变成富有"亮点"的技术原型、现实产品或服务。

其五，项目管理者。项目管理者的职能是对企业组织内部的创新活动进行计划和协调，他们应具有较高的技术水平和管理能力，对创新项目有深刻的了解，能够全面把握创新项目的整体运行状况，随时掌握市场需求变化和技术发展的新情况，对创新项目的费用和进度进行有效控制，并有能力在关键技术环节上做出正确决策。项目管理者还要善于与创新者进行沟通，善于对创新者进行激励，并解决创新过程中的各种矛盾和冲突。

创新组织中的上述五个角色是成功创新所必须具备的，但各个关键角色的相对重要性会随着项目的进展有所变化。有些角色只在创新过程的某个阶段重要，有些角色的重要性却贯穿创新的全过程。在某些情况下，创新组织常常选择数量较少的多重角色担当者来实现创新目标；但在另外一些情况下，创新组织常常由多人来分担同一角色，以保证项目的顺利完成。

4. 企业技术创新的激励机制

企业技术创新的高风险和高回报并存的特点使得对创新的激励成为必要。对技术创新活动的激励可分为两个层次，即国家对企业技术创新活动的宏观激励和企业内部对技术创新活动的微观激励。这些激励主要包括产权激励、市场激励、政府激励和企业内激励四个方面。

（1）产权激励

它主要通过确立创新者与创新成果的所有权关系来推动技术创新活动的持续进行。所谓产权，是指一个社会所强制实施的选择一种经济品的权利。由于产权规定了创新者与创新成果的所有关系，这就使产权成为激励创新的一个重要制度保障。可以这样说，技术创新的层出不穷，在很大程度上归之于产权激励机制的不断完善。

产权包括有形资产产权与无形资产产权两种。有形资产产权是指对实物形态的物品的使用权，无形资产产权则指对非实物形态的信息、技术和知识等的处置权和拥有权。随着专利制度等知识产权制度的不断完善，企业通过技术创新获得收益的行为得到了强有力的激励。

专利制度是一种从产权角度对发明创新进行激励的制度，它以有效和充分保护专利权等知识产权为核心，使知识产权的激励机制得以充分发挥。美国总统林肯说，专利制度"为天才之火添加利益的燃料"。专利制度明文规定，发明者对其发明产品有一定年限垄断权，这就排除了模仿者对创新者权益的侵犯。一些产业革命史的研究者假定说，如果没有专利制度，18世纪60年代英国的产业革命很可能难以发生。因为在当时的领先产业——棉纺织业中，许多发明，如水力纺纱机等都是在专利保护下做出的。一些研究者甚至说，没有专利权的激励，瓦特可能就不会对蒸汽机做出重大改进。

一般而言，技术创新活动主要体现为一种无形的知识，或者说一种生产某种创新产品或服务的方法或构想。它们通过创新产品或服务这些具体载体可以呈现出来，并为其他厂家通过正常或非正常的渠道或方式加以掌握。由于复制或者模仿这些技术、知识和方法要比创造这些技术、知识和方法容易得多，模仿者可以用较少的研制经费来与创新者分享创新的收益。这就使技术创新的收益具有非独占性，并使不少企业滋生"搭便车"的机会主义想法，从而不利于技术创新活动的持续进行。经济学家诺斯说："一套鼓励技术变化，提高创新的私人收益率使之接近社会收益率的激励机制，仅仅随着专利制度的建立才确立起来。"① 他认为，包括鼓励创新和随后工业化所需的种种诱因的产权结构，致使产业革命不是现代经济增长的原因，而是提高发展新技术和将它应用于生产过程的私人收益率的结果。

当然，任何制度设计有利也有弊。知识产权制度也不例外。日本学者富田彻男告诫过，初看起来知识产权是一种先进制度，然而实际却是一种既能促进也能延滞国家产业的制度。因此，人们在进行技术转移时既应积极利用这一制度，又应对其加以适当限制，做出全面考虑。中国目前正在大力关注技术转移和技术开发，能否有效利用这一制度将是决定中国发展至关重要的一环，应当慎重利用这一必要制度。一方面，出于促进和保障技术进步和经济发展的客观需要，我们应遵行国际规范，建立和完善知识产权法律制度；但另一方面，我们的知识产权法律制度在向国际规范靠拢时，也要注意防止因过分

---

① 柳卸林. 技术创新经济学. 北京：中国经济出版社，1992：157.

保护发达国家的知识产权，而给本国的科技进步和经济发展造成的消极限制。

（2）市场激励

它主要通过市场竞争机制来实现对创新者的激励。许多研究者指出，市场和产权一样，也是一种实施费用低、效率高的激励制度。许多重大的技术创新活动首先发生在市场经济发达的资本主义国家，这并不是一种历史的偶然现象。美国的经济学家纳尔逊认为，是市场机制决定了资本主义国家技术进步的速度。

市场机制对技术创新的激励作用主要是：（a）市场机制将公平地决定技术创新者的利益回报，其前提是一个良好的知识产权体系。这个体系的有效作用是使企业从创新中获得垄断优势。尽管知识产权制度在创新利益保护方面的不完全性导致创新收益的非独占性。但在一个完善的市场经济体制下，创新者的回报主要体现为消费者对创新的接受程度，这本身就是一种最有效的创新激励方式。（b）市场机制可以消除由于技术创新的不确定性而产生的消极因素。它强制性地要求所有的企业直面消费者的现实需求，创造性地整合各种必要的生产要素和技术资源，为社会提供各类具有"卖点"的创新产品和服务。更重要的是，市场机制还通过企业之间的技术创新竞争来推动某个行业或者特定社会中的创新活动，这在不确定性很强的高技术产业领域中，无疑是一种很有效率的资源整合机制。数家企业从多个途径同时进行一项创新，可能形成一个竞争性的创新环境，并开发出各种互补性的技术，进而有利于技术创新活动尽早实现。所以，市场机制的作用不在于消除单个企业技术创新的不确定性，而在于从总体上消除创新的不确定性给整个产业系统带来的影响，使系统内技术创新的速度大大提高。

在我国，由于市场机制及其相应管理制度的不完善，各种创新资源的价值未能充分体现，结果使一些做出重大创新成果的科学家、发明家和企业家，以及其实现创新成果的企业得不到应有的创新激励和收益回报。我国拥有自主知识产权的创新产品不足，企业家和创新者资源不足，多数企业满足于引进、模仿和"盗版"别人的技术，就与优胜劣汰的市场竞争机制至今未能健全运行有关。因此，我国提高技术创新效率和能力的基本举措应放在市场机制的建设和完善之上，而不是放在由政府直接主导的各种各样的"计划"和"行动"。产权明晰和市场机制，二者相辅相成，将打造一个良好的社会创新环境，并以各种方式激励企业的技术创新活动持续进行。

（3）政府激励

由于技术创新成果的公共产品特性和较强的"外部效应"或"外溢性"特点，市场机制引致的技术创新不一定就是社会发展最优化的技术创新。经济学家阿罗曾在 1962 年分析说，无论是完全竞争还是垄断结构下的创新，其创新水平都将低于社会最优水平。这就提出了一个"市场失灵"或非市场激励的现实问题。就目前各国创新激励的实际运作来看，非市场激励主要表现为政府激励。

政府激励具体表现在：（a）政府给技术创新者以某种津贴。这是当今许多国家都在采用的创新经济手段，它包括税收优惠、关税优惠、创业信贷优惠等。我国为高科技产业化及高技术创新活动制定了各种各样的税收减免政策，并设立了各种各样的创业基金，其目的就在于激励各类技术创新的持续进行和蓬勃发展。（b）技术创新平台等基础设施建设。这包括促进基础研究活动的实验室建设，促进技术成果转化的中试基地建设，以及各类共性技术的研发技术条件和平台的建设，创新资源共享平台和数据的建设，各类教育培训机构的建设等。这些基础设施具有规模经济和公共产品的特点，市场机制无法提供这些各类技术创新活动所必需的基本条件。现实要求国家应从社会整体利益出发，加强这些技术设施的建设，以降低企业和企业家从事技术创新活动的风险和基础"门坎"。（c）政府对事关国家安全和社会经济长远发展利益的重大技术项目转化和关键产业进行引导性投资，以激活这些领域中的企业技术创新活动。（d）通过政府采购强化技术创新成果的市场激励效应，持续稳定地推动产业和技术创新活动的进行。美国的微电子技术和电子计算机产业的技术创新，韩国产业领域的技术创新以及这些产业的发展都曾受益于政府的采购政策。（e）设立风险投资基金和各类创新转化基金，鼓励企业和企业家大胆地进行各种技术创新活动。美国硅谷的技术创新活动层出不穷，高效运作的风险投资机制功不可没。我国政府目前正在通过设立政府主导的各类创业投资基金，积极探索适合国内高技术产业发展实情的风险投资机制。

（4）企业内激励

企业内激励主要表现在两个方面：（a）企业对做出技术创新成果的创新者给予股权等各种形式的物质激励和精神激励，将这些富有创新精神的科学家、发明家和企业家视为企业的人力资本，在各种利益分配上区别对待；（b）企业为适应技术创新活动开展的需要，大胆进行各种组织结构调整，通过充分授权、弹性管理等方式激励企业员工的技术创新活动。如一些企业实行的内企业机制，允许企业员工在一定的时限内离开本职岗位，从事自己感兴趣的技术创新活动，并且可以利用企业的资金、设备和销售渠道等现有条件。

三、创新的风险性与企业家精神

1. 高技术创新的高风险性

必须看到，经济体制对科技进步的作用力是双向的。一方面，经济体制内在地产生着促进科技创新的动力；另一方面，经济体制中必然存在的风险又限制了经济主体进行技术创新的热情。竞争与风险的相互关系，是科技与经济关系中充满辩证意味的一个环节。

高技术是建立在最新科技成就基础之上的技术，实现高技术创新需要高科技人才。开发高技术产品常常需要跨学科的知识，只有那些具有高技术知识的科学家和工程师等学者型人才才能胜任此工作。高技术产品生产所需的技术水平也较高。另外，高技术创新企业家也必须具备高科技知识和高科技管理才能。因而，高技术创新所需人才素质是极高的，人才是实现高技术创新的基本保障。

任何规模、层次的技术创新，都需要一定数额的资金投入，用于添置、更新、改造设备和设施，购买原材料进行生产、技术开发研究工作以及市场销售等。高技术创新所需资金投入往往更大。各国政府、企业也常常投入巨额资金用于高技术及产品开发。高技术产品的试制和生产更需要巨额资金。因而，高技术产品成本一般较高。

高技术创新成功的可能性远比一般创新低。据美国曼斯菲尔德 1981 年的一项统计，在高技术项目中，只有 60％的研究与开发计划在技术上获得成功，其中只有 30％能推向市场，在推向市场的产品中仅有 12％是有利可图的。这说明高技术创新的风险极大，风险主要包括技术、市场两方面。

技术风险主要来自有关的不确定性，包括：

技术上成功的不确定性。一项高技术能否按照预期的目标实现应达到的功能，这在研制之前和研制过程中是不能确定的，因技术上失败而中断创新的例子很多。

产品生产和售后服务的不确定性。产品开发出来如果不能进行成功的生产，仍不能完成创新过程。工艺能力、材料供应、零部件配套及设施供应能力等都会影响产品的生产。产品生产出来以后，能否提供快速、高效的售后服务也将影响产品的销售和生产。

技术效果的不确定性。一项高技术产品即使能成功地开发、生产，事先也难以确定其效果。例如，有的技术有副作用，有的会造成环境污染等。

技术寿命的不确定性。由于高技术产品变化迅速、周期短，因此极易被更新的高技术产品代替，而且替代时间难以确定。

市场风险主要是由高技术产品市场的潜在性引起的，包括：

难以确定市场的接受能力。高技术产品是全新的产品，顾客在产品推出后不易及时了解其性能而往往持观望态度或做出错误判断，对市场能否接受及有多大容量难以做出准确估计。

难以确定市场接受的时间。高技术产品的推出时间与诱导出需要的时间有一时间滞后，这一时滞如过长将导致企业开发新产品的资金难以回收。

难以确定竞争能力。高技术产品常常面临激烈的市场竞争，如果产品的成本过高将影响其竞争力；生产高技术产品的往往是小企业，它们缺乏强大的销售系统，在竞争中能否占领市场，能占领多大份额，事先也难以确定。

高技术创新的上述特点使得其动力机制不能简单地纳入通常的"科技推力与需求拉力"模式。政府在推动高技术创新方面有难以替代的地位，如进行产业规划、提供优惠经济政策、建设高技术开发区、建立高技术创新部门和协调高技术创新的职能部门，等等。然而，不能忽视的是高技术创新动力机制的另一极：独特的高技术企业家精神。

企业家并不是普通的企业管理者，他是技术创新的组织者，对技术创新做出决策。熊彼特认为，企业家的职能就是创新。美国经济学家阿罗认为，有充分的理由相信，企业家个人才能甚至比企业作为一个组织的作用还要大。

企业家以下述四种精神素质对高技术创新起着重要的激励作用。

第一，创新精神。企业家的创新精神反映了市场经济的本质要求，是促进企业发展的原动力。企业家时时刻刻都处在充满机遇和风险的环境中，只有不断地进行创新，才能以"奇"制胜，使企业永葆长盛不衰的势头。

熊彼特最早研究企业家精神。他认为，企业家应该是有信心、有胆量、有组织能力的创新者，企业家的任务就是"创造性的破坏"，就是永不安于现状，不断地打破常规。美国管理学家德鲁克给企业家精神的定义是：企业家始终要求变革，对变革做出反应，从变革中利用机会。他把创新和变革联系了起来，创新必然导致变革，而变革的结果则是创新。

第二，追求卓越精神。美国管理学家劳伦斯·米勒在《美国企业精神》一书中指出：卓越并非一种成就，而是一种精神。这种精神掌握了一个人或一个企业的生命和灵魂，它是一个永无休止的学习过程，本身就带有满足感。追求卓越是一种永不满足的追求出类拔萃的进取精神，从而推动企业家大胆开拓，不断创新。

第三，冒险精神。冒险精神也是企业家的一种精神素质，体现了企业家求新求变、不断创新的心态、永攀高峰的事业追求和强烈的竞争意识。风险是现代市场的基本特征。市场的多变性、开放性使企业家的活动充满了曲折和风险。企业家需要在没有成功把握的情况下进行决策，这就是冒险。风险为企业家的成功提供了机会，又为他们的失败埋下了陷阱。企业领导只有把风险视为压力并转化为冒险精神，充分利用风险机制，才能真正成为企业家。

第四，求实精神。所谓求实，也即实事求是，用日本经营大师松下幸之助的话来说，就是内心不存在任何偏见，它是一种不为自己的利害关系、自己的感情、知识以及成见所束缚的实事求是看待事物的精神。真正做到实事求是决不是轻而易举的，它涉及一个人的思想、知识、道德、心理等多方面的素质修养。企业家的求实就是要了解市场、技术、企业等事物的真实状态，据此做出正确的创新决策。

求实精神要求把企业的创新目标和实际行动结合起来，通过制定有效的措施，使创新设想转化为现实。因此，企业家必须是一位务实派和实干家。

2. 企业家精神

值得指出的是，技术等方面的变革仅仅是潜在的创新，只有通过企业家不断寻求变化、利用变革，才能使之展开为现实的创新。熊彼特指出，企业家的工作就是创造性破坏。换言之，创新是企业家特有的工具，是一种赋予资源以新的创造财富能力的行为，企业家的职责就是进行创新。随着市场竞争的白热化，企业必须根据市场的变化而变化，企业的生存与发展越来越依赖于创造性变革和新的特殊能力的形成，缺乏企业家和企业家精神的企业将难以生存。为了创造新的市场价值，企业家必须依据企业的资源配置状况，采取灵活的创新战略，通过有所侧重的创新组合，获得最大的创新效益。

最能体现企业家精神的是，在企业中建立一种激励创新的机制，并通过激励管理方式形成企业的创新文化。丰田公司宣称，员工每年提出大小200万个新构思，平均每个员工提出35项建议，其中85%以上被公司采纳。在这方面，最值得称道的是富有创新精神的美国3M公司。为了激励创新，美国的3M公司每年拿出年收入的6.5%作为研究开发经费，较其他公司平均多2倍。3M公司不仅鼓励工程师，而且鼓励每个人成为"产品冠军"。为了鼓励每个关心新产品构思的人，公司让他们做一些"家庭作业"，以发现可用于新产品开发的新知识，并对新产品的市场和获利性进行深入的探讨。为此，公司允许员工有15%的时间去做自己感兴趣的事情。一旦新产品的构思得到公司的支持，就可以建立一个新产品试验组。该组由来自公司的新产品研发部门、制造部门、销售部门、营销部门和法律部门的代表组成。每组由"执行冠军"领导，他负责训练试验组，并保护试验组免受官僚主义的干扰。如果研制出"式样健全的产品"，试验组就会一直工作下去，直到将新产品推向市场。如果产品失败了，试验组的成员仍回到原来的工作岗位上去。有些开发组反复3次到4次才获得成功，有些开发组则十分顺利。3M公司深知，成千上万个新产品构思可能只成功一个，而一旦成功就有可能带来丰厚的回报。为3M带来了巨大利润的专利产品——利贴便条就是一个明显的例证。

对于创新和企业家精神，人们通常有一些误解。

其一，人们常常将创新与风险、企业家精神与甘冒风险联系在一起，而实际上与不创新和缺乏企业家精神的人比起来，创新者和有企业家精神的人的风险相对要小得多。试想一下，在二战后的混乱时局中，像索尼那样的小公司的生存何其艰难，如果没有盛田昭夫的创新决策，索尼很有可能像泡沫一样销声匿迹，根本不可能成为世界级的大公司。在市场竞争的条件下，创新和企业家精神就是寻求新的发展机遇，不创新和缺乏企业家精神者只能坐以待毙。

其二，人们误以为创新和企业家精神只是与高科技有关的事情，与一般的企业和个人无关，这其实是莫大的误解。实际上，由于传统的产业的利润率逐渐下降，甚至降至贴现率以下，这就要求传统产业的经营者必须通过要素的巧妙重组提高效益。传统产业创新的成功事例不胜枚举，从可口可乐到麦当劳，从沃尔玛到迷你钢铁企业都是典型的范例。它们有的以市场创新为突破口，有的则通过新技术和管理方式的嫁接而略胜一筹。实际上，创新已经成为现代社会的一种常规活动，不同背景的人和组织都可以由此获得成功。创新不仅使创新者获得超常规的收益，还因知识的外溢等外部性使整个行业和社会受益。

特别值得强调的是，如果我们用科技含量将创新划分为低科技创新、中科技创新和高科技创新之类的序列，那么创新实际上是一种梯队式的活动，即处于金字塔塔尖的高科技创新，必须依靠较低层次的创新活动的支持。这是为什么呢？因为高科技创新活动一方面需要大量的投资，另一方面高科技创新对就业率的贡献往往是负面的（尤其是在初期）。试想，如果没有传统领域的大量创新活动，一方面，既难以克服发展高科技的巨额投资所导致的资本短缺，也无法为高科技创新提供更多的资金；另一方面，也无法消化由高科技创新导致的就业问题。简言之，只有创新在全社会蔚然成风，高科技创新才可能有效地展开。

3. 创造性模仿和学习

产业竞争中的领导者为了占据市场或产业的领导地位，实现对市场和产业的控制，往往甘冒风险，带头发起"自食其子"式的颠覆性创新。同时，具有创新能力的各类企业也不断地启动大大小小的创新。而真正使得各种创新连接为一个整体，带动产业或市场全面发展的是竞争者之间的模仿、学习和追赶。

一般的创新理论往往从产品的生命周期出发假定：由于技术极限和模仿者的跟进，创新在增值阶段之后会进入收益递减阶段。由此容易产生的一种误解是，模仿仅仅是一种搭便车行为，而实际上模仿与创新是一种相反相成的关系。如果说创新的目的在于垄断，那么模仿则意味着竞争机制的引入。在经济活动中，尽管有专利制度保护创新，模仿依然大量存在，这是一种常见的牟利策略。除了简单的模仿和仿冒之外，管理大师德鲁克认为存在一种有价值的模仿，他称之为创造性模仿。从字面上看，创造性与模仿相互矛盾，但它却是一种重要的创新战略。

所谓创造性模仿，指当一种创新刚刚出现之时积极跟进，抓住其有待改进和完善之处，以获取巨大利益甚至占据市场、领导行业。创造性模仿之所以存在的合理性在于，第一个创新者的首创不一定尽善尽美。值得指出的是，这里所说的尽善尽美不是指技术上的无懈可击，而是指对市场和行业的绝对控制能力。也就是说，任何创新从一开始绝不可能对其市场发展有一种完备的认识。典型的例子是，1877年，爱迪生发明留声机后，并不知道他的市场用途，为此，他专门发表了一篇文章，详细地构想了留声机的10大用途，以证明它是一个对公众有用的物品；70多年后，美国人发明磁带收录机时也遇到了类似的困惑，有人专为此著书，名曰《磁带录音机的999种用途》。尤其值得指出的是，创造性模仿在高技术领域往往更具针对性，除了技术的市场前景高度不确定之外，最显著的原因在于高技术的创新者大多以技术为中心，而不是以市场为中心。

虽然创造性模仿者利用了他人的创新，但往往使创新更加完善，并能够创造新的市场价值，实质上可视为创新的发展和延续。当某种创新最初进入市场时，产品特性、产品和服务的市场划分等与市场定位有关的因素并未明晰。创造性模仿的积极意义在于，创造性模仿完全受市场驱动，以市场为中心，从客户的角度来看待产品和服务，而这往往是首创者所缺乏的。因此，尽管创造性模仿者并未发明一项产品或服务，但由于他们能够发现其市场构想中的缺陷，完善甚至改写其市场定位，创造性模仿者经常能够获得巨大的利益回报。总之，创造性模仿是对市场需求的灵活把握，它促进了整个行业通过创造性的想象寻求或制造新的市场需求。

一个创造性模仿的例子是品牌镇痛剂泰诺（Tylenol）。泰诺所含的成分醋氨芬多年来一直被用作镇痛剂，其药效类似阿司匹林。近年来，阿司匹林被确认为一种安全的镇痛剂，而醋氨芬因没有阿司匹林具有的抗炎和血凝作用，其副作用更小。醋氨芬成为非处方药之后，第一个进入市场的醋氨芬品牌产品主要强调它能够免除服用阿司匹林所致的副作用，并在市场上获得了巨大的成功。推出泰诺品牌的模仿者意识到，这一创新的成功之处是取代阿司匹林，但阿司匹林仅局限于需要抗炎和血凝作用的市场。因此，他们对泰诺的市场形象定位是安全和"万能"镇痛药，并在短短的一两年间就占领了市场。

颇耐人寻味的是，许多行业的领军企业和市场的控制者也常常通过模仿保持其优势。20世纪三四十年代，IBM很早就进行计算机的研制，并曾在世界上最早制造出高级计算机，这一事实之所以很少为历史书籍提及，是因为它在完成研制工作的同时发现宾夕法尼亚州立大学的ENIAC（全称为Electronic Numerical Integrator And Computer，即电子数字积分计算机）更具商业前景，便果断地放弃了自己的设计，转而采用竞争对手的方案。1953年，IBM生产的ENIAC面市，立即成为多功能商用计算机的标准。进入80年代，IBM再次运用创造性模仿战略，改进了苹果机不重视客户对软件的需要的缺陷，并开发出更多的销售渠道，结果在PC机领域取代了苹果公司在PC领域的领导地位，成为销售量最大的品牌和行业标准的制定者。由此可见，创造性模仿与创新的并存使创新不断受到挑战，产业竞争的局面更为复杂多变。

然而，创造性模仿也是有条件的，即需要有一个快速成长的市场。创造性模仿获得成功的关键不是抢夺创新者的客户，而是在创新者的基础上创建新的需求，这也是一个充满风险的过程。其中最大的危险有二，其一是模仿流于平庸，其二是对失去市场价值的创新进行不合时宜的模仿。

与创新紧密相关的另一项活动是学习。学习是提高人类活动效率、降低活动成本的最有效的活动，学习能力是人类最为重要的能力。学习反映了创新过程的积累性。任何创新，都有一个知识的形成、积淀、扩散和共享的过程，没有这些积累，就不可能形成具有竞争力的创新能力。

从某种意义上讲，创新是广义的技术诀窍（技术、管理、市场）的积累过程，创新对于知识和学习能力的要求越来越高，学习已经成为创新战略的一部分。就创新战略而言，学习包括内部学习和外部学习两个方面。其中，内部学习包括从研究开发中学习、从试验中学习、从生产中学习、从失败中学习、从项目中学习、向公司内其他部门学习等，外部学习包括向供应商学习、向主要用户学习、通过横向合作学习、向竞争者学习、向科技基础学习、向文化学习、向逆向工程学习、通过服务学习等。

鉴于学习对于创新的极端重要性，成功的模仿者往往从学习入手，而学习的重点又是创新者在创新活动中积累的隐含知识。所谓隐含知识，不单是简单的经验，而且是对理论和实践知识的综合。由于它是运行于现实创新活动的潜在的知识流，如果不进行参与式的学习是无法掌握的。日本和韩国的公司获得模仿战略的成功在很大程度上取决于它们对于隐含知识的参与式学习的重视。以韩国现代公司为例，为了获取汽车开发技术，现代公司接洽了5个国家26家企业，分别派员工到这些企业实地培训，以掌握车型设计、冲压、铸造、锻造、发动机等方面的隐含知识，并及时地将工程师派往供应商处接受培训。

隐含知识的掌握不仅是成功模仿的关键，也是实现从模仿者到创新者的转换的必要环节。在半导体研发过程中，韩国三星公司获得成功的关键也是重视对隐含知识的学习和积累。1983年，为了开发64k动态存储器，三星公司直接在硅谷设立了研发工作站，从斯坦福等名校聘请了5名具有在IBM等知名公司从事半导体开发经验的韩裔电子工程博士，在韩国国内则设立了一个由两名韩裔美籍科学家和曾在国际供应商处接受培训的工程师组成的特别工作小组。通过这些拥有较高的隐含知识水平的工作团队的努力，仅用6个月就完成了开发任务。此后，三星公司又采取这种双工作队的办法成功开发了256k和1M等大容量的动态存储器。通过不断的学习和积累，三星公司积累起自己的隐含知识和明确知识，创新能力迅速提升，在1995年竟领先美日两国制造出256M动态存储器，实现了从模仿到创新者的转换，成为动态存储器行业的领先者。

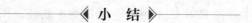

◀ 小 结 ▶

技术进步是指技术的研究与发展，包括基础性研究、应用性研究和发展性研究，及其取得的成就。后二者通常被称为技术开发。技术开发是一个综合性的创造过程，包括独创力的发挥和创造力的应用。技术转移则是技术开发成果通过不同方式从发生源向吸收源的转移过程。

技术创新包含技术成果的商业化和产业化，它是技术进步的基本途径。原始创新和集成创新是当前我国科技界和产业界关注的焦点所在，国家创新系统是市场经济架构下企业从事技术创新活动的基础性条件和环境。企业是技术创新的主体，有效的技术创新激励机制则是影响企业技术创新活动持续实现的重要因素。

创新具有风险性，高技术创新具有高风险性，其动力机制除了政府的推动外，还包括以追求卓越精神、冒险精神、求实为内容的企业家精神。模仿与创新是一种相反相成的关系，创造性模仿可视为创新的发展和延续。

◀ **思考题** ▶

1. 什么是技术进步？
2. 技术转移有哪些方式？
3. 什么是技术创新，与技术发明有何不同？
4. 简述科学家、发明家和企业家在技术创新中的重要作用。
5. 如何形成企业创新的激励机制？

第八章

科技革命与经济社会变革

科学技术所带来的巨大发展潜力和破坏力，资本主义和社会主义面临新科技革命挑战各自做出的抉择和调整，不仅在实践上而且在理论上酝酿了重大突破。科技的伟大作用主要是它作为经济内生变量并入生产过程，并入经济宏观运行。从科学革命到现代科技革命，标志着从思想革命到生产力革命的飞跃。科技的重要性用生产力标准来衡量是很清楚的，现代科技不仅制约社会发展阶段，而且引导社会文明的进步。知识经济时代的到来，是科技革命的重要进展，它所提出的挑战，需要我们做出积极的回应。

一、现代科技作为经济内生变量

1. 现代科技并入生产过程

"科技—生产—经济"统一体已经成为当代经济社会的重要建构。通过这种建构，科技生产力得以现实化，转化为现实的生产成果。这种建构重塑了当代社会，特别是重塑了社会生产方式，从而一般地，也改变了生产力的性质。当代的"生产力"已经从性质上截然有别于过去的"生产力"，这种性质上的改变是"科技—生产—经济"一体化的后果，又是"科学技术是第一生产力"命题得以成立的前提。这个一体化进程的显著标志便是科学技术成为经济系统的内生变量，首先是现代科技并入生产过程。

现代科技并入生产过程，一般地说，并入经济过程，是以生产方式本身的变革为切入点的。起初只表现为量的增长即生产效率的提高，最终促成了质的变革，从以劳动过程为核心的生产，过渡到倚重于科学技术的社会化大生产。科学技术在生产过程中无所不在，作用于劳动、资源和资本品等生产要素，也作用于经济运行中的其他要素，如需求要素、管理要素、信息要素等等。离开了现代科技，现代生产过程和经济过程都将失去支柱而崩溃。

对于现代科技导致的"生产"自身性质的变革，美国社会学家阿·托夫勒认为：事实上，"生产"既不自工厂始，也不以工厂终。因此，最新的经济生产模式把生产过程往上游和下游两方面延伸——向前延伸到售后服务，甚至还会超越这一点，而达到产品用过后在生态环境中安全处理的问题。还可以把生产的定义向后延伸，包括诸如培训职工、提供孩子日托及其他服务之类的责任。生产甚至在工人未到达办公地点前便已开始。[1]这对我们习惯的"生产力"理解无疑是一个冲击。但马克思本人从未将劳动者、劳动工具和劳动对象列为生产力的三要素，只说过它们是劳动过程的三要素。事实上，马克思在多处文献中曾表述过他对"生产"概念的相当宽泛的理解，例如，在1857—1858年经济学手稿中的《〈政治经济学批判〉导言》中，他从三个层次分析了消费之同一于生产。首先，消费生产人自己的身体，当然这个意义上的生产"是与原来意义上的生产根本不同的"[2]。其次，"只是在消费中产品才成为现实的产品"[3]。不仅如此，"消费创造出还是在主观形式上的生产对象。没有需要，就没有生产。而消费则把需要再生产出来"[4]。最后，"消费完成生产行为"[5]。

在同一篇文献中，马克思还把分配——"（1）生产工具的分配，（2）社会成员在各类生产之间的分配"[6]——也列为"构成生产的一个要素"[7]，乃至"交换当然也就当做生产的要素包含在生产之内"[8]。

如果注意到马克思所处的是工业化进程之中的时代，就不能不为他的穿透历史的洞见所折服。今天，后工业时代的来临更迫切地要求丰富生产力的含义。一句话，一体化的生产过程拒绝了那种把"生产"看成仅仅与劳动过程相联系的观点，这种传统观点使许多人不承认科学技术已是直接生产力，因为它不属于狭义的生产过程即劳动过程。因此，要准确地深刻理解"科学技术是第一生产力"这个命题，就必须认识到，现代生产不仅不等同于个体的劳动者的生产，甚至也不等同于所有个体劳动者的劳动的总和，而是一个系统的、一体化的过程。劳动只是这个大系统的要素之一，而科学技术也是其中的一个内禀要素，并且是首要的要素。

那么，这个系统的、一体化的过程是怎样实现的呢？现代社会中，实现这种一体化，主要是借助市场的力量。市场经济不仅是一种资源（广义的，包括劳动、自然资源和资本）配置方式，更是社会化生产的现代组织形式。用经济学家的话说，它是一种经济体制，借此解决为谁生产、生产什么和怎样生产这三个基本问题。市场经济固然不是唯一的，也不是绝对完美的体制，但迄今为止的人类实践证明，它是目前最主要、最有效的社会化生产组织形式。

---

① 阿·托夫勒. 力量转移. 北京：新华出版社，1991：108.
② 马克思恩格斯全集：第12卷. 北京：人民出版社，1962：741.
③ 同②.
④ 同②742.
⑤ 同②743.
⑥ 同②746.
⑦ 同②747.
⑧ 同②749.

因此，考察科技生产力，就不能不利用当代宏观经济学提出的宏观经济体系，考察在这个体系中，科学技术究竟以何种方式，对经济运行的各个要素、各个环节发生作用，并最终通过各要素、环节在经济运行中的相互作用而在全部的生产过程中实现自身为第一生产力。

在宏观经济体系中，"总供给"是一个社会在流行价格、生产能力和既定成本条件下将要生产和出售的产出数量。它不是一个现实的量，而是现实可能的量，因此在很大程度上可以视为体现着"生产力"概念的具体化。总供给诸要素：劳动、资源和资本品，是考察科学技术并入生产过程的方式时需要着力突出的。

2. 现代科技与劳动、资源

客观技艺的出现使脑力劳动真正成为独立劳动。假如技艺没有客观化，脑力活动就没有自己的独立成果，它就始终只是服务于体力劳动的。一个原始人有可能在苦思冥想后打制出一把石斧，但是如果他不把打制石斧的活动付诸实施，他的苦思冥想就没有真正的结果。但是，一名现代的工程师想出一套设计方案，这已经是实实在在的劳动成果了，他没有必要自己动手去实现它。这套设计方案作为客观技艺，是可以独立于这名工程师而发挥作用的，因而已经是工程师活动的外化，是劳动成果。

客观技艺的最有利之处，在于它可以成为认识的独立客体。技艺由此可能上升为理论化的知识体系。这是早期科学技术的源头之一。更重要的是，这些独立于劳动过程和劳动者的知识体系又能按自身逻辑独立地发展，不断增殖出新的、更高级的客观技艺——事实上，这已经是一种科学技术活动。换言之，客观技艺渐渐成长为现代科学技术中不可分割的一部分。而当这些从现代科技中汲得营养的客观技艺再返回到劳动过程中时，将产生出更大的效益。因此，客观技艺的体系化，意味着生产它的脑力劳动成为科技活动的一个重要类别。同时，它又直接是一种生产活动。科技活动以生产客观技艺的方式直接并入生产过程，这是现代社会中"科技—生产"一体化的一种重要方式。

更进一步，作为科技活动成果的客观技艺又要与社会化生产的其他部分一体化，使科技活动成为经济运行中的内在构成部分。这种一体化过程主要有两种实现渠道，一是通过科技成果的交易，二是通过职业训练。

职业训练的内容虽然不限于客观技艺，也包括且必然包括一般的技巧，但是职业训练之所以出现，却是由于客观技艺。特别是科技化了的客观技艺，它要求劳动者甚至在真正从事劳动之前，就把专门的时间花在学习客观技艺上。包括大学、技校中的职业教育，以及岗位上的终身教育、职工培训，等等。在一个客观技艺不发达的社会里，专门化的职业训练显然是不必要的。

专门化的职业训练在劳动过程还没有开始之前就培养出基本上合格的劳动者，这一点极为重要。正如阿·托夫勒所说的，生产的定义在向后延伸，包含了诸如培训职工之类的责任。事实上，这种培训既不是职工本人自发意愿的结果，也不是雇主的意愿的结果，毋宁说，在现代社会中，职业训练已成为一种独立的社会建制，它把科技活动的成果（客观技艺）、劳动者和管理者的利益结合起来，是使科技活动更深入地并入社会经济过程的一种连接机制。这一机制的运行，也是遵循市场经济原则的。

最后，有必要讨论一下"技能"在现代化大生产、现代经济体制中的地位和作用。

尽管科技在现代社会中，主要以技艺和客观技艺的形式对劳动起作用，然而技能在此过程中仍发挥着重大作用。例如，劳动者要把客观技艺转化为自身的技艺，这个学习过程需要的就是技能——从来没有百试不爽的学习方法。一个人学习成绩的好坏，很大程度上取决于天赋。相应地，传授技艺的活动也需要技能，即教育他人的技能。

技能的地位远不止于此。一切科技的进步——包括客观技艺的进步都依赖于科技工作者的创造性技能。科技创造性技能在历史上是全部科技知识必不可少的源泉之一。它恐怕也是人类最复杂、最高级的技能之一。

在科技的经济运行中，要实现科技成果到经济成果的转化，或是实现从经济需要到科技创新的转化，同样需要有创造性技能。正是技能（而不是技艺）使"劳动者成为生产力中最活跃的因素"。与此同时，由于科技活动是一种有极高级技能的活动，从事科技活动的劳动者，即科技工作者完全称得上是最活跃因素中的最活跃者。

再看现代科技与资源的关系。

有人认为，资源既然是大自然馈赠的，科技"作用于"资源就是一个悖论。例如，利用科技从铁矿石中把铁冶炼出来，但冶炼出来的铁乃是劳动产品，已经不是资源了。自然资源从概念上看，似乎必定独立于科技。

此论断的错误在于，一切自然界的馈赠并不天然地就是资源，只有当它能被人利用时方是资源，换言之，要在一定的"人—自然"关系中来判断一种自然物是不是资源。科技恰恰能够不断地改变"人—自然"关系，因而也改变着"资源"的外延。例如，炼铁技术使铁矿石成为资源。空间技术使外层空间也成为资源。这是科学技术是第一生产力的一个重要体现。从这个意义上讲，科技完全可以"作用于"资源，具体说来又有三种情况：作用于其质料，作用于其能量，作用于其信息。

质料是最原始的资源利用方式。人类以兽皮、树叶御寒，即是利用其质料。最初的人类生活在质料资源丰富的环境中。最早感到匮乏的两种作为质料的资源也许是水和土地。迁徙往往成为原始人类摆脱水和土地危机的最好办法。如史书中记载的民族的迁徙。由迁徙而发展起来的交通技术，也是一种作用于质料资源的技术，既不作用于劳动也不作用于资本。对应于迁徙的，还有另一种办法，可称之为反迁徙，即不是人类自身的迁移而是资源相对于人类的迁移，例如水利灌溉技术。我国都江堰可视为杰出代表。反迁徙技术的成熟形态则是人们通常所称的运输技术。

交通和运输技术在现代社会往往表现出更为复杂的经济功能，例如被运输的常常不是资源，而是资本品、最终产品乃至垃圾。但是透过现象看本质，就会发现它们仍然是实现全社会资源流动的科学技术。空间技术可以视为迁徙（或反迁徙）技术的当代最高级形态。假如说交通和运输技术还只是一般的科学技术，甚至可以不依赖于基础科学研究的成果，那么相比之下，空间技术已完全跨入"大科学"的行列。

储存是原始人类应付资源匮乏局面的另一手段，例如修筑水库以蓄水。储存和迁徙之间的区别不像表面上那么大。事实上，迁徙是资源在空间上的相对转移，而储存是资源在时间上的相对转移。一般来说，自然资源本身具有较强稳定性，无须发展专门的储存技术，至多需要一些经验性的技术。但是，随着科技发展，人类实践能力强大到了对自然资源的稳定性构成威胁的程度，从而呼唤着专门的、依赖于尖端科技成果的一种储存技术——环境保护技术。需要指出的是，环境保护技术，不仅是对作为质料的自然资源的储存，也是对作为能量和信息的自然资源的储存。

相比之下，储存能源，在技术上更为困难。火炕可以视为一种储存热能的装置。现代的保温瓶明显是一种储能装置，使人们可以利用昨天烧开的水来沏今天的茶叶。但是，专门的储能技术一直不发达，换言之，它没有发展为一门独立的、系统的科学技术。但是，在各种技术体系内，能源的储存一直是极其重要的一环。例如，蒸汽机或内燃机上的飞轮，就是一个储能装置，它保障了机器的稳定运转。事实上，储能技术的相对薄弱是许多能源技术不能付诸使用的重要原因。例如在太阳能利用中，如何保证夜晚及阴雨天的能量供应是个令人头疼的问题。同样，人们也无法把一次原子弹爆炸的能量储存起来。

长期以来，能源的输送问题也没有解决。唯一一次——却是有决定意义的——重大突破乃是高压输电技术。今天，电力输送仍是人类输送能源的最主要方式。一般情况下，人们输送的不是能源本身，而是那些可用来产生能源的质料资源，如煤和石油。这时候的运输技术，既用于质料的迁移，也用于能源的输送。

人类一直在利用自然界的广义信息资源。但是，在自然界中能复制、传播的自然信息主要是生命信息，这也是迄今为止我们能够积极利用的一种自然信息资源。生态保护技术最突出的功能也正是储存现有的生命信息资源，而每一种物种的灭绝都意味着生命信息资源的丧失。

上述所有利用资源的技术都属于转移资源的技术。它既不改变资源的自然馈赠性，也不改变可利用资源的数量和种类上的范围，仅仅使具体的资源物与人类之间发生相对的、时间或空间上的转移。

通过资源的转移，可以提高其利用效率。通常说市场经济可以有效地配置资源，达到最大的产出效率，也就是这个意思。显然，如果没有发达的转移资源的技术，市场经济的上述作用就不能实现，人们将更倾向于选择就地取材式的生产方式，如传统农业和工业。可见，资源转移技术是市场经济的内禀要素，而不是它的一个可有可无的外部条件。经济学家在做抽象思考时，有时会把资源转移这一块给"抽象掉"，假定资源的转移是不需要成本的。这种抽象在理论上是有用的，但如果在实践中也这样想当然，以为市场经济体制是一种可以脱离技术前提而凭空移植到任何社会中去的体制，那就大错特错了。

尽管如此，通过转移资源来提高生产效率是有限度的，科技生产力之革命性的体现，主要还是在开发资源方面。开发是作用于资源的技术中最高级的一种形式。人类最早开发的资源之一是土地。必须不把开发混同于开采、提炼等活动，后者实际上已属于劳动和劳动技术的范畴，它们的活动成果已经是劳动产品，而不是资源。在这里，开发是指这样一种活动，它并不针对具体的资源物，而针对资源的某一共同特性，提供的是利用的现实可能性，而不是直接的现实性。例如，发现了冶炼铁矿石的方法，这一活动就是一个开发活动，它使一切同类铁矿石都自动地成为质料资源，不论其是否已被冶炼。

由此可见，对资源的开发，本质上是一种探索性的活动，并且是带有普遍性的活动，一开始就蕴涵着科学发现和技术发明的种子。现代对资源的开发活动已更加成为科技活动中的重要部分，一切指向未知领域的探索活动，都可能开发出新的资源（包括质料、能量和信息三方面的资源）。

迄今为止，一部人类技术文明发展的历史，几乎就可以读作不断开发出新的质料和能量资源的历史。在质料资源方面，从石器时代到青铜时代到铁器时代，划出了人类早期文明史的分界。钢铁时代延续了很长时间，直到现代人们开始迈入合金材料、合成材料（塑料）的时代。电子时代也可被称为硅时代，人类开发出了半导体材料和微电子材料。今天人们正在向纳米材料、超导材料等等领域挺进，材料科学已成为一门具有独立性的学科。

关于能源的诸技术中，最为基本的就是能源开发技术。火，可能是人类开发得最早的一种能源。历史上的每一次能源开发都带来生产力的革命，而且，在火以后，每一次能源开发都依赖于基础科学研究的突破，也依赖于技术的创新。蒸汽、电、燃油乃至核裂变、核聚变无不是如此。今天我们讲的能源技术，主要指能源开发技术。

直到20世纪以前，相对来说，人类开发利用自然信息资源的能力是比较低的，主要通过嫁接、杂交、配种等较低形态的开发方式。基因工程技术是目前最高形态的开发生命信息的科学技术，包括对基因的破译、切割和重组等等。这方面的工作正方兴未艾，具有极大的远景，以至于有人说，21世纪是生物工程的世纪。

倡导的环境保护仅仅是转移资源，这是不够的。必须把环境问题与资源开发问题联系起来。转向可持续发展战略就是这样一种思路。它要求通过技术的重组，使资源能够被持续地、永远地利用下去。无疑，这是一种开发资源的社会技术。实现这一目标不仅需要科学家和工程师的活动，还需要全社会的协调，即对整体发展战略的调整。

3. 科学技术的物化与资本品

仅仅劳动和资源这两大要素就足以实现生产活动，资本则是次级的投入要素。但是，资本是现代经济运行中的主角。巨大的资本品积累是我们今天这个"文明社会"的最主要象征之一。我们这里讨论的"资本"指的也正是"资本品"，即那些自身是劳动产品、又为进一步生产劳动产品服务的物品。

单纯的资本品积累本身没有多大效益。在一般均衡条件下，追加资本品投入的边际利润率和追加劳动、资源投入的边际利润率是一样的。如此看来，资本品本身确实不能"创造"出什么价值来——它取得的只是相当于资源租金的利息收益。但是，上面的论断只适用于外延扩大再生产模式。

如果资本品的积累不单单是物的积累，而是内涵的扩大，即作为新技术的承载物而投入生产过程，则情况便有了根本的不同，社会生产就会有成倍乃至成百倍的增长。由此可见，资本品的巨大魔力不是在于构成它的物自身，而在于它是科学技术的物的承载者。资本品不仅仅是物，更是科学技术的物化。体现在资本品中的，不是物的资源的积累和转移——马克思称之为"不变资本"——而是科学技术，是一种生产力！

物化于资本品中的科学技术，在类型上均源于作用于劳动和资源的科学技术。这并不奇怪，因为资本品本身就是源自劳动和资源的次级生产要素。

首先，讨论来自劳动方面的技巧因素的物化，包括技能和技艺的物化。

任何工具都是人体的延长。技具不仅取代、模拟了人体的机能，它往往强化了这种机能。即使最简单的杠杆也比手臂能举起更重的重物。技具使普通劳动者能完成以往有特殊技能的劳动者的工作，使技能变得无足轻重。技具对生产力的贡献，表现在它使简单劳动（无技能劳动）具有了与复杂劳动（有技能劳动）同样甚至更强的生产能力。

技具把技能从少数有天赋的个人的垄断中解放出来，使之有可能在历史中被积累、被发展。技具之于技能的意义，正如我们前面讨论过的客观技艺之于一般的技艺的意义。只是在技能物化为技具后，技术发明才有可能成为一种现实的人类活动。而这又推动了科学的发展，早期的力学就是从简单技具包括投石器、枪炮的研究中发展起来的。现代技具如机械手、计算器等等，则已依赖于科学。

技艺可以被书面化、符号化而成为客观技艺。这是一大飞跃。但是客观技艺本身不能作用于生产过程。它要么被劳动者重新习得，转化为劳动技艺，要么被物化为资本品的技艺成分——工序。工序的出现，它对劳动技艺的取代，不仅是出于生产需要，也是客观技艺发展的必然结果。

具有相对独立性的客观技艺会发展得越来越复杂，越来越高级，最后已不可能转化为某一个体劳动者的劳动技艺。这种情况下，最直接的解决办法就是让多个劳动者来协作，每人习得该客观技艺的一个组成部分，再按一定的程序组合起来。这样的程序既反映了原有客观技艺的内容，又是客观的、独立于每一个体劳动者的。当这种程序进一步发展，以生产流水线、操作工序的形式固定于资本品中，就成了我们所指的工序。

工序能把复杂劳动还原为简单劳动，这一点早在亚当·斯密关于大工场的论述中已被指出。工序对生产力的这种贡献只能归功于它本身，不能归功于生产管理者，因为固定于资本品（例如流水线）中的工序，可以在没有管理人员的条件下实现劳动力的有序组合。

其次，我们来看部件——质料资源开发技术的物化，和动力机——能源开发技术的物化。部件这样的生产工具，不是对人体的直接"延长"，不是对人体某种机能的直接模仿，而是在某一机械体系中扮演一个内在的角色。它没有直接的生产功能，只为它所处的机械体系服务。

部件的这一特性使它可以被标准化。标准化部件是现代生产体系运行的基本保障之一。标准化部件的可互换性使生产效率，特别是对资源的利用率有了一个飞跃，人们不必再因为某个部件的损坏而使整部机器报废。新材料技术只有物化为可实用的标准化部件才能成为现代化生产体系中的现实生产力。从电子管、晶体管到超大规模集成电路，一部电子元件的发展史也就是现代电子技术成为现实生产力的历史。

动力机同样不是对人体某一部位机能的直接模拟。动力机使工具有可能独立于任何人体而工作。正如新材料开发技术必须物化为标准化部位一样，新能源技术也必须物化为动力机，才能成为现实的生产力。

更进一步，资本品在物化技术的过程中，也对技术进行组合，而发挥出更大的效力。

机器是动力机、部件、技具按一定工序的组合。机器，按马克思在《资本论》中的分析，一般地包括动力部分、传动部分和工作部分，而现代大机器体系还加上了第四个部分——监控部分。大机器体系的代表——自动化流水线和无人工厂——是今天技术文明的最高象征之一。

把资本品——从技具、工序、部件、机器直到大机器体系——视为科学技术的物化，而不仅仅是一般的物，这一认识极为重要。它要求我们重新考虑一个问题：资本品能否创造价值？

在经典理论中，资本分为不变资本和可变资本两部分，前者在生产过程中是不增殖的。后者虽然能增殖，但它仅仅是指购买劳动力的那部分资本，即人力资本，基本不包含资本品。但是，在今天的社会经济条件下，如果僵化地坚持上述论断，就无法解释由资本品积累带来的社会生产能力的数十倍、数百倍提高，并且它并不伴随着人力劳动投入的增加；相反，越是发达的国家，投入的劳动总量反而有所下降，劳动复杂程度也并不更高。资本品正在替代劳动，使后者转向服务性行业。

因此，在当代社会经济条件下，有必要把可变资本的外延扩大，使之包含资本品中物化了科学技术的那一部分。当然资本品中直接作为物的那一部分，如生产原料、初级产品等等，仍然属于不变资本。但总的来看，资本品是创造财富的。

当应用劳动价值于科学技术产品时，困难也很明显，因为科技创造活动是极为高级的脑力劳动，几乎无法化约为一般的简单劳动。爱因斯坦发现相对论时，用于苦苦思索的一个小时时间，相当于一个普通焊工多少时间的劳动呢？这样的问题找不到定量的回答。同样，在实用性技术发明与非实用性科学发现之间如何比较，也是个令人头疼的问题。

更重要的是，劳动价值中不包含风险收益。然而，科技活动是一项风险极大的活动。一个世界性难题可能令几代科技工作者殚精竭虑，却空手而归。按劳动价值论，他们的活动是"无用劳动"，不创造价值。这显然是不公平的。如果我们改变态度，假定一切科技活动无论出成果与否，都是有用劳动，这样做又不利于打击那些科技界的"南郭先生"。

既然市场经济条件下的经济价值不能等同于劳动价值，那么资本品能够创造经济价值也就是可以理解的了。这种创造经济价值的能力，源于它作为科学技术的物化的性质。因此，所谓资本品创造经济价值，事实上就是科学技术并入了经济生产过程，是"科学技术是第一生产力"的最直接体现。

二、从科学革命到现代科技革命

1. 近现代的两次科学大革命

"革命"一词原属政治范畴，本义是指社会形态的质变。列宁对于革命这一概念是这样定义的："革命这种改造是最彻底、最根本地摧毁旧事物，而不是审慎地、缓慢地、逐渐地改造旧事物，力求尽可能少加以破坏"①。这样的思想对于我们探讨科学革命和技术革命也是富于启发意义的。

在近代科学史上发生过好些次影响深远的科学革命。19世纪以前，贯穿这整个时代的伟大变革，是以伽利略和牛顿为代表的经典力学的创立和逐渐完善。从认识论的观点来看，近代最初二百多年的这些科学革命可以归并为一次大革命，它们都是从哥白尼的发现开始的这一次大革命的不同表现或不同阶段。

以上述变革为标志的近代科学革命，其基本特点是使人类认识离开直接的外观，而进入现象后面的本质。哥白尼的发现打破了对于感官直接提示给我们的东西的无限信赖：虽然我们见到的是太阳沿天穹运行，实际上却是地球绕着自身的轴做旋转运动。拉瓦锡的发现是与自古以来火是隐藏在可燃物内的"燃素"的释放这种根深蒂固的见解相抵触的。"奇怪"的是，燃烧其实并不是分解，而是氧气与可燃物化合的结果。科学家们终究还是不得不否定直接外观已经证实了的东西，而接受初看起来无法直接证实的、与先前的观念截然对立的观念。重要的是，这种否定不是对现实的背离，相反，是洞察现实的本质的开始。

透过自然现象的可见外观探究我们不能直接看到的方面，并且以它们为依据，对原先看到的东西做出正确的解释，让明显的易于认识的东西被某种新的、陌生的概念取代。16世纪至18世纪的科学革命的主要之点，就是确立了抽象思维的更大的决定性的作用。没有抽象思维，就不可能对直接观察的结果和经验做出正确的说明。

第一次科学大革命是从古代素朴直观的世界图景转变为牛顿的"经典的"世界图景。其特征是，在这个图景中，认识对象的感性外观已经让位于抽象的关于认识对象的描述。概括地说，近代经典的世界图景的要点是：自然的不变性、原子的基本性、机械的直观性、世界的既成性。人们也把它简称为机械的自然观。

19世纪至20世纪发生了第二次科学大革命。它们主要是对机械自然观的重新审查和否定，其中特别具有代表性的有19世纪自然科学的三大发现：细胞理论、能量守恒和转化定律、达尔文生物进化论。这场革命性的大变革迫使人们承认自然界绝对不变、否认自然现象普遍有机联系的形而上学观念一步一步地后退，让位给关于自然界的普遍联系和发展的辩证法思想。

在19世纪与20世纪之交，从物理学开始，发生了许多根本的变化。X射线、电子、放射性的发现，揭示了原子、元素的复杂结构，证明了它们的可分性和互变性。物理学，过去被认为是衡量精确知识的准绳，被当作把推理的严谨性与建立在经验基础上的可证实性恰当结合起来的理论典范。此时突然发现自己以前关于原子的一些基本概念，其实具有重大的局限性。因此，绝对的基本性被否定，不可穷尽性取而代之。

爱因斯坦相对论，特别是量子力学的创立，坚决要求否定机械直观性的原则，这个原则假定，自然界的一切物体（无论是宏观物体还是微观粒子），都能以直观的形象呈现在人们面前。微观粒子也被看作像宏观物体一样，其内部结构可以仿照机械的模型去设想。但是，量子力学已经证明，微观过程领域中有自己独特的规律，即间断性和连续性

① 列宁全集：第42卷. 北京：人民出版社，2017：256.

的统一、波和粒子的统一。要想直观地描述这种统一是不可能的。必须以抽象的概念取代直观的形象和模型，以数学的抽象性取代机械的直观性。

亚原子领域（或微观）物理学的现代成就表明，所谓基本粒子虽然是复杂的、可以相互转化的，但并不具有构成性质：它们不是彼此由对方构成的，也不是由别的更简单、更基本的粒子构成的。基本粒子的"结构"极其独特，根本不像我们已经熟悉的原子的结构，甚至也不像原子核的结构。基本粒子是由潜在的即可能存在的粒子构成的，在一定的条件下，这种可能性便转化为现实性。正是在粒子的分解和生成的过程中，显示出该粒子的实在性，即在其母粒子内部潜在的预存性。基本粒子的"结构"问题现在发生了根本的变化，这里涉及的已经不仅仅是这些粒子应当具有什么性质的问题，而首先是：只能从这种粒子生成别种粒子的可能性、从粒子的潜存而不是实存出发来确定粒子的"结构"。这是从既成性到潜在性的变革。

2. 科学革命的实质是思想革命

近现代科学革命可以概括为这样两次思想大革命，一次是从素朴自然观到以机械自然观为核心的"经典的"抽象科学理论的提升，一次是从机械自然观到现代科学思维的提升。究其实质，历史上一切科学革命都具有下述基本特点：

第一，科学革命要求破坏和抛弃过去在科学中占统治地位的不可靠的思想和观点，但是，这些东西并不是完全错了，它们只是具有严重的局限性，它们自身依然包含着真理的颗粒，这些颗粒将在以后科学的发展过程中保留下来，并且有机地深化在新的观念中，不过已不是作为新观念的主导部分，而是作为从属的、被严格确定的框架所限制的部分。例如，哥白尼的日心说抛弃了托勒密的地球为宇宙中心的错误观念，但却吸收了地心说中的许多具体材料。

第二，科学革命迅速地扩展人们关于自然界的知识，进入科学认识迄今尚未达到的自然界的新领域。在这里，新工具和新仪器的发明起着巨大的作用，为观察者突破以往认识的局限性提供了可能。最恰当的例子如望远镜的发明在近代天文学革命中的作用、回旋加速器的运用在基本粒子研究中的决定意义。

第三，科学革命是由与新的经验材料不一致的旧理论观点所引起的，而不是由经验材料的增长本身所引起的。科学革命发生在科学理论、科学概念和科学原理的范围内，发生在其原有表述遭到根本摧毁的各有关科学的观念范围内。例如，早在17世纪，胡克就发现了细胞，但并没有从中得出任何有意义的理论结论。胡克的发现也未曾对生物学和自然科学的发展产生任何显著的影响。直到150年后，施莱登和施旺创立细胞学说，揭示了所有生物体在构造上的统一性，才成为科学革命的重要因素。

不错，科学革命是由新发现引起的，但更重要的是，每一次革命都与新经验事实的新理论解释相联系。这意味着要摧毁旧的思想方法和思维方式。就其本质而言，每一次科学革命都是科学思想发展中的一次飞跃。

因此，科学革命的实质是思想革命。它在科学家的思维方式中引起急剧的转变，要求从以往占统治地位的、现在却变得不充分或者完全站不住脚的研究方式断然转变到新的、符合比较高级的科学认识阶段的思维方式。这就是说，随着新事实材料的积累和处理，愈来愈明显地表现出，科学家原有的思维方式框架，已经不可能对它们做出深刻的理论概括和合理的解释。为此，必须果断地抛弃以前形成的解释和说明现象的方法，而运用原则上不同的方法，即从根本上转变科学家的思维方式。这里强调的是，必须摧毁像僵化的传统这种矗立在科学发展道路上的障碍和阻力。而在思想上对旧的思维传统与思想方法进行彻底改造，进而在根本上对旧思想、旧事物加以摧毁和破坏，就是科学革命。

我们还必须看到，现代自然科学革命是由各个学科范围内以及各个不同学科之间的许多革命变革组成的，这些变革形成一个互相关联的、有结构的整体，它们不仅说明某个学科发展的特点，而且深刻改变了各个学科之间的关系，形成一个崭新的科学知识体系。变革的实质，在于形成了某些崭新的关于世界和科学知识本身的概念，在于从世界观和方法论上彻底改变了对各个学科的看法和要求，在于产生了新的科学理想。

3. 技术革命与生产力革命

如果说，认识世界的飞跃是科学革命，那么，人类改造世界的飞跃，就是技术革命。在古代，石器的制造、火的利用；在近代，蒸汽机、内燃机的出现，电力的运用；在现代，核技术、激光技术、航天技术、电子技术、遗传工程、海洋工程等，都是技术革命。准确地说，技术革命是指人类改造世界的技术手段的巨大变革，实质上是不同历史时期起主导作用的技术以及以主导技术为核心的技术群的更迭过程。

任何一次技术革命总是意味着劳动手段的根本变革和全新技术体系的建立。现代技术革命不仅仅是涉及技术的单个方面及其单个部门的局部性革命，其最明显的特点在于它的普遍性，现代社会的全部技术基础都在改变。所以，现代技术革命，按其本身的特点来说，是改造一切技术系统的一次普遍革命。

技术革命直接引起生产力发生质变。但对生产力革命的理解有宽窄两种类型。宽的理解是把生产力革命看作生产力体系总结构的革命。资本主义的产业革命、大工业生产就是这样的革命。生产力体系总结构的革命，包括物质技术基础领域的变革、社会劳动组织和分工的变革、科学领域里的变革（科学越来越成为直接的生产力）、生产力性质方面的变革。窄的理解不同意在生产力革命的概念中包括生产关系的变革，它认为产业革命同生产力革命是有区别的，不能把二者等同起来。产业革命要比生产力革命的范围广泛些，它意味着社会生产关系也产生了变革。

一般说来，生产力革命可理解为在技术革命的过程中，工作人员在物质生产关系中的地位、作用和职能，他们的熟练程度和训练水平发生变化，劳动对象、生产过程的组织和管理发生变革，并且，除了劳动者发生变化，劳动对象和生产过程中的组织和管理发生变革外，还有一个很重要的方面，就是以生产工具系统为代表的劳动资料系统发生变革。新质工具的出现是生产力性质发生根本变革的重要客观标志。新的生产工具的发明，新的劳动资料系统的形成，也就是新生产力出现的集中表现。

当然，对技术革命、生产力革命、产业革命等概念进行区分是有意义的。技术革的核心是技术本身，是从生产力方面讲的，工业革命或产业革命不仅包括生产力方面的内容，而且包括了其他方面的重大变革，如生产关系、经济关系、管理等等方面。可以说产业革命是以技术革命为基础，把生产、生产方式作为整体来考察的。技术革命首先是与生产力革命相联系着的。在科学革命—技术革命—产业革命—社会革命这条震撼社会的大动脉中，技术革命是核心，是中间环节，也是目前世界范围内所兴起的变革的实质内容。其他几个革命都是围绕着技术革命展开的：科学革命是技术革命的基础；产业革命是技术革命的直接后果；社会革命是技术革命的前途。

近代以来，科学革命对技术变革、技术革命产生愈来愈大的影响，在当代，已成为技术革命的前导和基础。科学革命引起技术和生产的变革，而技术和生产的成果又反过来变成现代科学的强大工具，促进并加速着科学革命的进程，这是现代科学革命与技术革命相互关系的一个重要特征。这个特征使现代科学革命与技术革命在更高的基础上融合成统一的过程，人们称之为新技术革命，也叫科学技术革命，或现代科技革命。

科学技术革命与生产力革命究竟是什么关系呢？

科学技术革命是科学技术的根本性变革，它的体系和社会作用导致生产力结构和动态的全面变化，同时，它也改变了人在生产力体系中的作用。这种情况的发生是由于在工艺上综合应用了作为直接生产力的科学、科学渗透于生产的所有领域并改变人们生活的物质条件。

生产力革命的一个非常重要的原因是科学革命和技术革命。生产力是一个系统，是由多种因素构成的。众多因素可以分为两大类：实体性和非实体性因素。科学技术革命引起生产力因素变革，集中表现在引起生产力系统中的实体性因素发生了某些质的飞跃与非实体性因素的地位和作用发生了巨大的变化。所谓实体性因素发生某些质的飞跃，就是指劳动资料的飞跃；劳动对象的扩大，作用大大提高；劳动者的构成和素质发生新的飞跃。非实体性因素的地位和作用发生巨大的变化，就是指科学技术已成为生产力系统中的相对独立性因素，并且在生产力中起着越来越重要的作用，例如，现代管理成为现代生产力系统中的内在要素，现代教育成为生产力系统中的显著要素。

从上述分析可以看出，现代科技革命实质上是，科学在现代社会条件下，转化成技术进步和生产发展的主导因素，从而对生产力进行彻底的质的改造。简而言之，现代科技革命的实质是生产力革命。

三、科技革命与社会发展、文明进步

1. 生产力标准与社会主义

1992 年初，邓小平在南方谈话中精辟地指出："社会主义的本质，是解放生产力，发展生产力，消灭剥削，消除两极分化，最终达到共同富裕。"[①] 在这里，邓小平把社会

---

① 邓小平文选：第 3 卷. 北京：人民出版社，1993：373.

主义的本质聚焦在两个问题上，一个是社会主义的根本任务，一个是社会主义的价值目标。在当代科技革命条件下，社会主义面临着生产力迅速而巨大增长的机遇和挑战。对于像中国这样的现实社会主义，最严重的倾向是生产力水平低下、经济落后、人民贫穷。因此，邓小平在论述社会主义的本质时，又把解放生产力、发展生产力作为首要层次加以强调，把它们当作社会主义本质的焦点。这是对当代社会历史发展，包括国际共运、中国社会主义建设和世界资本主义几方面的实践所做的精辟的理论总结。

诺贝尔经济学奖获得者丁伯格曾说："社会主义作为一种社会制度，人们最初使用的，是它的非常简单的定义：那就是生产资料公有制。"① 这反映了很长一个阶段的实际情况。苏联所提出的传统社会主义理论，便是离开生产力，只从生产关系和上层建筑的角度界定社会主义的本质，并且把苏联在特定历史条件下形成的社会主义生产关系及上层建筑的特殊模式界定为标准的社会主义。虽然这种理论明显背离唯物史观关于生产力最终决定整个社会发展的原理，却在国内外凭借某种误解和权力而广泛流传。这也是我们不久前屡见不鲜的正统说法。邓小平依据唯物史观的基本原理，一再突出强调生产力的解放和发展在社会主义本质中的首要地位，一再批判"贫穷社会主义"的反马克思主义实质，一再从理论与实践相结合的角度阐明新时期坚持社会主义就得坚持解放和发展生产力的道理，这是最根本的拨乱反正，是对科学社会主义的一种根本性推进。

在某种意义上可以说，只有生产力标准理论才能从哲学层次上论证社会主义的根本任务。社会主义制度优越性的根本表现，应该是能够允许社会生产力以旧社会所没有的速度发展，使人民不断增长的物质文化需要能够逐步得到满足。正确的政治领导的结果，归根结底要表现在社会生产力的发展上，表现在人民物质文化生活的改善上。生产力标准，归根结底是衡量和判断一切社会的性质、一切社会现象是否优越合理的最重要标准，其中包括衡量和判断：一切生产关系，一切社会经济政治制度，一切观念形态和价值取向，一切政党或政府的路线、方针、政策。社会主义要表现自己的优越性，只能以生产力的解放和发展作为根本依据。传统社会主义理论的最大失误，是先验地把社会主义作为一种特定的生产关系和政治制度，具有自己的特定模式和内在标准，可以不受生产力标准的裁定。正是在这种传统理论的框架内，社会主义优越性成了一个脱离生产力的抽象的生产关系与上层建筑范畴。相反，坚定地把社会主义的优越性首先看作一个生产力范畴，就是认定社会主义之所以优越，首先在于它能使生产力以资本主义所没有的速度持续发展，能使人民物质文化生活比在资本主义制度下过得更好，也就是明确地把生产力发展状况看成衡量和判断一切生产关系、社会制度是否优越合理的基本尺度。

生产力标准是实践标准的具体化和跃迁。生产力标准理论不但恢复和推进了唯物史观关于生产力对于生产关系具有决定作用的根本原理，使人们对社会主义的理解超越生产关系的层次而深入生产力层次，而且在继承马克思主义实践标准理论的前提下，从历史观和认识论的统一上把实践标准具体化为生产力标准，使实践标准理论面对当代中国实际进一步获得了可操作性和鲜明的针对性，从而实现了从实践标准理论向生产力标准理论的跃迁。在这里，作为检验人们对社会主义的认识是否具有真理性的唯一标准的实

---

① 丁伯格. 生产、收入与福利. 北京：北京经济学院出版社，1991：202.

践结果，不是可以这样也可以那样的东西，而首先是社会生产力状况，这样，真理标准就更具体、更实在了。当我们判断是非的时候，就会遵循下列标准：是否有利于发展社会主义社会的生产力，是否有利于增强社会主义国家的综合国力，是否有利于提高人民生活水平。生产力标准理论从真理标准的层次上对社会主义的本质做了哲学论证。

生产力标准理论不仅在理论上深刻地论证了社会主义的根本任务，而且在实践上有力地推进了改革开放事业。关于市场经济，邓小平说："社会主义和市场经济之间不存在根本矛盾。问题是用什么方法才能更有力地发展社会生产力。"① 显然，用生产力标准来观察市场经济，是邓小平得以超越前人的理论根据。唯物史观善于辩证地处理生产力标准与价值标准这两个方面，正是在这里，指出了社会主义与资本主义的本质区别，但是，价值标准是被放在生产力标准之后的，是从属于根本任务的价值目标。

2. 科技对社会发展阶段的制约

社会发展阶段主要以生产力发展水平和所有制的形式为标志，并以社会关系，特别是以所有制关系为依据，可以把社会形态划分为五个阶段：原始社会—奴隶社会—封建社会—资本主义社会—共产主义社会。科学技术对社会发展各阶段均有重要的影响。

当代科技革命，使资本主义世界发生了巨变。现代资本主义与过去相比，虽然本性未改，但已面目全非。资本主义的三大矛盾依然存在，但矛盾存在的形式及解决的方法，由于科技革命所创造的巨大生产力及其带来的新的可能性，有了深刻的变化。资产阶级可以用比较缓和的方式解决国内矛盾，例如实行政府调节经济、社会福利政策和相应制衡的权力结构；资本主义国家间的矛盾，不再用世界大战的方式解决，这一方面与现代高科技武器的毁灭性有关，另一方面是通过经济战、科技战更符合它们根本的国家利益；北南之间、富国与穷国之间的斗争仍很尖锐，但现代资本主义发达国家对前殖民地、半殖民地即发展中国家，一般不再用政治统治、军事征服的方式对待，而利用高科技优势"和平地"掠夺资源，获取利润。

20 世纪取得了伟大胜利的社会主义制度，当前也面临着现代科技革命的严重挑战。现实社会主义国家在经济、政治、文化、教育、科技体制等方面存在一些问题，包括对科技、教育、人才等重视不够，运作机制不健全，平均主义和分配不公交相困扰等等，显露出计划经济体制的弊端。中国的改革和开放，在一定意义上，正是对科技革命挑战的回应。

人类历史是在劳动的基础上发展和展开的，是一个多层次的、复杂的、发展着的有机体，可以用不同的标准、从不同的角度，对它进行审视和划分。如果以所有制关系为主要尺度来进行研究，社会发展正如我们通常所说的，将划分为原始社会、奴隶社会、封建社会、资本主义社会、共产主义社会五个阶段。但如果以生产力或简单说以社会技术体系为尺度来分析社会历史发展，则可以恰当地把它划分为农业社会、工业社会和后工业社会（或信息社会）三个阶段。三阶段论以社会技术形态为社会发展阶段的分类标

---

① 邓小平文选：第 3 卷. 北京：人民出版社，1993：148.

准，与五阶段论以社会经济形态为标准一样，都是从一个特定的侧面反映了历史发展的规律，它们是互相补充的。按照生产力决定生产关系的基本原理，社会技术形态是比社会经济形态更为基本的概念，三阶段论揭示了历史发展的普遍规律，五阶段论则是历史发展的这种普遍规律的具体表现，它揭示了共产主义的历史必然性。两种划分间的联系呈现出一种复杂的态势。某些国家在不同发展阶段上可以超越某一社会经济形态而进入更高一级的社会经济形态，但不能认为它们一切方面都可以同时超越。实际上，现实的社会主义大多数并不是建立在高度发达的、具有完全的工业社会这种社会技术形态的资本主义的"废墟"之上的，因而它并不是马克思所说的那种生产力高度发展的、作为共产主义第一阶段的社会主义，它必须补许多课，把生产力首先提高到相应的水平。

3. 面向人类未来的双刃剑

科技革命与人类的昨天、今天和明天都结下了不解之缘。它像一把双刃剑，一方面丰富了人类的物质生活和精神生活，另一方面也带来了威胁人类前景的全球问题——人口爆炸、资源枯竭、粮食危机、环境污染等等，这些问题日渐突出，困扰着越来越多的人。因而，当我们审视科学技术的社会功能时，就应当有一种全面的眼光，注意并发挥它的正面作用，正视并抑制它的负面影响，只有这样，才能用科技革命照亮人类未来的发展道路，而不至于在科技的负面后果面前束手无策，把科技革命与人类的前途对立起来。

全球性问题，确实是在近现代科学技术发展和由它引起的产业革命之后才出现的。世界人口数量的剧增，部分是医学科学和医疗卫生技术发展的结果；不可再生的矿物资源和能源的大量消耗，以及与此相连的整个生态环境的急剧恶化，也与当代科技革命和产业革命的迅速推进相关。然而，全球问题的产生和尖锐化，决不能简单归咎于现代科技革命，事实上，正如人口问题主要是出在相对落后的第三世界，全球问题毋宁说主要是科技革命发展不平衡的结果。

面对全球问题，不同的学者对新的科技革命的挑战、对人类的未来有着截然不同的看法。有的欢呼新的科技革命的到来，认为科技决定一切，科技发展使人类社会进步，也能够克服由于科技进步而造成的问题。他们在面临新科技革命挑战的时候，表现出乐观的情绪，因而被称为"乐观派"。有的则相反，他们认为科技的发展所造成的严重问题是人类自身所无法克服的，从而对人类未来的处境发出悲鸣，这就是"悲观派"。

不论"悲观派"，还是"乐观派"，都有片面性的错误。前者认为科技发展必然造成许多无法克服的问题；后者则强调科技的发展可以解决一切问题。正确的态度是，相信科技的力量，相信人类依靠科技能够战胜各种困难，摆脱困境，求取发展的能力是无穷的；但是，科技力量的发挥和发展要在一定的生产方式中进行，它要受经济制度、社会制度的影响和制约。

应该清醒地看到科学技术应用过程中表现出来的两面性。科技活动对于人类来说，既是作为正面作用的"生产力"，又是作为负面作用的"破坏力"。如果我们正确处理人与自然的关系，把"向自然索取"的规模和速度调整到适当的程度，就能较好地发挥科学技术的正向功能，在实践中自觉走"绿色道路"，使"向自然索取的速度"与"自然界恢复的速度"相平衡。这种产业化路线注意主动地有计划地协调人与自然的关系。相反，受资本边际利润率的驱使所走的往往是"先污染，后治理"的工业化路线。从社会关系方面来考察科学技术的两面性，问题集中表现在谁使用这种生产力（或破坏力），去做对谁有利的事情。例如，同是一种核威力，既可以被战争贩子用作侵略和杀人的工具，又可以被和平利用，造福人类。科学技术究竟扮演什么角色？这不取决于科学技术本身，而取决于处于一定生产关系下的人。

4. 科技引导社会文明的进步

文明是人类脱离野蛮状态而发展到更高阶段的社会产物，是在一定历史阶段上成熟和发展起来的人类认识世界和改造世界的各项成就的总和。文明的出现标志着人类社会物质生活和精神生活都产生了新质，并从此不断发展和进步。

社会文明包括两个部分：物质文明和精神文明。物质文明是人类改造自然界的物质成果，表现为人们物质生产的进步和物质生活的改善。在改造客观世界的同时，人们的主观世界也得到改造，社会的精神生产和精神生活得到发展，这方面的成果就是精神文明。它表现为教育、科学、文化知识的发达和人们的思想、政治、道德水平的提高。科学技术则是人类认识世界和改造世界的积极成果，是文明中一切精致的东西。现代科技革命造成的科学技术的迅猛发展，一则转化为物质财富的创造，为物质文明增添新的内容；二则转化为社会智能，推动人类思维的发展，促进人们的思想道德观念的变革，推动精神文明的进步。现代科技是发展的动力。

物质文明的发展以社会生产力的发展为基础，而科学技术则是推动生产力发展的关键因素。这方面前已详述。下面着重谈谈科学技术对精神文明建设的特殊的社会功能。

思维方式的变革与科学技术的发展密切相关。牛顿力学的创立，造就了一种从自然哲学到哲学、社会科学以及人们日常生活普遍接受的机械论的思维方式，这种思维方式对于宗教神学的陈腐观念的胜利无疑是人类精神文明史上的一个进步；20世纪，随着相对论和量子力学的产生、发展，机械论的思维方式被淘汰，形成了辩证思维方式；现代思维方式正随着科学技术的进一步发展而向着系统性、开放性、动态性方面发展。

科技进步促进了人类的文化进步。在人类文化的发展中，科学技术占据了不可替代的重要地位。从东方古代文明的发祥地中国、印度、两河流域的古巴比伦、埃及，到近现代西方文明之源的古希腊，科学技术的历史地位几乎众人皆知。近现代文明的发展，更是以科学的参与作为重要的标志。不难发现，科学技术决定了人类思想观念的许多内容和主要研究方法。可以把文化结构分为三个层次：最外层的物质文化，中间层的制度文化，最内层的观念文化。这三个层次相互作用、相互制约，形成了一个有机的文化结构。科学技术从文化结构的最外层逐步渗透到最内层，有力影响了社会文化活动的内在机制。科学意味着永无止境的探索未知、追求真理，这种求实、进取精神，有助于确立一种批判性的理性传统。

一般来说，知识形态的科学本身并不构成社会意识形态，是一种特殊的社会意识形式。但是，历史上一切进步的、革命的阶级和群体，总是依靠当时的先进科学成果来建立自己的意识形态，并以自己的社会意识形态为指导去发展和利用科学成果。

综观人类社会发展的历史，可以发现科学技术与社会文明进步之间的关系越来越趋密切。文明的第一次浪潮使人类从野蛮进入文明，建立了农业社会，科学技术萌芽、发育；文明的第二次浪潮发展了文明，建立了传统的工业社会，它依赖于科学技术；文明的第三次浪潮将导致新的文明的跃进，建立信息社会，它决定于科学技术。

四、建立科技运行的有力支撑

科学技术自身的发展，以及它对经济社会的作用，需要一定的运行机制与运行环境，这就是科技运行的支撑体系问题。在科学意识的树立、基础科技教育质量的提高、专业科技教育结构的调整等方面有许多细致的工作要做。

体制化的科学技术就其内部而言，有一种相对独立的自主发展的内部运行机制，就其外部而言，有一种将科技进步与经济社会发展有机联系起来的连接机制。只有抓住科学技术这个历史的伟大杠杆，建立相对完善的内部运行机制和外部连接机制，并且从社会意识、人才教育和培养的角度建立相应的配置，科学技术才能真正成为第一生产力。

1. 相对完善的内部运行机制

科技发展的内部运行机制主要包括：较高的科技投入水平，合理的科学活动结构和科学活动规范，健全的知识产权立法，高效的科研组织管理。

对科技的投入水平是衡量科技发展水平的重要标志。衡量科技投入最常用的指标是研究与开发经费在国民生产总值中所占的比例，发达国家一般为 2.3% ～ 3.8%。为了使我国的科学技术迅速赶上和超过发达国家，我们必须采取切实有效措施，增加科技投入，从而最大限度地发挥科学技术的作用。

合理的科学活动结构是指建立恰当的基础研究、应用研究和开发研究的关系。不同环境条件的国家或地区，这几种研究类型的规模、投入比例是有所不同的。在发达国家，基础研究、应用研究与开发研究这三者的科研费用之比，约在 1：2：5 的范围内。在欠发达或发展中国家，后者的比例应更大些才较合理。

科学活动规范支配着所有从事科学活动的人，是科学家的价值与行为的规范的综合。根据美国科学社会学家默顿的研究，科学活动的社会规范主要有：普遍性、竞争性、公有性、诚实性和合理的怀疑性。在欠发达的社区，失范的现象是一个普遍存在的严重问题。如果不具备较完善的科学活动规范，科学活动就会发生畸变。

知识产权立法是现代科技体制的法律保障，主要有专利法、商标法、著作权法等。它标志着社会对科学发现、技术发明乃至一般知识产品的价值的确认，对科技劳动乃至一般知识分子权益的维护。健全的知识产权立法有效地肯定了科研活动，乃至一般脑力劳动是现代财富的最重要源泉之一。

科研组织管理对科技发展起着决定作用。科研工作是创造性工作，讲究竞争性和高效率，同时致力于相互协调和必要的集中。科研组织中最忌人浮于事、内耗和评价失范，因此对它的管理必须坚持体制化（诸如职称制度、基金制度、奖惩制度），不使之变质。如果管理水平跟不上去，即使国家和社会给予科技较高的投入，也只能被白白地浪费和消耗掉。重要的是改变潜在的能人堆在一起不出活的局面，而不是片面地埋怨这些人的素质不高。

2. 恰当的外部连接机制

科学技术要真正成为第一生产力，还要有一定的外部条件，这主要指将科技进步与经济社会发展有机联系起来的连接机制，国家应制定有力的科技政策，使科技真正成为社会经济系统的内生变量，使企业真正成为技术创新的主体。

科技和教育的发展本身，并不必然导致国家强盛。英国尽管拥有众多诺贝尔奖获得者和杰出的基础研究成果，但并未很好地加以开发利用、实现商品化并占有国际市场，结果影响了国际竞争力的相应提高。曾一度处于科技大国之列的苏联，由于片面强调军工技术和基础研究，科研与生产严重脱节，导致经济危机的持续加重。所以在重视科技和教育之时，更要完善科技、教育与经济、社会的外部连接机制。

为此，要在注重技术开发和技术创新的基础上，加速科技成果向现实生产力的转化，积极探索我国科技并入经济的良好机制，引导和促进科技与经济的一体化进程；努力在实现经济增长方式的两个转变中，依靠科技和教育，提高工农业生产的科技含量和经济效益，提高产品的国际竞争力，积极发展高新技术产业。

科技进步与经济社会发展之间的联系和相互作用，人们一向是有所注意的。工业革命以后，科技进步作用的迅速增长更为研究经济社会发展的观察家和学者所关注。当代工业社会经济发展的现实促使愈来愈多的人认识到，科学技术是社会经济系统的内生变量，这在一定意义上可以说重新发现了马克思，并把他的开创性的见解做了新的发挥。

20世纪60年代以来，科技政策在发达国家普遍受到重视，这标志着国家将科学研究与开发同经济和社会目标更具体地沟通起来的明确努力。这也就是自觉地把科学技术看作直接生产力，看作社会经济系统的内生变量。由此导致了对科技教育的重视、对科技设施的大量添置、对知识和人才的尊重，以及各类科学研究特别是开发费用的空前增加。

但是，科学技术真正成为社会经济系统内生变量的关键，在于企业真正成为技术创新的主体，也就是企业的动机和行为与科技进步直接挂钩。如果企业对科技进步既缺乏内在利益的驱动，又缺乏经济实力，就会出现科技与经济脱节的情况，科技成果的产业化就会举步维艰，根本谈不上在科技与经济之间建立有效的连接机制。在不健全的机制下，科学技术作为生产力就没有现实性。

由于科技进步的程度和速度在不同国家、地区存在巨大的差别，科技进步也并不自动地、成比例地导致经济增长和社会发展，因此，形成科技相对完善地自主发展以及科技投入可以被经济系统迅速有效加以利用这两个重要机制，对于真正发挥科学技术作为第一生产力的作用是至关重要的。

3. 树立真正的科技意识

解放科技生产力的过程，也是提高人的素质、开发人的潜能的过程。在全社会大力宣传科技意识，树立科技意识，是一项必不可少的任务。恰恰在这方面，深受传统文化制约的中国公民尤为欠缺。科技意识和其他社会意识一样，是社会的一种观念。它至少包括三部分，即认知、情感和行为倾向。

科技意识的认知成分是指公众的科学素养，是受科学知识和科技产品现实的熏陶与影响而不断深化的结果，是掌握自然、社会和人类思维规律的表现。在任何情况下，都能从实际出发，以实践检验认识和真理，按客观规律办事的科学态度，是科学素养的核心。科技意识的情感成分是指公众对科技的印象和好恶，是情绪的反映，具体内容如：怎样评价科学技术的地位、价值与利弊？怎样看待科技人才、专家与科技工作者？怎样评论某一具体技术或工程项目？对某些与科技密切相关的问题持有怎样的观点？等等。科技意识中的情感成分在科技思想的传播、利用中举足轻重，它直接关系到人们献身科技事业的热情，也或多或少影响到政府的决策和投入，进而影响科技事业的繁荣和发展。

科技意识还包含投身实际行动之中的行为成分。全社会的公民都不仅要自觉地关心科技，而且要自觉运用科技。此外，科技意识的行为成分还要求公众参与科技决策和管理。当今时代，重大的科技新发现、新发明以及大的工程项目，都会对公众生活施加影响，当然要求增加公众的参与程度。在科学技术社会一体化的今天，已经不可能把科学技术关在象牙塔内，时代呼唤科学技术和民主精神的统一。总之，认知、情感和行为共同构成了渗入社会的科技意识，树立科技意识也必须考虑到这三部分的协调。

要特别注意，当下有些人自称已树立的科技意识，实际上却是伪科技意识，甚至是反科学意识。在科技时代，形形色色的江湖骗子早已惯于打着"科学技术"的幌子，鱼目混珠，例如推销质量可疑的化妆品广告口口声声"本品系采用最新科学发现，利用最先进工艺精制而成"；在效率十分低下的手工作坊式的企业中刚刚进行了一些最粗糙的行政改组和工艺引进，立刻被新闻记者描述成是"科学管理"和"技术现代化"；信口雌黄的江湖术士摇身一变，打出诸如"科学算命""电脑测字"的招牌。缺乏真正科技意识的人，必然在这万花筒面前头晕目眩、不知所措，甚至误入歧途。

中国社会科技意识的不平衡现象也许可以追溯到近代史的开端。无情的事实是，西方列强在带来先进科学技术的同时也带来了鸦片和凌辱，伤害了中国人的自尊心。积弱患贫的中国对科学技术的最初学习和利用，不能不带有强烈的功利化色彩。科技始终被视为"器"，视为"形而下"的东西；"中学为体、西学为用"的口号，表面上兼顾中西，实际上既不是正确的科学技术观，也割裂了自己的传统。洋务运动失败的深层原因，在于它是一场拙劣的嫁接，把科学技术从支撑它的政治、经济机制中剜割下来，特别地又把军事技术从系统化的科学技术中剜割下来，嫁接在腐朽的封建官僚体制上，结果仅留下一批脱离市场需求、缺少支撑产业的官僚企业。近现代中国一些人的思想模式存在着一些致命的弊端：第一，片面强调科技依附于社会体制、服务于政治的一面，忽视了科技作为第一生产力对社会体制本身起变革作用的另一面。第二，片面强调科学技术功利性、工具性的一面，忽视了它的文化性，即科学态度和科学精神的另一面。实事求是的科学态度，追求真理、不畏强暴、不求私利的科学精神，其重要性是怎样估计也不过分的。很难想象，一个没有学术自由、不允许说真话的社会与文化环境，能产生出丰硕的科技果实。

像封建社会那样把知识分子作为工具使用的一幕不能再演了，然而，科技人才所承担的重大社会责任又使他们必然会受到社会的关注、压力乃至控制，既要尊重科技人才的个性，又要进行必要的协调和组织。这里，从社会进步的最终目标看，需要正义感和敬业精神的唤起，而不是单凭行政命令和高压手段。应该有这样的信心，即代表着最先进生产力的科技人才即使不在道德和责任感方面超出他人，至少也不会更逊色。

4. 提高基础教育的质量

科技教育是使科技系统能够持久地运行下去的必要环境条件。这是因为，现代化的科技工作需要长期专门训练，需要从大量人才中选拔出少数人从事专门科研工作，需要让科学家和工程师从传授弟子的负担中基本上解脱出来，更专心地从事科研。这是社会化的科技教育的任务。

不仅如此，科技生产力现实化的过程，不光是科学家和工程师的事，还涉及无数的管理者和劳动者。科技教育，特别是基础教育，承载着十分重要的使命。

现代科技发展日新月异，基础教育不可能提供一生的知识，其主要目的应该是使被教育者在获得必要知识和技能的同时，培养起旺盛的求知欲和学习习惯，以为日后的终身学习打下基础。但恰恰在这一点上，我们的科技基础教育不甚成功。

就科学技术方面而言，最根本的问题是不把科技看作一种指向未知领域的人类活动，要求学生去理解，领悟其精神，而是作为一种现成的、权威性的知识体系，要求学生去死记硬背。

关于死记硬背课本这一点，人们常常将其归咎为"千军万马过独木桥"的现行高考制度，恐怕未必尽然。现行高考制度无非是强化了竞争，从而加剧了现行教育模式中的固有倾向。发达地区中小学生通过其他渠道接受科技"启蒙"的机会较多，如课外活动、电视、科普读物等，此种情况下高考压力反而是个动力。而在那些除课本和"复习资料"外别无其他阅读材料的地区，高考压力往往造就"书呆子"式的毕业生。问题的根源还是教材内容。

当前基础科技教育的最大缺陷在于忽视了科学的开放性，而代之以封闭性。科学是诸种文化形态之一，并不是终极真理。因此，任何科学理论都是开放性的理论。开放性意味着，科学理论永远要"不受保护"地面临来自各个方面的挑战。它们是：来自哲学的挑战，或诠释（理解）的挑战；来自经验事实的挑战、事实证据的挑战；来自理论内部逻辑结构的挑战，或逻辑的检验。一个优秀的科技工作者必然善于认识、善于迎接，乃至善于驾驭各种挑战。只有通过这些挑战力量的推动，科学才能进步。因此，基础科技教育的重要任务之一，就是引导学生去认识、迎接、驾驭这些挑战。

我国基础科技教育中有三个片面观念，恰好妨碍了学生形成上述能力。它们是：关于科学自然观理解的封闭性而非开放性；关于科学实验的验证观而非探索观；关于逻辑的符合观而非工具观。于是我们的基础科技教育中传授的便不可能是真正的科学，而是封闭僵化的"体系"，这怎么会不使学生厌倦呢？

首先看自然观的封闭性。

和形而上学的本体论不同，科学自然观是"不做先验断言"的，也就是说，是非独断论的、非终极性的。它是对自然界，对"自然这本大书"进行阅读、理解的开放性尝试。由于自然观发源于"理解"自然的欲望，所以它有鲜明的人文特征，也就是说，是开放的，可以适用解释学的原理："有一千个观众，就有一千个哈姆雷特"。正是不同诠释方式之间的争论有力地推动着科学的进步。原子论与非原子论，微粒论与波动论，哥本哈根诠释与爱因斯坦诠释……几乎每个重要科学概念中都隐含着不同自然观的张力。科学对哪怕是"什么叫电子""什么叫能量"这类问题的思索远远没有到尽头，强行用"标准的"自然观一统天下，就堵死了科学自然观的开放性。

封闭性正是当前我国自然科学教育的一个缺陷，这个缺陷首先体现在试图用哲学标签来规范科学史。许多科学真理往往得力于一种成问题的观点，如马赫主义之于爱因斯坦，约定主义之于彭加勒，这时，就有人说，他们是"不自觉地"应用了唯物主义。这个缺陷也表现在教科书章节的组织上，即刻意追求与某种哲学本身的一致，让科学教材"有利于"学生接受哲学结论。例如生物学教材中，"细胞"被作为开头，或逻辑起点，长期以来不敢变更，而无非是因为哲学曾认定"细胞是生命运动的基本单位"。

科学自然观上的封闭性体现在教学中，就是把掌握科学自然观的过程变成接受的过程，而不是理解的过程。于是学生只能死记硬背，并且丧失了科学所能带给人的最重要乐趣之一——玄想、沉思自然的乐趣，其结果必然是知识僵化，学生厌倦学习。

其次看对待科学实验的验证观。

科学实验作为一种实证活动，本来应该是科学探索活动的一部分。针对某一概念、某一问题而开展的实验，不是为了验证已知的有关知识，而是探索与此有关的新命题。然而，在我们的基础教育中，实验目的、程序，乃至"好"的实验结果都被事先给定了，学生似乎在验证已知结果，在机械地按照给定指令完成一系列毫无新意的操作，积极探索过程被抽去了。

人们常常说中国学生"动手能力差"，原因当然不会是中国学生天生笨手笨脚。人们或者把这一点归咎于"实验课太少"，但是美国学生的实验课并不比我们多。关键在于，美国学生的实验课是给一个中心课题，让学生围绕它去利用现有材料进行探索，而在我国，实验变成了一项局限于验证书本上的知识的封闭性活动。

再次看逻辑的符合观。

具体的科技知识都是零散的、局部的，把这些局部知识串成一个完整的体系，只能依赖逻辑思维的力量，建构不同命题之间的关系。对于基础科技教育来说，哪怕在使学生获得具体知识上成就并不太，但只要能让每个学生都掌握严格、缜密的逻辑思维方法，也将极大地提高他们今后一生中处理各种问题的能力。但是在我们的教育中，恰恰对逻辑强调得不够。

心理学的研究表明，大约从初中二年级起，思维就完成了由经验型向理论型的转移，逻辑思维的自觉性在整个中学阶段不断发展，抽象思维逐渐占据优势地位。然而在我们的教育中，直到大学，"普通逻辑"对非逻辑专业的学生也只是一门选修课，采用的教材又几乎和亚里士多德时代的教材无异，而数理逻辑和相应的语言分析技术等，大多数学生尚闻所未闻。更为严重的是，在我们的少得可怜的有关逻辑的教学中，持有的还是陈旧的逻辑符合观，而不是把逻辑作为思维的工具。

认清逻辑的工具功能首先要把思维的内容与思维的过程（形式）区分开来。例如在我们的论述文教学中，要求学生作文的第一条就是"观点正确"。如果观点不"正确"，即使推理过程缜密无懈可击也不能给分；反之，错误推理倒不妨碍"观点正确"所得到的基本肯定的评价。这种教学法实在是糟蹋逻辑。必须认识到，用不正确的方式取得的所谓"正确"结果，在科学上也是无效的。[①]

◀ 小　结 ▶

科技作为经济内生变量并入生产过程，并入经济宏观运行。在宏观经济体系中，总供给诸要素：劳动、资源和资本品，都与科技并入生产过程紧密相关。科技以自己特有的方式，对经济运行的各个要素、各个环节发生作用，并最终通过它们在经济运行中的相互作用实现自身为第一生产力。

从科学革命到现代科技革命，标志着从思想革命到生产力革命的飞跃。现代科技革命的实质乃是生产力革命，所以，科技的重要性往往用生产力标准来衡量。

科学技术不仅带来巨大发展潜力，也时而造成严重的破坏力，科技是面向人类未来的双刃剑。现代科技制约着社会发展的阶段，并且引导着社会文明的进步。

体制化的科学技术就其内部而言，有一种自主发展的内在机制；就其外部而言，有一种将科技进步与经济社会发展有机联系起来的连接机制。科技自身的发展，以及它对经济社会的作用，需要一定的运行机制与运行环境，建立有效的科技运行的支撑体系。应当从科学意识的树立、基础教育质量的提高等方面加以完善，保证科技真正成为第一生产力。

◀ 思考题 ▶

1. 科技如何通过劳动、资源和资本品并入生产过程，实现自身为第一生产力？
2. 为什么说科学革命的实质是思想革命？
3. 为什么说现代科技革命的实质乃是生产力革命？
4. 为什么说科技是面向人类未来的双刃剑？
5. 为什么说科技自身的发展，需要建立有效的科技运行的支撑体系？

---

① 吴向红，孙波，陈忠. 科学的开放性及其潜在敌手：论当前自然科学教育的缺陷. 科技导报，1994（4）.

第九章
生态价值观与可持续发展

    随着自然环境破坏的深刻化，环境问题的研究真正开展起来，生态价值观开始兴起。许多重要的思想和观点提了出来：科学万能论问题、生态价值观问题、增长的极限问题、可持续发展问题，等等。

一、科学万能论与生态价值观

1. 科学万能论的流行与破产

    科学技术作为调节人与自然关系的本质力量，在历史上曾把人从受制于自然的被动地位提升到与自然平等对话地位。科学技术的发展，以及它在促进人类文明进程中日益显示出的巨大力量，使人们对它寄予无限希望，并且一度导致科学万能论的流行。但是，当今生态危机的现实无情地打破了科学万能的观念。有些人又转而指摘科学技术，把它视为危机的根源。问题究竟该怎么看？科学技术的价值如何才能真实地体现？这些问题需要认真做出回答。

    科学万能论出自近代机械论世界观勃兴时期对科学技术无限信赖的唯科学主义思潮。它认为人类在征服、改造自然方面，原则上没有科学技术解决不了的难题。科学万能论的产生和流行，与人类对理性的发现和张扬是紧密联系的，它是人类对理性力量无限推崇的必然产物。在这一意义上，科学万能论与理性至上的信念是一致的。

    人被定义为理性的动物，与动物相区别的正是理性。希腊人天才地直觉到了理性的力量，相信人能够凭借理性而非神性来把握世界。柏拉图告诫人们："人应当通过理性，把纷然杂陈的感官知觉集纳成一个统一体，从而认识理念。"① 而普罗泰哥拉 "人是万物的尺度，是存在者存在的尺度，也是不存在者不存在的尺度"② 的思想，则鲜明地表达了古人对自然的态度。古希腊文明中，人是自然主人的思想已露端倪。

15 世纪的西方文艺复兴运动使理性获得高度弘扬。人文主义对人的颂扬，以及自然主义对认识自然的现实主张，使自然界在理性的人看来已不再神秘，而是充满秩序的图景。伽利略就认为自然界是用数学语言写就的，自然的真理存在于数的事实之中。培根深信人类控制自然的力量深藏于知识之中，科学的作用在于运用正确的方法寻求这种知识，他提出了 "知识就是力量" 的名言。笛卡儿则强调人的理性力量。他运用 "我思故我在" 的演绎推理方式，赋予自然以逻辑秩序，并把人置于中心支配地位。

在高扬的理性主义旗帜下，人与自然关系被抽象的主体与客体关系取代。近代认识论的主客二分以及强调人的主体地位，在观念上树立起人是自然主人的信念，自然变成了人类征服的对象。与此同时，从神学教义中解放出来的自然科学便在自觉的理性思维基础上，在对自然过程控制和干预中建立起探索自然奥秘的实验研究方法，从而使远离经验的科学与技术结合，并具有工具性和可操作性特征。科学因此获得了新的力量。沿着这条道路，近代力学在牛顿那里得到完美的综合，从而使机械论自然观占据统治地位。19 世纪电力技术革命再次显示了人对自然力的支配，表明人类不仅能驾驭自然力，而且还能利用被改造了的自然力去控制其他自然物质过程。在此基础上，人类建立了庞大的现代工业体系和高效益的生产管理体制。

随着科学技术被广泛运用于社会生产过程，人对自然的支配能力急剧扩大，人在自然界的地位发生了根本转变。科学技术的作用消除了人类对黑夜的恐惧，使人不必再为获取基本的生存物品而犯愁。人类可以任意涉足地球的一切地方，甚至可以越出地球，千里之遥的交流如同面对面的交往，这一切无不显示出人的主人地位。在短短的几百年间，人类从巨大的物质利益和精神享受中，切身感受到科学技术赋予自己的征服自然的巨大力量。科学技术为现代文明所做的一切贡献，使人似乎有理由相信，只要依靠科学技术，人类在征服自然的道路上就不存在不可逾越的障碍。

2. 生态运动与反科学思潮

建立在人类中心主义之上的 "科技万能论"，导致一部分人的自我意识极度膨胀，他们漠视人类对自然环境和自然资源的依赖性，对科学技术一味地采取实用主义态度，从而加剧了人与自然的对立。

面对全球性生态危机和人口、资源压力，20 世纪 60 年代兴起的生态运动唤起了人类的生态意识，它高举 "保护生态环境，反对输出污染" 大旗，把矛头直接指向以牺牲环境为代价而采取的聚敛财富行为，得到社会广泛呼应。绿色和平组织、"绿党" 之类的政治组织和团体迅速涌现。联合国在环境保护方面的价值导向，为生态运动推波助澜，

① 北京大学哲学系外国哲学史教研室，编译. 西方哲学原著选读：上册. 北京：商务印书馆，1983：75.
② 同①74.

使之发展成为影响深远的全球性社会文化思潮。

在传统工业社会中，科学技术备受推崇，人们对它能赋予巨大物质财富和精神幸福的力量深信不疑。而在当代社会，随着核技术、农用化学技术等在应用过程中暴露出来的种种问题，人们对科学技术转而采取一种审慎的批判态度。几乎所有生态运动成员都反对盲目崇拜科学技术，并主张改变现存的生产方式。他们把科学技术视为一柄双刃剑，一刃对着自然，而另一刃对着人类自己。一种流行的观点认为，科学技术不能从根本上解决资源和生态问题，因为它即使可以解决某些具体问题，也不可能克服地球物质系统本身的局限性。罗马俱乐部在其著名报告《增长的极限》中明确表达了这样一种看法："我们甚至尝试对技术产生的利益予以最乐观的估计，但也不能防止人口和工业的最终下降，而且事实上无论如何也不会把崩溃推迟到 2100 年以后。"① 与罗马俱乐部成员把分析集中在生存环境上不同，人文主义者则在意识形态层面上对科学技术进行浪漫主义批判。斯宾格勒、海德格尔、雅斯贝尔斯等学者，都把技术当作人类文明堕落、道德沦丧的根源。法兰克福学派则更认为科学技术排斥意志，压制情感，造就了单面社会、单面人和单面思维。

这些思想对当代生态运动产生了深刻的影响，导致了生态运动中的反科学思潮，并把矛头直接指向了科学技术本身。在生态运动成员看来，科学技术固然带来了地球表面的繁荣，却严重破坏了地球生态系统的稳定性和有序性，而生态系统对人类的生存发展更为基本；科学技术创造了现代物质文明，却又为毁灭文明提供了高效手段，增加了不安全感。

生态运动中的反科学思潮作为对近代以来流行的理性至上、科学万能的反驳，给人以警示，使人由对技术盲目崇拜转向对技术的审慎运用，它们无疑具有积极的意义。但将生态危机归咎于科学技术的发展，导致对科学技术的否定，则不免有失偏颇。

科学技术作为调节人与自然关系、实现人的价值目标的中介性手段，是人的本质力量的对象化。科学技术的双重属性决定了它既要受到自然规律的制约，又要受到社会文化价值观和人的目的的规范。在人类认识和改造自然能力低下的时候，科学技术主要表现为"自然的"选择过程，而随着人类认识和改造自然能力的增强，科学技术的发展则越来越取决于人的"价值的"选择。人的文化价值观成了规范科学技术的主导力量。

3. 生态价值观确立的合理性

科学技术不能也不应该为当下的人类生存困境负责，恰恰是人类自己有不可推卸的责任。因为在人统治自然的价值观下，人总是以功利眼光看待一切。人类对科学技术的价值判断和评价仅仅只是实用性的、纯经济或政治的考虑，而忽视了它与自然的价值或人类根本价值要求可能的背离。人们在追求合目的的科学技术效用的正面价值之时，不得不承受由此带来的违背人的更高目的或价值要求的负面价值。

科学技术的快速进步，使人拥有了支配、控制责任的巨大能力，这种能力的获得使

---

① 米都斯，等. 增长的极限. 成都：四川人民出版社，1984：166.

人从自然界的消费者地位上升到调控者地位。作为调控者，人对自然生态系统具有道德责任和义务。然而，人类的理性常常滞后于科技变革的实际过程，不能及时认识到自己应负的责任和义务。在缺乏对自然系统深刻理解的情况下，人类无法避免与自然的激烈冲突。

呈现在人类面前的自然界原本是一个多样性的价值体系，除了经济价值外，还有生命价值、科学价值、美学价值、多样性与统一性价值、精神价值等。然而，在传统的人类中心主义价值观下，自然界的一切价值都被归结为人类价值，人类的需要和利益就是价值的焦点，科学技术仅仅是人实现人类需要和利益的工具。因此，人类困境，从根本上讲，不是科学技术发展所必然带来的问题，而是受传统价值观所规范的科学技术被实际运用的后果问题。造成人类生存困境的根源不在科学技术，而在于支配着科学技术运用的价值观，本质上是价值观危机。

近代以来人类追求的人对自然界的中心地位，试图以征服和控制自然、无限地牺牲自然来满足人类需要的价值观，在严峻的现实面前遭到无情抨击。《寂静的春天》作者卡逊认为控制自然的观念是人类妄自尊大的想象产物，是在生物学和哲学还处于低级幼稚阶段的产物。威廉·莱斯试图对控制自然的观念做出新的解释，认为它的主旨在于伦理学的或道德的发展，而不是科学和技术的革新，控制自然的任务应当理解为把人的欲望的非理性和破坏性方面置于控制之下。我们不应该把人类技术的本质看作统治自然的能力。相反，我们应该把它看作对自然和人类之间关系的控制。这种观点对正确理解当代人与自然的关系无疑是十分重要的。

人本来是自然的一部分，对自然的理解应当包括对人自身的认识。这样，控制自然观念便具有双重内涵，即对外部自然的控制和对内在自我的控制。早期人类控制自然的能力很弱，人的作用不至于破坏自然生态系统的自我调节功能，因而控制自然主要表现为对外部自然的控制。随着支配自然能力的迅速增强，人类对自然的破坏力也相应扩大。这时，控制自然也应当包括对人类干预自然造成的负面效应的控制。只有对人自身能力发展方向和行为后果进行合理的社会控制，以约束人类自身的行为活动方式，才能保证对人的创造力的强化和对人的破坏力的弱化，把人与自然关系中的负面效应降到最低限度。

从对自然的控制转向对自我的控制，表明传统价值观的合理性在当代的失效。人类需要一种人与自然的新型关系，即生态价值观下的人与自然的协调发展关系。与传统价值观那种把自然视为"聚宝盆"和"垃圾场"的观念相反，生态价值观把地球看作人类赖以生存的唯一家园。它以人与自然的协同进化为出发点和归宿，主张以适度消费观取代过度消费观；以尊重、爱护自然代替对自然的占有欲和征服行为；在肯定人类对自然的权力和利益同时，要求人类对自然承担相应的责任和义务。

生态价值观把人与自然看成高度相关的统一整体，强调人与自然相互作用的整体性，代表了人对自然更为深刻的理解方式。现代生态学理论揭示出，整体性是生态系统最重要的特征。自然界是由物质循环、能量流动、信息交换多样性构成的巨大有机整体，每一物种都占据着特定的生态位，都离不开与其他物种的联系和对环境的依赖。系统依靠复杂的反馈机制，实现自我调节和自我维持功能，保持系统在一定时空中的相对稳态。

当代生态危机正是人类从系统中取走过多的生物产品，向系统输入超出系统净化能力的污染物，引起系统退化所致。这是人类在尚未充分认识和能动把握生态规律情况下盲目活动的结果。

生态价值观反对不加区分地运用一切技术，反对刻意追求技术的工具效用。它对技术具有明确的价值选择，即技术的运用不仅要从人的物质及精神生活的健康和完善出发，注重人的生活的价值和意义，而且要求技术选择与生态环境相容。

随着生态运动的纵深发展以及生态价值观的逐步确立，科学技术范式正在发生转变，显现出明显的"生态化"发展趋势。这种趋势最终将导致社会生产和生活方式的根本性转变。必须指出，科学技术并非作为一种独立的力量推动人与自然关系的演化，它的作用要受到文化背景及价值观的制约。科学技术的工具性特征使它自身缺乏判断。它既可以帮助人类摆脱自然对人的奴役，也可以为人类统治自然的目的效力，还能成为推进人与自然协同进化的中坚力量。尽管科学技术参与价值观的形成，然而，价值观一旦确立，科学技术的作用就将被特定的价值观规定。科学技术的能动调节作用总是在与一定的价值观共同作用下体现出来的。生态价值观的确立，将使科学技术在人与自然之间发挥更大的调节作用。

二、增长的极限与"发展"的危机

随着科学的发展以及人类改造自然能力的增强，工业时代的人类在使国民生产总值呈指数增长的同时，人类对自然环境的破坏呈现加速和全球化趋势；在人口剧增、人类对资源的消耗剧增的同时，自然资源日益贫乏。也就是说，人类在对自然进行巨大改造的同时，给自然带来了巨大的破坏；人类在自身得到极大发展的同时，使全球濒临灾难的边缘。全球性的人口危机、资源危机、环境危机，使人类处于生死存亡的紧急关头：要么沿着传统的老路走下去，从而加速人类对自然的破坏和人类的灭亡；要么沿着可持续发展的道路行进，从经济增长观转型为可持续发展观，从工业文明转型为生态文明，留下一个适合于后代的地球。

1."增长的极限"

人类社会在使得人口和生产呈指数增长的同时，造成了严重的资源耗费和环境破坏。整个20世纪，人类消耗了1 420亿吨石油、2 650亿吨煤、380亿吨铁、7.6亿吨铝、4.8亿吨铜。占世界人口15％的工业发达国家，消费了56％的石油和60％以上的天然气、50％以上的重要矿产资源。如此巨大的消费，是靠透支地球自然资源的存量取得的。这不仅减少了人类赖以生存的资源数量，出现资源危机，而且，破坏了生物赖以存在的生态环境基础，造成了地球所储存能量和物质的巨大消耗，引起地球生态呈现不稳定的状态，引发了自然地理环境的恶化，无情地报复了置自然地理环境保护于不顾的人类。如果听任这种状况继续下去，那么人类社会的发展在一定时间内会在达到某一极限之后很可能出现崩溃。①

　　"罗马俱乐部"成员、美国科学家米都斯在 1972 年出版的《增长的极限》一书中，首先提出了"增长的极限"的概念。他认为，地球是有限的，在地球上决定人类命运的有五个因素：人口、粮食生产、工业化、污染和不可再生的自然资源消耗，这五个因素每年都按指数在增长。当这许多不同的因素在一个系统里同时增长时，在一个较长的时期中，每一个因素的增长都最终反馈影响自身，形成恶性循环。这个恶性循环走向极端就是地球上的不可再生资源会被耗尽，环境污染会无法消除，粮食生产的增长会终止。总之，人与自然界在相互作用中最终将遭到灾难的冲击。

　　《增长的极限》发表后，在全球范围内敲响了人和自然关系危机的警钟，使西方社会长期以来流行着的"自然资源是无限的、科技进步和物质财富增长是无止境的"盲目乐观主义思潮受到极为强烈的震撼。这是人类第一次用系统动力学方法研究人类社会未来的发展，从而建立了第一个"世界模型"；第一次对人类发展的严重困境提出警告，使人们警醒过来，开始反思以往的社会发展道路，寻求对策，以避免人类可能遇到的困境。

　　当然，《增长的极限》一书所使用的模型过于简单。后来，米都斯对此进行了修正，得出的结论是：

　　其一，人类对许多重要资源的使用以及许多污染物的产生都已经超过了可持续的比率。不对物质和能量的使用做显著的削减，在接下去的几十年中人均粮食产出、能源使用和工业生产将会有不可控制的下降。

　　其二，上述的下降是不可避免的。要想防止这种下降，两个改变是必需的。第一便是修改使物质消费和人口持续增长的政策及惯例。第二是迅速地提高物质和能源的使用效率。

　　其三，可持续发展的社会在技术和经济上都是可能的。它比试图通过持续扩张来解决问题的社会更可行。向可持续发展的社会过渡需要兼顾长期的和短期的目标，同时又要强调产出的数量。它需要的不只是生产率和技术，它还需要成熟、热情和智慧。②

　　虽然《增长的极限》一书中的某些预测没有成为现实，但是，这并不意味着人类发展的未来不会出现资源短缺、环境破坏。诚然，发达国家的环境确实有所改善，但这并不意味着《增长的极限》没有言中，而是因为它们听从了它的警告，从而改变了事态发展的方向。1999 年联合国环境规划署发表的一份题为《2000 年全球环境展望》的报告，在综合了全世界 850 多位科学家和 30 所著名研究机构的意见后提出：环发会议召开 7 年后，在体制建设、国际共识的建立、有关公约的实施、公众参与和私营部门的行动方面已取得一些进展，一些国家成功地抑制了污染并使资源退化的速度放慢，然而总体情况是全球环境趋于恶化，重大的环境问题仍然存在于所有区域和各国的社会经济结构之中，制止全球环境恶化的时间所剩不多。

　　实际上，经济活动受到自然的有限性、热力学第二定律以及生态系统承载力三方面的限制，尽管技术的进步和不可再生资源的更多利用能够在一定程度上打破这一限制，

　　①　林培英，等. 环境问题案例教程. 北京：中国环境科学出版社，2002：313.
　　②　唐奈斯·H. 梅多斯，等. 超越极限：正视全球性崩溃，展望可持续的未来. 上海：上海译文出版社，2001：5.

但不可能超越这一限制。经济不可能无限地增长下去。

摆脱生态环境危机与人类社会的发展并不矛盾，而只是与人类社会传统的发展模式相排斥，可以这么说，生态环境危机的产生正是与人类社会以往的发展模式以及发展观念的欠缺相关联。

2. 传统发展观的误区及其危机

在不同的时期，人们对什么是发展以及如何实现发展的认识水平却是不同的。18 世纪工业革命开始以来，人们总是把发展片面理解为科学技术的发达和国内生产总值（GDP）的增长。这种传统工业文明发展观存在着很多误区，主要表现在以下三个方面：

其一，忽视环境、资源、生态等自然系统方面的承载力。许多世纪以来，由于人们对自然界的本质和规律的认识水平较低，生态知识有限，把美丽、富饶、奇妙的大自然看作取之不尽的原料库，向它任意索取愈来愈多的东西；把养育我们世世代代的自然界视为填不满的垃圾场，向它任意排放愈来愈多的对自然过程有害的废弃物。近三百年来，人类自恃科技的力量和无上的智能，以自然界的绝对征服者和统治者自居，肆意掠夺和摧残自然界的状况愈演愈烈，严重破坏了生态平衡规律，大大损害了大自然的自我调节和自我修复能力。

其二，没有考虑自然的成本。传统的发展观倾向于单向度地显示人类征服自然所获得的经济利润，没有考虑经济增长所付出的资源环境成本。这样的经济核算体系容易带给人们"资源无价、环境无限、消费无虑"的错误思想。而在实践行为上则采取一种"高投入、高消耗、高污染"的粗放外延式发展方式。这样虽然实现了经济的快速增长，同时却给地球带来不可估量的污损。西方工业文明发展的许多结果已经表明，今天的自然资源的过度丧失到将来也许花费成倍的代价也难以弥补。因此，那种不计自然成本、以牺牲自然为代价的增长不再有理由被视为是真正意义上的发展，真正的发展必须尽量少地消耗自然成本并有效地保持自然的持续性。

其三，缺乏整体协调观念。多少年来，由于人们对物质财富的无限崇尚和追求，总是把发展片面地理解为经济的增长和生产效率的提高，将注意力集中在可以量度的诸经济指标上，如国民生产总值、人均年收入、人均电话部数、进出口贸易总额，等等。20世纪 30 年代以来，凯恩斯主义经济学一直把 GDP 作为国民经济统计体系的核心，作为评价经济福利的综合指标与衡量国民生活水准的象征，似乎有了经济增长就有了一切。于是，增长和效率成了发展的唯一尺度，至于人文文化、科技教育、环境保护、社会公正、全球协调等重大的社会问题则受到冷落或被淡忘。这种对经济增长的狂热崇拜与追求，不仅使人异化为工具和物质的奴隶，导致社会畸形发展，而且引发了大量短期行为：无限度地开发、浪费矿物资源，贪婪地砍伐和捕猎动物，肆无忌惮地使用各种化学原料与农药，弃生态环境于不顾，等等。

由于传统发展观存在着上述种种弊端，当人们庆贺经济这棵大树结出累累硕果的同时，人类赖以生存和发展的环境却被破坏得百孔千疮。

由传统发展观引发的危机主要表现在以下几个方面：

其一，人口压力。世界人口在 20 世纪初为 16 亿，而 2000 年已超过 60 亿。目前，全世界人口正以每年近一个亿的幅度在增长，呈"人口爆炸"势头。预计到 21 世纪中期世界人口将达 100 亿。人口的飞速膨胀，意味着对多种资源如食物、水、各种矿产品以及各种用途的空间等需求量相应增大，这必然给地球上有限的自然资源带来巨大压力。难怪保罗·埃利希这位科学家和人类学家说："一颗人类的炸弹正在威胁着地球"。

其二，空气污染。生命须臾离不开空气。然而，工业生产和现代交通每天向空中喷射数千种化学物质，严重污染了大气，导致许多有害现象。如由二氧化硫和氮氧化物等产生的"空中死神"——酸雨，不仅影响森林和其他植物群的正常发育，使湖泊酸化从而引起鱼群减产或消失，而且对建筑物、文物和金属还有腐蚀作用；二氧化碳、甲烷、氯氟碳化合物等在大气中含量不断提高，产生温室效应，这可能导致海平面因海水受热膨胀和冰山融化而升高，淹没沿海低洼地区的城市和耕地；氯氟烃等气体还消耗大气中具有"保护伞"作用的臭氧层，使太阳紫外辐射无阻碍地到达地面，增加皮癌、白内障等疾病的发生，等等。

其三，水源污染和短缺。水是生命的源泉。可是据分析，当前世界的淡水资源约 1/3 受到工业废水和生活污水的污染。世界上有 100 多个国家缺水，其中严重的有 40 多个。至于海洋污染更具有全球性的特点，人们常把海洋当作"填不满的垃圾箱"，导致大量海洋生物死亡。而且，废物不断进入水中和在水中的不断积累，正在使被污染的水变得对动植物和人类无用甚至有害。

其四，土壤退化。土地是养育万物之母，也是一种难以恢复的环境要素。在自然力作用下，地球表面平均每千年才生成约 10 厘米厚的土壤层，每年生成的厚度比纸还薄！然而专家们估计，人类自开始耕作以来，因为砍伐森林、过度放牧，以及化肥、农药的污染，全世界已经损失了 300 万平方千米的耕地，相当于损失了三个中国的生产用地。水土流失，已经被视为当今世界的头号环境问题。现在全世界每年流失土壤 270 亿吨。有人推算，如果地球上土壤的平均厚度为 1 米的话，800 年后全球耕地就将消失殆尽！

其五，生物多样性锐减。人类自身的持续存在和生活质量的提高与其他生物物种的存在是息息相关的。但由于人口的压力，自然生态的破坏，对资源的过分开采及污染等影响，地球上的物种自 1600 年以来已有 724 个灭绝，目前每天有 100 个～300 个物种临近灭绝。许多专家认为，地球上全部生物多样性的 1/4 可能在未来的 20 年至 30 年内有消失的严重危险。

其六，森林面积急剧减少。1991 年世界森林大会宣告：全世界消失的森林面积已达到 17 万平方千米。这样递减下去，不到 300 年，森林就不存在了。而物种密度最集中的热带雨林正以每年 1％～2％ 的速度被毁灭，如果 50 年至 100 年后热带森林从地球上消失，就意味着一半以上的物种将消失，这是对地球上生物多样性的严重威胁。

3. 传统发展观的负面效应

现代科技是现代社会发展的催化剂和巨大杠杆。但是，现代科技也给人类带来了负面影响，在观念上也产生了一些误区。传统发展观之所以造成负面效应，究其原因，主要是人类认识水平的限制和多种社会因素的作用。

（1）人类认识水平的限制

就认识根源来看，首先要归咎于工业革命造成的片面的自然观——"人类是自然界的统治者"的观点。殊不知，包含人类这个物种在内的自然界是一个有机的、辩证地存在和发展着的大系统，对于任何超出其自我调节、自我修复能力的内部异动和失衡，它都必然会做出异常的、对人类也许颇具威胁的反应。诸如生态平衡失调、环境恶化、资源匮乏、能源枯竭等现象，便是自然界这种痛苦反应的结果。英国经济学家舒马赫曾一针见血地指出：出现这么惊人、这么根深蒂固的错误，与过去三四个世纪中人类对待自然的态度在哲学上的变化有密切的联系，现代人没有感到自己是自然的一部分。

其次，是科学技术自身的局限性。大自然是纷繁复杂、千变万化的，科学技术作为人类对自然规律的认识和运用，是一个不断发展、充实和完善的活动过程，它在各个发展阶段上都存在不可避免的局限性。当自然科学的研究着重分门别类搜集材料之时，人们偏爱还原法，总喜欢把研究的事物分解为许多细部，即所谓"拆零"，往往忽略或忘记了部分之间的内在联系、部分与整体的联系以及事物与环境之间的联系。"只见树木，不见森林"，使人类忘记了自身属于自然界这个整体，把人类与自然界绝对对立起来，可能导致灾难性的生态后果。当今，人们对一些新技术和复杂技术如核技术、生化技术、重大工程技术的性质的认识仍欠全面、深刻，因而在实际设计和使用这些技术时往往欠合理、规范，预防事故的措施也不够健全，应用技术也可能给人类带来危害。此外，人类常常容易看到眼前的利害和直接的后果，难以充分觉察、预料长远利益和间接后果，进行决策和应用科技成果也可能造成失误。必须清醒地估计到，人类无论是凭借已有的科技干预自然，还是根据某种意志创造人工自然，总是难免部分地背离自然规律，招致意想不到的失误。

（2）多种社会因素的作用

现代科技已不再是纯正中立的，它已和经济、政治、军事、社会等因素牢牢结合在一起。这种结合对于改善人类的生存状况，增强人类的发展潜力无疑起着关键的作用。但我们也应看到，一些个人、实业集团乃至国家，为了眼前的私利，肆无忌惮地滥用科技，以致产生了严重的科技异化现象。例如，在两个超级大国对抗的"冷战"年代里，大规模发展核武器和生产生化武器。据统计，当时全世界动用了5 000万科技人员（几乎占全世界科技人员总数一半）、60％的世界资源来发展、研究军事。20世纪80年代中期，全世界的核武器库贮存了50 000个核弹头，其总威力大约相当于100万个投放于广岛的原子弹。这意味着世界上的每个居民包括孩子在内正坐在具有3.5吨TNT（三硝基甲苯）当量的有待爆炸的烈性炸药之上。在当今科技革命迅猛发展、和平与发展已成为世界主题的新形势下，发达国家又把高科技作为国际政治生活的重要筹码，它们经常使用"科技封锁"、设定"技术禁区"对其他国家进行制裁，或通过某些新技术的输出，以换取对方的"政治让步""政治妥协"。科技落后的发展中国家在国际事务中常受摆布，受到不公正对待。如果说军国主义者以严厉的科技手段来自我毁灭，强权主义把高科技作为对其他国家进行制裁的惯用手法，那么经济实用主义却把现代科技的发展引上了邪路。当代科技成果往往被资本家集团垄断，为了追逐高额利润和达到种种自私目的，资本家集团可能不顾社会公德，用科技手段去干有害于人类的事：或以掠夺性经营的方式对待自然界，为了多销产品、多赚钱鼓吹"高消费"，造成人为的资源"高浪费"和环境的"高污染"；或把危害环境的"污浊生产"（如化工、冶金、造纸、石油加工等）向发展中国家输出；等等。很明显，资本主义就其本质而言，不可能从根本上消除科技异化现象。

处在社会主义初级阶段的国家和发展中国家，由于缺乏健全得力的道德监督、法律控制，受其经济力量的制约，滥用科技成果的行为也经常发生。例如，资源国有制度，从根本上来说有利于资源保护和有计划地使用与再生，但也容易产生所有权不明确，管理责任、管理制度不落实，管理者缺乏主人翁意识等问题。其结果，自然资源得不到有效保护。再如，一些发展中国家为了实现经济起飞，摆脱贫穷，在技术落后、资金奇缺的情况下，往往不惜低价出售自己宝贵的自然资源，或者被迫引进那些在发达国家被淘汰的、污染严重、物能消耗大的技术和产业，这就会进一步加剧这些国家的环境、资源、能源的危机。

总之，种种科技异化现象的产生或加剧，都包含着各式各样的、不同程度的社会因素的作用。而这些社会因素的总根源，正在于特定的生产方式的局限。恩格斯指出："到目前为止存在过的一切生产方式，都只在于取得劳动的最近的、最直接的有益效果。……在西欧现今占统治地位的资本主义生产方式中，这一点表现得最完全。支配着生产和交换的一个一个的资本家所能关心的，只是他们的行为的最直接的有益效果。不仅如此，甚至就连这个有益效果本身……也完全退居次要地位了；出售时要获得利润，成了唯一的动力。"① 不合理的经济制度和社会制度，是产生包括科学技术异化在内的种种社会异化（如劳动异化）现象的本质根源。按照马克思对未来社会的预见，只有到了共产主义社会，社会化的人，联合起来的生产者，才能合理调节他们与自然之间的物质交换，把它置于他们的共同控制之下，而不让它作为盲目的力量来统治自己。当然，要实现马克思的美好预言，需要地球上几十亿居民的携手合作与共同奋斗。

三、从经济增长观到可持续发展观

1. "经济增长观"的根本误解

在一切社会形式下，人类的生存和发展都必以经济活动为前提，以经济增长来保护人类生活质量的提高，增长经济成为人们孜孜以求的事情。这点在二战后表现得更加突出。二战后，随着一大批殖民地、半殖民地国家的相继独立，整个世界都忙于战后的重建、恢复和发展。西方国家和遭受战乱的国家把加速经济建设视为最紧迫的任务；战后所独立的国家和地区关心的是如何振兴本国经济，消除贫困，确立它们在世界体系中的地位，走上真正的自立发展道路。

---

① 恩格斯. 自然辩证法. 北京：人民出版社，1971：160-161.

在这样的背景下，在 20 世纪 60 年代之前，各国以发展经济学为中心、以物质财富的增长为发展目标来构建经济发展理论，促进经济的增长。当时，人们还没有把"发展"（development）与"增长"（growth）两个概念区别开来，认为经济增长可以解决诸如贫困、收入分配不平等以及社会安定等一系列问题。发达国家和发展中国家的政治领导人，普遍把国内生产总值的增长当作一个国家经济增长的代名词，GDP 的增长率几乎成为衡量一国经济绩效的唯一标准。如此就将经济增长等同于社会发展。

这样，社会发展就成为一种经济行为，经济客体成为发展视界的唯一或主要选择，经济增长的具体标准成为衡量社会发展的尺度，社会发展仅仅归结为国民生产总值的增长：国内生产总值增长了，社会也就进步了，社会发展的程度也就提高了。这是传统经济增长观的根本误解。

发展是大多数人渴望的目标，通过经济发展获得社会发展是大多数人的希望所在。但是，传统的经济增长观注重近期和局部的利益，片面强调经济发展，忽视人口、资源、环境的协调发展，很可能会带来人口膨胀、过度城市化、分配不公、社会腐败、政治动荡、环境危机等，也就是带来"有增长无发展"、"无发展的增长"或"恶的增长"的结果。

这种情况必然引起人们普遍的忧虑，尤其是从 20 世纪初到 60 年代—80 年代，人类在经历了一系列重大的公害事件对经济和社会发展的严重冲击后，痛定思痛，开始反思和总结"经济增长观"。人们开始认识到，经济增长和社会进步之间是不能画等号的。单纯的经济增长不等于发展，虽然经济增长是发展的重要内容，但发展本身除了"量"的增长要求以外，更重要的是要在总体的"质"的方面有所提高和改善，即社会应该获得整体意义上的进步。

英国学者杜德利·西尔斯在《发展的含义》一文中指出：经济增长和社会进步之间不能画等号。"增长"和"发展"是两个不同的范畴。增长仅仅只是物质的扩大，增长本身是不够的，事实上也许对社会有害；一个国家除非在经济增长之外在不平等、失业和贫困方面趋于减少，否则不可能享有发展。法国社会学家佩鲁认为，增长、发展是性质不同的概念。增长是指社会活动规模的扩大。发展是结构的辩证法，是指社会整体内部各种组成部分的联结、相互作用以及由此产生的活动能力的提高。假如增长不能改变整体内部诸要素之间的关系和能力，就被称为"无发展的增长"。经济增长和经济发展是不同的。增长意味着在一定时期所生产的产品和服务的总量（GDP）的量的增长，也意味着通过一定经济系统的物质和能量的流动速率（自然流量）的增长。这样的增长在生物物理上是有限制的，甚至在经济上，即边际成本开始超过边际收益的意义上也是有限制的。它不可能超越资源再生和废物接纳的可持续的环境能力而永远持续下去。如果放任这样的经济增长持续下去，将使人们更加贫穷而不是更加富有，也将使得消除贫困和保护环境更加艰难。正因为这样，一旦达到这个临界点后，生产和再生产就应该仅仅是替代。物理性增长应该停止，质量性改进应该继续。最终由经济增长走向经济发展。增长的含义是"通过吸收或生长产生新增物质从而带来规模上的自然增加"。发展则意味着"扩张或实现某种潜能，逐渐达到更规范、更令人满意或更好的状态"。说某物增长了，是说它变得更大了；而说它发展了，是说它变得不同了。经济增长的含义较窄，通常指纯粹意义的生产增长。发展的含义较广，除生产数量的增长外，还包括经济结构和某些制度的变化。它不仅要有量的增长，而且要有质的提高。以经济增长代替人类社会发展，是以人之外的"物"代替了人，以发展经济代替了发展人类，忽视了经济发展与政治制度、意识形态、文化价值的相互关系，必定引发一系列经济社会问题。

鉴此，有识之士普遍主张，应该由社会发展的经济增长观向综合的社会发展观转变。英国学者托达罗指出：应该把发展看作包括整个社会体制重组在内的多维过程。除了收入和产量的提高外，发展显然还包括制度、社会和管理结构的基本变化以及人的态度，在许多情况下甚至还有人们习惯和信仰的变化。法国学者罗兰·柯兰则把"社会进步指数"作为衡量社会、政治和文化现象的综合标准，包括技术系统、经济系统、政治系统、家庭系统、个人社会化系统、思想与哲学宗教系统等六大方面。1970 年 10 月 24 日，在纪念《联合国宪章》生效 25 周年会议上，通过的"联合国第二个发展十年（1970—1980年）"国际发展战略目标中，除经济指标外，还规定了反映社会政治状况改善的其他指标。与此同时，许多国家在制定国家计划时，不再像过去那样搞"国民经济发展计划"，而是制订"经济社会发展计划"。

这种综合的社会发展观，唤醒了人们对自身社会发展终极目的的理性思考，提出了一种不同于经济增长观的新的发展战略，赋予了人作为发展主体的内涵，从以物质为中心的发展转变到以人为中心的发展，为人们寻找最好的社会发展道路，打开了广阔的视界。

2. 可持续发展思想的成长

面对如此严峻、复杂、紧迫的环境危机以及一系列社会问题，人们从 20 世纪 70 年代开始积极反思和总结传统经济发展模式中不可克服的矛盾，认识到发展不只是物质量的增长与速度，也不仅仅是"脱贫致富"，它应该有更宽广的意蕴：所谓发展是指包括经济增长、科学技术、产业结构、社会结构、社会生活、人的素质以及生态环境诸方面在内的多元的、多层次的进步过程，是整个社会体系和生态环境的全面推进。于是，催生出一种崭新的发展战略和模式——可持续发展。

从片面追求科技与经济发展，到强调人的全面发展，再到谋求人与自然的持续协调发展，充分显示了人类理性的力量。人类在发展观上的变迁，事实上是不断对科技参与社会发展的过程和方式做出更加明智、合理的限定。

在可持续发展观的产生和发展过程中，有几件事的发生具有历史意义，那就是：

1962 年，美国海洋生物学家 R. 卡逊所著《寂静的春天》一书问世。它标志着人类把关心生态环境问题提上议事日程。书中，卡逊根据大量事实科学论述了 DDT 等农药对空气、土壤、河流、海洋、动植物与人的污染，以及这些污染的迁移、转化，从而警告人们：要全面权衡和评价使用农药的利弊，要正视由于人类自身的生产活动而导致的严重后果。

1972 年 6 月联合国在瑞典的斯德哥尔摩召开人类环境会议，为可持续发展奠定了初步的思想基础。这次会议有 114 个国家和地区的代表参加，发表了题为《只有一个地球》

的人类环境宣言。宣言强调环境保护已成为同人类经济、社会发展同样紧迫的目标，必须共同和协调地实现；呼吁各国政府和人们为改善环境、拯救地球、造福全体人民和子孙后代而共同努力。本次会议唤起了世人对环境问题的觉醒，并在西方发达国家开始了认真治理，但尚未得到发展中国家的积极响应。而且这一阶段强调的是单纯的环境问题，还没有深刻地将环境问题与社会的发展很好联系起来。

可持续发展作为一种概念，1980年首次在联合国制定的《世界自然保护大纲》中提出；作为一种理论，于1987年形成于《我们共同的未来》；作为一种发展战略普遍被各国接受，是于1992年联合国环境与发展大会通过的《21世纪议程》。

1987年，挪威首相布伦特兰夫人主持的世界环境与发展委员会，在长篇专题报告《我们共同的未来》中第一次明确提出了可持续发展的定义："既满足当代人的需求，又不对后代人满足其自身需求的能力构成危害的发展"。报告以此为基本纲领提出了一系列政策和行动建议。从此，可持续发展的思想、战略逐步得到各国政府和各界的认同。

1992年6月，联合国在巴西的里约热内卢召开了环境与发展大会，共183个国家及地区的代表团、联合国及其下属机构等70个国际组织的代表出席了会议，102位国家元首或政府首脑到会讲话。这次大会深刻认识到了环境与发展的密不可分；否定了工业革命以来那种"高生产、高消费、高污染"的传统发展模式及"先污染、后治理"的道路；主张要为保护地球生态环境、实现可持续发展建立"新的全球伙伴关系"；通过和签署了为开展全球环发领域合作、实现可持续发展的一系列重要文件，如《关于环境与发展里约热内卢宣言》《21世纪议程》《关于森林问题的原则申明》《生物多样性公约》，等等。它们充分体现了当今人类持续协调发展的新思想，并提出了相应的行动方案。可以说，本次会议是人类转变传统发展模式和生活方式，走可持续发展道路的一个里程碑。

这之后，不同学科的学者从不同的角度讨论了可持续发展的理念。比较多的共识是，可持续发展就是协调人与自然之间的关系和人与人之间的关系，最终达到自然的可持续发展、经济的可持续发展、社会的可持续发展。

自然的可持续发展是指维持健康的自然过程，保护自然环境的生产潜力和过程，使之能够满足经济和社会可持续发展的需要。自然的可持续发展是社会、经济可持续发展的基础。没有前者，后者的发展也不能实现。但是，前者的发展不是自发的。由于人类社会的进步、人类改造自然的力量的增强，人类因素已经成为自然发展变化的主要因素，因此，自然的可持续发展的实现必须由人类恰当的行为和思想来保证，由经济的和社会的可持续发展来保证。

经济的可持续发展是指在保护自然资源和环境的前提下，保持经济的稳定增长，最大限度地增加经济发展的利益，提高国家的收入，使环境与资源具有明显的经济内涵。这样看来，经济可持续发展有二：一是在经济发展过程中保持自然的可持续发展；二是在自然的可持续发展基础上保持经济增长。经济可持续发展的目的不是自然的可持续发展，保持自然可持续发展的直接目的是经济和社会的可持续发展。否定经济的可持续发展来追求自然的可持续发展，就是放弃人为，消极地顺应自然，以经济和社会的停滞发展为代价获得自然的可持续。可以说，这绝不是可持续发展。可持续发展战略不仅要求自然、经济和社会的可持续，而且要求这三者要发展，要求在这三者的发展过程中保持三者的可持续，在这三者可持续发展的过程中获得发展。放弃发展是一种历史的倒退，不为现实所接受；放弃持续发展，是杀鸡取蛋、竭泽而渔，会加快人类的消亡。二者都是片面的。

可以说经济的可持续发展是可持续发展战略的核心和关键。自然的可持续发展是在可持续经济的运行中实现的，实现了的可持续发展的自然又为经济的可持续发展提供物质基础，也只有经济可持续发展才能保证社会的可持续发展。

对于社会的可持续发展，一般是指满足社会的基本需要，保证同代人之间、不同代人之间在资源和收入上的公平分配。这一定义现在普遍被人们接受。它从时间的角度体现了可持续发展的特征。但是，它并没有充分阐述可持续社会发展应是一个什么样的状态，即什么样的社会才能保证其可持续发展。查尔斯·哈珀对此进行了阐述。他认为，一个可持续社会能够抑制人口增长并使之稳定；一个可持续社会将保存其生态基础，包括肥沃的土壤、草地、渔场、森林和淡水地层；一个可持续社会将逐渐减少或停止对矿物燃料的使用；一个可持续社会在任何意义上说，都将变得更有经济效率；一个可持续社会将拥有与这些自然、技术和经济特性相和谐的社会形成；一个可持续社会将需要一个信仰价值和社会范式的文化；在一个相互联系而且共同分享环境的世界中，一个可持续社会将需要在其他社会的可持续性基础上与其他社会进行合作——按照它们的环境不同。[1]社会的可持续发展是实施可持续发展战略的根本保证和最终目的！

由此可见，在经济增长观片面指导下所涉及的问题不单单是环境资源问题，更是整个的社会发展问题；可持续发展观所涉及和所要解决的问题也不单单是环境资源问题，还有许多其他的社会发展问题。环境问题的产生与其他社会问题的产生是紧密联系在一起的，环境问题的解决也应该在解决其他社会问题的过程中进行。

科学的发展观是对"发展是硬道理"的丰富和补充，它表明"发展是硬道理"并不意味着"增长是硬道理"，也不意味着"增长率是硬道理""GDP 增长是硬道理"，而是意味着只有社会的整体协调发展才是硬道理。如此，就应该把资源成本和环境成本纳入国民经济核算体系，从根本上改变政府官员的政绩观，推动粗放型增长模式向低消耗、高利用、低排放的集约型模式转变，真正把科学的发展观落实到社会经济建设的各个层面、各个领域，从工业文明走向生态文明。

3. 可持续发展的重要原则

可持续发展的思想被世界普遍接受，其实践活动也开始在全球展开。其中《21 世纪议程》是一个广泛的行动计划，它提出了在全球、区域和各国范围内实现可持续发展的行动纲领，提供了一个从现在起至 21 世纪如何使社会经济与环境协调发展的行动蓝图，涉及与可持续发展相关的所有领域。它宣称，人类正处于历史的抉择关头：要么继续实施现行的政策，保持着国家之间的经济差距，在全世界各地增加贫困、饥荒、疾病和文

---

① 查尔斯·哈珀. 环境与社会：环境问题中的人文视野. 天津：天津人民出版社，1998：326-329.

盲，使我们赖以维持生命的地球的生态系统继续恶化，不然，就得改变政策，至少得实行以下几个重要原则：

（1）整体协调性

包括两层含义，其一是指要把人口、科技、经济、社会、资源与环境等要素视为一个密不可分的整体，注意它们之间的和谐发展，不能顾此失彼；其二是指要在地区、国家和全球范围内防止并消除两极分化，注意社会公平。许多资料表明：全球资源与环境恶化的根本起因，既有贫困地区为求温饱而不得不掠夺性地利用资源，更有富裕者为追求最大利润和奢侈享受而滥用资源。由于发展的基本目标是满足全人类的基本需求，所以贫困者的生存需求应当优先于富有者的奢侈需求。

（2）未来可续性

主要指代与代之间的均衡发展，既满足当代人的需求，又不损害后代人的发展能力。可持续发展观认为，在社会经济发展的长河中，各代人共有同一生存空间，他们对这一空间中的自然和社会财富拥有同等享用权和生存权。如果每代人都毫无节制地耗费资源和环境质量，不对其进行合理分配，那么人类生活将一代不如一代。因此，必须切实保护资源和环境，不仅要安排好当前的发展，还要为子孙后代着想，决不能吃祖宗饭，断子孙路，走浪费资源和先污染、后治理的路子。

（3）公众的广泛参与性

公众参与是推动社会进步与可持续协调发展战略的群众基础。全球《21世纪议程》的实施，必须依靠公众及社会团体最大限度的认同、支持和参与。因为，只有人人开始感到人口、资源和环境问题对人类生存与自然发展带来的莫大冲击，行动起来，形成一股崇尚生态文明的新风尚，可持续发展才有可靠的保证和成功的希望。公众参与的内容，包括社会个人或社会团体在节约资源、环境保护问题上的自律，对他人有害自然环境行为的预警、监督和指控，也包括通过新闻传媒或公众论坛推进政府部门采取有效而及时的保护措施，等等。

（4）"新的全球伙伴关系"

可持续协调发展战略是针对人类面临资源枯竭、人口爆炸、生态失衡、环境污染、粮食危机、南北冲突、国际难民等问题而提出的，这些涉及人类生存的全球性问题，要求人们超越社会制度的差异和民族国家的界限，携手合作，共同努力。特别是发达国家在环境问题的解决中要发挥更重要的作用，要从资金、技术、人力等方面帮助发展中国家，以实现可持续协调发展的目标。

全球《21世纪议程》是一个不具有法律约束性的文件，但它反映了环境与发展领域国际合作的全球共识和最高级别的政治承诺。《21世纪议程》的出台，为在全球推进持续协调发展战略提供了行动准则。

四、儒道环境伦理思想的精华

近代西方文化所具有的外显倾向、人与自然二元对立的意识和机械论的思维方式，是造成人对自然的盲目征服、导致可能毁灭人与地球生存条件的环境问题的重要因素。相比之下，儒道结合的中国传统文化当下却重现了它们的合理性。儒道所主张的内涵意蕴、人与自然和谐的追求，以及强调辩证思维的倾向，显示了它们的早熟性和超时代性，可对人类当代环境伦理的重构给予启发。

《礼记·中庸》写道："唯天下至诚，为能尽其性；能尽其性，则能尽人之性；能尽人之性，则能尽物之性；能尽物之性，则可以赞天地之化育；可以赞天地之化育，则可以与天地参矣。"这就是说，只有天下极端真诚的人能充分发挥他的本性，从而充分发挥众人的本性、充分发挥万物的本性，并帮助天地化育万物，乃至与天地处在并列的地位。把个人的道德修养与天地万物的培育、进化协同起来，并将它贯彻到自然保护的多个环节中去，是儒道伦理的重要追求。

检视儒道文献，可把其环境伦理之精华概括为：人与自然的协同进化，在宗教伦理上是通过自然崇拜、神道设教，在方法论上是通过执两用中、兼陈万物，在为人治世上是通过三才之道、以劳天下来实现的。在当今环境伦理的重建过程中，儒道传统思想是一笔宝贵的精神财富。向"与天地参"回归，是一个智慧的选择。

1. 自然崇拜，神道设教

"神道设教"一词是在《易传》中首次出现的："观天之神道，而四时不忒，圣人以神道设教，而天下服矣。"（《观·彖传》）人们从天体运行所具有的季节规律等自然法则中领悟出人事行为的道理，宗教由此产生；它在认同人与自然同一的基础上起到道德教化的作用，从而协调人与自然的关系，维护人类社会的正常运转。

先民之所以崇拜外界的自然之神，是因为"山川之神足以纲纪天下"（《孔子世家》，《史记》卷四十七），这与崇拜祖先的亡灵，"慎终追远，民德归厚矣"（《论语·学而》），欲起道德教化的作用乃同出一辙。神道设教也是从自然崇拜中演化出来的，但突破了原始崇拜的局限，并在其上有所增益，是以生态道德为基础的宗教伦理，或者说是以宗教的形式获得了自然保护的意义。

首先，神道设教具有生态关联、重农和导之以德的含义。《礼记·礼运》曰："祭帝于郊，所以定天位也；祀社于国，所以列地利也；祖庙，所以本仁也；山川，所以傧鬼神也；五祀所以本事也。"人们之所以崇拜天帝、土地、先祖、山川、五祀（户、灶、中溜、门、行），道理很清楚：第一，人和自然事物之间具有一种生态关联，天体的斗转星移造成四时更迭，大地的资源物产构成生活资料和生产财富的源泉，故而要祭帝、祀社；第二，自然是农业生产的对象、条件和场所，为使生产有序，并持续进行，故而要五祀；第三，人事行为应当顺应自然规律，从自然之本中可以领悟治国之道与为人之德，故而要祭山川、祭祖庙。

其次，在神道设教的立场上，自然崇拜又获得新的自然保护的意义。按生态学观点，所崇拜的自然物，皆有利于人："及夫日月星辰，民所瞻仰也；山林、川谷、丘陵，民所取材用也。非此族也，不在祀典。"（《礼记·祭法》）这样，选择对它们进行祀典乃基于其作为人类基础的意义。人不仅应将天地作为宗教崇拜的对象，而且要将作为人际伦理学范畴的尊、亲，运用到外界的自然物（天、地）上，使之转化为生态伦理学范畴。"社，所以神地之道也。地载万物，天垂象。取财于地，取法于天，是以尊天而亲地也，故教民美报焉。"（《礼记·郊特牲》）它肯定了自然存在物（天、地）的价值，人们按照天的运行规律而耕耘稼穑，从大地中获取生活资料，在此过程中，人际行为德目转化为生态行为德目，尊天而亲地，对自然崇拜做出生态学上的说明，并将宗教、天道观和生态学视为一体。

之所以对自然崇拜，还在于人事法则与自然万物之间存在着一种生态学上的内在关联。"大乐与天地同和，大礼与天地同节。和故百物不失，节故祀天祭地。明则有礼乐，幽则有鬼神。如此，则四海之内合敬同爱矣。"（《礼记·乐记》）这里是说，祀天祭地的基础在于人事法则（礼），而礼是顺乎天地之数（节）的。自然崇拜和鬼神存在具有两个根据：一是宗法制（礼乐），一是生态学（与天地同和、同节）。礼乐的功能在于顺乎自然之性而做道德教化，并促进自然万物和谐有序地发展，巩固和加强人事制度与自然万物的生态学关联。常用礼乐，将使天地协同、阴阳相交、万物生养，导致生态良性循环。"合敬同爱"：敬，指的是礼，不仅覆盖人际，而且是与天地同节的；爱，指的是乐，包含不同事物，是与天地同和的。它们都是生态道德的规定。

神道设教本身也要遵循一定的生态行为规范。"凡举大事，毋逆大数，必顺其时，慎因其类。"（《礼记·月令》）一切宗教活动都要根据生态学季节节律来进行，"君子合诸天道，春禘秋尝"（《礼记·祭义》）；还应遵守生态学的事物种类和类型来合理安排，"因天事天，因地事地，因名山升中于天，因吉土以飨帝于郊"（《礼记·礼器》）。

中国儒教传统的自然崇拜、神道设教，对人与自然协调的理想做了宗教道德的诠释，这是一种与天地参的重要方式。这种宗教感在今天全球生态环境急剧恶化的情况下，当然有重要意义，正如历史学家汤因比所说："关于对人以外的自然所具有的尊严性问题，我们有必要再恢复以前对它们所持的崇敬和体贴。为此，我们需要一种正确的宗教来帮助我们这样做。所谓正确的宗教就是教导我们对人和包括人以外的整个自然，抱有崇敬心情的宗教。"①

2. 执两用中，兼陈万物

执两用中是儒道传统的基本思想方法。"执其两端，用其中于民。"（《礼记·中庸》）掌握好坏两个方面的极端，把矛盾着的双方相互联系起来，应用折中、恰当的道理去处理，以便在相互依存中达到矛盾双方的共处。这种典型的辩证综合方式，表现在生态学上就是将中庸（中行、中和）看成"与天地参"的重要方式。"喜怒哀乐之未发，谓之中。发而皆中节，谓之和。中也者，天下之大本也；和也者，天下之达道也。致中和，天地位焉，万物育焉。"（《礼记·中庸》）自然状态（喜怒哀乐尚未表现出来）称为"中"，表现出来之后符合常理，称为"和"，达到中和的境地，就实现了生态平衡、协同

---

① 汤因比，池田大作. 展望二十一世纪：汤因比与池田大作对话录. 北京：国际文化出版公司，1985：380-381.

进化（天地便多在其位，万物便生长发育了）。

中庸不仅是人事法则，也是自然规则；不仅是伦理学说，也是方法论要求。执两用中，并非调和、消融矛盾，而有一定准绳。首先，用中不得违背规律，"天之历数在尔躬，允执其中"（《论语·尧曰》）。其次，用中不得与人伦常理对抗，"执中无权，犹执一也"（《孟子·尽心上》）。按规律行事，力戒片面性，力促全面性，做到"毋意、毋必、毋固、毋我"（《论语·子罕》）。在这里，毋我是核心，在生态关系上的毋我也就是对人和自然执两用中，既看到人在自然中的优越性，又看到人在自然界中的制约性，追求人和自然关系的和谐、协调发展。"圣人知心术之患，见蔽塞之祸，故无欲、无恶、无始、无终、无近、无远、无博、无浅、无古、无今，兼陈万物而中县衡焉。"（《荀子·解蔽》）在处理人和自然的关系时，努力看到万事万物都有存在的理由和根据，并恰当地摆平它们的位置。

执两用中，兼陈万物，以达到与天地参这种方式的合理性，具体说来，首先在于方以类聚，物以群分，包括生物的自然万物是按一定的结构并存于世界的，它们有类、群之别，这是两；但同时并存，形成一个生态系统，这是中。生物与环境间存在着一种物质交换的关系，每种生物都要从环境中摄取生命所需的物质和能量，同时也做出自己的贡献，生物之间互相竞争，这是两；但资源应为大家共享，不能够弱肉强食，这是中。再者，包括生物在内的自然万物，具有一种季节演替的节律，春夏秋冬，各各表现出不同的面貌和特性，这是两；但春夏秋冬依次更替，互相节制，不断循环，这又是中。执两用中，兼陈万物，一是要求认同天地万物在价值上的平等性和相关性，"称物平施"（《易传·谦·象传》），即损多益寡。二是要求运用中庸之道来处理资源分配问题，"涣其群，元吉"（《易经·涣》），让水资源为大家共享，遇事才可大吉大利。三是要求按中庸的方法来把握生态学的季节规律，提倡"时中"。朱熹说："天地万物本吾一体。"（《中庸章句》）通过中庸的方法，人和自然就可获得统一、和谐、一致的关系。

3. 三才之道，以劳天下

从为人治世的角度来讨论，儒道传统坚持把自然作为人的楷模。子夏问孔子："三王之德，参于天地，敢问何为斯可谓参于天地矣？"孔子说："奉'三无私'以劳天下。"子夏又问："敢问何谓'三无私'？"孔子说："天无私覆，地无私载，日月无私照。奉斯三者以劳天下，以之谓'三无私'。"（《礼记·孔子闲居》）天的最大特点就是自然而然，具有一定的季节规律，为万物提供了存在的可能，"天何言哉？四时行焉，百物生焉。天何言哉？"（《论语·阳货》）地的特点是生、养、载，"得地则生，失地则死"（《荀子·天论》）。体现在《易》中的典型的中国宇宙论图式，则是通过天（乾）和地（坤）的矛盾构造出来的。人以天地为楷模，"天行健，君子以自强不息"（《乾·象传》），"地势坤，君子以厚德载物"（《坤·象传》）。天地之规律是首先要遵循的，如此才能与天地同列，为天下操劳，达到人与自然协调（与天地参）的理想状态。

但是，天地本身并不涵盖自然万物。天地强调的是自然界的构成，"天地盈虚"（《易传·丰·象传》），为万物提供存在与活动的场所。"盈天地之间者唯万物"（《易传·序卦传》），万物乃世界具体物的总和。但万物也不等同于自然，它们依赖于天地，"天地养万物"（《易传·颐·彖传》），"有天地然后有万物"（《易传·序卦传》），万物的出现是宇宙的生成和演化过程。

儒道的世界观，是在天和地、天地和万物这两对范畴的基础上，由天地和人互相矛盾、彼此协调而成的。天地人称为"三才"，乃世界并列的三要素，由它们构成世界整体。天道、地道、人道，三才之道则构成全部规律。"立天之道曰阴曰阳，立地之道曰柔曰刚，立人之道曰仁曰义。兼三才而两之，故《易》六画而成卦。分阴分阳，迭用柔刚，故《易》六位而成章。"（《易传·说卦传》）八卦演易，乃通古变今，穷究天人之际。

现在看来，虽然在儒道传统中并没有形成一个为我们今天所讲的、统一完整的自然概念，天、地、天地、万物、天地人等都不单独具备这样的自然的含义，但是，它们的总和确实接近今天的自然概念。儒道在贯彻人与自然协调的理想时，既讲天人合一，也重视天人相分，有时还强调天人相胜、人定胜天。把握自然规律（三才之道），是为了帮助万物，治理天下（以劳天下）。

天人合一，不仅体现为"人法地，地法天，天法道，道法自然"（《老子·第二十五章》）的意义，反映为"上下与天地同流"（《孟子·尽心上》）的思想，表述为"赞稽物"（《荀子·解蔽》）的主张，而且含有把天作为文化、道德决定者，"死生有命，富贵在天"（《论语·颜渊》）的意义，含有将天当作天命，并将天命看作人不可抗拒的外在力量，将畏天命看成区分君子和小人准绳的信条："君子有三畏：畏天命、畏大人、畏圣人之言；小人不知天命而不畏也，狎大人，侮圣人之言。"（《论语·季氏》）孔子说："五十而知天命。"（《论语·为政》）知天命乃人生修养的一个必经阶段。因而，天人合一固然肯定人与自然的统一，但说的不全是人与自然相协调，当然，也没有穷尽人与自然关系的各方面。

天人相分是对天人合一的扬弃，是天人相胜的开始，是人与自然关系的另一重要方面。固然，天是人事存在的条件、人伦道德的本源，但"天不为人之恶寒也，辍冬；地不为人之恶辽远也，辍广"（《荀子·天论》），天乃是客观的自然规律。因此，需要还天以其本来的自然面目，按其规律来尽人事。"天能生物，不能辨物也。地能载人，不能治人也。宇中万物生人之属，待圣人然后分也。"（《荀子·礼论》）将天和人分开才能认清天的本来面目，对天的认识更加具体深入，也才会得出必须顺应和遵从自然规律的结论："天有常道矣，地有常数矣，君子有常体矣。君子道其常。"（《荀子·天论》）

从生态学的角度看，天人相分的正面结果在于肯定遵从自然规律具有自然保护的意义。自然事物包括自然灾害，究其成因，不能简单地归于人事活动的结果，但对它们客观的认识，可找到减灾消灾的社会经济对策。"天行有常，不为尧存，不为桀亡。应之以治则吉，应之以乱则凶。"（《荀子·天论》）正确认识自然规律是达到人和自然协调的重要途径，"精于物者以物物，精于道者兼物物。故君子壹于道而以赞稽物。"（《荀子·解蔽》）

天人相分，在理论思维上是一个进步。它肯定了人的主体地位。"人能弘道，非道弘人。"（《论语·卫灵公》）人对自然规律能有所增益，故可以"制天命而用之"（《荀子·天论》）。若非"人有其治"（《荀子·天论》），"人和"怎能成为与"天时""地利"相并列的因素呢？由此引申，天人相胜，甚至人定胜天，在一定意义上与顺天是统一的。强调人与自然协调，并非无条件地否定人的主体性，把人降为天的附庸。当然，一旦把制天、胜天夸大到与自然对抗的地步，引发破坏生态的恶果，那就走向反面了。所以，儒道肯定人和自然的统一性，"无土则人不安居，无人则土不守"（《荀子·致士》），并以人与自然的全面协调为理想。"天子者，与天地参，故德配天地，兼利万物，与日月并明，明照四海而不遗微小。"（《礼记·经解》）与天地参，或以赞稽物，乃是儒道环境意识中最核心的东西。

4. 向"与天地参"回归

与现代工业社会相平行的环境意识，是以下面几个观念为支点的：人类中心论、人与自然主客体二元对立论、科技决定论。在当代环境问题的冲击下，在生态危机和生存危机面前，它们都已显得支离破碎，捉襟见肘。实际上，它们不能体认当今最重要的价值恰好是在人对待环境的关系中产生和调整的，因而急待变革。在当代环境伦理的重建过程中，儒道传统思想是一笔宝贵的精神财富。观今宜鉴古，"与天地参"，可以启发现代人做出人与自然协同进化和持续发展这个唯一可取的抉择。

（1）从人类中心论到与天地参

人类中心论把人看成是自然界进化之目的，看成自然界中最高贵的钟灵之秀；相应地，自然界中的一切看成为人而存在、供人随意驱使和利用的鄙俗之物。这乃是一种力图按照人的主观需要来安排世界的生态唯意志论，必然导致自然生活中的人类沙文主义和物种歧视主义。

但是，人类不过是复杂的自然系统中的一个子系统，它虽然具有超过其他已知生物的能动性，却受到不可超越的自然关系的制约。并且，人类只是所有自然物种随机进化过程中一条支路上的一个环节，固然，它目前处于进化的高级阶段，但仍时时受到自然选择的压力，并不具有自然进化中的唯一性和终极性。基于此，人类中心论是没有根据的，以它为支点，必然导致生态破坏、环境恶化，也是不符合人类真正利益的。

破除人类中心论，并非在自然道德中放弃以人类的利益为出发点，它只是反对极端的功利主义，而以尊重自然的完整和稳定为最重要的自然道德原则。人类与自然万物应当建立一种充分适应、和谐相处的关系，在人类拥有了干预自然巨大力量的今天，要十分强调人类对自然的巨大责任。只有破除人类中心论及其派生的人类沙文主义、物种歧视主义，维持自然的多样性统一，才有人与自然的协同进化和持续发展，这也才是人类的根本利益所在。儒道传统中自然崇拜、神道设教的思想，有助于人类当代环境伦理中，对人类中心论进行反省，并向"与天地参"回归。

（2）从人与自然的主客体二元对立论到执两用中

现代工业文明，强化了人与自然的对抗关系，其在哲学上的表现就是人与自然的主客体二元对立论。这种思想在人类发展的一定阶段有其合理性，它催发了人类的主体意识，锻造了人类的主体意志，形成了人类的主体智慧，同时，也推进了整个人类文明的进化。但是，定位在现代工业文明上的现代社会陷入了一个大悖论：人在与自然的抗争中，固然取得了重大成就，但它们是以外在自然的破坏（生态危机）和内在自然的失落（生存危机）为代价的；二元对立在摆脱自然对人限制和压迫的同时，造成了人对自然的巨大威胁，反过来又倍增了自然对人的报复。

其实，人与自然是同一的。人不过是自然之子。自然是一个整体，人类只是它的一部分，或者说是自然实体的样式之一。我们可以说人作为一种自然物同自然中的其他具体存在物有何不同，但不能说人类这种独特的自然物已经超越了自然本身。今天，人类更应当认识到，人与自然是不可分割的，人类不可能像征服者那样对自然发号施令。有维护自然系统的稳定与和谐，才能保证人类生存的幸福与繁荣。在人类作用于自然的力量迅速增长的条件下，人类更应当自觉地充任自然稳定与和谐的调节者。

由自然的盲目的征服者变成自然的自觉的调节者，这是一次深刻的角色转换，儒道传统中执两用中、兼陈万物的思想，有助于人类从自然的整体需要入手重新制定一套与人类新角色相适应的价值准则和行为规范。

（3）从科技万能论到天地人三才之道

科学技术的发展改变了自然的面貌，理性与科学确曾并仍在帮助人类克服困难，开创自己的新生活，这自不必赘言。但它们也给人类造成了一种新的神话，即对理性的盲目崇拜和对科技的迷信。人类万能论的最新形态便是科技万能论或科技决定论，妄称科技使人无所不能，不但能控制自己（包括身体与心灵），而且能控制自己的环境。

科技万能论者试图用技术手段打破人类今天面临的"增长的极限"，防治自然环境的污染，这是为人类设定了一个"自己抓住头发离开大地"的目标。一方面，科学技术应用于资源耗竭、环境污染等全球问题，对在一个有限的复杂系统中指数增长导致极限（崩溃）这个实质问题并不能起作用；另一方面，凭借技术创造的物质价值本身，也无法缓解人们在环境变化过程中的精神失落。

理性既是人的福分，也是人的祸根。人类理性及其现代产物——科技——的作用是具有二重性的。在解决问题的同时，它们造成了新的严重问题。特别是从它们异变而来的对自然的傲慢与僭妄，使人类误以为自己有能力随意摆布地球而又不必为此付出代价。其实，理性和科技并不足以保证人类社会的进步，它没有回答我们应该做什么和应该为何生活的问题。因此，与科技万能论告别，并不是对理性、对科学技术的反动，而是在当代生态危机和生存危机困扰着全球的条件下，对理性和科技重新定位。在这一历史性工作中，儒道传统中天地人三才之道相互为用，以劳天下的思想，不但仍可鼓舞人类摆脱自然盲目必然性的束缚，激励人们掌握自然规律去改善人类的处境，而且可以警醒人类去正视理性与科技被滥用的可能或危险，促使人们培育对理性和科技的正确态度，形成一个保证理性大科技得以合理运用的文化氛围。

小　结

科学技术作为调节人与自然关系的本质力量，使人在自然界的地位发生根本转变。建立在人类中心主义基础上的"科技万能论"的流行，加剧了人与自然的对立。面对当今生态危机，有些人把责任全推给科学技术，但从根本上看，造成人类生存困境的根源不在科学技术，而在于支配着科学技术运用的"人类中心主义"价值观。人类需要一种视人与自然高度相关和同一的生态价值观。

科学技术的发展增强了人类改造自然的能力。但由于人类认识水平的限制和多种社会因素的作用，人们长期把发展片面理解为单纯经济的增长，同时忽视环境、资源、生态等自然系统方面的承载力，由此引发了人口、资源、环境等诸多危机，使人类面临"增长的极限"。若按照传统模式发展，将加速对自然的破坏，全球将濒临灾难边缘。

人们在反思传统发展模式带来的环境危机以及各种社会问题的过程中，催生出一种新的发展模式——可持续发展，即协调人与自然和人与人之间的关系，最终达到自然、经济和社会的可持续发展。《21世纪议程》使可持续发展作为一种发展战略普遍被各国接受，并提出整体协调性、未来可续性和公众的广泛参与性等重要原则，作为全球推进持续协调发展的行动准则。

近代西方文化所张扬的人与自然二元对立的意识和机械论的思维方式，是造成人对自然的盲目征服、导致可能毁灭人与地球生存条件的环境问题的重要因素。相比之下，中国传统儒道所主张的内涵意蕴、人与自然和谐的追求，以及强调辩证思维的倾向，显示了它们的早熟性和超时代性，可对人类当代环境伦理的重构给予启发。

◀ 思考题 ▶

1. 科学万能论是因何流行并最终破产的？
2. 如何理解生态价值观的合理性？
3. 传统的发展模式会导致"增长的极限"吗？如果会，是如何导致的？
4. 传统发展观有哪些误区？
5. 可持续发展观的主要内涵是什么？
6. 儒道环境伦理之精华主要有哪些？如何理解向"与天地参"回归？

第十章
科技时代的伦理建构

现代技术的迅猛发展使技术成为一种前所未有的强大力量。面对技术所带来的日益难以克服的负面效应，技术中性论受到了普遍的质疑。技术是一种负载价值的实践过程，因此，伦理制约应该成为技术的一种内在维度，主体对技术责任的履行应贯穿于技术的全过程。在技术—伦理实践之中，实现技术与社会伦理价值体系的良性互动和整合。

一、科技与伦理的内在统一

四百年前，科学开始了建制化的历程。直到 20 世纪上半叶，科学建制的主要目标是扩展确证无误的知识，科学规范的核心精神是保证科学知识的客观性，这种规范实质上是一种准伦理规范。随着科学的社会功能日益凸显，科学成为一种重要的社会分工，科学建制的总体目标转向为人类及其生存环境谋取最大的福利，为此，科学界展开了科学职业伦理的新建构。这种新的建构兼顾科学的求知和社会功能，并以客观公正性和公众利益优先作为其伦理原则，形成了一种内在于科学活动的新型伦理规范。

1. 科学的社会规范与伦理考量

科学的社会建制化始于 17 世纪。1645 年，英国产生了"无形学院"，后来，在此基础上成立了皇家学会。学会成立时，著名科学家胡克为学会起草了章程。章程指出，皇家学会的任务是：靠实验来改进有关自然界诸事物的知识，以及一切有用的艺术、制造、机械实践、发动机和新发明。自此，科学成为一种有明确目标的社会建制。

胡克为科学建制所设立的目标，有两层含义。其一，科学应致力于扩展确证无误的知识；其二，科学应为生产实践服务。显然，前者是后者得以实现的前提，因此，科学建制的核心任务是扩展确证无误的知识。

随着科学建制化的发展，科学研究逐渐职业化和组织化，科学家和科学工作者也随之从其他社会角色中分化出来，成为一种特定的社会角色，集合为有形的或无形的科学共同体。这样，社会对科学建制的外部控制逐渐减弱，而科学建制内部的自治则逐渐加强，用以补偿外部控制的不足。

在科学建制内部形成的社会规范被称为科学的精神气质（ethos），是一种来自经验，又高于经验的理想类型（idea type），其合法性在于，它有利于实现（纯）科学活动所设定的求知目标。从功能上来讲，科学的社会规范具有内、外双重作用。一方面，它可以约束和调节科学共同体中科学工作者的行为；另一方面，它是科学共同体对外进行自我捍卫的原则。

当我们将科学建制放到社会情境中考察的时候，科学建制的职责不再仅是拓展确证无误的知识，其更为重要的目标是，为人类谋取更大的福利，且前者不得有悖后者之要求。因此，科学研究中的责任成为对科学进行全局性伦理考量的一个主要方面，而以社会责任为核心内容的科学工作者的职业伦理规范，也得以广泛建构。

然而，具体的职业伦理准则往往局限于丰富而变动不居的科学实践活动的某一领域，因此，除了广泛深入地建构各种职业伦理准则，还需要在整体上，确立对科学进行伦理考量的基本原则。无疑，这一整体性的基本原则，既是科学的社会规范的拓展，又是科学职业伦理准则的基准，因此，成为一种兼顾科学建制与全社会的目标的开放的规范框架。

虽然科学的社会规范是一种理想类型，但由于它能有效地服务于科学活动的目标——扩展确证无误的知识，因而成为科学建制内合法的自律规范，同时也是科学建制对外捍卫其自主权的出发点。值得指出的是，如同所有的社会规范一样，科学的社会规范是一种"应然"对"实然"的统摄。在现实的科学活动实践中，科学的社会规范不可避免地遭到科学建制内、外两个方面的冲击和挑战，也做出了有力的回应。

外界对科学建制的自治权的破坏是容易解释的，因为科学建制可能与其他社会建制的目标发生冲突。纳粹德国的"反相对论公司"、苏联的"李森科事件"等，都是政治目标与科学目标相冲突的产物。尽管人们已经日益认清科学的重要性，类似的荒唐事件发生的可能性不大，但在科学跟经济、政治、军事、文化等社会建制的互动与整合中，科学的自治权仍将受到各种形态的挑战。

科学的社会规范是科学建制与整个社会的基本契约，可以帮助人们认清来自科学建制外的危害和侵蚀的不合理性，并据此进行合理的自卫和反击。除了宗教、政治势力对科学的不合理干预和压制受到了科学精神气质的抗争外，打着科学旗号招摇撞骗的伪科学活动，也逐渐引起了科学界的重视。在美国，尤里·盖勒超心理学实验等一系列伪科学事件的真相被披露之后，科学共同体认识到了应用科学的社会规范进行自我捍卫的必要性。1975年《人文学家》杂志印发了一篇题为《反对占星术》的宣言，192位有影响的科学家（其中有19位诺贝尔奖获得者）在上面签了名，这立刻成为轰动世界的新闻。① 在中国，"2000 公里外改变水分子结构"、"预言澳星发射"和"邱氏鼠药案"等事件，使科学界发出了"维护科学尊严"的呼吁，政府则下发了《关于加强科学技术普及工作的若干意见》等文件。

在科学界，越轨行为大量存在，而且有上升趋势。在弄虚作假者中，无名的年轻学者有之，知名的学术权威有之，甚至还有诺贝尔奖获得者，他们的行为已危及整个科学事业的发展。美国的物理学家密立根，由于测定电子电荷获 1923 年诺贝尔物理学奖。他去世后，研究者发现，他并未如他所保证的那样，公开了其全部数据，而是以某种理论为指导有选择地发表数据。虽然他依据的理论正确，并获成功，但是测量方法和结果都优于密立根的埃伦哈夫特，却由于一方面难以从理论上证明"存在非整数电荷"，另一方面他全部发表的数据中的"坏"数据得不到密立根客观的旁证，而陷入精神崩溃。后来，科学家采用埃伦哈夫特的实验方法发现了存在分数电荷的证据。无疑，有选择的发表数据，是一种弄虚作假，对科学有潜在的巨大危害。

从主观上来讲，科学家作弊的动机主要是对名利的不当追求。科学发现的优先权之争、发表论文的数量的压力、科研经费的争取等因素是导致弄虚作假行为的潜在诱因。而从客观上来讲，科学的社会规范的执行机制的乏力和名望、地位、权势等社会因素的干扰使科学界的弄虚作假行为屡屡得逞。

面对这种负面的上升趋势，应该认真思考有效的应对之策。科学的发展已进入大科学时代，科学研究的高投入、高风险和高回报，必然地使功利追求成为科学的重要目标。在坚持科学的社会规范的基本的同时，必须依据势态的变化改革科学的社会规范的实际运行机制。如果说在以求知为主要目标的时代，依靠科学的社会规范内化于科学家的意识中的"科学良心"和"超我"，可以起到有效的规范作用，那么，在功利和求知双重目标并行的大科学时代，除了诉诸科学家个体的道德自律，还必须强调外在的有力的规范结构的建构。只有当科学的社会规范内在于调节科学工作者行为的评审体制和社会法规与政策制度之中，并通过这些运行机制获得强制性时，才能有效地吓阻违规行为，同时使遵守规则者获得心态的平衡。

20 世纪 80 年代末，国际科学界对科研中的作伪问题十分关注，接连披露出一些科学家弄虚作假的案例，尤其是涉及世界著名科学家的"巴尔的摩案件"更是引起了科学界和整个社会的轰动。有鉴于此，1989 年初，美国成立了"科学求实办公室"（Office of Scientific Integrity）专门调查处理科学研究中的作假行为。1992 年，来自美国国家科学院、国家工程学院和国家医学研究院的 22 名专家，在曾任尼克松总统科学顾问的爱德华·E. 戴维的主持下，进行了一次大规模调查，发表了题为《有辨别是非能力的科学：研究过程诚实性的保证》的报告，提出了建立非官方、非营利性的"科学诚实性顾问委员会"（SIAB）的建议。

科学界的这些主动的作为，为科学的社会规范内化于科技管理体制和社会法规制度，并形成有强制力的运行机制，开创了一个良好的开端。当然新的运行机制的建构，将是一项复杂而艰巨的工作，这不仅需要科学界改进同行评议、论文审查和重复实验等项工

---

① 乔治·D. 阿贝尔，等. 科学与怪异. 上海：上海科技出版社，1989：206.

作，还需要社会对科学界的有力支持。

2. 科学的职业伦理与基本原则

科学建制发展的过程也是科学走向专业化和职业化的过程。直到 19 世纪，许多著名的科学家原本是业余科学家。例如，拉瓦锡是一个财税官员，焦耳曾是一个啤酒商。20世纪初，爱因斯坦在创立狭义相对论时，还是瑞士伯尔尼专利局的职员。但时至今日，每年诺贝尔科学类奖项的得主无一不是职业的科学家。

科学作为一种社会分工所形成的职业，自然有其不可推卸的社会职责。社会作为科学建制的"恩主"，为其形成发展提供了财政保障和体制支持。教育体系的建立、科研机构的设置、奖励机制的构建、科技政策法规的确立等一系列的社会行为，使科学建制成为唯一有能力系统地从事知识创新，为社会发展提供知识储备的社会部门。鉴于此，科学建制的主要职责应是正确有效地行使继承、创造和传播实证科学知识，回馈社会的支持和信任。而这一职责的行使不可避免地涉及职业伦理规范问题。

职业伦理规范是社会分工的产物，也是利益主体分立关系的表现。从社会分工来看，职业伦理规范是各种社会建制之间以及它们与整个社会之间的一种契约，其目的在于获得一种普遍性的相互信任。这种普遍性的相互信任无疑是建立在普遍性的诚实和职业信用之上的。从利益主体分立来看，职业伦理规范是各种利益关系的协调机制之一，它在利益纷争的主体之间，引入了以共生为诉求的均衡力量。

如果将科学的社会规范与科学的职业伦理规范进行比较，我们可以看到它们的区别和共同之处。科学的社会规范强调，科学的奋斗目标确定了科学的精神气质和科学工作的规范结构，科学的职业伦理规范则从分工和职责的行使这一角度引出科学的职业规范；前者对认知目标负责，后者对社会、雇主和公众负责。因此，如果说后者是伦理的，那么前者是准伦理的。由于科学的职业伦理规范已经将其认知目标分解到对各类利益主体的责任之中，便意味着科学建制的职责不再仅是拓展确证无误的知识，而是向着为人类社会及其生存环境谋取更大福利这一目标努力。在另一方面，我们可以看到，二者都是科学活动在不同发展阶段，因其活动性质而内生出的一种伦理诉求，这一诉求反映了社会化的科学实践活动的本质需求，体现了科学活动与伦理实践的内在统一。

在现代社会，科学工作者的职责是比较具体的。首先，科学工作者有责任不断地开展科学研究，搞好科学建制的管理和自治，向公众传播知识。其次，科学工作者有义务为其受雇单位（国家、大学、研究所、企业）进行有指向性的研究。从整个社会层面来讲，科学工作者应该高效率地利用社会为其配置的资源，多出研究成果，保持学术上的领先水平（至少要拥有理解和跟踪先进水平的认知能力）。显然，这些具体的职责都应服务于职业化的科学建制的总体目标——为人类及其生存环境谋取更大的福利。为此，科学界展开了科学职业伦理规范的构建。

1949 年 9 月，国际学会联合会第五次大会通过了《科学家宪章》，其中关于科学家义务的规定有以下六条：要保持诚实、高尚、协作精神；要严格检查自己所从事工作的意义和目的，受雇时必须了解工作的目的，弄清有关道义的问题；用最有益于全人类的方法促进科学的发展，要尽可能地发挥科学家的影响以防其误用；要在科学研究的目的、方法、精神上协助国民和政府的教育，不要使它们拖累科学的发挥；促进国际科学合作，为维护世界和平、为世界公民精神做出贡献；重视和发展科学技术所具有的人性价值。

70 多年前制定的这些规范，是在反思原子武器、日本法西斯和纳粹的人体实验等科学的非人道运用的基础上产生的。在科学目的日趋功利的今天，其价值和意义更加彰显，它已成为制定各种具体的科学职业伦理准则和基础。

在具体的科学职业伦理准则的制定过程中，科学研究的过程和后果得到了更为深入的考量，许多专业学会都制定了十分详尽的职业伦理准则，对科学家与社会、雇主、接受科学试验的人、公众和同业的关系做出了极其具体的规定。这些规定所传达的一个重要信息是，科学研究的自由不是绝对的，科学活动须遵守一定的游戏规则。

但是，仅有这些由众多的专业联合会制定的各类职业伦理准则是不够的。科学研究作为一种拓展人类知识新视域的活动，较其他任何职业活动更具有变动性。一套具体的静态准则，不可能总是有效地为新涌现的个案提供伦理立场。科学研究者需要一种"实践的明智"，需要一种分析科学活动的伦理冲突的实质的能力。这种能力来自科学工作者对科学活动中应坚守的伦理精神的理解，而这一伦理精神应该是科学的职业伦理准则所遵循的原则。唯有明确了这些原则，才可能使职业伦理准则具有动态的适用性，成为一种有效的规范。

科学活动的基本伦理原则是什么？它应该是对科学的社会规范的伦理拓展。我们知道，鉴于科学的社会规范的目标是拓展确证无误的知识，它强调科学研究的认知客观性和科学知识的公有性。科学活动的基本伦理原则的目标是增进人类的福利，拓展认知在符合这一目标的前提下，成为一个重要的子目标。这是一个从认知视角向伦理视角转换的过程，通过这一转换，认知客观性拓展为客观公正性，知识的公有性拓展为公众利益的优先性，由此产生了科学活动的两大基本伦理原则。

科学活动的客观公正性强调，科学活动应排除偏见，避免不公正，这既是认知进步的需要，也是人道主义的要求。从表面上来看，客观性与公正性有时候是矛盾的。例如，心理学家在研究智商（IQ）时发现，即使是在没有偏见的测试中，黑人也由于某种原因比白人的智商低。在这种情况下，研究者应该如实公布测试结果吗？显然，如果研究者不做任何背景说明，"客观"地公布研究结果，将会导致某种不公正。这是否意味着研究者应"修正"结果以规避不公正呢？答案是否定的，因为它明显违背了科学研究应坚持的客观性。

正确的解决办法应该是，将客观性与公正性统一起来。在上一个例子中，研究者一方面应该客观地公布测试数据，另一方面还必须对相关背景做出客观公正的分析，从而避免和尽可能减少公众对结果的误解、误用。

通过对客观性和公正性的整合的讨论，我们看到，客观公正性作为科学活动的基本原则，反映了科学和伦理的内在统一。如果说客观性所强调的是确保认知过程中信念的真实性，那么客观公正性则在此基础上，进一步凸显科学活动中涉及的人的行为的公正性。这一原则要求，在研究过程中，研究者要保持客观公正，使研究的风险得到公平合理的分担；在研究结果形成之后，要审慎地发布传播和推广运用，尽可能避免不公正的后果。总之，研究者不仅要对知识和信念的客观真实性负责，更要为这些知识和信念的正确传播、公正使用负责。

公众利益优先性原则是科学活动的另一条基本原则。这条原则的出发点是，科学应该是一项增进人类公共福利和生存环境的可持续性的事业。一切严重危害当代人和后代人的公共福利，有损环境的可持续性的科学活动都是不道德的。这条原则是对科学活动中的各种行为进行伦理甄别的最高原则。根据这一原则，可以对某项研究发出暂时或永久的"禁令"。反过来，也可以用这条原则反观设置某些"禁区"的合理性。

依据公众利益优先性原则，在科学研究中，科学家首先要对研究中的个人（如接受试验者）和研究成果的运用可能影响到的公众的利益负责。如果将科学工作者当作第一者，科学工作者的雇主（大学、企业、研究所等）作为第二者，那么这些个人和公众可称为第三者，而这些第三者的利益应该优先于前二者，至少不能为了前二者的利益而严重损害第三者的利益。

为此，首先，科学工作者应向有关个人和公众客观公正地传播有关知识，保障他们的知情权，使其具有实际参与决策（决定）的能力。其次，要对知识的垄断做出合乎公众利益的限制，避免企业等利益集团利用投资，控制科学研究，独享研究成果这一公共资源。再次，当第二者或其他研究者的目的将严重损害相关个人和公众利益的时候，科学研究者有义务向有关人群乃至全社会发出警示（whistle blowing）。

如果我们将科学视为一项为公众福利而创造、传播和运用确证知识的社会性事业，那么，客观公正性和公众利益优先性两条基本原则，应该是科学活动中的一种内在约束。对于以科学为职业的人来说，它们应该是各种科学职业伦理准则的真髓，体现了科学职业的精神实质。在科学工作者的职业训练之中，对这两条原则的领悟无疑是不可或缺的。而值得进一步指出的是，这一领悟过程应该伴随着科学工作者的研究经历不断地丰富和加深，通过与实践的结合，逐渐内化为他们的职业素养中重要的有机组分。这样一来，由客观公正性和公众利益优先性两条原则，构建了一种兼顾科学建制和全社会的目标的开放的规范框架。这种框架的构建意味深长地向人们昭示着科学的伦理和内在一致性。

3. 技术的价值负载与道德反省

技术是负载价值的。在现实的技术活动中，存在着复杂的社会利益和价值冲突，为了实现技术变迁与社会伦理价值体系之间的良性互动，一方面，技术主体要自觉地使其受到伦理价值体系的制约；另一方面，伦理价值体系也应该成为一种随着技术发展而调适和变更的开放体系。

（1）技术的价值负载

在有关技术的哲学思考中，曾流行一时的观念是雅斯贝尔斯对技术所做的工具性和人类学解释：（a）技术是实现目的的手段；（b）技术是人的行动。这种观念认为：技术仅是一种手段，它本身并无善恶。一切取决于人从中造出什么，它为什么目的而服务于人，人将其置于什么条件之下。

由于这种观念把技术与技术的运用后果割裂开来，从这种技术工具论或价值中立论的立场出发，需要规范的只是利用技术手段所要实现的目的和实际达到的后果；换言之，对于技术这种人类行为，一般的伦理准则即可对之加以规范，无须特殊的伦理考量。

然而，有关技术的哲学、历史、社会学等方面的研究进一步表明，技术与技术的运用和后果并非绝对分立，技术本身是负载价值的。有关技术非价值中立的讨论主要来自两个方面：技术决定论和社会建构论。

技术决定论认为，技术是一种自律的力量，即技术按自身的逻辑前进，"技术命令"支配着社会和文化的发展，技术是社会变迁的主导力量。培根和孔德的专家治国论，埃吕尔的技术自主论、丹尼尔·贝尔的"非意识形态化"、马尔库塞的"技术理性"和海德格尔的"座架"等都是技术决定论的具体表现。

技术决定论强调技术的价值独立性，甚至将现代技术视为一种自主地控制事物和人的抽象力量。埃吕尔指出，技术的特点在于它拒绝温情的道德判断。技术绝不接受在道德和非道德运用之间的区分。相反，它旨在创造一种完全独立的技术道德。

对此，乐观主义的技术决定论者认为，科学是对自然实体逐步逼真的描述，技术作为科学的应用，沿着与科学进步相类似的逻辑体现了效率和技术合理性的不断上升，因而由科技进步所带来的更多的可能性和更高的效率，反映了一种类似于生命进化的客观自然趋势。由此，技术进步应该是人性进化的标准，而一切由科技进步所导致的负面影响（包括各种形式的异化）将为新的科技进步所弥补，科技发展最终将促成道德伦理体系的新陈代谢。

悲观主义的技术决定论者则认为，现代技术在本质上有一种非人道的价值取向。海德格尔认为，现代技术的最大危险是人们仅用工具理性去展示事物和人，使世界未被技术方式展示的其他内在价值和意义受到遮蔽；如果现代技术仍作为世界的唯一展示方式存在下去，道德对技术的控制也只能治标而不能治本。悲观论者对技术进行了浪漫主义和意识形态式的批判，呼吁人们反思技术的本质，认清技术对人和事物的绝对控制，以寻找对现代技术的超越。因此，与乐观论者相反，悲观论者完全否定了现代技术具有的独特价值取向。

与技术决定论的立场相对应，技术的社会建构论认为，技术发展植根于特定的社会情境，技术的演替由群体利益、文化选择、价值取向和权力格局等社会因素决定，其所持立场为社会决定论，又称情境论（Contextualism）。技术的社会建构论强调了人在支配、控制技术方面的主体性地位和责任。显然，在现实的社会情境中，技术的行为主体是有具体的价值取向和利益诉求的具体人群。进一步的研究显示，技术行为主体的价值和利益的分立，一方面，可能使某项具体的技术成为相关社会群体价值妥协和利益平衡的结果；另一方面，也可能使某项技术成为处于优势的相关社会群体所追求的东西。从技术的整体和长远发展来看，各项技术的相关社会群体之间价值和利益的分立，使技术决策成为一种分立性的行为，因其往往不顾及整体和长远后果，加剧了由主体认知局限性和其他复杂性因素造成的技术后果的多向性、复杂性和难以预测性。

虽然技术决定论和社会建构论对于技术所负载的价值有不同的看法，但它们分别从两方面揭示了技术的价值负载：（a）技术具有其相对的价值独立性，这种相对独立性不仅表现为技术对客观自然规律的遵循，还表现在技术活动对可操作性、有效性、效率等特定价值取向的追求，而这些独特的价值取向对于社会文化价值具有动态的重构作用；（b）技术是包括科技文化传统在内的整体社会文化发展的产物，技术的发展速度、规模和方向，不仅取决于客观自然规律，还动态地体现了现实的社会利益格局和价值取向。如果对这两个互补的方面加以综合，我们将看到，所谓技术的价值负载，实质上是内在于技术的独特价值取向与内化于技术中的文化价值取向和社会利益格局互动整合的结果。

（2）对技术的道德反思

由于技术负载价值，且它所负载的价值是社会因素与科技因素渗透融合的产物，技术不再只是抽象的工具、社会文化的一种表现形式或一种神秘的自主性力量。有鉴于此，我们应该对技术做进一步的道德反思。

下面，我们透过技术的价值负载来分析一下技术的客观基础、运行特征和核心理念的道德意蕴。

一般来讲，现代技术的客观基础来自科学理论对客观经验世界的摹写式描述，由此，所谓技术的内在逻辑和独特价值也取得了绝对自主的合法性。然而，问题的关键在于，科学理论所揭示的实在是科学共同体的科学活动所建构的实在，而非客观实在本身。这意味着：（a）科学理论是尝试性的建构活动的产物；（b）科学理论是科学共同体的主体际共识。由于主体及其所处情境（context）也必然地影响到技术的客观基础，所以并不存在一种所谓技术变迁的自然轨道（natural trajectories），而所谓技术的独特价值取向，不可能也不应该成为一种单独存在的自主性的"技术命令"，更不应该仅以技术进步作为人性进化的标准。

现代技术的客观基础的主体际建构性和技术活动的价值负载及其复杂性表明，技术从本质上来讲是一种伴随着风险的不确定性的活动。在现代技术运行过程中，技术人员与其说是把握了知识的应用者，不如说是处在人类知识限度的边缘的抉择者。因此，技术决不仅仅意味着科学的运用，面对技术固有的不确定性，科技工作者需要综合考量科技和社会文化因素，方能确定可接受的风险水平。其中，伦理因素的考虑无疑是一个重要的方面。可接受的风险水平怎样决定？用什么标准？谁来确定这个标准？这些都是技术实践中必须解答的难题。

站在一个相对中性的立场，可以认为，技术的核心理念是"设计"和"创新"。纵观现代科技发展的历程，不难看到，如果说近现代科学把世界带进了实验室，现代技术则反过来把实验室引进世界之中，最后，世界成为总体的实验室，科学之"眼"和技术之"手"将世界建构为一个人工世界。

从积极的意义上来讲，设计是人类最为重要的创造性活动之一。设计行为是贯穿于一切技术活动的始终，甚至已经深刻地影响到了人的心理（如行为控制技术）和生理（如基因工程）活动。由于设计是一种目的性的、有时间和资源限制的活动，完美的设计是不存在的。

在现实的设计活动中，所使用的主要方法是模型方法。模型方法的主旨是通过简化抽取相关的影响因子，以有效地实现设计目的。值得注意的是，简化的主要目的往往是保证制造的便利，而非揭示事实的规律，并且简化模型在很多情况下就实现技术指标而言是卓然有效的。但很显然，基于模型方法与简化因子基础之上的技术指标，是技术的不确定性的重要根源之一；同时，在模型式设计中，社会价值伦理因素往往被视为无关宏旨的因子而略去。而更加意味深长的是，诸如世界是一座精确的时钟之类的机械隐喻，和人脑犹如电脑之类的信息隐喻，已经以一种时代性观念的形式渗透到了我们日常的思维方式之中。

创新是经济化和社会化的技术体系的主要发展动力。技术创新是一种广义的设计，涉及新产品、新生产方法、新市场、新原料、新的组织管理形式等诸方面。我们注意到，不论是传统的技术创新线性模型，还是流行的链环模型，所关注的主要是研究开发体制、经济环境、市场需求、组织形式等产业和经济因素，而社会伦理价值和社会文化倾向或受到忽视，或仅被看作一种不甚重要的外部因素。

在现代技术发展的很长一个阶段，占主导地位的指导思想是技术中性论和乐观主义的技术决定论。因此，技术设计和创新主体或者只关注技术的正面效应，或者仅将技术视为工具，只是等到技术的负面后果成为严峻事实的时候，才考虑对其加以伦理制约。许多具有经济、政治、军事目的的技术活动则往只顾及其利益和目标，绝少顾及其伦理意涵。当技术的恶性负面效应迫使人们对其加以伦理制约时，结果常常近乎徒劳——旧的"坏"技术难以克服，新的"坏"技术层出不穷，伦理价值体系似乎始终在被动退让——好一幅技术发展的虚无主义图景。20世纪以来，核危机、全球问题等恶性现象，以及"先制造，后销毁""先污染，后治理""先破坏，后保护"之类的现实对策，都反映了这种思路的局限性。

著名思想家弗洛姆曾对现代技术发展的两个坏的指导原则提出质疑。这两个原则是，（a）"凡是技术上能够做的事情都应该做"，（b）"追求最大的效率与产出"。显然，第一个原则迫使人们在伦理价值上做无原则的退让，第二个原则可能使人沦为总体的社会效率机器中丧失个性的部件。由此可见，为了使技术服务于造福人类及生存环境这一最高的善，从根本上摆脱这两个坏的原则，必须从技术的设计和创新阶段开始，将伦理因素作为一种直接的重要影响因子加以考量，进而使道德伦理制约成为技术的内在维度之一。20世纪70年代以后兴起的环境工程、工业生态化、并行工程、学科际多因素技术评估等新的技术实践都反映了技术伦理制约内在化的趋势。

（3）走向技术与社会伦理体系的良性互动

通过对技术价值负载及其过程的反思，我们看到，技术过程与伦理价值选择具有高度的关联性，而且，在有关价值的考量与选择中，与技术相关的主体，起着不可替代的作用。因此，从技术与伦理关系的角度，可以将技术活动视为技术相关主体的统一的技术—伦理实践过程。由于技术—伦理实践是由技术和伦理价值两种因素构成的异质性实践，两种因素的良性互动，对于实现其实践目标——造福人类及其生存环境，显得尤为重要。

在技术发展历程中，除了经济、政治、军事等显见的社会因素外，许多隐含的社会伦理价值因素，例如，群体利益分配、文化选择、价值取向、权力格局和伦理冲突等，一直以发挥着重要影响。但是与显见的社会因素相比，科技工作者、科技管理决策者以及公众对其重要性的认识较为模糊，未达成明确的共识。这样一来，造成了多重危害：科技工作者和管理决策者较少直接主动考量伦理价值因素；科技工作者和管理决策者在有意或无意地忽视伦理价值因素时，公众不能对其价值取向做出评判；某项技术中的价值选择的受益者乐于维持共识不明的现状……事实上，人们对技术的不了解，与其说是对技术因素的无知，不如说是技术所隐含的价值因素未得到公开、明确揭示的结果。因此，为了促成技术与社会伦理价值体系之间的互动，首先必须公开、充分地揭示和追问技术过程中所隐含的伦理价值因素。

其次，在技术—伦理这一异质性实践中，技术的相关社会群体不仅应充分考虑技术过程中的伦理价值因素，使技术内在地接受社会伦理价值体系的制约，而且还应该在深刻地领悟其中的伦理精神的基础上，主动地和创造性地构建新的社会伦理价值体系。这种新体系，既应秉承原有的普遍性的伦理精神，又应使伦理体系及其精神实质随技术—伦理实践领域的拓展而拓展，从而使它成为一种可随技术变迁而调适和变更的开放的框架。

技术主体在技术—伦理实践中的主动性和创造性，实质上体现了技术主体对技术的责任。技术是人的实践形式，而人是我们所在的世界上唯一为其行为承担责任的生物，所以，在技术—伦理实践中，核心的伦理精神不只是信念或良心，责任是更为重要的伦理精神。前者强调行为者的内在动机，后者则强调行为者应时刻关注行为可能的多方面效果，并及时采取恰当的行动。

由于现代科技具有高度分化又高度综合的特征，为了有效地履行责任，技术的相关主体必须诉诸文化际和学科际的努力。这种努力的一个重要表现是，使技术从构想和设计阶段开始就尽可能地考虑到更多的影响因子。舒马赫主张的"中间技术"运动和西方国家的技术评估活动，都是这种努力的现实体现。

最后，值得强调的是，技术的加速变迁与社会伦理价值体系的巨大惯性之间的矛盾，往往使技术与伦理价值体系之间的互动陷入一种两难困境。一方面，新技术，尤其是一些革命性的，可能对人类社会带来深远影响的技术的出现，常常会带来伦理上的巨大恐慌；另一方面，如果绝对禁止这些新技术，我们又可能丧失许多为人类带来巨大福利的新机遇，甚至与新的发展趋势失之交臂。显然，除了某些极端违背人性的技术及其运用应受到禁止之外，对于大多数具有伦理震撼性的新技术，较为明智的方法是引入一种伦理"软着陆"机制。

所谓新技术的伦理"软着陆"机制，就是新技术与社会伦理价值体系之间的缓冲机制。这种机制主要包括两个方面：其一，社会公众对新的或可能出现的技术所涉及的伦理价值问题进行广泛、深入、具体的讨论，使支持方、反对方和持审慎态度者的立场及其前提充分地展现在公众面前，然后，通过层层深入的讨论和磋商，对新技术在伦理上可接受的条件形成一定程度的共识；其二，科技工作者和管理决策者，尽可能客观、公正、负责任地向公众揭示新技术的潜在风险，并且自觉地用伦理价值规范及其伦理精神制约其研究活动。

在现实的技术活动中，新技术的伦理"软着陆"机制已得到较为普遍的运用。各国相继成立了生命伦理审查委员会，在一些新技术领域，科技工作者还提出了暂停研究的原则。这些实践虽不能彻底解决新技术与社会伦理价值体系的冲突，但的确起到了良好的缓冲作用。例如，1974 年美国科学家曾建议，暂停重组 DNA 研究，直到国际会议制订出适当的安全措施为止。尽管重组DNA研究旋即得到了恢复，但这次暂停引起了科技共同体和公众对此问题的关注，进而对其利弊得失做了全面的权衡，并制定了研究准则，而这对重组DNA研究的长远发展是有利的。无疑，这是技术与社会伦理价值体系的良性互动的一个成功的案例，它对我们实现新技术（如克隆技术）的伦理"软着陆"实践具有重要的启发意义。

二、科技实践中的伦理重建

1. 商谈伦理与伦理基础的重建

伦理的发生与演进有两个基本前提：其一是人具有社会性，其二是人在不断地反思自己的行为。由于人具有社会性，人们就必须寻求使社会有效运行的普遍规范；而当原有规范方式失灵时，人们又会通过反思重建规范。在这两个前提的作用下，人类社会得以建立一种价值与伦理的回复机制。

面对物欲横流的现时代，价值与道德重建的可能性成为人们关注的焦点。恰如北宋李觏在《潜书》中所言："孔子之言满天下，孔子之道未尝行。"从古到今，人的生存状态与道德状况一直都不理想，但人类社会仍然延续至今，这其中的重要原因是，的确存在着一种客观的伦理中道。所谓伦理中道，不会自身凸现出来，需要人在伦理实践中去体悟和发现。为了寻求伦理中道，我们要反对伦理独断主义与伦理相对主义两种倾向。一方面，传统伦理体系将伦理中道视为亘古不变的伦常规范，实质上是一种简单化的处置。古往今来，太多以伦常信念之名行反伦理之实的情形告诉人们，这种简单化的处置，往往仅以维护社会既得利益为目的，不是对个体的真正关照。另一方面，虽然伦理规范的合法性与有效性和具体境遇相关联，但伦理相对主义的立场因其潜在的反社会态度而完全不可取。

伦理中道的基础应该是通过对话与反思所建立的原则，其作用在于，使社会成为每个人都有可能在其中实现自我的集合体。在通过对话建构伦理基础这一问题上，哈贝马斯的"商谈伦理学"（die Diskuisethik）做出了富有启发意义的探讨。哈贝马斯把商谈伦理学的基本原则称为"普遍化原则"：每个有效的规范，在不经强制地被普遍遵循的过程中，必须导致满足一切有关人的意趣和为一切有关人所接受的结果。他从伦理普遍主义的立场出发，指出：每一个一般地参加论证的人，原则上都能在行动规范的可接受性上达到同样的判断。这就涉及了商谈伦理学的可操作性问题。为此，哈贝马斯又提出了"商谈伦理原则"：只要一切有关的人能参加一种实践的商谈，每个有效的规范就将得到他们的赞成。

商谈伦理有助于人们合理地界定相关主体的权利与责任。主体的权利可分为消极权利（不为的权利）和积极权利（为的权利），两种权利的实现都会影响到其他主体的利益，商谈和妥协是十分必要的。例如，在公共卫生资源的分配方面，所依据的伦理原则应该是在商谈基础上为各方所接受的。商谈伦理的另一项目标是明确责任，它包括承诺与监督两个方面。不论将社会视为自由个体的联合，还是以社群（community）作为社会的本位，每个利益主体都应该对社会有所承诺并接受相应的监督。商谈既是对承诺内容的合理性的探讨，也是对践履情况的核查。

商谈伦理所达成的普遍共识是最基本的伦理诉求，即底线伦理。尽管如此，这种努力仍然可以大大降低社会生活的不确定性。首先，商谈的范围可以不断扩大，全球性的商谈行为将促成全球普遍伦理的建构。其次，所谓最基本的伦理诉求也将随着商谈的深入得到扩充与完善。

由于参与商谈的主体有不同的价值与利益取向，商谈所达成的伦理底线往往难免有局限性。为此，还应该对伦理基础进行反思性重建。这种反思性重建发端于建设性的社会批判意识，尤其体现了知识分子的社会责任。所谓社会批判，是对流行或将要来临的社会价值观念的局限性的批判，而建设性的社会批判则进一步通过针对性的主张来校正流行观念的局限性。伦理基础的反思性重建的关键是寻求观念上的互补与制衡，即当社会生活中流行某种伦理价值取向时，知识阶层有责任揭示其局限性并提出与之相抗衡的价值观。当前，从大而化之的角度来讲，存在两种互补的基本伦理（政治）立场：自由主义和社群主义（Communitarianism）。自由主义强调个人的权利，认为一旦每个人能够充分自由地实现其个人价值，个人所在的群体的价值和公共的利益会随之自动实现。社群主义是在批判以罗尔斯为代表的新自由主义过程中发展起来的，它强调普遍的善与公共利益，认为只有公共利益的实现才能使个人利益得到充分的实现。又如，在生态伦理领域，人类中心主义与生态中心主义之争就是伦理基础的反思性重建的表现。

显然，只有将商谈伦理与伦理基础的反思性重建相结合，才能形成价值与伦理的回复机制。价值与伦理回复机制包括两个层面：其一是伦理缓冲机制；其二是价值与伦理立场的转向机制。伦理缓冲机制试图通过对技术负载的伦理价值的揭示和讨论使技术规范发展，价值与伦理立场的转向则发端于对伦理基础的反思性重建。从科技社会层出不穷的危机和生活的极端不确定性中我们看到，价值与伦理立场的超越性转向是必需的，当然又是艰难的。值得指出的是，短期内实现彻底转向是不可能的，但从观念制衡的角度来看，更多的人能够意识到转向的必要性本身就是一种巨大的进步。

2.　开放性的伦理体系及其创新

科技活动不仅是一种知识和物质创新活动，也是一种开拓性的伦理实践。鉴于科技的迅猛发展使传统静态伦理体系的弊端日益凸显，我们应该建构一种开放性的伦理体系以应对科技伦理实践中大量涌现出的伦理问题。在开放性的伦理体系的建构过程中，一个至关重要的方面是，我们不仅要在伦理实践中不断提高道德敏感性，揭示出新的伦理问题，还要善于从新的伦理境遇和问题中创造性地生发出新的伦理精神，为身处变动不居的科技时代的主体找到应变之道。

科技实践的发展使科技伦理不断展现出新的向度，科技伦理体系也因此出现了开放性的趋势。与传统的静态伦理体系相比，开放性的科技伦理体系有三个新的特点：

其一，开放性的科技伦理体系是一种实践伦理体系。开放性的科技伦理体系所涉及的许多概念和范畴与具体的科技实践相关联，甚至关涉到某个具体的案例。我们可以将新的科技伦理体系的建构与科学哲学的发展做一个类比，目前的科技伦理研究中生命伦理、工程伦理和生态伦理的影响最大，类似于科学哲学中物理学范式的影响。我们可以看到不同的科技伦理领域的研究范式又是各具特色的，生命伦理侧重于普遍性规范的建构、规范的政策化、伦理审查与临床案例分析，工程伦理关注伦理法典的建设和规范的法规化，生态伦理则注重伦理对象的拓展和对人与自然关系的反思。正是这些领域的深入探讨和相互促进，使科技伦理研究的广度和深度随着科技实践的发展而得到了迅速的拓展。

其二，开放性的科技伦理体系十分注重规范的动态建构。开放性科技伦理体系的规范建构活动不谋求毕其功于一役，而是不断跟踪科技实践的发展态势，动态地修正有关规范体系。因而，开放性的科技伦理体系不仅关注规范，而且更关注建构规范的活动，并不断寻求合理的建构方法和程序。

其三，开放性的科技伦理体系具有较大的灵活性和较强的可行性。开放性的科技伦理体系，一方面，通过法规化、制度化等手段使伦理规范结构化，形成实际的制约效力；另一方面，在新的科技伦理实践中，又强调道德敏感性的培养和伦理精神的贯彻与拓展。此外，开放性的科技伦理体系不试图做宗教裁判式的判断，而是力求通过适当的知识与信息传播机制和商谈活动，缓解科技实践引起的伦理价值危机。

科技发展及其社会后果是人的物质创造力量对象化的产物，但是这种力量不一定符合人应然的本质需求，即并不必然是人的本质力量。所谓人应然的本质需求，可以理解为广义的伦理需求，人的本质力量应该是满足广义伦理需求的力量。也就是说，人的物质创造力量要反映人的本质需求并成为人的本质力量，必须受到伦理的制约，伦理应该是科技实践的一个内在维度。

这种广义的伦理需求不是先验的信念框架，而是一个实践的范畴。由于伦理情境在实践过程中渐次凸显，伦理规范体系应该建立在对伦理实践的理解和把握之上。这种理解和把握实际上是一个能动的创造过程，其中最重要的方面是伦理精神的创造性发现，我们可称之为伦理精神的创新。正是科技进步在加速地拓展着伦理的新领域和向度，促使人们从急剧变迁的实践方式中创造性地发现新的伦理精神。

科技伦理精神的创新可分为四个方面：

其一，现实性考量，即从新的科技实践方式和科技进步所拓展的新的生活形式中，寻求实现"善"和"正义"的新的精神内涵。从大的方面来讲，由于现代科技的主要目标以从求知拓展为生产应用，现代科技职业伦理所应坚持的伦理精神，也相应从"追求客观性"扩展为"坚持客观公正性"和"公众利益优先"。就具体的科技实践领域而言，人们可以通过实践体悟到伦理精神更精细的内涵。

其二，前瞻性考量。显然，这是为了适应科技加速和持续创新的发展态势。当前，特别是生命科学技术与信息科学技术的发展和知识经济的出现，将可能使人的生存方式发生巨大的变化，在这种情势下，对伦理精神不断做出前瞻性考量显得尤为必要。

其三，反思性考量。首先，我们应该对科技的工具理性做出反思，在寻求科学精神与人文精神的融合的基础上，明确科技伦理精神中所应体现的人与技术的关系。其次，科技伦理精神的创建应该建立在对人与自然的关系的深刻反思的基础上。

其四，可行性考量。即伦理精神的创新的主要目的之一是在复杂的科技伦理情势中，帮助人们更为确切和全面地做出伦理判断。因此，可行性是伦理精神创新所必须考量的问题。

值得指出的是，伦理精神的创新具有超越性，但并不是对原有伦理精神的简单否定。所谓超越性，指伦理精神所规范的领域或层次随着科技实践的发展出现了根本性的变化，必须扬弃原有的伦理精神体系。在很多情况下，原有的伦理精神被归入新伦理精神。因此，伦理精神的创新既有对以往伦理精神的突破，也有对原有伦理精神的继承。

回顾科技伦理实践的发展，我们可以看到已经出现了许多伦理精神的创新。科技的高后果风险使责任的履行成为伦理精神的核心，导致了从信念伦理向责任伦理的转向；科技的发展导致了伦理距离的延伸，使人看到了人与技术和人与自然关系的误区，创造性地提出了克服工具理性的局限性，尊重自然的价值、建立"大地伦理"和"走出人类中心主义"等新的伦理价值观念。在这些伦理精神的创新过程中，人们是在反观科技所负载利益和价值的合理性，由于这些利益和价值是由人赋予的，所以，实际上又是人的自我反思。因此，科技伦理精神的创新，将使科技社会中的人找到体现人的本质力量的价值和伦理精神，进而使人们在物欲横流的现代科技社会中拥有安身立命之所。

3. 科技实践中伦理问题的延伸

科技时代涌现出了许多我们必须面对的新的伦理问题，其中，既包含已有伦理问题的延伸，也包含传统与现实的冲突。由此，现代科技可以视为正在进行之中的开拓性的社会伦理试验。

人类正是通过行为才形成人的存在方式，并且把它逐渐向自己展示出来。法国哲学家和科学家让·拉特利尔在谈到科学技术对伦理的影响时指出：科学—技术的发展不仅造成越来越多的需要提出新规范的情势，而且还使新的行为更加合理、有效，应当尽可能地阐明任何确实存在于上述情势中的事物所涉及的关键问题、由此可预见的后果，以及对人类存在的潜在影响。

站在人类伦理实践发展史的角度，我们看到，现代科技活动所引发和遭遇的诸多伦理问题是人类伦理实践的必然延伸。从本质上来讲，伦理行为应该是人的自由意志选择的结果，而自由意志的有效行使，取决于主体对行为过程及其后果的知晓和控制能力；换言之，伦理行为应该是一种以自由意志为前提，由选择机制和责任能力共同决定的责任行为。然而，传统与近代社会的伦理实践尚未充分展示这一本质特性。在传统社会中，社会生活以静态的等级伦常为主要关系特征，主体的知识和技能限于相对不变的共识性常识和经验，传统伦理主要面对的是建立在（神圣的或世俗的）权威与信念基础上的道义性的纲常理念。近代以降，资本主义以及市场经济的发展，西方社会在权利的实现、自由意志的表达、利益的公正分配等方面进行了开放性的伦理反思和实践，从不同的角度，建构了道义论、目的论、德性论、自然律论等伦理标尺，形成了较为完整的伦理规范体系。但是，由于人类交往实践的复杂性和主体活动后果的深远性尚未充分显现，真正的自由意志基础上的责任意识没有得到应有的重视。

现代科技的发展使人类交往实践日渐复杂，同时，也使主体活动后果的深远性愈益凸显，因此，迫使人们放弃技术价值中立论和盲目的技术乐观主义，进而认识到日益增长的巨大科技力量所担负的巨大责任。唯有在认清科技行为的巨大责任之后，我们才能洞悉已有伦理向度在科技时代的延伸，正视传统与现实的冲突，实现科技共同体内、科技时代的社会中、文化际以及人与自然之间的各种关系的合理定位。

（1）从个人伦理向集团伦理和集体伦理的延伸

我们生活的时代比以往更为复杂，其中的重要原因之一是科学技术以难以预料的势态向前发展，并渗透于我们生活的各个层面。科技活动如同一场社会伦理试验，使人类伦理实践充分地显现了其所应具有的动态性和开放性。而在此人类伦理实践的新进程中，对科技行为的巨大责任的界定已成为既有伦理问题向前延伸的主要线索。

现代科技活动已经发展成为一种与产业化紧密相连的集团行为，集团中的个人的行为正当与否，已经很难简单地运用针对个人行为的伦理准则加以规范。无疑，集团伦理是由现代科技发展引发的社会分工的产物。在一定程度上，作为第一生产力的现代科技所具有的高度分化和高度综合的特征，决定了科技活动中分属不同利益集团的人的行为，必须兼顾个人、集团和社会的利益，必须突出个人与集团对社会的基本责任。利益集团中的个人，担当了较以往更多的社会角色，不同的角色应有的职责和责任往往会发生冲突。在上述案例中，雇员对雇主的职责与他对社会公众的责任发生了难以回避的矛盾。如何合理解决这些冲突，协调不同的职责和责任，使集团伦理成为个人伦理的必然延伸。

所谓集体伦理，意指科技发展使人类社会中的个体行为既高度独立又高度相关，为此必须建构一种与传统的集体伦理有别的新型集体伦理。传统社会中，由于个体行为的影响范围是有限的，传统集体伦理的指向往往只是局部利益。"国家兴亡，匹夫有责"之类的格言，常常是在危难之际激励人们履行对集体的义务，而平常的点滴行为中，传统集体伦理也只注重规范有直接当下影响的行为，因此，传统的集体伦理是一种局域性的集体伦理。然而，科技发展所带来的四海一家的情势，则促使人们进一步发展一种具有大同世界胸襟的新型集体伦理。这种新型的集体伦理有两个重要方面，其一是对公共物品（public goods）（环境、资源、知识等）的合理与有序的利用，克服所谓"公共牧场的悲哀"；其二是充分重视个体"微不足道"的不良行为（如私家车的尾气排放）可能导致的累积性恶果，真正地从整个人类及自然环境的角度规范每个人的行为。新型的集体伦理将更加强调人类普遍共识基础上的共同行动，只有这样，才可能实现整体的永续发展。

（2）从信念伦理向责任伦理的延伸

在趋于静态的传统社会中，人们习惯上将伦理问题归结为某种信念体系，例如，"不应撒谎""对雇主要忠诚"等。这种信念化的伦理之所以在传统社会中有效，是由于在简单的传统社会生活中，人所需履行的责任十分有限。在古代中国，只要遵循所谓"五伦"，即可修身、齐家、治国、平天下。于是，传统伦理有一种将责任信念化，以简化道德教化程式的倾向。当然，伦理信念间的矛盾在传统伦理中也是存在的，如"忠孝不能两全"之类的慨叹即反映了此种冲突。但是，在科技推动下快速变迁的现代社会中，责任意识必须从后台走向前台，取代既不对前提做出反思，又不考量适用范围的伦理信念。也就是说，责任伦理不仅强调用主体的责任来论证伦理规范的合理性，而且还进一步从责任的恰当履行出发，界定具体情势中不同层面的责任的先后排序。从信念伦理向责任伦理的延伸，一方面，反映了科技时代伦理问题复杂化的趋势；另一方面，也标志人类伦理反思与实践的新进步。对信念伦理的扬弃与责任伦理的开创表明，人类不再天真地认为，只要在行为中贯彻某种绝对善的信念，就可以使行为符合道德。纷繁复杂的现代社会生活使人们认识到，信念伦理实际上是人们对其理论理性能力的高估，常常导致对实践理性的忽视，这种高估和忽视还进一步表现为，伦理仅成为伦理学家或哲人圣贤的伦理，具有自由意志的实践主体的选择与责任未得到应有的正视。

在科技活动的相关行为主体中，科技人员具有与难以预料的巨大的科技力量相伴随的重大社会责任。对此，西方责任伦理学大师尤纳斯（Hans Jonas）认为，应该强调"责任与谦逊"。他指出，由于科技行为对人和大自然的长远与整体影响很难为人全面了解和预见，存在一种"责任的绝对命令"（the imperative of responsibility），这种"责任的绝对命令"又呼唤一种新的谦逊。所谓新的谦逊，与以往人们因为力量弱小而需保持的谦逊不同，其原因在于，科技力量是如此的巨大，以至于人类行为的力量远远超出了实践主体的预见和评判能力。有鉴于此，科技行为更需要一种责任意识。在上述案例中，我们可以用责任意识去衡量相关人员的行为，这比用至善的信念做标准更为明确具体。在上一节中，我们曾指出，科技职业的伦理原则应该在原有的"科学的精神气质"中加入责任意识。

（3）从自律伦理向结构伦理的延伸

传统社会的伦理秩序建设的最高目标是实现个体的自律，事实上这是一个难以单独实现的目标。在现代社会中，科技革命使社会分工日趋复杂，也使个人行为的影响层面多元化，后果更为深远。在此情形下，传统的以自律为目标的伦理规范体系必须进一步发展为一种有强制力的社会化结构体系。在上述案例中，自律式的伦理规范对飞机公司的管理层和老板是不起作用的，他们甚至还会利用已有的结构化规范体系的漏洞，为其行为辩护。由此可见，在以科技创新为先导的加速变迁的现代社会，伦理体系建构的结构化延伸的实质是，将一种负反馈机制引入伦理体系之中，迫使行为主体调整其行为，这实际上有助于行为主体的伦理自律。而且，这种结构化的体系无疑应该是一个动态与开放的体系，唯其如此方可适应情势的变化，保持其有效性。一些人文学者或许会对伦理结构化中的"控制"思想提出异议，但是我们可以看到，如果说伦理自律是个体的自我控制，那么结构伦理可以视为群体的自我调控，只要结构化的伦理反映的是基于该群体自由意志之上的责任和选择，从自律伦理向结构伦理的延伸就是一个自然而非异化的过程，它显然是人类活动的社会化进程不断深入的结果。

（4）从近距离伦理向远距离伦理的延伸

在传统社会中，伦理准则规范体系主要以当下为适用范围，所涉及的大多是人与人之间的直接关系，故可称之为近距离伦理。上述案例中，受到有关主体的行为影响的"第三者"已经远远超越了传统的交往范围，有关行为主体与"第三者"是一种以技术为中介的远距离的伦理关系。由此，我们不难看到，科技的发展已经使主体的交往方式发生了根本性的变革，传统的主体间直接的近距离伦理关系随之在时间和空间两个向度上出现了延伸。在时间上，未来世代的权利和当代人的责任已经成为人们反思科技与未来的重大命题；在空间上，为了克服全球问题，一方面，人们正在寻求全球文化价值观念的整合，希图构建一种普遍性伦理，另一方面，人们日渐意识到，人不仅对人自身有义务，而且对生活于其中的生物圈和大自然也有保护的义务。伦理关系在距离上新的延伸，带来了诸如可持续发展、动物的权利和环境的价值等许多观念上的革命，尽管有些观念尚待讨论，但它们确是科技时代主体行为能力不断拓展的必然产物。

（5）从被动性责任向主动性责任的延伸

培根说，知识就是力量。"力量"一词，英文为"power"，又可译作"权力"。事实上，科技活动的行为主体的确掌握着一种巨大的权力，而且这种力量是一把双刃剑，影响到人类当前和未来的生存与发展。一个建立在理性之上的社会，必须对如此巨大的权力做出合理的限制，使相关群体和个人的权利得到保障。为此，科技人员必须履行其应尽的义务与责任。这样一来，在科技人员与其他群体的责权利关系中，科技人员既居于主导地位，又处于被监督的境地，这也给科技伦理体系的建构提出了新的难题。值得指出的是，传统伦理体系中，义务与责任往往是被动的，如"不得偷盗""不得妨碍他人"之类；而科技人员的义务与责任则更多地涉及"应该造福人类与自然环境"之类主动性的要求。反过来，其他群体则有权要求科技为他们带来更多的福祉——更好的教育与保健，更安全与便捷的技术。以医疗技术的进步为例，每个人都有权利得到最先进技术的救治，在公共卫生资源有限的情况下，医务人员如何恰当行使职权、履行其责任，成为传统社会所未有的伦理问题。从某种角度来讲，这是科技发展对人权的促进所带来的新的伦理问题。

4. 传统与现实冲突的焦点

科技发展的一个关键性问题是安全。所谓安全，实质上意味着"可接受的风险"，因此如何确定这种可接受的风险成为问题的焦点。在理性的社会中，管理者（政府、组织）、执行者（科研机构、企业）和监督者（媒体、群众组织）应该形成一种良性互动，才能既规避科技可能造成的负面影响，又促使科技进一步为人类造福。换言之，使科技人员不仅能够履行其被动性责任，还能够履行其主动性责任。这种互动机制的建构显然应列入政策性的考量之中，在科技政策中，公众与监督者的知晓权、科技活动可接受的风险、成本与效益、科技成果的公正分配等都是需要合理界定的。

科技活动作为一种社会伦理试验不仅使已有的伦理问题得到了空前拓展，而且还引发了传统伦理与科技发展的现实之间的诸多冲突。近30年来，在西方社会中，一些新的科技进展——原子武器、生殖技术、基因技术、信息技术等——导致了尤为尖锐的伦理争执，同时，日益严重的全球问题——人口、资源、环境危机等全面地揭示了近现代科技活动的负面效应，进一步向人们展现了科技活动所负载的价值与传统伦理价值体系间的剧烈冲突。其中既有观念间的纠结，也有观念与现实利益的复杂矛盾，从中我们可以看到科技时代人类伦理实践的动态图景。

（1）科技活动与传统价值观念间的冲突

这是一个十分复杂的问题，在此，我们主要分析两类冲突。其一，所谓科技活动对自然的操纵和对"自然秩序"的破坏。这是对科技活动的一种尤为强烈的否定性批评，但又有很多界定不明之处。持这一态度的人可称之为自然律论者，他们认为人只能顺应自然，不应为了人的目的有意识地改变自然的原初过程，任何对自然过程的干预都是在破坏"自然秩序"。这显然是一种宗教或准宗教理念，由于所谓"自然秩序"只有在神创论的语境中才有意义，而他们所应接受的现实情形是，早在人类的祖先直立行走之时，"自然秩序"即开始被打破，任何人都不可能完全遵循"自然秩序"，故其激进主义式的立场是难以贯彻到底的。如果说基因重组技术是对自然的操纵，那么拯救了亿万生命的抗生素技术是不是对自然的操纵，说得更远一点，烹调技术是否干预了人的自然生理过程呢？因此，这种评判本身是没有实证依据的。但是，这并非意味着它没有理论与现实意义，至少，它表达了人们普遍存在的对科技活动给社会生活所带来的不确定性的疑虑。如果说科技活动是在有意识地变更自然过程的话，科技工作者必须确保科技活动尽可能少地危害人类的生存和生态环境，要做到这一点，每一项对自然过程的重大改变工作都应该万分慎重，因而，自然律论者所持的评判立场是具有重要的监督意义的。

其二，科技的发展使一些绝对化的伦理原则之间的冲突更为彰显。以有关生命的伦理原则为例，我们时常会遇到两条原则，一条是"每个人都有不可剥夺之生存权"，另一条是"人应该有尊严地活着"。在传统社会中，它们似乎是两条绝对性原则，但是，随着医疗技术的进步，出现了有关安乐死的争论，其中一个重要的方面即是，医务人员与许多备受病痛折磨的垂危病人在这两条原则间难以做抉择。此类新的冲突表明，在科技进步推动社会加速变迁的时代背景下，静态的和绝对化的传统观念体系的自洽性，正在受到前所未有的冲击；同时，道义论、目的论（功利主义）、自然律论等传统伦理学理论的分野已难以一以贯之地应对不断发展的伦理实践。

（2）传统的价值观念模式与科技时代复杂的伦理现实间的冲突

对于科技发展与传统价值观念体系间的冲突来讲，由于事实总会随着情势的变化不断得到澄清，人们可以通过对观念前提的反思和对实际情况的深入讨论，在某种共识之上，使冲突实现一定程度的缓冲。而真正纠结不清的是，科技伦理实践中传统的价值观念模式与充满利益考量的复杂伦理现实间的冲突。值得指出的是，冲突中所涉及的观念不仅有传统的价值观，还包括伴随着现代科技社会发展产生的新的价值观。

1986年，美国一家收养代理处准备安置一个2个月大的女婴，由于她的母亲患有亨廷顿（Huntington）病（一种进行性的、不可逆转的神经疾患），收养者提出，如果她也将患此病，他们就不愿收养她。为此，代理处请基因专家检查女婴的基因，以判断她是否迟早会患此病。此时，基因专家处于两难的伦理困境之中：一方面，收养者有权知道实情，其要求似乎是公正的；另一方面，如果女婴确实要得此遗传病，从伦理的角度来讲，不应该在她无法自我决定是否揭示其基因之前，侵犯她的这种隐私权，她也许像许多严重遗传病患者一样，不愿在注定要患的病出现之前知道这件事。

科技对世界的深入探索与揭示，扩大了主体行为的可能性空间，也加大主体间发生利益冲突的可能性。现代科技伦理现实的复杂性的一个重要表现是，不同利益主体可以找到为各自利益辩护的价值观念。在此情况下，不论是传统的价值观念，还是新的价值观念，如果它们是基于以抽象化、绝对化为特征的传统静态价值观念模式发展出来的观念体系，就有可能与某些相关主体的现实利益发生冲突。在这个案例中，所涉及的矛盾在很大程度上是由传统的价值观念模式造成的。在传统的价值观念模式中，养父母的知情权和女婴的隐私权往往被孤立起来考虑，正是由于价值观念的绝对化和孤立化，导致了反映部分相关主体的现实利益的价值观念与其他相关主体的现实利益间的矛盾。类似的情况还有很多，例如，保险公司是否应该要求投保人进行基因检查，以预测其寿命或患遗传性疾病的概率？这些问题往往会迫使人们在十分具体的利益情境中，考量价值观念的利益局限性和实现条件。如果我们抽象地想象一家公司是否应该要求雇员进行基因检查时，实际上是脱离实际的空想。在现实中，我们遇到的情形将是十分具体的：航空公司应不应该检查飞行员的基因，以判断他（她）有无罹患精神疾病的可能？

科技文明的确给人类社会带来了许多新的价值观念，为更新价值观念体系创造了条件，但是，如果我们仍然将价值观念视为一种绝对化、静态化、孤立化乃至神圣化的抽象理念，而看不到任何价值理念都是相对的、有条件的，则所谓新的价值体系本质上还是传统的模式，难免因价值体系自身的不完善和界定不明与复杂的伦理现实产生冲突。一个典型的现象是，现代西方社会在其传统价值基础上发展出一种所谓的"主动性"权利的理念。以生命权为例，以往主要强调任何人都无权危害他人的生命，故称之为"被动性"权利；随着科技的发展，这种权利开始演变为一种"主动性"权利，即每个人都有权享有最好的医疗并尽可能地延长其生命。此观念有时可能与现实的利益分配产生巨大矛盾，而难以实现。解决简单化的传统价值观念模式与复杂的负载利益的伦理现实间的矛盾的关键在于，我们必须走出传统模式，以动态的、开放的眼光去看待价值观念，在具体的情境中赋予它们可变化的意涵；换言之，在具体的利益格局中，为不同利益主体辩护的价值观念，不应该是绝对不变的理念，而应该相互制约并达成妥协。

三、科技伦理学研究的新向度

科技与伦理的内在统一表明，科技伦理实践是科技实践的有机组成部分。因此，一方面，科技伦理学致力于规范性研究，并使其成为科技实践的结构性要素；另一方面，既有的科技伦理准则，已经难以规范由新技术造成的社会价值伦理冲突，又需通过向描述性研究的转向，分析和解决科技伦理实践中出现的特定性冲突。

现代科技可以视为正在进行之中的开拓性的社会伦理试验。随着现代科技的加速发展，科技伦理实践所涉及的层面已经从科技共同体的内外分野，拓展到了社会中、文化际和人与自然之间等各个新的向度。

1. 规范性研究及其结构化

科技伦理学有两个互补的研究方向：规范性研究和描述性研究。前者强调伦理准则的构建和应用，后者则注重伦理事实的描述和分析。

规范性研究的研究进路是应用规范伦理学的理论、原则和规范体系，建构一般性的科技伦理原则，以确证与科技活动相关的道德义务判断和道德价值判断。科技伦理原则的建构往往是十分具体的，而且已经成为各类科技活动的职业伦理的基础。

早期科技伦理学的研究大多属于规范性研究，因而被视为应用规范伦理学的一个重要分支。规范伦理学认为，应用伦理学应该建立在规范伦理学的道德原则、规范体系之上，道德判断的确证过程，是一个由伦理学理论推出伦理原则，由伦理原则推及伦理规范，再由伦理规范确证道德判断的演绎过程。在科技伦理学研究中，常用的伦理学理论有道义论、目的论（功利主义等）、德性论和自然律论。虽然它们的出发点有许多不可通约的差异，但由于这些理论从不同的道德生活观念中发展而来，分别把握了丰富多彩的道德生活的某些方面，因而，在具有可操作性的伦理原则、规范体系中，伦理的原则和规范往往来自不同的伦理学理论。

科技伦理学的规范性研究有三种常见的研究思路，其一是直接从道义论、目的论等伦理学理论的基本立场出发，判断科技行为的正当性和善恶；其二是仅将科技伦理作为一般性的应用伦理，其前提依据是普通规范伦理学；其三是研究者先针对具体的科技活动和相关问题进行伦理原则、规范体系的建构，再以此规范该领域的科技行为。

第一种思路多见于对新的科技行为的合伦理性的讨论。一方面，在缺乏相应的原则和规范的情况下，从道义论和目的论等立场，反思新的科技行为的潜在动机、预见其可能后果，显然是十分必要的，虽然这些立场具有不可通约性，但是唯有通过不同立场的论争，方可达至广为接受的妥协，使规范的标准具有普遍性，使规范活动成为一致的行动。另一方面，这种思路也有其固有的缺陷。首先是道义论、目的论、自然律论时常各执己见，有绝对化倾向。例如，在生命伦理问题上，自然律论者坚持不应操纵自然的观点，反对一切对生命物质基础的探究，认为应该禁止任何对自然生命过程的人为干预。其次，此思路有简单化和静止化的倾向。传统的伦理学理论往往试图通过一次性的伦理评判做出不可变更的结论，而实际上，具有极大不确定性的科技活动，不论就其动机或结果而言，都无法由这样简单和静止性的评判做出恰当道德义务判断和道德价值判断。

第二种思路较第一种思路的精致之处在于，其前提是一种系统化的原则、规范体系。在普通规范伦理学中，W. 弗兰克纳综合目的论和道义论的优长，提出了名为"混合义务论"的伦理原则、规范体系。该体系由两条原则和若干规范组成。两条原则分别是善行（beneficence）原则和公正（justice）原则。另一个有影响的伦理原则、规范体系是J. P. 蒂洛提出的较完整的人道主义规范体系。该体系由生命价值原则、善良（或正确）原则、公正（或公平）原则、说实话（或诚实）原则和个人自由或平等原则等五条原则组成。我们可以看到，上述原则、规范体系的最大特点是，它们都是具有普遍性的伦理价值理念，而规范伦理学正是试图运用它们来回应现实社会生活中的伦理问题。实质上，尽管这项工作受到了各种形式的伦理相对主义的冲击，但因其最终目标是建构一种可应用的全球性普遍伦理，反映了人类伦理实践的发展趋势，其积极作用应予以肯定。从很大程度上来讲，正是近、现代科学技术的发展加速了人类共同体的整合进程。作为第一生产力的科学技术，在创造出前所未有的物质和精神财富的同时，也引发了盘根错节的全球性问题，为了解决这些问题，必须诉诸以普遍伦理为价值基础、具有全球约束力的行为规范体系。所以，沿着这种思路有助于将科技伦理的义务判断和价值判断建立在人类共同体的基本道德共识之上。

在生命伦理学、环境伦理学、工程伦理学等科技伦理学领域，第三种思路更为常见。例如，在生命伦理学研究中，比彻姆和丘卓斯提出了四条现已为人们广泛运用的生命伦理学原则：自主（autonomy）、不伤害（nonmaleficence）、善行（beneficence）和公正（justice）。在有关"克隆人"的讨论中，有学者从自然律论中推出"自我保存"和"自我发展"两条原则，从义务论（道义论）推出"自由意志"原则，从德行论（德性论）中导出"能力卓越化"和"关系和谐化"两条原则，由此共推出了五个"判准"来检讨"复制人"的伦理问题。显然，具体的科技活动领域中的伦理原则，较普通规范伦理学所建构的原则更具有针对性，或者说，前者是后者的拓展与深化。

由于科学技术日益影响到人类社会的发展和人类未来的命运，将伦理规范引入科技活动，具有十分重要的现实意义。首先，它不仅有助于科技工作者树立一种良好的社会形象，而且还促使科技人员在科技活动中时刻意识到其社会伦理职责。其次，有关科技伦理规范的讨论，一方面，能够引起社会公众对科技活动涉及的伦理问题的关注；另一方面，在广泛讨论的基础上，可能形成一种柔性的制约机制，作为与科技活动相关的法律和政策制约机制的必要补充。另外，值得指出的是，科技活动具有的普遍性科学基础和科技的全球化趋势，使科技伦理规范具有普遍伦理的意味；面对日益严重的全球性问题，在人类主体对价值准则与行为规范所达成的共识中，科技伦理规范将成为全球性普遍伦理的重要方面，同时，它又可以作为一种有效的文化际整合工具，用以加速普遍伦理的建构。

为了使科技伦理原则切实起到规范和制约作用，规范性研究的进一步目标是使科技伦理成为科技活动的结构性要素，为此，一些应用伦理学家提出了"结构伦理"的观念。首先，这种结构化的努力表现为大量的职业伦理法典（ethics codes）的制定，科技职业伦理法典的学习，已成为发达国家科技职业素质训练的重要组成部分。这些法典的目标和功能相近，都强调科技工作者应具有客观公正的职业态度，将公众的利益放在首位。例如，美国消费工程师协会（American Association of Cost Engineers）的伦理法典的导言指出，为了保持和提升工程师的职业荣誉与尊严，坚持高伦理水准，工程师应该：（a）诚实、公正，以奉献精神为雇主、顾客和公众服务；（b）为提高职业能力，树立职业声誉而奋斗；（c）应用知识和技能增进人类的幸福。层次和领域各异的伦理法典的一个重要特征是，越是小的或共同成分多的共同体，其伦理法典越具体而详尽；反过来，较大或共同成分少的共同体的伦理法典则较简单和宽泛，这使得科技类伦理法典更兼具可操作性和灵活性。

其次，科技伦理规范结构化表现为科技伦理审查委员会的成立。专业的科技伦理审查委员会的出现，使针对科技行为的伦理评判成为一项贯穿于科技活动全过程的有组织的常规性工作。伦理审查委员会的责任是，根据某项科技活动应该遵循的伦理原则和执行办法，对有关的科技行为进行独立的伦理审查和核准，并且对伦理原则的贯彻情况进行持续监督，以确保整个科技活动符合伦理原则的要求。可见，科技伦理审查委员会既是科技伦理原则的解释机构，又是实际执行伦理规范的功能性组织。值得指出的是，为了保证科技伦理审查委员会的解释和执行工作的客观公正性，各种专业科技伦理委员会的成员不仅有专业科技人员，还包括伦理学家、律师、宗教人士以及代表社区文化价值观的非专业人士；在许多情况下，还应注意合理的性别和种族比例；在具体的审查个案中，应考虑吸纳相关利益群体的代表作为成员；委员会的成员应定期轮换。目前，生命科技伦理审查委员会的发展尤为迅速，这显然与生命科学技术直接关系到人类的生命过程有关。在美国，大多数医院都成立了伦理审查委员会。1997年，克隆羊"多莉"事件披露不久，美国总统克林顿即下令成立了一个国家生命伦理顾问委员会（NBAC），探讨有关克隆人类所引起的伦理及法律问题。在我国，有关生命伦理审查的机构也已经出现，如北京医科大学于1994年成立了"药物临床试验道德委员会"。

科技伦理规范结构化的另一个努力方向是使科技伦理原则内在于调节科技行为的政策、法规之中。只有当科技伦理原则由此而获得强制性的地位之后，才能减少科技活动中不负责任的行为和只顾眼前与局部利益的决策，并从根本上避免遵守道德规范者受损而不道德者渔利的不合理现象。

在政策方面，出现了规范科技活动的国际伦理指南和政府伦理指南。以生物医学技术为例，世界卫生组织（WHO）和国际医学委员会（CIOMS）于1982年和1993年分别联合制定了《人体生物医学研究国际指南》和《人体研究国际伦理指南》，明确规定了人体研究的基本伦理学原则及其执行方法。在基因治疗出现以前，许多国家的政府已制定了有关基因治疗的伦理指南。在美国，人体基因治疗的政府审批程序相当复杂，研究者必须事先回答如下问题：（a）为什么该病适合于基因治疗？（b）该治疗能治愈这种病还是仅仅缓解之？（c）有替代疗法吗？效果如何？（d）DNA技术细节和选用载体。（e）如何确保新基因的适当插入和调节使其在病人体内成功表达？（f）在非人灵长类是否做过类似实验？

在法规方面，许多国家制定了一些以规避技术风险与保障科技的人道主义应用为目标的科技法规，立法的重点涉及生命科学技术、计算机与信息技术等新兴科技领域。目前，这类立法出现了法律化和国际化态势。在生物技术领域，1976年，美国国立卫生研究院颁布了《重组DNA分子研究准则》；1986年，经合组织通过了《国际生物技术产业化准则》；1989年，德国率先通过了世界上第一部《基因工程法》；1990年，英国颁布了《人类受精和胚胎法》。在信息技术方面，从20世纪60年代后期起，美、澳等30多个国家，依照各自的实际情况，制定了相应的计算机安全法规，或对原有的刑事法规进行了修改或补充。1987年，美国颁布了《计算机安全法》，次年，著名的"莫里斯案件"成为依据该法审理的第一宗计算机犯罪案件。1991年，国际信息处理联合会（IFIP）下设计算机安全法律工作组，在加拿大召开了首届世界计算机安全法律大会。1997年3月，经合组织批准了允许立法机构监控因特网的计划。

2. 特定冲突与描述性研究

科技伦理规范体系的广泛建构及其结构化，固然能使人们系统地对科技活动做出道德判断，以有效地规范科技行为。但是，现代科技的加速创新及其向人类社会生活的全方位渗透，提出了必须寻求一种动态的研究进路的要求。一方面，规范性研究固有的相对静止化的特征，使得规范性研究及其结构化体系显现出了时间滞后问题。由于科技伦理规范体系时常处于相对滞后状态，在相应的伦理原则、政策指南和法规诞生之前，新兴科技所造成的社会问题就可能已成为难以改变的事实。这样一来，极易产生合乎已有伦理规范（法规）但不道德的情形，甚至会导致一些科技行为主体借过时的规范体系规避道义责任，形成一种有组织的、不负责任的不良倾向。另一方面，科技活动的价值负载和利益纠结，已使得科技伦理冲突成为相对抽象和简单化的规范性研究难以解决的特定冲突。而所谓特定冲突，往往涉及诸多两难处境，根据已有的规范或同一原则体系的不同排序常会推出相互矛盾的判断，并且，难以通过一次性判断合理解决冲突。由此可见，为了适应飞速发展的现代科技，科技伦理研究必须寻求一种动态的研究进路。

这种动态的研究进路即是描述性的科技伦理研究。描述性伦理研究的出现，使科技伦理学发生了从应用规范伦理向实践伦理的转向。描述性伦理研究所运用的案例研究等微观经验分析方法，使科技伦理研究得以动态地关注由科技创新引发的伦理问题，进而使其成为与具体科技活动相关的实践活动。这一转向还意味着，规范和准则的建构是一项长期的工作，与其说这些规范和准则是伦理学家思辨的产物，不如说它们是科技实践中不断显现，并为科技活动的相关群体所领悟的共识。因此，科技伦理的规范结构及其精神实质将随着科技实践的发展不断地显现，并被揭示出新的内涵。

描述性伦理研究的传统可以追溯到亚里士多德的实践哲学。描述性伦理研究认为，社会生活经验及道德感受具有多向性，道德判断应建立在经验事实的基础之上。因此，其研究传统不倾向于将复杂的道德现象简单地归结为几种基本类型，并对规范性伦理研究过高的理论目标及其普适性准则持怀疑态度。与规范性研究的归纳—演绎思路不同，描述性研究致力于对现象的描述和分析，因而，描述性研究不以准则为导向，而是以现象和问题为导向的研究。

描述性的科技伦理研究将伦理判断建立在对科技行为所涉及的科技和社会因素的综合分析、评估之上。这种综合性分析评估包括相互渗透的三个方面：技术风险—效益分析、社会利益格局分析、文化价值分析。前两方面侧重外在物质价值分析，后一方面侧重于内在精神价值分析。

技术风险—效益分析是对科技行为潜在的风险、效益的预测和评估，其目的在于确保所采用技术的安全性和受益性，并使其占有的公共资源趋于合理化。

社会利益格局分析主要研究由科技活动引起的不同利益主体的利益分配和再分配。这些利益主体既包括科技人员、投资者、消费者等与科技行为直接相关的个人和群体，也包括全社会中其他与该科技行为间接相关的利益主体，甚至还应包括未来世代可能出现的相关利益主体。社会利益格局分析的目的是，在技术风险—效益分析的基础上，确保科技活动所带来的福利得到合理公正的分配。

文化价值分析可分为价值观念冲突分析和价值观念传播分析。价值观念冲突分析主要研讨：（a）科技活动所揭示的事实和可能性对原有文化价值观念的影响，以及原有文化价值观念对科技新成果和科技发展所带来的新的可能性的态度；（b）基于新发现和新的可能性而产生的新的价值观念与原有价值观念之间的互动；（c）具体的科技行为中，工具理性与人文价值理性之间的冲突和互补共存的可能性。价值观念传播分析探讨与公众对科技的理解相关的价值观念的传播机制，及其对伦理立场的影响。由于公众对科技知识、科学精神和科技对社会的影响的理解，直接影响到他们对科技行为的伦理判断，价值观念传播分析的目的是，通过剖析具体科技价值观念的现实传播模式，透视观念传播对公众的科技伦理判断的影响机制，进而寻求使公众较全面理解现实科技活动的科技观念传播机制，从根本上促使公众做出更具合理性的科技伦理判断。

描述性的科技伦理研究的主要研究方法是案例研究等微观经验分析方法。上述综合性分析中所涉及的科技的价值负载和科技与社会的互动对科技伦理价值观念的影响等基本立场，都在微观的科技行为分析中得到了具体的展开。正是微观经验分析方法的运用，使科技伦理学研究出现了从应用规范伦理学向实践伦理学的转向。显然，这一转向的主要诱因在于，人们逐渐认识到，无论是伦理学理论还是伦理学原则，都难以通过所谓的规范的应用，单独解决现实生活中的两难伦理问题。

实质上，这是一种研究范式的转换，通过这种转换，科技伦理研究干预现实科技行为的能力获得了极大的提高。由于微观经验分析既可以在不同层面上研究同一问题，又可以将一个问题分解到不同层面进行研究，研究者可以通过描述性研究立体地建构出对伦理事实的认识，从而，避免了总体性研究中通行的多数原则对“部分”和“少数”的忽视，这使得科技伦理研究能够密切地关注现实道德生活中由科技创新活动引发的新问题、新趋势，动态地透视科技社会加速变革中的人的价值取向、道德标准等方面的新需求、新变化。

描述性研究的兴起与科技伦理研究的实践转向，使科技伦理反思成为一种内化于科技实践的动态活动。这一新的转换，决不是对传统的规范性研究的彻底否定，相反，它不论对描述性研究还是规范性研究都提出了更高的要求。对于描述性研究来讲，其目标应调整为，在透视伦理现实的基础上，将伦理反思转化为一种结构化、常规性的动态实践。为此，描述性研究的首要任务是向全社会揭示科技活动中的伦理过程，使公众充分正视伦理因素内在于科技活动的现实，进而调动和培养其道德敏感性；然后，再通过不同利益主体间的讨论和对话，达成妥协和共识。对于规范性研究来说，需要复兴亚里士多德的“实践的明智”，强调规范体系的建构是一项经常性的工作。为此，应建立一种开放性的、动态的伦理规范框架，突出伦理规范体系应有的不断创新的特征。此外，还应注意到，由于每一具体的问题都有其独特性，伦理规范的应用包含着一系列创造性的要素和过程。

总之，科技伦理研究的实践转向的目标是，建构一种与具体问题相联系的伦理研究模式，以实现一种适时适地与特定条件相关的实践合理性。显然，对这种实践合理性的认识，是一个需要实践主体发挥主动性和创造性的实践过程。科技活动作为人类最富有创造性的物质实践，同时也是一个不断创造新的伦理价值和其他精神观念的过程，新的实践理性一般不会直白地凸显，而往往只是潜藏于各种形式的价值冲突的背后，这就需要相关的主体不断地去描述事实，去揭示实质，去发现合理的秩序，去创建有效的规范结构。有鉴于此，规范性研究与描述性研究应成为互补的两个方面，唯其如此，才能发挥规范性研究和描述性研究的优长，最终建构出既简单、明晰，又具体、灵活的科技伦理体系。

3. 不同层面的科技伦理问题

现代科技的发展已使科技成为人类社会及其环境中的一种无所不在的因素，科技伦理所涉及的层面也因此得到不断拓展：科技共同体内的伦理问题、科技社会中人际伦理问题、科技时代文化际伦理问题、科技背景下人与自然的伦理关系，展现了科技伦理的新向度。

（1）科技共同体内的伦理问题

科技共同体作为科技行为的主体，其行为对整个社会和环境具有直接的、深远的影响。在传统社会中，科技共同体内的伦理关系，是依靠科学的精神气质和科学家的荣誉感来维系的；现代社会经济发展与科技进步之间的互动，已使得功利的因素从内外两个方面对科技共同体产生了巨大的压力，同时，政治与文化价值因素也不时影响到科技共同体内成员的行为。在此背景下，更加凸显了科技共同体内伦理自治的重要性。

科技共同体在科技时代中的特殊地位决定了其成员必须为其科技行为承担较传统社会更多的道德责任。这种道德责任要求，科技时代的科技共同体成员应该在科学的规范结构的基础上，进一步坚持客观公正性和公众利益优先的伦理原则，以人类及其环境的福祉作为他们的最高诉求；在任何势力面前都要坚持真理；不因任何的诱惑而作伪或滥用科技手段；认真地思考每一项科技活动的价值意涵与可能的社会后果；审慎地进行可能具有不明确的深远影响的科技活动。

科技共同体内成员的频繁违规现象，迫使科技共同体建构起制度化、法规化的结构化的伦理体系。学术规范的确立及其运行机制的完善是学术规范国际化和本土化的两个重要方面。不当的名利追求所导致的剽窃行为、作伪行为和社会化的伪科学活动应该是学术规范防范的重点。

此外，科技共同体内成员间的伦理问题还有许多以往受到忽视或重新受到关注的方面。例如，女性在科技共同体中应有的地位与作用，知识经济时代知识产权的再定位及其合理性等。这表明科技共同体内的伦理问题将随着科技伦理实践的深入而不断向前发展。

（2）科技社会中人际伦理问题

科技给人类社会生活带来的便捷、舒适和全新的生活形式，使人们将现代社会称为科技社会。近代以来，科技活动主要以工业化的形式在世界各国渐次展开，观念、制度与技术的加速创新成为现代社会的基本特征，人类社会出现了世俗化、科学化和民主化的时代潮流。我们应该看到：（a）由于缺乏对科技加速物质生产效应的反思，人类社会被拖入了盲目扩大生产和高消费的恶性循环之中，这显然是全球性生态危机的主要诱因。（b）由于传统的价值判断受到科学实证思维模式的冲击，社会价值体系出现了世俗化的趋势，但是在打破了原有价值体系之后，现代社会尚未建构起能够取代传统伦理价值体系功能的新体系，因此出现了多层面的价值危机。其中，有许多问题是由科技发展提供的新的可能性所导致的，如避孕手段的出现和生殖技术的发展在一定程度上引发了性关系、婚姻和家庭问题的复杂化与社会性危机。（c）工业化使现代社会成为一种高度技术化和组织化且为人难以控制的世界，究竟是技术、组织在为人服务，还是人已异化为它们的奴隶？这是现代人的最大困惑之一。此外，工业化现代社会生产标准化的思维模式已经渗透到人类物质乃至精神生活的所有方面，人的个性有被这种结构化、系统化的划一的形式吞噬的危险。（d）社会的知识化和专业分工趋势与社会生活民主化的潮流成为矛盾的两个方面，知识社会中知识的可共享性和知识垄断之间的矛盾日益加剧，知识分子的地位和作用成为一个敏感的话题。其中，知识分子的专业权威性在伦理判断中的决定性影响如何与社会应对他们采取的监督相互协调，是一个尤为复杂的问题，而这个问题显然是与不同社会中的传统和现实相关的。在西方，已经有条件讨论弱智者的权利，和社会对他们的关怀；而在中国，正确树立知识分子的权威性还是一桩需要努力为之的工作。（e）随着现代信息技术的发展，人类的交往方式正在发生日新月异的变化，电视、电话、计算机网络的相继出现使地球成为一个小小的村落，人们尚未理清大众传媒操纵舆论的是非曲直，就开始面对电脑网络空间中的虚拟现实，全球网络化的前景迫使人们反思新的数字化生存方式下社会结构的嬗变和人际关系的演进，广域性、虚拟性、匿名性和随机性的网际交往中的行为规范，已成为科技伦理实践的新问题。

（3）科技时代文化际伦理问题

科技时代的文化际伦理问题至少包括三个层面：其一是不同科技文化传统间的伦理冲突；其二是先进国家向后发国家的科技转移中的伦理困境；其三是科技文化体系与其他文化体系之间的伦理争执和协调。

所谓科技文化传统间的伦理冲突，是指在不同的社会文化环境中，原生性的科技文化传统，已经融入人们的日常生活方式与价值伦理观念之中，伴随着现代世界文化的互动和整合进程，伦理问题必然地成为科技文化际冲突的一个重要方面。具体来讲，导致不同科技文化传统间的伦理冲突的主要原因在于，现代科技文化的主流方向是发端于古希腊文明的西方科学文化，这使得非西方科学文化的价值定位成为一个敏感的话题。

在不同的科技文化传统中，不仅有不同的思维模式与宇宙图景，而且其社会成员对科技价值的认识也是不尽相同的。中国近代以来的"西学中体"之类的主张、中医地位的几番起落和思想先驱们的科玄论战都反映了这种冲突或矛盾，时至今日，群众性的气功活动、周易预测的神话说明这种冲突远未了结。这种冲突表面上似乎是有关思维方式孰优孰劣的争执，实质上是对科技价值的迥异认识。另一个值得关注的现象是，在东方社会逐渐西化的同时，西方对其科技文化传统和东方文化的态度，似乎发生了一种所谓的后现代转向。其原因是西方科技文化的弊端日渐显现，生态危机等全球问题引起了人们对科技文化价值的怀疑，人们转而评判科技的异化，并希图借助非西方科技文化中的整体性思维方式、对人的关怀和与自然和谐相处等异质性文化养分，寻求文化的突破和创新。显然，我们不能由于西方的态度的某种转向而抱残守缺，应学习西方文化的批判和创新精神，找到适合我们发展现状的科技文化战略。

由于西方先进国家率先引入了科技与经济相结合的互动创新机制，其科技和生产水平成为后发展国家的追赶目标，因此，出现了广泛的科技转移活动。如果说先进国家的科技经济发展是一个渐进的过程的话，那么，后发展国家的科技经济发展则是在外部压力下的一种激变。在科技引进过程中，传统生活方式与伦理价值观念同输入的西方式工业文明往往会发生尖锐的对立，伊朗在接受西方工业文明之后又对其全盘否定的原因便在于此。而事实上，在这种对立的背后还有更深层的经济和文化矛盾。由于西方工业文明建立在对个人和利益集团的利益追求之上，所以，大多数科技转移活动都伴随着经济支配行为和文化殖民动机。所谓全球经济一体化，在很大程度上是先进国家将低层次的产业移向后发展国家以实现产业结构升级的过程。由于先进国家利用科技转移中的优势地位掠夺后发展国家的自然资源和优秀人才，并将环境恶果转嫁给后发展国家，常常使后发展国家处于一种两难的境地。为了解决这种冲突，后发展国家一方面应该有选择的引进和消化吸收先进国家的技术，并使先进科技中所蕴涵的文化价值与本国的文化价值实现开放的良性互动，最终形成国际化与本土化相结合的科技文化价值体系；另一方面要为科技转移的公正性向先进国家提出呼吁，促成较为公正的科技转移环境的形成；此外，更重要的是，后发展国家要以实际行动尽可能抵制先进国家在科技转移中的不正当要求，使科学技术真正成为本国物质和文化建设机制中的有机环节。

科技文化在整个文化价值体系中占据着重要的地位，它与其他子文化价值体系之间存在着许多冲突。科技作为一种物质和精神力量与政治和宗教发生了千丝万缕的联系。在科技与政治的交汇处，既有二者相互促进的美满姻缘，也有一厢情愿的强制包办。不管这种结合是什么形式，都必须考虑到人类的福祉与资源和环境的保护，都不能违背自然规律，都应该注意社会资源和科技成果的合理的、公正的分配，只有这样，才能走出科技统治论和片面政治化的误区。在科技与宗教的冲突处，科技的力量已经使宗教裁判所的时代一去不复返了，但是，科技并非万能，实证、分析方法对精神世界和价值判断几乎无能为力，物欲横流的现代社会不仅需要对自然真实过程的揭示，而且还需要对人的终极关怀。因此，现代社会需要一种新的"宗教"，一方面，它应该摆脱激进主义的影响，成为一种与其他子文化价值体系兼容的价值体系；另一方面，它又应该是一种异常坚定的信念体系，指引人们的心灵在纷繁芜杂、变化万端的世界中处变不惊，成为人们永恒的安身立命之所。

总之，我们的世界对于不同的文化价值传统具有不同的意涵，科技发展的不平衡可能会加剧不同科技文化价值体系间的冲突，但是科技文化的普遍性因素决定了科技发展必须走全球化和本土化相结合的道路；科技文化与其他子文化体系分别阐释了世界的部分真理，任何绝对化或激进主义之类的做法都是不明智的，它们之间应该相协调而演进，所以，我们需要的是文化际的对话与协作，子文化体系间的互补与协调，学科际的合作、讨论与共识。

（4）科技背景下人与自然的伦理关系

这实际上是对人与自然再定位的问题。回顾人与自然的关系，大致经历过三个阶段。第一阶段是人类顺从和完全依附于自然的阶段，此时，人们惧怕和崇拜自然，受到自然的支配。第二阶段是人类利用科技手段改造和利用自然的阶段，似乎实现了所谓从奴隶向主人转变，人有意成为自然的主宰。现在，人们正试图步入第三阶段，以实现人与自然的可持续生存和可持续发展，至此，人与自然的伦理关系将升华到一个新境界。

从历史发展的角度来看，这三个阶段是一个合乎逻辑的发展过程。总的来说，人们只能从其实践经验和教训中看到未来的发展方向，并且任何发展道路的选择都只能是一个摸索的过程，都要受到具体的人类生存境遇的制约。我们必须考虑的一个前提是，自人类出现以来，一直受到人口和资源的双重压力，如果不引入新的创新，人类将因收益递减律而陷入周期性的危机。因此，我们应该看到，从第一阶段向第二阶段的过渡具有某种必然性，任何关于人类可以停留在"田园牧歌式"的中世纪的假想都是不切实际的。

如果说从第一阶段到第二阶段是人与自然关系的一种进步，那么其主要方面是科技发展和经济制度创新所带来的物质生产方式的进步。而这种进步是以牺牲资源和环境为代价的，因而有很大的局限性。

从第二阶段向第三阶段的过渡，是人类社会迫于严峻的现实而不得不做出的抉择。也就是说，不论是在观念层面还是在对策和行动方面，人类社会都必须形成全面清醒的共识和共同行动的决心。为了真正走上人与自然相协调而可持续发展的道路，我们应该对人与自然的伦理关系进行明确的再定位。人与自然的伦理关系应该包括人在自然中的自我定位和人以自然为中介的社会关系两个方面。

由于全球生态环境的保护和人类社会的可持续生存与可持续发展，必然涉及对现实多元利益主体的规范与协调，人们在理智地确立了自身在自然中的位置，并拟定了全球普遍伦理的框架之后，必然要使这种共识体现于主体的行为原则与主体间的社会伦理准则之中。对此，欧共体委员会前主席雅克·德洛尔指出，为了确立人与自然的新型关系，我们要重新确定人对自然、对后代、对社会的责任。所谓对自然的责任，意味着我们应该学会尊重自然本身，而不是单纯地让自然满足我们的需要。对后代的责任意指我们只是向子孙借土地，要考虑我们的行为可能对后代构成的威胁。对社会的责任是指全球发展很不平衡，财富分配极不公正，其中的重要原因是资源分配的不合理，但是自然资源和环境是属于全球的，任何利益主体在谋求自身利益时要顾及对他人的责任。

为了实现人与自然的关系的新的升华，最终需要全球性的共同行动。我们应该建立新的国际伦理关系准则，借助国际性和区域性的法规政策使新的伦理准则具有强制性。在全球参与为实现人与自然环境的可持续生存和可持续发展而努力的过程中，国际公正是一个难以回避的问题。

◆ 小　结 ▶

随着科学的社会功能日益突出，需要在对科学的社会规范的伦理拓展上，建构新的科学职业伦理，以客观公正性和公众利益优先作为其伦理原则，形成一种内在于科学活动的新型伦理规范。

技术是一种负载价值的实践过程，技术决定论和社会建构论从两方面揭示了技术的价值负载，伦理制约应该成为技术的一种内在维度；应在技术—伦理实践中，实现技术与社会伦理价值体系的良性互动和整合。

在科技伦理实践中大量涌现出的伦理问题，既包含已有伦理问题的延伸，也包含传统与现实的冲突，科技伦理所涉及的层面不断扩展，并展现出新的向度。为使科技伦理起到切实的规范和制约作用，同时恰当应对由新技术造成的社会价值伦理冲突，应该一方面致力于科技伦理的规范性研究，另一方面建构一种与具体问题相联系的伦理研究模式。现代科技已成为人类社会及其环境中一种无所不在的因。

───────── ◀ **思考题** ▶ ─────────

1. 科学的社会规范的核心精神是什么？与科学的职业伦理有什么关系？
2. 对于技术非价值中立的讨论有哪些主要的观点？
3. 如何建立一种价值与伦理的回复机制？
4. 科技时代涌现出哪些新的伦理问题？
5. 简述科技伦理研究中规范性研究、描述性研究各自的特点和作用。

第十一章
科学理性与科学精神

在科学从兴起到成长的过程中，"理性"是贯彻始终的一个概念。从理性精神的觉醒，到对人类理性能力的承认、肯定与张扬，一定程度上反映了科学发展的整个过程。然而，随着科学迅猛扩张造成理性的分裂，即工具理性彰显而价值理性衰微，理性又面临着极大的考验。当下，非理性主义思潮乘机涌现，而且显示出自己的积极意义，那么，应当怎样在科学理性与非理性之间保持适当的张力呢？

一、科学理性与非理性

1. 科学理性精神的觉醒

近代理性精神的觉醒，是从 14 世纪意大利的文艺复兴运动开始的。作为人类思想文化领域的一场革新运动，文艺复兴以复兴古希腊罗马的文学艺术和科学传统为核心，恢复了古希腊人的理性精神，突出了人的尊严和思索的价值，积极提倡科学方法和科学实验，创造出了大量富有魅力的科学和艺术作品。

始于 16 世纪初的德国宗教改革运动则在此基础上再次推进了人类理性精神的成熟。后来的新教改革使世俗生活与宗教实践相融合。新教伦理则为人的精神解放、为现代理性的生成提供了广阔的空间。

到了 17、18 世纪，启蒙运动（enlightenment）所倡导的"启蒙理性"把洛克的经验论和牛顿力学奉为理性的样板，作为衡量一切的标准，并将矛头直指封建专制制度。启蒙运动对理性精神的推进，使科学最终得到认可，科学理性正式在现实社会生活中登堂入室。

150 多年前，被欧洲工业社会的发展和科学进步深深震撼了的思想家们，开始用一套新颖的术语捕捉、反映和渲染这个以科学技术为杠杆的时代。先行者是法国著名的空想社会主义者圣西门，他把人类历史看作"人类理性进化的整个历史"，而进化过程相继为：准备工作时代；假设体系的组织时代；实证体系的组织时代。那位多多受惠于圣西门但后来与他分道扬镳的学生孔德则进一步提出，人类智力发展和社会发展毫无例外地经过这样三个阶段：神学阶段；形而上学阶段，又名抽象阶段；科学阶段，又名实证阶段。而19世纪，正是科学时代的曙光。孔德认为，神学阶段是发展的起点，科学或实证阶段是固定和明确的结果，中间的形而上学阶段则是这两个阶段的过渡。当然，无论人类智力还是社会发展，都不可能有某个确定的终结，但是，自孔德以来，科学或实证精神，在著述家和普通老百姓的心目中，的确成了时代的基本特征。

然而，19世纪，一方面是曙光初照，科学技术在人类生活的各个领域崭露头角，另一方面科技双刃剑又开始显示其严酷的两重性。在工业革命之前，科学主要是追寻真理的精神圣餐，技术则是工匠运用自如的技艺和技巧。占统治地位的文化传统，例如宗教，虽然时而与科学冲突，但它们无法改变科学与理性、技术与进步的血缘关系。这种情况直到工业革命显示出机器生产的巨大魔力才发生彻底的变化。机器以前所未有的速度创造物质财富，也以同样不可思议的规模创造着一个赤贫的阶级——无产阶级。对资本主义的批判导致对科学技术的深刻反思。

马克思对机器及其背后的科学技术，有着远超出同时代经济学家、社会学家和哲学家的洞见。他抨击了机器的非人道使用，也肯定了资本主义的开化与进步，尤其是它对发展社会生产力的巨大推动。马克思一向注意避免掉入两个陷阱：保守的浪漫主义和形而上学的机械论。机器乃至科学技术的一切发现与发明，在原始资本主义条件下，被扭曲为非人性的力量。就其自身而言，乃是一种在历史上起革命作用的力量——在大工业体制中，科学已经并入生产而成为直接生产力。因此，最先进的阶级——无产阶级，可以运用科学杠杆力量，来推动历史的发展。

人非圣贤，马克思未能预见到20世纪资本主义的一些新特点。在当今世界，科学技术正把自身及其应用扩展到整个地球，"地球村"中的绝大多数居民已经而且与日俱增地享受着科学和技术所带来的实际利益，无论在物质产品还是精神产品方面都是如此。这种进展的根源在于，科学与技术之间的关系、科技与经济社会发展之间的关系，在20世纪已经发生了一个根本的转折。由最初的互不相干，稍后个别领域中的单向联系，变成今天科技一体化和产业化，使科学技术成为当今社会中无与伦比的发展动力；原本独立地操作它们的主体也日益结成庞大的共同体，并且把它的触角伸向社会生活各个领域，改变着社会的形态与结构。

科学的巨大成就，不仅充分展示了科学知识的强大功能，也极大地刺激了理性精神的觉醒。从此，科学理性的力量被认为是人的最高力量，科学也成为近代文化和社会生活的主题。自然科学特别是物理学和数学成为最受尊重的学科。

在短短两三百年的时间里，科学取得了如此巨大的成功，很大程度上得益于其功利性和实用性价值观的推动与促进。因此，科学合法性的真正目标，在弗兰西斯·培根看来，不外是"把新的发现和新的力量惠赠给人类生活"①。

科学技术已是世界性的事业。今天，全球有数以百万计的专业科技人员，还有多得多的服务于这一行业的从业者。支持他们研究与生活的，是政府的基金或企业的资助，所花资金常常是天文数字，例如，仅发射第一颗地球资源技术卫星就耗资 27 亿美元，这还不是最高的。当然，政府和经济巨头们不是慈善家，在这里有着比其他种类投入更高的利润和更短的回收周期。第一颗地球资源技术卫星，第一年就为美国收益 14 亿美元。即使难有眼前利益的基础科学研究，政府和企业也乐于赞助，因为历史已一再证明，理论上的突破或迟或早会引起应用范围的革命。基础研究成果转化为现实产品的周期大大缩短，数量也惊人地以指数形式增长，以至于出现了专家也来不及详细阅读本专业所有文献的"知识爆炸"的现象。科学的中立性与纯粹性日益丧失了。所有这一切，产生了人们形象概括的"大科学"。19 世纪乃是科学初露曙光的年代，20 世纪则是大科学时代。在衡量国家的综合国力时，科学技术进步程度已成为极重要的指标。

2. 科学理性的扩张与合理性

就形成过程而言，"理性"是与古希腊哲学同时产生的一个重要哲学概念。柏拉图认为理性是思考所生产的真理，是人们通过回忆理念的存在来实现早已存在的人的灵魂；亚里士多德则提出了终极的逻辑观点，即将理性等同于思想和精神。可以说，在古希腊那里，理性主要就是指规律，或寻找规律性的能力。

在启蒙思想家看来，"理性"主要是指与宗教信仰相对立的人的全部知性能力。狄德罗在《百科全书》的"理性"词条中指出，理性除了其他含义外，有两种含义是与宗教信仰相对而言的，一是指"人类认识真理的自然能力"，二是指"人类的精神不靠信仰的光亮的帮助而能够达到一系列真理"。借用"理性"一词，启蒙学者想要表达的是源于人本身的某种先天的理性能力；同时，这种理性又是以自由、正义和人性的概念为指导原则的。

在实践中，启蒙时期的理性一方面与资产阶级人权相结合，反映了资产阶级在政治、经济方面的需要；另一方面，理性与自然科学也越来越紧密地结合在一起，所形成的科学技术理性，成为适应西方工业文明发展的精神力量。随着科学—技术—工业一体化趋势的增强，理性不仅横扫一切障碍，全面张扬了自我，并使个体获得了解放，更借助科学技术的力量成了万物的主宰。向科技理性的转化意味着启蒙理性正在走向人控制自然的神话。由于科学技术在社会生产、生活领域所取得的巨大成功，社会地位的空前提高，人们普遍相信自然科学的方法可以解决一切问题，人的理性与科学技术的功利性得到了突出的强调。

由此看来，从古希腊到启蒙时期，"理性"概念的内涵不断泛化与价值化，但它始终标识着一种人类的精神能力。同时，由于理性中功利性成分的过度彰显和工具理性取向的膨胀，理性因而变得包容一切，甚至成为合理性的代名词：理性的就是合理的、有价

---

① 培根. 新工具. 北京：商务印书馆，1984：58.

值的，反之亦是如此。然而，这同时也意味着，以机械论自然观作为指导原则，以科技为代表的理性必将带来理性自身的分裂及人与自然的对立，并引发新的危机。特别是，当科学精神与技术理性贯穿到人类生活的各个方面，自然科学超出了自身的界限而被推进到信仰的位置，成为一种绝对的存在。这样一来，理性就成为一种只局限于自然科学所倡导的经验领域中的狭隘的理性主义。理性中那些曾经代表着自由、平等、博爱、人权、正义等人类精神，并以对自然科学的追求为己任的普遍性意义因而慢慢消失了。普遍理性开始让位于实证理性（工具理性），这也进一步导致了理性的危机与启蒙精神的逆转。"科学"与"理性"的合理性也变得成问题了。

3. 非理性主义思潮的泛滥

理性主义是文艺复兴和启蒙运动的主流价值。然而，19世纪以来对人的主体意识的过分张扬，一方面，导致了人文主义逐渐偏离理性的轨道；另一方面，科学的技术化倾向引发了工具理性的过分膨胀，科学主义所彰显的科学文化霸权逐渐偏离其人道的理性传统。理性与非理性之间的较量越发加剧了。

非理性主义思潮的产生并非偶然。它不仅仅与社会历史和自然科学发展的现实有关，更是传统理性主义的缺陷长期累积的结果。事实上，自文艺复兴特别是启蒙运动以来，人文主义就开始逐渐偏离理性的轨道，17世纪时，帕斯卡、卢梭等人文主义者就举起了反对理性的旗帜；到了20世纪，叔本华、尼采、弗洛伊德、海德格尔、柏格森哲学则将理性传统引向了非理性主义。

通常，以叔本华、尼采等为代表的非理性主义对近代理性主义传统的反叛可以称作人本主义的非理性主义思潮。之所以成为"人本主义的"，主要是因为，他们反对传统理性主义的主要出发点，是基于其中人及其意义与价值的失落。因此，这种类型的非理性主义主要是从人自身出发，强调人的情感意志、本能冲动等非理性活动在人的整个精神和物质存在中的决定性作用，特别是在对现代科学所谓的"理性人"提出质疑的基础上，强调人的因素中非理性的成分。

叔本华可以说是现代西方非理性主义思潮的鼻祖。他对以理性主义为主的传统的体系哲学做了激烈批评，从而消解了理性主义的神圣地位。在关于人的理性问题上，他不否认理性是人的主要特征，认为有理性"是人的意识不同于动物意识的区别，由于这一区别，人在地球上所作所为才如此的不同于那些无理性的兄弟种属"[①]；但又认为那并非人的本质。尼采作为继叔本华之后最杰出的非理性主义代表之一，在思想内容甚至思想的表达方面都极为强调或肯定非理性的决定性作用，开创了非理性主义的先河。在本体论上，他强调整个世界是由一个个意志冲动形成的偶然性的堆砌，无必然性可言；在认识论上，他强调理性只是强力意志的工具，不能认识事物的本来面目和真实的世界，真理只是一种主观的信念，是对某种判断的确信和评价。"上帝死了"是其非理性主义思想的最高表现。

---

① 叔本华. 作为意志和表象的世界. 北京：商务印书馆，1982：70.

以柏格森为代表的直觉主义的非理性主义以冲破传统的理性主义为己任，声称必须克服经验和理性方法的缺陷，把生命现象当作超越理性的、仅仅依靠内省才能领悟的对象。柏格森一方面批驳传统哲学把世界解释为一个封闭的、凝固的世界，认为机械论不可取，机械论的呆板的顺序性、因果性不能用来说明人的自发性和创造性；一方面摒弃凝固的范畴，破除严密的逻辑体系，摆脱遏制人性的所有束缚，追求个人内心活生生的、多变的、连绵不断的生命冲动，提出了"绵延""生命冲动""基本自我"等非理性概念。

弗洛伊德认为，在人们的精神或心理结构中，有意识的部分很少，大部分都是人们意识不到的无意识或潜意识的精神活动过程。他完全摒弃传统理性主义的理性传统，提出了一系列关于无意识、梦境、性欲本能等心理分析理论，并把这种无意识和性欲本能看作一切精神现象的根源，同时进一步用这种非理性的本能、欲望解释社会的起源及发展、解释人类的行为及活动。就此而言，理性并不能控制非理性；相反，全部理性活动都受非理性因素的支配，所有理智活动都受非理性精神活动的左右。

存在主义角度的非理性主义用现象学方法把人的存在还原为先于主客、心物分立的纯粹意识活动；他们的最终目的是要从揭示人的本真存在的意义出发来揭示存在的意义和方式，进而揭示个人与他人及世界的关系。海德格尔强调人的存在性，萨特则从人学的角度强调人的能动作用，目的都是要揭示人作为个体的存在本身的意义；而近代理性的分析方式无法在整体上给出一个人的观念，忽视了完整的人的存在，"遗忘了人的存在"。

与人本主义的非理性主义不同，后现代的非理性主义不再用非理性来代替理性，而是直接明确要"告别理性""解构逻各斯"，即对传统的理性进行解构。

后现代主义者以反基础主义、反中心主义和相对主义为主要特点，直指理性是造成一切社会问题的根源，因而拒绝理性的统治地位，认为任何理性都是权力的符号和利益的妥协，都是统治的工具。他们致力于对意义、同一性、中心、普遍性和连续性的消解，传播非连续的、破碎的、相对的和游戏性的观念。这种非理性主义的主要代表包括：德里达、利奥塔、拉康、福柯、费耶阿本德和罗蒂等，他们都致力于对理性的消解，都宣称"反对理性"，他们比早期的人本主义者无疑走得更远，对理性的否认也更彻底。对于现代科学的发展而言，他们甚至已成为一股颇具毁灭性的威胁和力量。

4. 非理性作用的必要性和局限性

理性与非理性的关系问题一直都是科学相关领域的一个核心话题。当前，在强调归纳和演绎逻辑的传统科学主义与强调非理性的非理性主义之间，关于理性与非理性二者关系的问题，依然是充满了争论。

从基本内涵来说，所谓科学中的理性，通常可以理解为人类通过自觉的逻辑思维把握客观世界规律的能力（理性思维能力），以及运用这种能力认识世界的活动。非理性则是与理性相对应的一种能力和活动。所谓非理性，就一般的理解而言，一是指心理结构上的本能意识或无意识，二是指非逻辑的认识形式。前者如想象、情感、意志、信仰等，后者如直觉、灵感、顿悟等。作为心理现象，非理性既然是一种本能意识或无意识，那就是未经理性驾驭的或不能进行确定的理性分析的。

从功能发挥的角度来说，理性在科学研究活动中往往起着必不可少的，甚至是指导性的关键作用。这一点自然是毫无疑问的。众所周知，科学自近代产生以来，就形成了以认识论的理性主义和方法论的演绎主义为基本特征的科学认识理念。在过去的几百年里，这一科学中的理性分析传统已成为迄今理论自然科学中占主导地位的认识模式，也因此取得了许多伟大的科学成就。然而，非理性主义立场的观点则提出，由于理性只是一种消极的工具性的东西，自身不具备积极能动的力量。没有情欲、本能和冲动的推动，理性就是一些僵死的形式，理性的活动只能仰仗非理性的能量。这种能量包括叔本华的"生存意志"、尼采的"权力意志"、柏格森的"生命冲动"、弗洛伊德的作为性欲能量的"力比多"等等，这些非理性的因素对于理性而言都是非常重要的能量。

在理性与非理性的关系问题上，传统的科学主义观点认为理性高于非理性，并将科学的理性方法绝对化，无条件地推广至各门非自然学科及社会问题的研究中，事实上却是在否定非理性方法在认识中的积极作用；相反，非理性主义的观点则坚持非理性高于理性，甚至将非理性方法绝对化，声称它是达到人和世界本质的唯一方法，却视理性方法为认识过程中的障碍因素。

随着启蒙所肇始的科学技术和工业的迅速发展，工具理性过度膨胀，并在人类精神文化领域占据了统治性地位，造成了价值理性的衰微和人的价值的失落。"现代人迷惑于实证科学造就的繁荣"，让自己的整个世界观受实证科学的支配，最终"漫不经心地抹去了那些对于人来说真正重要的问题"，"遮蔽了人本身存在的意义"[1]。在韦伯看来，"我们因为它所独有的理性化和理智化，最重要的是因为世界已被除魅，它的命运便是，那些终极的、最高贵的价值，已从公共生活中销声匿迹，它们或者遁入神秘生活的超验领域，或者走进了个人之间直接的私人交往的友爱之中"[2]。

理性分裂为工具理性与价值理性，以及工具理性相对于价值理性的僭越与遮蔽，使得现代科学技术成为现代人的一个新的神话，但最终却引发了科学的危机，人们再次陷入精神的困窘之中。

在社会生产领域，人由在生产活动中起主导作用的主体沦落为可资利用和算计的客体，由生产活动中的目的性存在物沦落为生产工具，沦落为资本主义机器大生产体制中的附属品，成为与机器零件同质的东西。人的主体地位丧失了，并逐渐被异化为"单向度的人"；在文化领域，逻辑与经验的实证主义方法被任意推广为一种普遍方法，人文等学科领域则被排除到了"科学"之外。由此，理性的独断则导致了文化的单一与贫乏，工具理性则成了衡量一切的标准。

马尔库塞将工具理性时代所导致的问题总结为"单向度的人"的异化以及人与自然的矛盾对抗。单向度的人的结果，导致人片面追求科技的后果而忽视自己作为人所具有的人性的维度；人与自然之间矛盾的加剧，即人类对自然只是一味地索取、盲目地征服

---

① 埃德蒙德·胡塞尔. 欧洲自然科学的危机与先验现象学. 上海：上海译文出版社，1998：5.
② 马克斯·韦伯. 学术与政治：韦伯的两篇演说. 北京：三联书店，2005：48.

与近似疯狂地利用。其结果导致气候变暖、臭氧层破坏、生物多样性锐减、环境污染、资源枯竭、人口膨胀等多种全球问题，最终加剧了国家与国家之间的矛盾、人与人之间的矛盾、人类与社会之间的矛盾，造成了人的生存的危机。这似乎成为"发达工业社会"的常态。

特别是随着科学技术化趋势的日益加强，科学的价值理性也更多转向了对工具理性的关注，科学更是渐渐丧失了其人道的理性传统，之后，对科学理性的种种质疑及批评声就在科学与人文的分裂和对抗中日渐显现出来。

二、科学理性与非理性的互补

1. 理性因素与非理性因素相契合

事实上，就具体的科学认识过程而言，理性方法与非理性方法各有其特点，理性因素与非理性因素也往往是共同发挥认识作用的。在现实的科学实践活动中，理性与非理性是相互协调、相互契合在一起的。

这种契合性首先表现在，理性与非理性从来就不是可以截然分开的，而是相互渗透、相互依存的。因此，既没有纯粹的理性，也不可能有纯粹的非理性。如胡塞尔所说："怎样才能严肃地说明（理性主义的）那种素朴性，那种荒谬呢？以及怎样才能严肃地说明被大吹大擂的、我们曾寄予期望的反理性主义的理性呢？当我们去倾听它的时候，难道它不也试图以理性的思考和推理来说服我们吗？它的非理性难道归根到底又不是一种眼光狭窄的、比以往的任何旧的理性主义更糟糕的坏的理性主义吗？难道它不是一种'懒惰的理性'的理性吗？这种理性回避了那场说明最终的素材，并从这些素材出发最终地、正确地预先规定理性的目标和道路的斗争"①。

在具体的认识过程中，理性因素的形成与发展有赖于非理性因素，非理性因素的形成与发展又有赖于理性因素，二者是相互促进的。以直觉为例，科学认识中的直觉是认识从事实到经验，从经验到理论的思维方法，与人的感性和人的理性直接相联系，借助于理性而形成。这是一种非神秘性的、与事实及人的现实心理活动相联系的思维方式。其中包括感性的直觉和理性的直觉。感性的直觉是对理论的直接经验，与理论选择相关；理性的直觉作为理论的创造性活动，是对逻辑元素之间的秩序、关系的直觉，既具逻辑性，又有综合性与意识性。也正因如此，作为非理性因素的直觉常常会被归入理性的行列。

除此之外，理性因素与非理性因素二者的契合还更多表现在具体科学活动中的相互促进、相互补充方面。

一方面，理性因素作用的实现有赖于非理性因素的参与。这不仅仅体现为信念、激情和意志等非理性因素在认识中为理性保持其方向提供了价值信念的力量和心理支

---

① 倪梁康，选编. 胡塞尔选集. 上海：上海三联书店，1997：993.

撑作用，更体现为直觉、想象、灵感等非理性因素在认识中为理性提供动力并发挥着重要作用。对于非理性因素的作用，库恩曾说道："卡尔爵士和我都不是归纳主义者。我们都不相信会有什么由归纳事实即可得出正确理论的规则，甚至也不相信理论不管正确与否会是完全从归纳得来的。相反，我们都把理论看作是想象的假设，发明出来用于自然界"①。具体而言，直觉、想象和灵感在科学认识中都有独特的作用。其中，直觉的作用主要在于解除思维定式，实现认识的跃迁；非凡的想象力是主体能力中最可贵的品质，也是创造力的源泉；灵感则是理性认识的重要补充，为创造性认识提供着契机。

这些非理性的方法在科学认识中的作用往往也是不容忽视的。例如，爱因斯坦就非常重视直觉的作用，他多次在不同的场合谈到"直觉"问题。1935年他在悼念居里夫人的讲演中说，居里夫人证明放射性元素存在并把它分离出来这一伟大的科学功绩，除了靠工作的热忱和顽强之外，也是"靠着大胆的直觉"；1952年他在一封信中说，从直接经验到公理体系，二者之间"不存在任何必然的逻辑联系，而只有一个不是必然的直觉的（心理的）联系"，"这一步骤实际上也是属于超逻辑的（直觉的）"②。科学家们在自己富于创造性成果的研究工作中，已深切地体验到了直觉这一思维现象是确实存在的，它同时是科学研究、理论创造中不可缺少的思维因素，对于进行科学探索是意义重大的。事实上，"科学家获得新知识，并不单纯靠逻辑性和客观性，巧辩、宣传、个人成见之类的非理性因素也起了作用。科学不应被视为社会中理性的卫士，而只是其文化表达的一种重要方式"③。

另一方面，非理性因素的实现也有赖于理性因素的作用发挥。就意志、信仰、信念等非理性因素而言，任何积极的意志、信仰、信念要在人的活动中有效发挥作用，就必须借助于理性来为其规定目标和方向，并以理性的形式表达出来。很明显，尽管非理性主义对理性发起了猛烈的进攻并试图消解理性，但却也无法否认，无论"意志"还是"情感"，都是由需要所引发的主体对外在事物的态度的体验，必然包含有认知的成分。人从自己的意愿出发而做出的选择，自然是充满理性因素的，尽管他宣称这只是一种"生命意志"或"生命冲动"。

当然，不可否认，"认知，在理性领域和非理性领域会有很大的区别，但我们不应当拒绝对非理性领域的探索，探索非理性领域的学问并不都是非理性的，探索理性的领域的学说倒有不少是非理性的"④。理性与非理性从来就不是截然分离的。

总之，理性与非理性在具体的科学活动中是相互渗透、相互促进的，二者都有着重要而不可替代的作用。正是科学过程中逻辑与非逻辑、理性与非理性等不同思维方式的契合，共同推进了科学认识的不断发展与进步。

---

① 托马斯·库恩. 必要的张力：科学的传统和变革论文选. 福州：福建人民出版社，1981：272.
② 许良英，等编译. 爱因斯坦文集：第一卷. 北京：商务印书馆，1976：339，343，541.
③ 威廉·布罗德，尼古拉斯·韦德. 背叛真理的人们：科学殿堂中的弄虚作假. 上海：上海科技教育出版社，2004：iv.
④ 季羡林，等. 东方文化研究. 北京：北京大学出版社，1994：53.

2. 从态度的改变做起

要从根本上改变工具理性的僭越所带来的人类精神危机和道德危机，实现价值理性的复归与人的意义的回归，就要改变以往在处理人与自然、人与社会、人与他人之间关系上的态度和原则，以最终实现工具理性与价值理性的协调、统一，进而在具体的行为中达到工具性考量与价值性考量的和谐一致。这主要包括：

一是人与自然的和谐。人与自然的关系是人类进行一切社会活动时都必须要考虑的一个重要因素，对于科学技术活动而言则更是如此。事实上，工具理性的过度膨胀导致的价值维度的失落，对自然的肆意征服和改造所导致的灾难性的环境污染和生态失衡，这些问题之所以产生，最根本的就在于忽略了人与自然的和谐这一原则。因此，要实现工具理性与价值理性的协调、统一，解决人类面临的各种生态的、社会的以至于精神领域的问题，首先就应重新审视人与自然的关系，以实现人与自然的和谐发展为一切行为的根本立足点与出发点。作为在场的主体和自己实践活动后果的承担者，人必须要自觉地把自己融入自然之中，在行为实践中尊重自然、服从自然规律的要求。自然具有最高的、绝对的主体性，人类应在尊重自然的前提下，使自己的生产和生活方式与自然系统的承载力协调起来，在与自然的和谐中实现发展的目标。

二是经济发展与生态优化的并举。经济发展是人类社会发展与进步的前提条件，也是人类进行一切活动的重要物质基础，因此，发展是硬道理，现实中的科学技术活动的开展，一个很重要的目的就是要促进经济的进步。同时，人的生存总是依赖于一定的生态条件和社会文化环境的，环境生态的维持与优化实际上也构成了人的发展的一部分，并直接决定着人的生存质量。因此，任何过分乐观的"经济增长＝环境优化"的乌托邦发展模式，都会因其片面性和狭隘性而造成人类发展中更大的损失，甚至导致难以治愈的环境生态病症。因此，在寻求经济发展的同时优化生态（至少不造成生态的恶化）的这样一种科技行为中，工具理性与价值理性二者之间才能实现和谐、统一。

三是物质丰裕与精神提升的共荣。科学技术发展的最终目的和归宿，终究是为人的。而现实的人的需要则是丰富而全面的，既有物质的满足又有精神的需要，既有现实的满足又有意义和价值的追寻，既有可预期的成就又有目前不可见的惊奇。这些丰富而多样的人的需要的满足、对人性完善和发展的迫切要求，都需要现代人在提高物质生活水平、实现自己的"肉身之爱"之同时，努力关注科学技术的发展及其成果对于精神文化层面和意义维度的影响，提升自己的"心灵之命"，进而打造出一个物质丰裕而文化精神意义又不断提升的现代化社会。

四是短期利益与长远利益的兼顾。在工具理性的驱使下，人们往往"只见树木，不见森林"，只顾眼前的较小利益，而看不到在未来可能实现的更大利益，更看不到对未来可能产生的巨大危害。"人无远虑，必有近忧"，这种盲目与狭隘总是让人们不久就看到它带来的恶果。人类中心主义、经济至上的短视在今天所造成的危害有目共睹。这些狭隘的做法已受到了诸多思想家的猛烈批评。在哲学领域，对人类中心主义的抨击经历了主体的死亡、人的死亡再到后现代遁入语言领域进行解构式的批判的历程。人们看到经济的发展并不必然意味着生活质量的提高，那种竭泽而渔式的经济活动有可能使人类陷入发展的绝境。经济与社会各方面的可持续发展，已经成为今天人们的共识。

实际上，工具理性与价值理性的整合、统一，就是人在与科学技术相关的活动中实现自身科技行为的工具性考量与价值性考量的一致、物质创造与精神生产的和谐、个人满足与社会需要的兼顾等。这样的整合、统一，并非当下的或既定的，而是一种终极的追求和长远的目标，是在社会发展与科技进步的未来依然需要持续努力的目标。

3. 在对立的两极中实现平衡

与非生命体不同，一切生命体都是动态非平衡系统，并且是能够自我维持下去的非平衡系统。生存问题对所有生命都是平等的，但生存问题之于人，又比之于任何低级生命更为严峻。动物或许只在死亡临近时才感到它的威胁，而人，哪怕是最原始的人，也因具有自我意识和预见能力，无时无刻不感受到生存的意义和死亡的潜在威胁。原始人已经学会把自然界作为一个对象客体来把握，正如伯特兰·罗素所说的，哲学和科学开始于提出普遍性的问题。不过，最早的回答常常带有浓厚的神话色彩。

即使在原始的思维中，人类精神亦已表现出对立的两性，一方面孕育着秩序和理性，另一方面则意味着迷狂和本能。这就是所谓阿波罗精神和狄奥尼索斯精神。奥林匹亚的太阳神阿波罗象征着光明与理性，理性意味着严格的因果性和决定论，是规律与秩序的代名词，人们正是在这个意义上使用诸如"自我理性""绝对理性"等概念，也正是在这个意义上，全知、全能的上帝被神学家视为理性的化身。

与理性精神或阿波罗精神相对立的是酒神精神或狄奥尼索斯精神，它的特征是神秘的、迷狂状态和"天人合一"式的内心体验。在纵欲、酗酒舞蹈、服药和神秘宗教仪式过程中，原始人的狄奥尼索斯精神被充分唤起。如果说理性通过展示一个安分、有秩序的世界来给人安全感，增长生存的勇气和技能，那么酒神精神则依靠生命本能的直觉冲动，依靠在迷狂状态中人们所产生的自我力量感，达到仿佛世界与自己的意识完全是一体的境界。

一方面，绝对的狄奥尼索斯精神不会产生任何科学，甚至也不可能产生任何哲学和成熟的宗教。即使在文明、开化的社会中，若任凭狄奥尼索斯精神泛滥，也会带来可怕的后果。另一方面，绝对的阿波罗精神将把世界全盘留给客观、冷漠而又全知全能的上帝，从中逐除人的地位，至多留给他一份终生侍奉上帝的职业。它将取消自由意志，取消人生的价值，使人类历史堕落为由蛋白体构成的可怜虫在一个小小的星球上诞生、生长复又绝灭的过程。

最早的科学和技术实际上与神话、巫术同源；稍后，在古希腊人那里，则与自然哲学乃至神秘主义教义合流。在古阿拉伯、古印度和古代中国，天文学的建立常常服务于占星术和星象学的需要，化学、数学这类"方术"则常在炼丹、八卦、术数等神秘文化中被包载着流传下来。近代科学的创立者们或多或少也具有某种宗教精神，哥白尼是一名僧侣，第谷笃信上帝，牛顿是一名清教徒，被烧死在罗马鲜花广场上的布鲁诺则是个异教徒。布鲁诺被处火刑，既因为他信奉日心说，也因为他宣扬的多个世界理论——那岂不暗示着有多个上帝吗？即使不考虑外部因素的渗入，科学研究作为一项崇高事业，似乎也呼唤着某种宗教式的献身精神；科学研究中的每一项成就，往往使研究者陷入迷狂状态的欣喜。灵感、顿悟、直觉等非逻辑思维方式更是科学研究的得力手段。现代科学技术，作为理论理性与技术理性相结合的高级形式，并不是纯粹理性自恋的产物，乃是理性精神与酒神精神相互激荡所诞生的整体人类文化中的一部分，是一枚瑰丽的精神花朵。真正的人类生活也应当在这两极的张力所形成的微妙平衡中进行。

三、科学精神的内涵与特征

1. 科学精神的基本内涵

作为先进文化的科学与社会的互动，呈现出科学精神所具有的丰富内涵，它们首先是理性信念、实证方法、批判态度和试错模式。以之为实质的科学精神，成为人们普遍认同的、延续至今的精神传统。

（1）理性信念

科学精神首先是一种理性信念。这种信念把自然界视为人的认识对象和改造对象，即哲学家所称的客体。它坚信客观世界是可以认识的，人可以凭借智慧和知识把握自然对象，甚至控制自然过程。这种理性的旨趣，不仅是一种崇高唯美的个人精神享受，而且是凸显人的力量的动力源泉，即是如培根所说的"知识就是力量"。

理性信念是人类反思自我、反思实践的产物，是人类赖以发展的精神支柱。没有理性信念，爱因斯坦就不可能建立一种与常识大相径庭的相对论时空观；没有理性信念，很难想象人们今天能从基因层面解释生命的奥秘。理性信念是科学成其为科学的一种精神，也是人之所以成其为人的一种精神。没有理性信念支撑的实践，将是没有目标的盲动和不讲方法的愚行。

理性信念是对理智的崇尚。正是对理智的崇尚，使人们能够不断地清除遮蔽真理的障碍，不断地摆脱蒙昧，不断地拓展知识的视野。对理智的崇尚，不仅使人类越来越清晰地认识世界，也使人类更加深刻地认识自我和社会，懂得如何体面地生活。崇尚理智，就是强调任何东西都应该审慎地加以思考，就是鼓励人们大胆假设、小心求证，突破蒙昧主义和神秘主义。崇尚理智，就是要通过智力的迂回冒险找到比直观所见更多、更本质的东西，以便更深入地把握变动不居的现象。

理性信念是对知识价值的肯定。崇尚理智的背后就是注重知识的价值，就是认识到知识的增值作用。而充分利用知识的增值性的途径是在知识的交换和共享之间保持一种张力，即一方面从交换价值上充分肯定知识的无形价值，另一方面又致力于创造一种有利于知识共享的文化，使知识的潜力得到最大的利用。重视知识的价值必定重视知识分子的价值。弘扬科学精神要从重视知识和重视人才开始。

（2）实证方法

科学中的理性信念势不可当、所向披靡地成为近现代精神中一个至关重要的方面。

但理性信念并不能直接使人们轻易地认识自然规律，真正能够促进人们获得可靠的自然知识的，则是近现代科学的实验方法和数学方法，即所谓实证方法。正是有了科学的实验方法，人们才有可能辨别关于世界本原的众多猜测究竟哪个更符合事实真相，而数学则为人们提供了这些知识更为精确的形式。

1638 年，伽利略的《关于两种新科学的对话》出版，该书以对话的形式，介绍了他创立的动力学系统和数学物理思想，反驳了亚里士多德的许多物理学断言，成为他主要的和最具独创性的工作。

伽利略研究方法的独到之处在于，用数学的定量方法从经验现象中导出物理规律，这种追求实证化和数学精确化的研究方法成为近代以来科学的基本特征。具体而言，主要有三个步骤：解析、论证以及实验。面对经验世界，人们应该尽可能完整地孤立和考察某一个典型现象，将关键的要素以数学形式定量化；然后，通过数学推导进行论证，得到现象的规律；最后，以实验的实证方式检验结论的可靠性。

近代以前，人们将精神主要聚焦于神圣的宗教信仰或内在的道德修养。实证方法的兴起打破了这种玄思，让人类得以冲出自己设定的精神罗网。实证方法首先秉持一种客观的态度，在思考和研究中尽力排除主观因素的影响，尽可能精确地揭示出事物的本来面目；同时，这种客观性又必须满足普遍性的要求，即客观知识必须是能够重复检验的公共知识，而不是个体的体验。

实证方法也是一种实用的态度，是义无反顾地通过对自然的揭示和控制，为人类创造物质财富和幸福生活。许多科学研究，特别是应用研究和开发研究，应该也是一种市场行为。应用型的科学研究的价值常常不在于它创造了某种高深的新知识，甚至也不在于它的技术非得有多先进，而在于它能够创造财富、带来经济效益。

由于实证方法强调的是每前进一步都要有可重复的证据，所以它关注真实、有用、相对肯定、精确和富有建设性，也就是说，实证方法强调以实在性、实用性和精确性保障认知的真理性，通过逐步的努力接近真理。相应地，实证方法的一个重要方面是承认阶段性真理的可错性，由此，对于不同的学说采取的是一种宽容或建设性的态度。

对理性、实证的追求，使科学从一开始就有一种鲜明的开放的品格。首先，排除神秘主义。科学坚信理性的力量，尽管这种力量也有历史的局限性，但它会老老实实地承认哪些可以确证，哪些尚无定论，却从不用神秘主义吓唬和搪塞各种质疑。其次，在真理面前人人平等。科学鼓励争论，在争论中，每个人都有发言权，都可以以理服人，却绝对不允许以势压人。百花齐放、百家争鸣，只要讲得出道理，经得起检验，科学的讲坛谁都可以上去。最后，科学主张兼容并蓄，提倡求同存异。这是认识到具体的人的理性能力的局限性后所产生的宽容。这种宽容是一种有底气和自信的表现。

值得指出，理性和实证所涵蕴的开放品格固然向争论和竞争敞开大门，但科学的目标是探求真理，所以理想的科学争论和竞争应该是一种学术的论争而绝非人际纷争。科学活动中坚持讨论自由，不因学术观点的不同而成宗派。虽然科学共同体内的学派之争有时也会有人事因素掺杂其中，但它们是上不了台面的。无疑，这种开放品格对于社会公共生活也具有极大的启发意义，整个现代社会已经越来越能够容忍建设性的不同意见的存在了。

（3）批判态度

科学决不是唯唯诺诺的好好先生，批判态度是科学精神的重要内涵。所谓批判，其目的在于明辨是非，凡事都问个为什么，凡事都摆事实、讲道理。批判态度源于合理的怀疑主义。为什么要怀疑？因为科学承认具体人的理性能力是有限的，因为对世界的认识不能毕其功于一役，科学只能老老实实地、一点一滴地在实证的基础上成长，在这一发展过程中，不仅有观测的不精确，以及观测所依据的理论的可靠性等问题需要质疑，而且从事实跨越到假说和理论往往没有直接的逻辑通路，是一种理论尝试，需要对其前提、推演和结论做出批判性的反思。

批判态度是科学不断向前发展的关键，没有批判就没有发展。首先，批判态度反对将一切理论和假说神圣化。任何科学理论和科学假说都要经受反复检验，检验的过程就是批判的过程。批判态度使神圣不可侵犯之类的遁词不再起任何作用，通过批判旧的理论得到修正甚至完全用新的理论取而代之。其次，批判态度是理论创新的动力。科学理论经受批判使自己的逻辑体系更严密，实验证据更精确，进而不断打破成见，推陈出新。再次，批判态度是科学真理客观性的保障。任何人、任何利益群体想违背客观性原则搞伪科学，都要受到严厉批判。巨大的权势或许能够一时阻挡异议，但真理法庭的客观审判最终会大白于天下。

对于科学所秉持的批判态度，往往有一种误解，以为批判必然是完全否定。其实并非如此。科学史上几乎任何一场科学革命在科学共同体内部都不是一蹴而就的，新和旧也是相对的。日心说替代地心说，直到牛顿的万有引力的提出才算基本完成。有时，旧的理论也可以为新的理论所包容，如经典物理学就可以视为现代物理学的近似。因此，批判态度的关键只在于一个变字，而变永远都要考虑当时当地的条件，进行合理调适。

科学在本质上是批判的，意味着它由大胆的猜测构成，并由批评来调控。这种批判态度，不仅适用于对过去的批判，也包括对任何新的理论的审视，只有经过不断竞争过程中的批评与反驳，科学才能前进。因此，科学的态度就是批判的态度，科学的方法就是批判的方法，在知识领域中不存在任何不能向批评开放的东西。

科学是一个开放的知识系统，是一个无止境的探索真理的过程。科学并不声称自己揭示了绝对真理，事实上它也不具有绝对的真理性。科学虽然追求理论的严谨性，却也往往会给新观点的提出留下成长的空间；正是在开放地面对一切可能的批评与质疑的过程中，科学变得越发成熟。

当科学所秉持的批判态度延伸到科学外部之时，意味着科学同样要坦然接受来自科学之外不同领域、不同方面的批判、反思与质疑，并带来认识的多元性和包容性。因此，科学在兼容并蓄、求同存异中以宽容的态度对待各种不同意见，尊重各种不同意见，即便是反对性观点，这对于破除科学的神话、减少科学的独断性，是非常有益的。

（4）试错模式

批判与反驳之所以成为重要的科学理念和常态，关键在于科学中对错误的认识有了巨大改变，以及对科学可错性的认定。科学哲学家波普尔强调：科学是一门可错的学问，科学发展的历史就是不断试错的过程，科学发现遵循试错模式。在他看来，"任何科学理论都是试探性的、暂时的、猜测的：都是试探性假设，而且永远都是这样的试探性假设。……我们的理论，不论目前多么成功，都并不完全真实，它只不过是真理的一种近似，而且，为了找到更好的近似，我们除了对理论进行理性批判以外，别无他途"①。

接受试错模式，意味着在科学研究中保有一种谦恭的心态，科学自身也将在试错过程和批判审视下不断提升与完善。科学接受批判的洗礼是一种对自身局限性与可错性的自知，它非但不排斥怀疑，不害怕批判，反而积极从自我怀疑与自我反思中寻求进步。与批判态度相称的科学发展模式，即所谓试错模式，其基本路径是：通过实验，正视错误，发现问题，提出新的解决方案，再通过新的实验，不断向前推进。

事实上，科学从来都不是一劳永逸地完成的，不是封闭的，而是可错的、开放的、发展的。科学史不断昭示：哥白尼、伽利略对托勒密体系和亚里士多德力学的质疑，建立起了新的天体力学；拉瓦锡在对传统燃素说进行批评的基础上，创立了氧化还原学说；达尔文对上帝创世说进行批判，创立了进化论；爱因斯坦对牛顿力学体系进行理性的反思与批判，建立起了相对论学说；等等。这些科学上进步与发展的实践，都是建立在对旧有学说的批判之上的，都是通过试错模式获得进展的。

科学发现从提出问题开始，通过猜测提出试探性的理论假设，再根据实验证伪上述假设，从而提出新的问题，科学所追求的正是不断试错而向真理逐渐逼近的过程，也就是排除错误探索真理的过程。科学之所以为科学，并不在于它能提供完美无缺的知识，而在于它可以接受批判，因而才可能改进。正是在积极面对一切可能的批判与质疑的过程中，科学理论才变得越发成熟。

2. 科学精神的时代特征

中国现正面临一场全局性的、多层面的深刻转型，中国特色社会主义建设也正遭遇国际、国内一系列的新情况、新问题。马克思说："问题是时代的格言，是表现时代自己内心状态的最实际的呼声。"② 面对时代提出的诸多重大理论和现实问题，中国尤其需要科学精神的引导。

当下，科学精神也与时俱进，又具备了一系列鲜明的时代特征。它们遵循和发扬传统价值，并打上特殊的时代烙印，成为引领人们开创伟大业绩的可贵精神财富。习近平总书记在谈到强化科学精神时，特别指出："要完善创新人才培养模式，强化科学精神和创造性思维培养，加强科教融合、校企联合等模式，培养造就一大批熟悉市场运作、具备科技背景的创新创业人才，培养造就一大批青年科技人才。要营造良好学术环境，弘扬学术道德和科研伦理，在全社会营造鼓励创新、宽容失败的氛围。"③

在科学精神所显现的时代特征中，最为人们所重视者有：求真务实、开拓创新、宽容开放、人文关怀。它们是科学精神具有引领意义的亮色。

---

① 波普尔. 科学知识进化论. 北京：三联书店，1987：作者前言 2.
② 马克思恩格斯全集：第 1 卷. 北京：人民出版社，1995：203.
③ 习近平. 为建设世界科技强国而奋斗：在全国科技创新大会、两院院士大会、中国科协第九次全国代表大会上的讲话. 北京：人民出版社，2016：17.

（1）求真务实和开拓创新

有一个比喻说，科学知识是人类智慧宝库中的珍珠，必须用一根银针带着金线才能将它们穿起来，科学思想是穿珍珠的金线，科学方法好比银针，科学精神则是整串珍珠所发出的智慧之光。

科学精神的核心，当下首先应当归结为求真务实和开拓创新。

求真务实的重要蕴涵是，承认任何人包括政策制定者的理性能力是有限度的，也就是说，已经建立起来的任何体制都具有不完善性，都不一定完全反映了当时的实际情况，都未必能够适应已经变化了的情况，都需要不断改革。

真理、真相和本质的东西不是轻易可以获得的，即便找到了一些规律性的东西，也还需要进一步深入检验和试验才能加以推广。浅尝辄止，以为真理一下子就掌握在自己手中了，头脑一热就放卫星，反而会耽误甚至毁掉实现现代化的前程。

大讲求真务实，要求科学工作者搞科学研究，必须认认真真、一丝不苟，而非一窝蜂、人云亦云。只有树立求真务实的作风，才能少一些长官意志多一些民主风范，少一些业绩宣传多一些实际举措，少一些拍脑袋工程多一些科学规划。

弘扬科学精神是科学技术发挥出第一生产力作用的精神动力。科学技术作为一种先进生产力，必须有一个良好的社会环境，其重要指标就是科学精神成为全社会崇尚和认可的精神。试想，如果没有理性信念，就不会有对理智和知识价值的崇尚与重视；如果没有实证方法，就不会凡事依靠科学，就不会在设计、生产、管理上下深入细致的功夫；没有批判态度，就不会对问题进行全面的考量，就不可能在批判中得到提高；没有试错模式，就难以习惯创新意识，相反，容易压制不同意见，拒绝建设性的建议。

不仅如此，在新时代的中国弘扬科学精神，还必须号准时代的脉搏。习近平总书记明确提出，中国科技创新具有三个突出特点：第一，西方发达国家的现代化是一个"串联式"发展过程，工业化、城镇化、农业现代化、信息化顺序发展，发展到目前水平用了200多年时间。我们要把"失去的二百年"找回来，决定了我国发展必然是一个工业化、信息化、城镇化、农业现代化叠加发展的"并联式"的过程，必须充分发挥科技进步和创新的关键作用。第二，我国科技创新正在从外源性向内生性转变。只有把核心技术掌握在自己手中，才能真正掌握竞争和发展的主动权，才能从根本上保障国家经济安全、国防安全和其他安全。第三，我国科技事业取得举世瞩目成就的最重要经验之一就是充分发挥社会主义制度优越性，集中力量办大事，抓重大、抓尖端、抓基本。[①]

随着科学攻坚阶段的到来，仅靠常规性的"串联式"发展，难以摆脱跟在别人后面追赶的陷阱；必须依靠"并联式"叠加发展，才能走到世界前列。在发达国家迈向智能社会之时，我们同时面临着工业化、信息化和智能化三重发展任务。如何面对这一挑战？出路只有一条，那就是开拓创新。

中国对创新的需求既是整体的和全方位的，又是具体的和细微的。随着现代高科技的发展，基础创新的潜在经济和社会价值越来越高，技术创新越来越成为企业发展的动

---

① 中共科学技术部党组，中共中央文献研究室. 创新引领发展，科技赢得未来：学习《习近平关于科技创新论述摘编》. 人民日报，2016-02-18.

力源泉。在这种情况下，把创新驱动提到民族生死存亡的高度，一点也不过分。

通过改革开放以来艰苦卓绝的努力，我国现在已经建成科技大国，但距离科技强国还有相当长的距离。问题在哪里？基础研究比较乏力，这是最为引人注目的，也是当下科技发展的短板。我们至今引以为傲的重要科技成果，大都是靠引进和集成创新所取得的。我们的原始创新能力现在还比较薄弱。在基础研究方面，不仅投入不够，而且投入的方式和比例也显失衡，换句话说，基础研究对整个科技发展而言，成了一个短板。

要克服基础研究的短板，首先要从浮躁中走出来。科学精神昭示我们，开拓与否首先看人的主动性和创造性。因此，有两点值得特别重视。第一，要多元投入，不仅要搞举国体制、大科学，也要给自由科研留有空间。应加大政府对基础研究投入的力度，还要广开投入的来源，鼓励企业和民间进行投入。第二，要真正形成一个选优汰劣的氛围，杜绝人为的人才等级划分；既能保护大多数科研人员的积极性，又能让真正优秀的科研人才脱颖而出。科研需要竞争，否则就难有创造性；只有切实做好同行评议，才能形成有序的竞争态势。

（2）宽容开放和人文关怀

在改革开放进程中，科学精神是我们实现赶超的重要保证。新一轮科技革命的到来，预示中国大地急待全面的科技进步，特别是原始创新。开拓创新等特质已经成为科学精神的时代特征。正如习近平总书记特别强调的："当前，全党全国各族人民正在为全面建成小康社会、实现中华民族伟大复兴的中国梦而团结奋斗。我们比以往任何时候都更加需要强大的科技创新力量。""实施创新驱动发展战略决定着中华民族前途命运。"[1]

人类文化是由多元文化形态共同构成的文化整体，科学是现代文化形态的一种。让科学在一种宽容而开放的文化氛围中与其他文化和平共处，将是人类文化未来整体性发展的重要途径和基本要求。就像科学史家萨顿所说的，让我们"缓慢地、稳步地、以一种谦卑的态度利用一切手段来发展我们的方法，改善我们的智力训练，继续我们的科学工作，并且在这同时，让我们成为宽厚的人，永远注意我们周围的美，注意在和我们一样的人身上以及也许在我们自己身上的一切魅力"[2]。

科学中的宽容不只是要消极接受，更是要充分尊重不同的认知方式以及不同的科学或非科学的观点，允许不同文化形式都同样拥有存在的自由与权利。科学的宽容是科学精神在当代的一个基本特征。

就科学自身的发展而言，科学宽容也是一种对错误的包容，一种海纳百川的气度。科学是一个对未知的探索过程，必然面临着曲折与不可预期的结果，自然也会遭遇错误与失败；绝非像一些唯科学主义者所认为的，只是一个线性发展的过程。实际上，科学是一个不断向错误学习的过程，应该以一种宽容的态度来看待这些错误与失败，它们对科学来说是不可避免的。

科学宽容，即是允许科学研究中不同意见、不同方法的存在。由于认识主体自身的原因以及社会文化条件的限制，不同主体对于同一事物产生不同的看法是不可避免的。

① 中共中央文献研究室. 习近平关于科技创新论述摘编. 北京：中央文献出版社，2016：27，25.
② 乔治·萨顿. 科学史和新人文主义. 上海：上海交通大学出版社，2007：92.

而且，这些不同的意见和观点，往往难以判断孰是孰非。因此，能够为不同的学术观点提供自由争鸣的空间，给不同意见以同等的表达机会，进而在不断探索检验过程中寻求正确答案，才是推动科学进步的正确态度。

科学宽容，也意味着尊重科学之外的其他文化，允许不同文化形式的存在。文艺、宗教、法律、政治等文化形式都是人类认识的产物，各自从不同方面反映了世界的本质与特征。对不同文化形式的学习与尊重，既是避免科学独断和霸权的需要，也是促进文化整体和谐发展的基本原则。科学要在与各种不同认识方式相融合的过程中，寻找到新的灵感与生长点。

人们曾经相信科学中的错误是可以避免的，一切批评都等于无聊的反驳。然而，在20世纪下半叶，科学的绝对正确性与不可错性遇到了严峻的挑战。科学是一个向批评开放的知识体系，并在批评中不断完善。科学应以兼容并蓄、求同存异的态度对待各种不同意见，尊重各种不同意见，即便是反对性观点。

习近平总书记极为强调宽容开放的意义。他指出："在基础研究领域，包括一些应用科技领域，要尊重科学研究灵感瞬间性、方式随意性、路径不确定性的特点，允许科学家自由畅想、大胆假设、认真求证。不要以出成果的名义干涉科学家的研究，不要用死板的制度约束科学家的研究活动。很多科学研究要着眼长远，不能急功近利，欲速则不达。要让领衔科技专家有职有权，有更大的技术路线决策权、更大的经费支配权、更大的资源调动权，防止瞎指挥、乱指挥。"①

科学的宽容和开放体现了科学与人文的融合。由于科学与人文在观念上具有潜在的互补性，越来越多的科学家开始自觉地对所研究的自然科学进行人文思考，积极推进科学与人文的互动。

科学精神与人文精神的互动和融合，是科学与人文发展的必然，也是人类文明发展的必然。科学与其他不同文化形态之间的交流和互补，共同维系着人类文化的发展与平衡。

该以何种眼光来审视科学和技术呢？诚如英国著名学者斯诺在《两种文化》中所说，当今社会存在着两种相互对立的文化，一种是人文文化，一种是科学文化。两种文化之间虽然并不存在互不理解的鸿沟，但是，工业革命以来科学在文化中的霸权地位使其获得了任何其他文化形态都从未有过的强势，造成科学与人文渐行渐远的态势，背离了文艺复兴和启蒙运动时期科学致力于倡导人本主义的初衷。

科学精神与人文精神的分离和对立，是由于人的"斜视"造成的，在很大程度上是科学绝对化所制造的恶果，是对科学精神的歪曲。科学精神与人文精神，单独一方不可能建构完整的人类精神世界。单独强调科学精神，会使唯科学主义泛滥，从而导致对人文精神价值的忽视；片面张扬人文精神，没有科学理性来限定，人文精神只能是空洞的"自说自话"，终被淹没在神秘主义之中。

科技革命时代特别需要有人文关怀。科学精神和人文精神都是人类精神的内在组成

---

① 习近平. 为建设世界科技强国而奋斗：在全国科技创新大会、两院院士大会、中国科协第九次全国代表大会上的讲话. 北京：人民出版社，2016：17—18.

部分，是贯穿在科技探究活动和人文追索过程中的精神实质，它们之间虽有冲突和龃龉，却能融合和沟通，重要的是在二者之间保持必要的张力。对科学，盲目的辩护和极端的批判都是不恰当的。应当以一种平和的、多元的、理性的、宽容的态度，以一种具有时代性、针对性和实践性的观点，既不是简单的辩护，也不是简单的批判，而是持一种审度的态度来看待科学。

强调人文关怀，是当下科学精神重要的时代特征。极端的唯科学主义，把科学神圣化，就等于把科学变成一种新的迷信，实乃科学精神的异化。用科学来算命，用科学来证明世界末日即将来临，即属不折不扣的迷信，是地道的伪科学。任何具体的科学，都是要往前发展，都是会被修正，甚至被取代的。科学承认具体的科学知识并非绝对正确，恰巧证明了科学的自信与伟大。因此，既要支持科学，尊重科学，又要保持对科学的警醒，不要迷信科学，不要视科学为万能，这才是科学精神，而且是真正科学的精神。

应对科技与社会的迅猛发展，不仅要积极弘扬科学精神，而且要弘扬科学精神的时代特征，让科学的光芒照亮我们民族的复兴大业，造福人类命运共同体。

◀ 小 结 ▶

从理性精神的觉醒，到对人类理性能力的承认、肯定与张扬，贯穿了科学发展的整个过程。然而，随着科学迅猛扩张造成理性的分裂，即工具理性彰显而价值理性衰微，理性又面临着极大的考验。

当下，非理性主义思潮乘机涌现，而且显示出一定的积极意义。那么，理性因素与非理性因素究竟是什么关系？应当怎样在科学理性与非理性之间保持适当的张力？

作为先进文化的科学与社会的互动，呈现出科学精神所具有的丰富内涵，它们首先是理性信念、实证方法、批判态度和试错模式。当下，科学精神也与时俱进，又具备了一系列鲜明的时代特征，其中最重要的是：求真务实、开拓创新、宽容开放、人文关怀。

◀ 思考题 ▶

1. 科学理性是如何随着科学发展而张扬的？
2. 非理性主义思潮泛滥的根源何在？与理性主义是什么关系？
3. 科学精神的基本内涵是什么？它们之间有什么关系？
4. 试论科学精神鲜明的时代特征。

第十二章
科学文化与文化科学

科学的成功与科学成为主流意识，带来了一些新的问题，科学与迷信的斗争也更加深入和复杂。遥想几百年前，当近代科学的曙光刚刚出现之时，宗教神学表面上是何等猖獗！当时科学家遭受迫害，常常只能在死亡的威胁面前坚持科学真理，反动势力和封建迷信肆无忌惮地把科学置于对立面，必欲扼杀而后快，双方的阵线极其分明。然而，在历史跨入现代以后，科学已如日中天，逐渐成为主旋律，科学家亦成为受人尊敬的社会精英，科学的角色开始转换，科学与非科学的关系日趋复杂，科学与迷信的斗争也相应地改变了自己的形式。

科技与文化在更高层次的整合是极其重要的。中国传统文化中既有丰富的科学精神，又有与现代科技精神背离的东西；由于近代以来中国的科学和技术基本上是从外来文化中输入的，因此还有一个文化的异质性问题。当代中国处在前现代化的现实与后现代化的世界环境这样的微妙境地中，整合的难度是不容低估的。整合过程中的教训尤应记取。

一、科学主义与人文主义

20世纪在和平与发展、冲突与动荡、增长与衰退、精神飞升与道德沦丧的交替运动中走向终点，我们迎来了21世纪。这还将是一个科学技术的世纪吗？在时空交汇处迸发的耀眼的思想火焰，在21世纪还能常开不败吗？

1. 对科技的人文主义的反思

科学技术的两种面孔令当代学者困惑不已。哈贝马斯认为，对当代资本主义社会的批判必须针对科学技术本身。阶级对立已被"科学技术与人性"的对立取代。后者反映在知识领域，就是工具性的技术知识与阐释学的知识之间的对立。他认为，阐释学是合法的社会意识形态，它与意识形态批判的合一将使人们有能力发掘社会系统扭曲的根源，从而澄清人与人之间的社会交往。哈贝马斯指出：经验科学由于强调人与非人现象在构造上的相似性，而导致人性客观化，进而发展了统治的技术，使现代技术社会中人性的认知理解与交往遭到非人性的管理和控制的排挤。技术知识取代了实际知识，工具性的劳动（它本应是实现某一反思目的的有效手段）成为目的本身。居于支配地位的技术所有者使人类失去了人性，反受技术的支配。他们不从道德方面考虑问题，只追求技术的效益，而不追求完美的生活。

不难看出，哈贝马斯对科学技术的批评乃是一种意识形态的批评。这种批评的基石实质上就是科技决定论，即认为科学技术统治着当代社会。有趣的是，与这种批评相反，美国社会学家丹尼尔·贝尔在《后工业社会的来临》（1972年）一书中，也提出了一种科技决定论的历史观，不但持正面肯定的态度，并且是从阐发马克思的思想开始的。他认为，工业社会正在按照马克思《资本论》第3卷中所描述的图式发展，而不是按其第1卷中"纯"资本主义图式发展。企业管理中所有权与控制权的分离，白领阶层的兴起，金融资本的形成，这些已经发生的现象都被《资本论》第3卷预言到了。而变化还在继续，20世纪末或21世纪初，一个后工业社会即将来临，它将使产品生产经济转变为服务性经济，使专业与技术人员阶层登上主导地位，理论知识成为社会革新的引导者，使技术发展受到控制，并创造出新的"智能"技术。总之，丹尼尔·贝尔认为，社会结构上的所有巨大变化，根源都在科学技术，是现代科技革命的产物。与哈贝马斯明显对立的是，贝尔认为恰恰是技术知识，以及代表技术知识的科学家与研究人员阶层，将成为推动社会发展的力量，将直接使资本主义和社会主义这两种工业社会形态"趋同"而走入后工业社会。

哈贝马斯和贝尔的两种取向相反的科技决定论的观点，反映出西方整整一个时代知识分子的看法。在20世纪成长起来的西方知识分子目睹了现代科技革命及其带来的翻天覆地的变化，他们的思想必然要同过去的思想传统分道扬镳。过去的知识分子倾向于对科学技术的能力抱有浪漫主义的幻想，而对科学技术的负面影响天真地估计不足。科学技术在他们眼中仿佛是呼风唤雨、点石成金的魔杖，这魔杖却又只是服务于其主人的。他们忘了，改造自然的魔杖必然也要改造人类。不仅是因为科学技术给人们带来了巨大的物质力量（包括创造性力量和破坏性力量），更重要的是科学技术重塑了当代社会的关系与结构。社会中的先进分子所面临的任务，已不再仅仅是去"掌握"科学技术，而首先应当去"适应"科学技术的发展。科学技术已经从依附于某一社会转变为推动社会制度变革、塑造新社会制度的一支强大力量。

对科学与技术再也不能漠然置之了！一切宗教的、社会的、意识形态领域的文化形式都不得不转过头来惊讶地注视着科学技术这位迅速成长起来的巨人。自从人类从蒙昧状态中脱胎出来，还没有任何一种社会活动或文化形式能像科学及与其相应的技术这样，把自然与人切切实实地联系在一起。这种联系所激起的强烈共振有时甚至连它的创造者——人类自己也感到惊愕、惴惴不安。科学技术之光照出了一条通往未知领域的路线，然而终点依旧隐没在晦暗之中。它将把人类引向哪里？人们大声疾呼，要对科学和技术做人文主义的反思。

反思的结论惊人地相互冲突。悲观主义者感到，科学和技术所加速的不是人类进步，而是人类消亡的过程。1981年，美国社会学家里夫金和霍华德尔把热力学第二定律应用于人类社会，把人类开发利用自然的过程宣判为增加世界混乱程度的过程。从狩猎—采集型社会过渡到农业社会，再从农业社会过渡到工业社会，每一项新技术的出现和使用都在加快能量的耗散，未来人类想要进一步从环境中取得可利用的能源，将会变得越来越复杂和昂贵。但是，乐观主义者，如《今后二百年》的作者、美国物理学家、数学家卡恩却认为，科技自身的发展将能补偿一度造成的污染和资源枯竭，生产的增长会不断在前方为自己开辟道路。介于这二者之间的观点认为，世界明天的好坏，并不是命中注定的，也不是科技的本性决定的，而取决于人类今后做出的决策是否明智。人类依然拥有不受束缚的想象力、创造力和道德能力，这些资源可以被动员来帮助人类摆脱困境。必须把目标放在开发人们潜在的、处在心灵最深处的理解能力和学习能力上面，以便使事态的发展最终能得到控制。

从所谓人性对科技的质询和批判，转为对人性自身的反思和批判，人们开始意识到，科技不是外在于人的成果，而是由活生生的人正在从事着的人类实践活动，把科技视为工具或视为奴役者都是对人类责任的放弃和逃避。

2. 功利主义与终极价值

科学倡导理性精神，但在理性精神内部，却存在一种分裂和整合。理性包括理论理性和技术理性，前者试图以系统和逻辑的方式去了解世界，整理我们有关世界的零散知识，后者关注控制与改造世界的过程，相信同样的先决条件会产生同样的结果，并试图有意识地复现这些条件，以便按主体的需要获得预想的结果。科学、基础研究倾向于理论理性一极，而技术、应用与开发研究则包含更多的技术理性成分。概而言之，前者更多地追求终极价值，而后者表现出浓厚的功利主义的兴趣。

应该注意到，功利主义与终极价值之间的分裂和整合问题，并不限于理性领域，它在非理性领域也同样存在。例如一个艺术家创作一件作品，可以是追求终极之美，也可能是为了博得情人欢心。一个教徒祈祷，可能是出于神圣的信念，也可能是为了给自己减轻病痛。功利主义与终极价值之间的冲突是渗透在整个人类文化当中的。不过，由于科学技术自身表现出的这两种取向都十分强烈，并且由于在科学技术事业中，这两种取向不得不试图合作，从而对它们的整合凸显为一个极为紧要的问题。科学技术中的两个方面，一开始是互相平行地发育起来的。从一批试图理解宇宙奥秘、追求造化之美乃至证明上帝的至真至善至美特性的知识分子那里，诞生了近代科学的萌芽；而从一些讲究实际应用、追求增进社会福利的工匠和知识分子那里，发轫出近代工艺和技术传统。它们在早期虽有交叉渗透，但未成气候。然而，工业革命之后，科学技术表现出无可抗拒的一体化倾向。科学借助技术而超越纯粹的知识形态，物化为强大的生产力，技术借助科学冲破单纯的实用樊篱而登入意识形态的殿堂。今天人们常常不加区分地把科学和技术统称为"科学技术"，但是并不能就此消弭其中隐含的功利主义与终极价值之间的裂痕。

在当代西方发达国家，应该说功利主义在 20 世纪占尽上风，直到 60 年代末，一些思想家开始激烈批判这种现象。马尔库塞认为一味追求功利性物质文明的现代人是"单向度的人"。哈贝马斯则认为，由于技术知识取代了实际知识，经验科学抹杀了人与非人事物的区别，科学技术并且进一步为社会统治力量所掌握，成为统治的技术，所有这一切导致了人性的客观化，使现代社会中"科学技术与人性"的对立成为最大的对立。这种批判在 80 年代的思想界激起了巨大反响，影响极大的后现代化主义运动的目标之一就是批判这种功利主义。例如法国后现代主义者福柯认为，一部文化帝国主义的历史就是冷冰冰的技术控制势力不断放逐异端思想的历史。

中国文化素来有重形上轻形下、重道轻器、重理论轻实用的传统。在中国文化中，技术的东西必须屈从于"天理人情"的仲裁，纯粹服务于功利目标的"奇技淫巧"在中国文化中是没有什么地位的。然而，1840 年以来，由于在只讲功利不讲道义的战争中接连失利，中国人感到有引进西方科技的必要，这种引进完全是出于"中体"层面上的，仍然大谈伦理名教，甚至说出"外洋以富为富，中国以不贪得为富；外洋以强为强，中国以不好胜为强"的昏话；与此同时，在"西用"的层面上，却大造枪炮，大办洋务，试图"师夷长技以制夷"。这种文化内的双重取向之间的冲突越来越明显，而且相互掣肘，导致了严重的内耗。最终伦理名教只剩下一个空壳，而师夷长技也只是学了些皮毛。到 19 世纪末，有识之士已经醒悟到对科学技术不能做纯粹功利性的切割和引进，必须同时理解其所内蕴的终极价值。

从维新运动时期起，康有为等人试图用西方科学中的"以太""电"等概念和"进化论""万有引力说"等理论来改造中国的儒学、佛教，从而赋予科学技术以负荷人类终极价值的角色。然而他们由于过分强调这一面，甚至把科学扭曲成了伪科学，丧失其功利意义上的可操作性。

20 世纪以来，一批接受了较完整西式教育的知识分子开始走上思想前台。在 20 年代的"科学与人生观"大论战中，双方围绕科学技术是否能指引终极价值，以及在它之上有什么样的终极价值诸问题进行了激烈讨论。这是一个良好的开端，遗憾的是由于种种主客观原因，这方面的讨论后来未能深入下去。

今天，中国经济成长的现实要求我们大力发挥科学技术的功利作用，但若一味强调其功利的一面，由此造成的资源枯竭、道德失范等问题也将是致命的。对于中国这样一个人均资源极其匮乏的国家，如果科技被用来掠夺性地"利用"自然，那将是民族的灾难。如果科技在带来了一个工业化社会的同时也破坏了人文文化，那就是一个不可挽回的损失。如果科技水平的进步不与社会整体道德水平进展同时推进，那么由于人们在拥有越来越大的建设能力的同时也拥有越来越大的破坏能力，个别狂人的发疯行为也许就会导致毁掉一个国家，甚至毁掉人类。科技社会是积蓄了巨大能力的社会，人类必须习惯于、适应于这种崭新的巨大能力，因此，他们永远不能放弃对终极价值的思索和追求。

3. 克服科学与人文的虚假对立

从历史上看，科学主义与人文主义的对立是存在的，但是，科学精神与人文精神之间的对立，很大程度上是现代人制造的一个幻象。科学主义的偏颇并不在于坚持科学理性或科学方法本身，而在于视其为人类理性的全部，又视理性为人类精神的全部。同样，所谓人文主义，即强调人性中情感、直觉的一面，或强调个人的自主存在的价值的一面，但不能自诩为包容了"人"的全部，并将自己等同于人文精神。科学主义与人文主义乃是两种哲学倾向之间的争执，不是所谓"人的哲学"与"非人的哲学"的分野，更不是科学精神与人文精神的对峙。

从哲学学科分类的角度来看，科学哲学与人文哲学不存在互相对立的关系。但是，科学主义与人文主义的确代表两种不同的倾向，它们的内涵虽有变化，其对立的势态却是一直没有改变的。最初，孔德标榜反对形而上学，正式揭开了科学主义的序幕。逻辑实证主义在 20 世纪上半叶，试图建立科学的统一哲学，这大概是科学主义最辉煌的壮举。此后，科学主义逐渐走下坡路。而叔本华、尼采的唯意志论，柏格森的生命哲学，以及后来存在主义和新托马斯主义对"人"（此在）、对"神"（终极关怀）的重新解释，则竭力鼓吹各种各样的人文主义，以与科学主义对峙。在某种意义上，现代主义与后现代主义的对立，恰好反映了科学主义与人文主义的较量。

不过，切勿简单类推，把科学主义与科学精神、人文主义与人文精神等同起来，因为其中是没有必然通道的。广而言之，科学哲学不一定是科学主义的，例如费耶阿本德的科学哲学，毋宁说它更倾向于人文主义。科学主义不但不一定符合科学精神，而且越到后来越与科学精神相抵触，例如对技术决定论的盲目崇拜，恰恰违背了多元主义的科学怀疑精神。至于人文哲学、人文主义及人文精神之间的关系，也不难做类似的说明。

科学精神与人文精神在理论上不是对立的，在实践中是相容的。科学精神与狭义的人文精神一样，都是人类精神中弥足珍贵的组成部分。必须清醒地看到：支撑科学活动的科学精神，与科学主义是两码事，它同时也是其他人类活动的必要支柱。科学精神包括：怀疑一切既定权威的求实态度；对理性的真诚信仰、对知识的渴求、对可操作程序的执着；对真理的热爱和对一切弄虚作假行为的憎恶；对公正、普遍、创新等准则的遵循。可以说，所有这些无不是人类精神中最深层次的宝贵内涵。在这一层次上，所谓科学精神与所谓人文精神——对人的价值的至高信仰，对人类处境的无限关切，对开放、民主、自由等准则的探求——已经密不可分，一个永远紧伴着另一个，失去了任何一个，另一个也就空洞到毫无意义。这二者间并不存在谁高谁低、谁是谁非的问题，只能说，它们都是人类精神的内核。

"现代化"是现在最通用的词之一，人们对如何实现现代化的问题也特别关注。但在发达国家，现代化已然实现，放眼看看汽车和电话、计算机的普及，想想它们在生活中不可须臾或缺的情况，即能得到一般性说明。享受着现代化的国度，倒是"反现代化""超现代化""后现代化"之类的思潮非常时髦。因而许多人并不认为那些只需举手之劳便可获得的现代化成果值得费劲做哲学思考，反而是在现实生活巨流中暴露出的现代化的许多副产品引起了特殊的关注，包括高能耗、超前消费、强竞争、泛福利、族裔冲突、性错乱、环境污染，等等。这样，在哲学研究中，不但不是非常关心如何达致现代化，反而倾向于对现代社会和文化传统进行猛烈批判。后现代主义、女权主义以及向人文精神回归的趋势成为主流。与国外知识界对话，每每发现这样的哲学特征，即否定由启蒙时期以来作为蒙昧主义对立物的、以个人自律为标志的理性主义，而以一种非理性主义取而代之。在论辩方式上，表现为"复古主义"、"借鉴于东方"和"诉诸未来"三种形式。"复古主义"即以古代否定现代，托古改制，希望从古希腊和传统思想的材料中，找出可以改头换面的原始素材，在变化了的语境中重新解释，进行加工后用以批判现代主义。"借鉴于东方"则是从东方文化传统中找出某些相应的形式和内容，用一种对立的眼光放到现代西方语境中加以理想化，同样用以批判现代主义。"诉诸未来"则是以明天否定今天，以某种超越现代社会思想条件的理想回馈社会，来批判现代主义。

当前中国的现实问题在于：一方面，某些方面尚处于前现代化阶段，必须走向"现代化"；另一方面，世界还在前进，相对于中国的超前发展已然形成气候，还没有现代化的中国人毕竟不能回避后现代化的要求。这就是说，在某种意义上，中国人处在前后夹击之中。面对相互矛盾的双重任务，首先要弥补我们传统中缺乏的形式理性与实证精神，同时又须应对后实证主义与后现代主义的时尚。中国的科学技术哲学需要调整自己的方向，既现实地致力于现代化，又前瞻地关注其可能的负面影响，在二者间形成"必要的张力"，才能游刃有余。

二、科学文化的兴起及其异化

科学是人类有史以来所创造的最重要的文化之一。然而，科学在当下人类文化中的统治地位，以及在此基础上形成的科学主义霸权，却日益引发了科学文化与人文文化的对立。一定程度上，甚至导致了科学文化中的文化缺失。曾经作为一种最优秀的人类文明成果的科学，何以从某种角度审视竟变得失去了文化的内涵，这值得我们深思。

近代以来，随着科学的迅猛发展，思想革命和产业革命催生的科学文化日益壮大。但是，人们无奈地发现，作为工业文明主导的科学文化在前进的征途中往往与其初衷相背离，产生了所谓的文化迷失与人文缺失等异化现象。需要回顾一下，科学是怎样成为一种主流文化的，又是怎样扩张和膨胀变成一种霸权，这种异化反过来造成了人性的迷失。

1. 新一轮科学化浪潮

历史虽然是我们无法忽视的存在背景，现实却是我们最根本的立足点和依据。考察改革开放以来中国的科技文化，不难看到一个明显的、与"文化大革命"时期相比几乎是天翻地覆的变化："科学技术"一下子从极不受重视的地位，跃居为出现频率最高的一个时髦词语。

对于导致这种戏剧性变化的过程，有学者用"科学主义"（或"唯科学主义"）这个术语来概括，称为科学主义的运动，或科学主义的兴起。其实，这种称谓恰恰犯了照搬理想概念于中国现实问题的错误。科学主义之成为一种主义，是有其系统的理论假设做支持的。并不是所有强调科学乃至崇尚科学的主张都可以被称为科学主义，就像一个热爱油画的人不能被称为油画主义者一样。

这一时期社会上绝大多数人都认同的实际上是，"科学（技术）"乃至与之有关的概念、结论和行动具有某种权威性。用后现代主义的术语讲，就是"科学（技术）"有助于构成"权威话语"。但是，一旦问及这种权威性的具体根源和更精确的形态，问及不同人中对"科学（技术）"的理解方式，就会发现巨大的差异和各种各样的思想纲领，以至于很难用任何一种"主义"来统一地命名。例如：有些崇尚科学的人是坚定的马克思主义者，其信念中始终是把"马克思主义"当作真正"科学"放在最高的位置。有些人崇尚科学是由于功利的需要，即认为科学技术对提高作为一个发展中国家的中国的生产率是最有效的，而这种对科学的尊崇事实上依赖于功利主义的前提，即以功利效用的大小来评判事物，由此得出"科学最具功利性所以最值得重视"的结论。有些人崇尚科学，可以追溯到传统文化中对"士"的尊崇，这种人最关心的不是把科学方法应用于整体社会，而是使知识分子在社会中居于较高地位。另一些人崇尚科学则是受工业文明影响，也带有较强的本来意义的"科学主义"色彩。相当一部分人强调科学的重要性，其目的只是矫正"文化大革命"中对科学技术的滥加贬抑，使科学技术在一定范围和程度内恢复其重要地位。

因此，与其将改革开放以来对科学技术的推崇称为"科学主义的第二次兴起"（第一次是指上世纪20年代初的"科学与人生观"大论战），不如称之为"新一轮科学化浪潮"。这个运动无论其目标、性质还是具体内容都是多层次的和复杂的。大致地说，在70年代末80年代初推动这场科学化浪潮的主要有三大动机：功利的动机、学术的动机和政治的动机。

第一，功利的动机。功利的动机不仅在这一时期，在此后直到今天仍起着强烈的作用，且影响有越来越大之势。1978年提出"四个现代化"的方针时，把"科学技术现代化"放在第一位，无疑是在功利层次上确定了科学技术的首要性。

在具体怎样实现科学技术的功利性方面，这一时期也有较大转变。主要包括：其一，肯定理论研究的地位，尽管基础研究远水不解近渴，但它可避免临渴掘井。其二，肯定专业人员的地位，科技事业必须依赖专家。其三，强调引进技术的意义。

不过，矫枉过正常常是难免的。在实践中又出现了另一个方向的偏差。例如从强调基础科学研究的目的出发，却导致了应用研究和开发研究的相对薄弱，使科研成果对生产实践的推动甚微。又如引进技术时急于求成，结果引进的项目与国内生产水平和科技水平不配套，造成大量浪费。到80年代初，对此又进行了调整，确立了"经济建设必须依靠科学技术，科学技术必须面向经济建设"的方针，它们构成了发展科技事业的功利动机，并决定着由功利动机出发的发展模式。

第二，学术的动机。在学术范围内，推崇科学技术的动机则多种多样，流派纷呈。大致说来，它们是：

马克思主义的科学观。这主要归功于1978年开展的"真理标准大讨论"，那次讨论重申了"实践是检验真理的唯一标准"的马克思主义观点，把马克思主义从极左思潮污染中清洗出来，恢复了其本来面目，由此形成了以"尊重实践、尊重事实""不唯上、不唯书""实事求是"等为内涵的马克思主义对"科学"的理解。如果科学仅指狭义的、严格实证的科学，那么上述理解当然还有欠精确之处，但如果从广义的角度，从坚持科学精神的角度来理解"科学"，则上述对"科学"的理解是十分正确的。

学习西方科学哲学而形成的科学观。早在70年代末对波普尔等西方科学哲学家就有较多研究，逻辑实证主义、历史学派等也已引起国内学者注意，80年代以后学习引进西方科学哲学形成一个高潮，很多学者从中汲取营养并提出了自己的比较成熟的看法。

科技决定论的科技观。这种观点对矫正"文化大革命"时期轻视科学技术的倾向是颇为积极有力的，但它又过分夸大科学技术的作用，似乎科技万能，科学方法也应无限制地推广运用。企望每个普通公民都能迅速掌握并运用科学方法也是不现实的。

从上面分析可以看出，尽管动机不同，在学术界内部，"科学化"浪潮本身还是比较顺利和迅速的。80年代中期又兴起了一场科学化的哲学运动，一些学者试图用科学的理性方法和具体学科的知识来改造哲学，甚至直接把一些科学概念如"非平衡态""自组织"等运用到哲学领域。这种照搬科学来改造哲学的倾向虽然是幼稚的，但在特定情况下也有助于"科学化"的浪潮。

总而言之，80年代以来学术界已基本上孕育出有利于科技与文化整合的科技观，在学术界内部逐渐形成了比较平等、自由和开放的学术竞争环境，各种不同的观点都有一定的表达机会。然而，这一时期比较开放的环境还局限于学术界内部，以至于某些学术观点很难在学术圈以外获得表达，从而妨碍了整个社会中科技与文化的整合。

第三，政治的动机。在70年代末真理标准大讨论中，科学还常常被作为一种政治权威来运用。真理标准讨论的正题是：实践是检验真理的唯一标准。与之相对应的反题便是：政治性的权威，如政治理论教条，某位政治领袖的言论是检验真理的标准。为了反击这种权威，指出它们也可能是错误的，许多论者引用"科学"作为自己一方的武器。例如，通过指出革命领袖的言论中有不符合科学的地方，来证明革命领袖也是会犯错误的。这样一来，无形中把"科学"等同于不会犯错误的真理。科学本身又成了一种绝对权威。

在有政治色彩的论战中引用科学，固然可以赋予科学以某种权威地位，但这样的地位是不可靠的。在80年代初的新一轮科学化运动之后，在政治和社会生活领域排斥科学的观点有较大反弹。因此，科技要么被当成绝对的政治权威，要么被认为完全不应干预政治。这都是片面的。建立起科技与政治之间的交流机制，是整合科技文化的必要步骤。

2. 科学成为一种主流文化

科学（以及技术）发展为一种文化，并在人类的诸多文化形态中独树一帜、占据统治性地位，经历了漫长的人类文明进化史。在前科学的古希腊时代，萌芽状态的科学混杂在宗教、哲学甚至艺术、神话等文化形式中，既没有纯正的科学，更没有独立文化形态的科学。在整个中世纪，教会的势力遍及整个欧洲社会，宗教作为主导性的文化形态控制着社会的政治与经济生活，并压制着其他一切的文化形式。文艺复兴运动之后，欧洲社会中教会的威信日益衰落，宗教的主流文化地位开始让位于科学。准确地说，作为一种独立的文化形态，科学文化的真正形成是工业革命以后的事情。通过17世纪的牛顿革命，科学开始确立了自己的地位，以基督教为中心的文化逐渐为以科学为中心的文化所替代。在学术研究领域，牛顿方法越来越多地应用到整个自然科学当中，理性传统与经验传统实现了决定性的整合；在社会生活方面，科学与技术的结合日益紧密，并越来越多地应用到了社会的工业生产过程当中，科学的社会地位也日渐提升。其后的三四百年间，不仅自然科学在欧洲迅速发展起来，科学与技术在人们的日常生活中也变得不可或缺。到 18 世纪时，科学第一次变成了一个重要的文化因素，并且对政治也产生了重大影响。"它提供了批判旧统治的新的智力工具，和通过利用机械化了的工业来实行再造人类的手段。由理性和平等而不由成见和特权来统治的世界的可能性成为人们的想往，这一运动广泛传遍欧洲和新世界，到达意大利、奥地利、普鲁士、俄罗斯，甚至到了西班牙"①。之后，经过 19 世纪、20 世纪所爆发的科学革命和技术革命的洗礼，一系列的思想革命和产业革命风暴在政治、经济、军事等领域产生了深远影响，便一步步奠定了科学在整个社会文化中的主导地位。

科学文化何以能在现代社会中长期占据统治性地位呢？这与科学文化的自身特性，以及科学技术在人类社会发展过程中的特殊地位和重要作用是分不开的。

科学作为一种文化，不仅是智力意义上的文化，也是人类学意义上的文化，因而具有不同于政治、宗教等文化的特质与精神气质。因此，科学的文化性不仅体现在认知层面，也涉及社会层面。在传统观点看来，科学是建立在逻辑和经验基础之上的，并被赋予一种经验观察基础上的客观性与普遍性。正如马尔凯所分析的：科学文化被认为是一套标准的社会规范形式和不受环境约束的知识形式。这些规范典型地被认为是一套明确地限定特定类型的社会行为的规则。在政治学研究领域，它们被解释为要求科学家采用一种无私的、中立的态度对待客观事实资料。②

科学成为一种世界性的主流文化的形成过程也是非常特别的。"它唯一产生于西方，它在世界各地的传播并不是如通常所理解的，是通过'扩散'进入其他文化的，而是作为摧毁其他文化传统形式的一种力量进入的，而且它反过来也同样破坏性地作用于西方的传统制度之上"③。对于传统文化而言，科学不仅是一种新的文化现象，更是一种革命性的文化力量。它颠覆了人类自古以来就形成的自然观念，先将人类居住的地球赶出宇宙的中心，继而将人类从"自然界的中心"移走，并以一种全新的方式认识并改造着整个世界；它以压倒性的优势战胜了西方文化中长期占据中心地位的宗教文化，瓦解了教会的统治，也强烈冲击着传统的伦理、宗教观念；它所创造的巨大的物质力更使它成为现代性的重要标志，稳固了其作为主流文化的地位。

当前，科学作为一种主流文化不仅逐渐支配着整个社会的文化发展方向，而且对整个人类社会发展的影响也随着科学技术的进步而日益增大。因此，瓦托夫斯基说："科学思想中纯粹的理论和形式的思考已经产生了种种结果，它们不仅引起思维方式的革命，而且也在我们普通日常存在本身的基础中引起了革命……真理的知识本身是一种手段，借助这种手段，人类加强了存在的地位并成功地实现生存的任务"④。不能否认，科学文

① 贝尔纳. 历史上的科学. 北京：科学出版社，1959：309.
② 马尔凯. 科学与知识社会学. 北京：东方出版社，2001：145.
③ 李克特. 科学是一种文化过程. 北京：三联书店，1989：13.
④ 瓦托夫斯基. 科学思想的概念基础：科学哲学导论. 北京：求实出版社，1982：35-36.

化确实是人类有史以来最富有成果的文化创造，在整个人类社会的发展中也是最具影响力的。卡西尔对科学作为一种文化的特殊地位给予了很高的评价："科学是人的智力发展的最后一步，并且可以被看成是人类文化最高最独特的成就。……在我们现代世界中，再没有第二种力量可以与科学思想的力量相匹敌。它被看成是我们全部人类活动的顶点和极致，被看成是人类的最后篇章和人的哲学的最重要的主题"①。

只是，科学作为一种主流文化的效用不仅及于此。拉特利尔认为："今天，科学不再只是获取知识的方法，而是极为重要的文化现象，它决定着现代社会的全部命运，并正在向我们提出极为严峻的问题，因为，即使在眼下看来，科学也已达到了某些极限。科学对于现代社会的最深远的影响主要地可能并不是——当然也不直接地——来自科学所提供的关于实在的陈述，而是以大量设备器械和实践的形式造成了外部的投影，我们自身的存在陷于其中，不论我们愿意与否，它直接地决定了我们的生活方式，间接地决定了我们对价值的陈述和价值系统"②。实际上，随着科学主流文化地位的不断凸显，它已超越其他文化形态，一跃成为社会文化中具有支配作用和统治地位的文化形态，成为整个社会文化中最高的价值尺度与衡量标准。

3. 文化霸权中科学与文化渐行渐远

如上所述，作为主流文化的科学当下已经获得了至高无上的权威，并且掌握着巨大的社会资源，也拥有着绝对优势的话语权。于是，包括科学家在内的各类社会成员对待科学的态度就从对科学优越性的信服，自觉不自觉地走向了对科学的崇拜与迷思，把科学视为可以解决一切问题的普遍有效的知识和方法。当这种思维方式走向极端，就会用科学文化否定甚至取代"非科学"的知识和文化形态，并企图以科学这一意识形态来统一一切、控制一切。这造成了工具主义的膨胀，滋生了科学技术的文化霸权。

科学在文化中霸权地位的形成是与科学主义的产生过程相伴随的，科学的霸主地位也正是借由科学主义的广泛传播而确立与巩固的。大体说来，从培根时代起，科学主义的观念就已有所萌生，但直到19世纪时，科学主义才逐渐从一种社会思潮确立为一种观念体系。当时，在经济发展方面，科学技术成为推动社会经济发展的主导力量，其作为第一生产力的作用日益明显；在政治生活中，科技专家凭借其专业科学知识在政治决策领域的地位日渐增强，科技知识逐渐成为政治运行中的重要元素；在文化领域，科学技术超越了其他文化形态，并主宰着文化的发展方向，科学化甚至成为一些文化所追求的目标。

在此之后，整个社会对科学的推崇更是与日俱增，科学的完美性不断提升，人们也坚信科学家能够解决任何问题。于是，科学从人类追求真理的一种认知活动，更多地变成"一种标准化的知识"、"人类认识自然万物的最好途径"以及"人类认识真理的唯一途径"。在科学研究领域，从伽利略到牛顿所确立的近代科学观念与科学方法已经深入人

---

① 恩·卡西尔. 人论. 上海：上海译文出版社，1985：263.
② 拉特利尔. 科学和技术对文化的挑战. 北京：商务印书馆，1997：2-3.

心，经过 20 世纪初期逻辑实证主义等科学哲学流派对科学客观性、确定性与普遍性的极力渲染，塑造了科学的完美神话；在科学教学中，只强调成功与机遇的科学史造就了传奇式的科学家，对科学发现的戏剧性场景的夸大，放大了科学方法的作用和地位；在科学家、一般民众以及政治家的视野中，科学成了无所不能的万能丹，这也就奠定了科学在文化中的霸权地位。

科学主义的扩张所导致的科学的文化霸权，造成了科学的非文化性与文化整体的畸变，从而使科学一步步远离了文化。

在科学霸权的文化背景下，科学与其他非科学的文化形态之间的裂隙开始增大。当科学作为一种主流文化的地位被片面地推向极端，科学就成为唯一具有规范意义的文化形式。科学主义的核心内涵是，试图无限制地扩大科学作用的范围，并且反客为主地侵入和主宰其他领域，赋予科学绝对的价值和权威。一些极端科学主义者甚至完全排斥其他非科学的文化形态存在的价值与意义，似乎非科学的文化形态并不是人类文明发展过程所必需的，只有近、现代科学才是衡量一切知识的标准。

事实上，自 17 世纪科学伴随科技革命而产生，并借由工业革命而取得特殊社会地位之后，科学与技术在相互促进中日益与工业生产和商业领域紧密结合起来，不断壮大着自己在整个社会中的统治势力；与此同时，在推翻了教会与宗教的政治统治之后，由于科学及其技术应用的巨大社会功用，科学找到了与政治权力结合的资本，并进一步跨入意识形态之列，强化了其作为文化信仰的力量。可以说，科学和科学驱动的技术已经艰辛地深入整个权力、生产和信仰的三位一体之中，科学文化实际上成了一种权威话语和意识形态，在社会的政治、经济、文化领域都占有绝对的优先权和统治权。

因此，早在这种科学文化的霸权初露端倪之时，就已引起西方社会中其他文化的极大反感。从那时起，各种非科学的文化形态都开始了与科学的对抗。但是，科学在文化中的霸权地位非但没有削弱，反倒增强了，而其他非科学的文化形态则或被压制或慢慢屈服于科学。因为，虽然通常"文化对抗并不导致一种文化完全消除另一种文化"，但科学因其霸权地位而有着压倒性的优势，长此以往，必会导致科学成为唯一的文化形态，这种文化的畸形发展对于人类文明以及社会的发展而言都是不利的。

科学在文化中的霸权地位使其获得了任何文化形态都从未有过的荣誉，却也使得科学与文化之间的距离越来越远，曾经作为一种文化形态的科学渐渐走向了它的反面，背离了其作为一种文化的初衷。唯科学主义，及其极端形式技术决定论，傲慢地拒绝人文学科和作为一个整体的文化，展现了危险的反人文主义的作用。

三、文化科学的内涵及其愿景

对科学似乎与生俱来的特殊优越性提出批判与挑战，主要源自对科学及其技术应用所造成的人类生存困境与社会病态的反思。于是，不少人文主义知识分子，甚至自然科学领域的学者们开始对科学与理性进行多方面的审视。他们质疑与消解着科学主义视域中对科学优越性与科学神圣形象的推崇，挑战科学在现代社会中的霸主地位与权威地位，要求在科学与人文之间实现一种平权，最终恢复科学技术的文化本性。

1. 盲目的科学优越性

不错，科学自其产生，就显示出了巨大的生命力与物质力。但是，科学的优越性并不意味着它可以借此超越并凌驾于其他传统之上。

当代许多思想家坚持宣称，与其他的文化意识形态相比，科学并不具有特殊的优越性。其中，后现代主义思想家们的工作特别引人注目。后现代主义是作为对现代性的否定与超越而登上历史舞台的，但它的核心却并不就是与现代主义基本原则和主导价值观念的简单对立，而是以多元平等、生态主义、他者哲学和多元进化实践观为核心的。思想家们不仅仅批评科学在现代社会所造成的种种负面后果，质疑科学的特殊优越性，更提倡一种多元的文化观。

在各种批判思想中，最突出的要数费耶阿本德对科学优越性的猛烈攻击了。他断言，"科学的优越性是被假定的，并没有得到研究和论证"。这种"科学生来便具有优越性的假定却超出了科学，并几乎成为每个人的一项信念。而且，科学不再是一种特殊的机构；它现在是民主政体基本结构的组成部分，正如教会曾经是社会基本结构的组成部分一样"[1]。

费耶阿本德认为，科学的优越性只是由国家权力赋予的。首先，方法论的论证并没有确立科学的优越性。因为没有任何单一的程序或单一的一组规则能够构成一切研究的基础并保证它是"科学的"、可靠的。今天科学家和科学哲学家视为构成一种统一的"科学方法"并加以辩护的多数规则，要么是无用的，要么是虚弱的，就是说，它们并没有产生它们应该产生的成果。其次，科学也并未由于它的成果而获得特殊的地位。科学拥有至上的统治权，并成为人们所知道的唯一拥有可贵成果的意识形态，并非因为它的相对优点，而是因为情况被操纵得有利于它，即"它过去的一些成功导致了一些防止对手东山再起的制度上的措施（教育、专家的作用、权力集团如美国医学协会的作用）；科学的优越性同样不是研究和论证的结果，而是政治、制度甚至军事压力的结果"[2]。最后，从意识形态的角度来看，科学是人类已经发展起来的众多思想形态的一种，但并不一定是最好的一种。"它所以君临一切，是因为它的实践者未能理解，也不愿宽容不同的思想体系，因为他们有力量把他们的愿望强加于人，还因为他们利用这力量，他们的先辈全都运用自己的力量把基督教强加于在征战中所遇到的人们。"[3] 但事实上，科学并不比任何别的生活形态具有更大的权威，它不应该也无权限制自由社会中的成员的生活、思想和教育，因为，在自由社会中，每个人都应该有机会塑造他自己的心灵，并按照他认为最合意的社会信仰生活。因此，在费耶阿本德看来，科学的优越性不过是一种童话。

这里需要说明，对科学所具有的特殊优越性的批判，并不是要否定科学的重要作用。而只是要表明，科学所扮演的角色正发生着改变，科学不应超越其他文化形态而成为人

---

① 法伊尔阿本德. 自由社会中的科学. 上海：上海译文出版社，2005：84.

② 同①124-125.

③ 法伊尔阿本德. 反对方法. 上海：上海译文出版社，2007：276.

类文化的全部。正如费耶阿本德所指出的，在 17、18 世纪甚至 19 世纪，科学只是许多相互竞争的意识形态中的一种，国家还没有宣布支持科学，所以科学作为一种解放力是很有意义的。但随着科学在 19 世纪以来所取得的巨大成功，以及国家对科学的支持，科学这种先进的意识形态开始退化，甚至成为独断的宗教，走向霸权。一旦这种曾经给人思想和力量以摆脱专制宗教的恐惧、偏见的事业，把人变成了它的利益的奴隶之时，对科学优越性的强调便会使科学起到相反的作用。

当然，从后现代主义出发对科学的特殊地位与优越性进行的这些批判，在破除科学的神话、强调其他非科学的文化形态的重要性的同时，不免有一些相对主义的倾向。但是，通过对科学在人类文化与认识论领域特殊优越性的批判，对于破除科学的霸权地位，对于倡导科学与其人类文化相互促进、共同发展的多元文化观，无疑是颇具意义的。

在对科学特殊优越性的批判中，隐含了对科学与人类其他文化、其他传统并存的渴望与追求。科学与宗教、文学、艺术等都是人类文化的重要组成部分，并不能因其对社会发展所具有的重要作用就享有超越于其他文化与传统的特殊优越性。科学也有其局限与不足，有其发挥作用的范围与领域，科学并不能解决社会中的一切问题。我们不贬低科学，却也不能神化科学，视科学为一切。

马尔凯认为，"科学不应当被当做是一个有特权的社会学例子，不应当把它与其他文化成果领域区分开。相反，应该尽一切努力去研究科学家如何受大的社会环境的影响，并说明科学文化成果与其他社会生活领域之间的复杂的联系"[①]。科学只是人类文化与人类传统中的一种，与其他文化传统共存于现实社会中。伴随着科学发展中所显现出来的自由、批判、开放、民主等宽容理念，科学万能论的神话被打破了；科学内部追求严谨与客观的单一标准也逐渐走向宽容与多元，这正是适应今天多元化的发展潮流的。

2. 从强势文化走向平权文化

对科学的解构使曾经作为人类文明成就的科学不复从前。它丧失了原有的功能与地位，也不再公认为人类文化的楷模。因此，如何重新恢复科学所具有的文化意蕴，实现科学文化的诉求，并走向一个开放的科学技术世界，是当前科学技术发展的一个重要方向。

要使科学重新恢复其原本应具有的文化意蕴和文化内涵，让科学变得有文化，首先就要改变科学的文化霸权与文化强势的状况，使科学从强势走向平权、从精英走向大众。

近代科学产生以来，科学凭借其所具有的巨大威力，日益渗透到社会的政治、经济、文化生活的所有方面。科学不但影响着社会的政治运行机制、调整着社会的经济结构，也延长了人口的平均寿命、改变了人类社会的面貌，缔造了人类社会未曾有过的繁荣景象，这使它日渐登上了人类知识巅峰的宝座，并赢得了人类的普遍赞许与崇拜。但与此同时，打破旧的迷信与神话、摆脱宗教神权的压制而获得独立自主地位的科学，在世俗

---

① 马尔凯. 科学与知识社会学. 北京：东方出版社，2001：158.

化的过程中却"不可避免地导致对科技的神化，导致出一种'在科技中寻求权威，在科技中得到满足，在科技中制定秩序'的文化"①，从而在削弱一种神话的同时又缔造了另一种新的神话。结果，科学被定位为神圣殿堂中一种高高在上的文化成就，一种属于权威阶层的精神力量。

20世纪科学自身的发展与现实的需要，不断冲击着科学的神化形象与权威地位，挑战了人们一直以来所认定的科学确定性与决定论的神话。在自然科学领域，建立于测不准原理、互补原理、波粒二象性等基础之上的量子力学在诸多方面变革了经典科学的世界图景，不仅使得传统的科学观点由决定论向非决定论、由还原论向整体论、由简单性向复杂性转变，更挑战了传统科学所认为的准确无误与简单完美。

与这些突破性的伟大物理学成就相伴随的，是科学社会化与工业化进程的不断加快。在20世纪，科学研究的重要成果不仅日益广泛地应用到社会生产与生活领域，甚至成为战争的重要力量来源。面对科学所带来的前所未有的灾难性后果，人们开始反思科学在军事上的应用效果，并进而考虑科学在政治活动中的价值立场问题。20世纪中叶以来，科学及其技术应用所形成的各种社会负效应如环境危机、粮食短缺、人口过剩等问题也频频凸显，更是引发了广大知识分子特别是人文社会科学领域的知识分子的关注，并展开了对科学的反思与批判。

当客观中立性、确定性、普遍性这些维护科学神圣地位的价值遭受质疑，围绕在科学周围的神圣光环被慢慢瓦解、销蚀之时，建立在此基础上的科学的合理性也不可避免地会遭遇挑战。

科学从神秘的圣殿中的科学不断走下神坛的过程，也预示着科学万能论神话的破灭，以及科学主义衰落的开始。面对由此引发的对科学真理性的怀疑，以及对科学合理性与合法性的威胁，科学共同体外的社会大众迷茫无措，共同体内的学者们则通过多种途径来寻求拯救之道。其中，民主化是确保科学在社会中的存在合法性的最重要方式之一，也是科学未来发展的重要趋势。几乎在整个世界范围内，民主化都已成为发展科学技术、制定科学技术政策的重要标准与尺度。

科学民主化意味着科学知识的生产应该是民主的，科学不仅仅作为精英群体的劳动成果，更要走向平民化，并要充分重视常识的作用；意味着普通大众应与科学专家有同样的参与科学事务的权利，在与自身利益相关的科技决策领域享有发言权等。可以说，科学的民主化，既是科学走向社会化的必需，也是要借由民主的程序来挽回公众对科学丧失掉的信任，为科学的社会合理性提供依据与支持。恰如史蒂芬·耶利所言，"我并不认为草根代表可以立竿见影地解决什么，但是它意味着，这是一种重建信赖的制度性安排，它为受社会尊敬的科学提供了最好的前景"②。

众所周知，科学技术已成为当代社会生活中不可或缺的一部分，它不仅左右着人们的生产与生活方式，也深深影响着人类未来的发展方向。因此，当科学的应用以及技术的发展以前所未有的速度日益彻底地渗透到人们的日常生活中，其中所涉及的问题对于

① 麦克格拉思. 科学与宗教引论. 上海：上海人民出版社，2000：144.
② 迈诺尔夫·迪尔克斯，克劳迪娅·冯·格罗特. 在理解与信赖之间：公众、科学与技术. 北京：北京理工大学出版社，2006：164.

我们未来发展的影响就显得越发紧迫，与之相关的事务也就不再仅仅是一项科学活动，更是成为一种社会政治事件。例如，近几年来颇受争议的转基因食品问题、人体干细胞问题等，都不仅仅是与学术相关的，更是涉及广大公众的切身利益，甚至涉及国家民族利益的重要决策。特别是，在科技日益进步的今天，科技的发展和进步虽然使得"科学知识越来越丰富，却往往不能带来更多的安全，而是造成认知的不确定性和规范的不安全性与日俱增"①。

对于科学技术的未来发展而言，科学以及相应的技术的民主化的意义重大。特别是，当科学越来越多地通过其技术应用渗透到社会生活的各个领域，甚至影响到整个人类的生存与社会的运行时，科技民主化的作用就更为明显了。因为，"技术变革的民主化意味着赋予那些缺乏财政、文化或政治资本的人们接近设计过程的权力……"，而且，"技术的民主化并不阻碍进步，它也许还能有助于避免那些目前困扰着临床研究和核能的问题。同时，它将确保目前被低估的权利得以充分的体现，因为这些权利与对设计的集中化的、精英的控制相抵触，比如工人发挥他们技能的权利。假如精英控制对我们社会如此之多的方面打下了深刻的烙印，那么，更加民主化的设计的长远意义将是极其重大的"②。

在一定意义上，科学的社会化就是科学民主化的过程。伴随着这一进程，科学不再继续驻守在长期以来所占据的优势地位上，而成为走下科学的神坛，并不断走向普通民众的现实生活的大众化的科学。如此下来，作为一种文化的科学，将不仅从强权文化走向平权，其神秘性形象也将完全为真实的生活形象所代替。

3. 文化科学以恢复科学的文化内涵

文化科学，就是要恢复科学技术的文化本性，使科学技术重新恢复成为充满文化内涵的科学与技术。

文化科学，包括科学技术向人文精神、人文价值以及人性等的回归。具体而言，一是科学技术向人性的回归。即把科技建立在人的基础之上，始终围绕人的生存和发展的需求来发展科技，从而使科技成为真正为人的科技。二是指科学技术向传统的回归。即科学技术应兼顾自身发展中所存在的技术传统与精神传统这两大传统，同时注意向其他非科学文化传统的学习和借鉴。三是科学技术向生活世界的现实回归。即科学技术既要回到"自然科学的被遗忘了的意义基础"的日常生活世界，也要向人的精神/意义世界回归，恢复人的全面而完满的本性。更进一步说，科学技术向人文的回归，意味着科学技术向最初的人文本性的回归，也意味着科学技术的发展以满足人的需要、促进人的全面发展为最终指向和最高准绳。

文化科学，也意味着科学技术的自然回归。建设性的后现代思想家们主张，应该回到自然的、科学的本真状态，也就是让"祛魅"的科学"返魅"；同时，神性的实在、宇宙的意义和附魅的自然这样一些概念又重新为人们所接受，世界的经验、目的、自由、

---

① 乌尔里希·贝克. 全球化时代的权力与反权力. 桂林：广西师范大学出版社，2004：250.

② 安德鲁·芬伯格. 可选择的现代性. 北京：中国社会科学出版社，2003：8.

理想、可能性、创造性、暂时性都得到恢复，万物自身的、内在的价值得到承认。在这一视域中，"宇宙是有魅力的，充满了意图。岩石、树木、河流和云彩都是神奇和有生命力的。所有造物都是一个巨大生灵链上的一部分，人处于天使和低等动物之间；对一切活动的解释都归结于神的旨意和活动本身在一个有意义世界中的作用。宇宙是一个归属之地，给人以回家的感觉，宇宙赋予生命以意义"①。

可以说，回到古朴的自然，回归完满的自然状态的人性，是随着对科学文化的批判高扬而起的一面旗帜。②

回归文化本性的科学技术，其未来发展如何呢？不同人对此有着不同的看法。从时代特征以及科学技术发展史的综合考量，可以确定，未来的科学技术图景首先是一个开放的体系。在波普尔那里，"向批评开放"曾经作为科学发展与进步的一个重要特性而被强调。在今天，这一原则仍然是有效的。阿伽西就曾指出，"科学无需畏惧形而上学；科学对任何对手的仇恨都是可悲的，并将付出高昂的代价。……科学必须尽可能对所有的被选体系都友好相待"③。因此，在未来的发展中，科学技术应该与宗教、文学、艺术等非科学的文化形态一样，享有同样的生存与发展的权利；同时，除保有自身内部的开放性外，科学及其他各种文化都可以相互展开对话与辩论，在开放式的批评中实现进步与发展。

如何实现这样一种开放性呢？富勒提议，通过一种公平、民主的程序和方法，以促进科学技术在开放世界中的发展。他指出，"要实现大科学时代开放社会的共和理想，必须提供这样的论坛，使得所有的专业知识制造者能够参与确定他们领域的发展方向，而广大公众能以与自身兴趣相称的方式影响这个进程"④。在今天的科学技术实践中，这样一种方式其实已经有所体现，如在科学技术政策的制定过程中，往往就是通过召开科学论坛或听证会等形式，以达到民主化科学技术的结果的。

同时，在这样一个多元文化并存的时代，多元性也将成为科学技术图景未来发展的重要趋向。作为产生于西方文化土壤，又在后天的成长中吸取众多非西方文化传统中优良特征的科学技术，可以说它本身就是一个多元文化的集合。除此之外，科学技术在未来的发展中还应与其他非科学的文化传统和平共处，并积极向其他文化传统学习。这是因为，"科学和技术并不是封闭的，只有当作为其文化背景的文化不断提出新的假说和目标时，科学和技术才能蓬勃发展。这反过来也表明，作为一种以文化为基础的活动，科学技术与人文学科并没有什么根本的不同。与人文学科一样，科学技术的价值存在于孕育它们的文化当中。因此，为了扩大人类智慧的有限储备，我们在掌握科学技术知识的同时，还必须密切注意人文方面知识的学习"⑤。

科学是一个开放的知识体系，也是一种不断寻求进步与发展的文化；技术作为与科学息息相关的最有力的应用成果，也必将呈现一种伟大的发展。然而，作为人类文化发

---

① 大卫·格里芬. 后现代科学. 北京：中央编译出版社，1995：148.
② 金正耀. 作为一种文化的科学与人类的未来. 科学学研究，1987（3）：30.
③ 阿伽西. 科学与文化. 北京：中国人民大学出版社，2006：19.
④ 史蒂夫·富勒. 科学的统治：开放社会的意识形态与未来. 上海：上海科技教育出版社，2006：141.
⑤ 爱·埃·戴维. 科学的未来. 科学启蒙，2003（9）：1.

展史上最杰出的一种文化，科学技术在未来的发展中还应以一种开阔的视野和宽容的态度，创造出更加灿烂的文化成就。

这一切，试以"文化科学"来表达。文化科学就是恢复科学的文化内涵，重新变得有文化。有科学没有文化的畸形阶段，终将成为过去！

◀ 小　结 ▶

从人性对科技的质询和批判，直到对人性自身的反思和批判，人们开始意识到，科学和技术不是外在于人的成果，而是由活生生的人正在从事着的人类实践活动，把科技视为工具或视为奴役者都是对人类责任的放弃和逃避。应该注意到，功利主义与终极价值之间的分裂和整合问题。

从历史上看，科学主义与人文主义的对立是存在的，但是，科学精神与人文精神之间的对立，很大程度上是现代人制造的一个幻象。不要把科学主义与科学精神、人文主义与人文精神等同起来。

科学在当下人类文化中的统治地位，以及在此基础上形成的科学主义霸权，日益引发了科学文化与人文文化的对立。从对科学优越性的信服，走向对科学的崇拜与迷思，把科学视为可以解决一切问题的普遍有效的知识和方法。当这种思维方式走向极端，就会用科学文化否定甚至取代"非科学"的知识和文化形式，并企图以科学这一意识形态来统一一切、控制一切。这造成了工具主义的膨胀，滋生了科学技术的文化霸权。

需要对科学与理性进行多方面的审视，质疑、消解科学主义视域中对科学优越性与科学神圣形象的推崇，挑战科学在现代社会中的霸主地位与权威地位，以便在科学与人文之间实现一种平权，最终恢复科学技术的文化本性。

◀ 思考题 ▶

1. 试概述对科技的人文主义反思的基本观点。
2. 如何看待功利主义与终极价值之间的分裂和整合？
3. 科学如何成为主流文化？作为主流文化有哪些效用？
4. 科学的文化霸权是如何造成的，造成的严重后果是什么？
5. 怎样才能使科学从强权文化走向平权文化，恢复科学的文化内涵？

第十三章
社会科学的哲学反思

　　随着知识与技术的进步，社会科学以及人文学科迅速发展并走向科学前沿，是当代科学发展的重要趋势。作为人类知识体系相对独立的组成部分，社会科学和人文学科既具有一般科学的共性，又表现出不同于自然科学的特殊性。这里简要地就社会科学和人文学科的界定、社会科学的活动与方法等问题，以当代的视野做一个概括性的阐述。

一、社会科学和人文学科的界定

　　相对于自然科学而言，近代以来社会科学显现出发育的滞后性、学科边界的模糊性、发展的非规范性、体系结构的复杂性等特点；人文学科虽然非常古老，但也受到唯科学主义的巨大冲击，至今在许多基本问题上尚未取得共识。其中最重要的有关社会科学和人文学科的界定问题，就仁智各见，莫衷一是，需要予以梳理。为方便计，当我们相对于自然科学讲到社会科学和人文学科时，就统称人文社会科学，或简称文科。

1. 人文社会科学的历史发生

　　人与动物的分野是以意识的出现与主客体的分化为开端的，这也是认识与实践活动展开的前提。不过在漫长的史前时期，由于人类智力提升缓慢，加之社会生产力水平低下，生产与生活规模狭小，先民们对自然、社会以及自身的认识狭隘、肤浅，长期停留在感性经验层次，所积累起来的知识大多直接源于生产与生活经验。如关于日月星辰运行周期、所猎取动物的生活习性、人的生老病死、图腾崇拜与祭祀仪式等方面的知识。这些知识主要是通过血缘氏族公社内部的世代口头传承方式积累起来的，多是零散的、常识性的、经验性的感性认识成果，其中包含着日后众多学科的萌芽。

在原始社会末期，随着社会生产力水平的提高，逐步出现了物质生活资料的剩余，为脑力劳动与体力劳动的分工创造了条件。进入阶级社会以来，脑力劳动者群体的形成加快了人类对客观世界的认识进程，尤其是文字符号的发明使认识活动发生了质变，改变了以往知识的记录与交流方式，使知识流量与总量累积速度明显加快。一般认为，"人文学科起源于西塞罗提出的培养雄辩家的教育纲领，而后成为古典教育的基本纲领，而后又转变成中世纪基督教的基础教育"①。这一时期产生了许多著述与文艺作品，形成了天文、历法、力学、医学、军事、哲学、历史、文学等较为系统的具体知识体系，出现了近代自然科学与人文社会科学的学科雏形。其中，人文学科与自然科学的个别门类发育相对成熟。作为人类精神表现的组成部分，早期的自然科学也带有浓厚的人文学科色彩。必须指出，这些早期知识与我们今天所理解的知识之间尚有较大差异：

其一，成熟程度不同。前者在深度与广度上远远落后于后者，知识的系统性、理论性、科学性程度相对较低。

其二，学科内容与边界不同。前者往往是多门知识浑然一体，尚未完全分化。如古代哲学对客观世界采取一种百科全书式的研究，蕴涵着许多学科的萌芽；天文学中既有天象规律的体察，又有占卜吉凶，指导日常生活的神秘规则等。

其三，研究方法不同。前者多以直观、猜测、思辨为主，后者多以实验、假说、经验归纳、数理演绎为主。

经过以基督教文化为主体的漫长中世纪，资本主义生产方式开始在欧洲萌发。为了推翻封建主义的生产关系，新兴的资产阶级在政治、经济、思想文化等领域向落后的封建贵族势力发起了全面进攻。他们首先在古希腊、古罗马文化中找到了反对宗教神学和封建统治的武器，在思想文化领域掀起了以复兴古典文化为标志的"文艺复兴"运动。文艺复兴运动高扬"人文主义"旗帜，提倡人性，反对神性；崇尚理性，反对神启；鼓吹个性解放和自由平等，反对中世纪的禁欲主义、蒙昧主义。这就极大地促进了以人自身为核心的人文学科的分化发展。与此同时，自然科学各学科相继从自然哲学中分化独立出来，进入了全面快速发展时期，并且为认识人文社会现象提供了新的模式、方法和工具。19世纪中叶以来，研究具体社会运动的经济学、政治学、社会学等社会科学门类相继发育成熟，又从哲学及其他人文学科中分离出来，取得了独立的学科地位。除国家研究院和大学提供的少数职位外，人文学者与社会科学家的职业角色的社会分化逐步加快，人文社会科学研究的社会建制开始形成。至此，人文学科、自然科学、社会科学相互促进、彼此交织的大科学体系开始形成。

中国是世界上最早由奴隶制发展到封建制的国家，长达两千多年的封建社会一直奉行重农抑商、重道轻器、重文轻技、贵德贱艺的基本国策，因而，以农业文明为基础的封建文化的伦理特质明显，蕴涵着丰厚深邃的人文思想。"人文"一词最早见于《易经》："文明以止，人也。观乎天文，以察时变；观乎人文，以化成天下。"早在春秋时代就形成了文史哲浑然一体的学术传统，人文学科相对发达，带有鲜明的民族特色，处于古代文化的核心地位。然而，作为一门统一性学科的名称，"人文学科"是20世纪初才从

---

① 简明大不列颠百科全书. 北京：中国大百科全书出版社，1986：761.

英文翻译过来的，此后这一称谓才为学术界所认同。这一状况是与古代科学技术的被压抑地位和社会科学发育迟缓密切相关，从而使先哲们难以意识到人文学科与其他知识门类之间的差异。虽然明初以前，我国科学技术一直走在世界前列，形成了农学、医学、天文学、算学等自然科学体系，产生了指南针、造纸术、印刷术、火药等技术发明，为人类文明做出了巨大贡献。但古代科学技术一直处于文化支流地位，近代以来陷于停滞，日渐衰落。严格意义上的近代社会科学与自然科学基本上是从西方移植的。西学东渐始于明末清初欧洲传教士在我国的文化传播活动，后受清朝闭关锁国政策影响和古代人文传统的抑制，中西文化交流受阻。西方社会科学从清末严复等人的译介才开始大量引入，加上派往欧洲以及美、日等地留学生的归国传扬，更由于五四新文化运动的推动，现代社会科学逐步在我国发展起来。

2. 在概念界定上的推敲

作为相对独立的知识体系，人文社会科学是一个界定模糊、争议颇多的基本概念，其中涉及对认识活动、科学划界标准与知识分类等基本理论问题的理解。

（1）对科学概念的不同理解

现在世界各国对科学的理解大体上有两种：一是英、美的科学概念，二是德国的科学概念。按照英、美的理解，只有自然科学属于严格意义上的科学，社会科学勉强可以算科学，而人文方面则不能看成是科学。因此，英、美等国把所有的学科分为三类：自然科学、社会科学和人文学。人文学只能是学问，是一门学科，不能称之为科学。但按德国的理解，则人文科学也应当属于科学。[①]

（2）人文学科还是人文科学

人文学科的英文词 humanities 源出于拉丁文 humanists，意即人性、教养。原指与人类利益有关的学问，如对拉丁文、希腊文、古典文学的研究，后泛指对社会现象和文化艺术的研究。而人文科学的德文词 Geisteswissenschaften 的意思既包括社会科学，也包括人文学科，相当于我们通常所理解的人文社会科学。[②] 在我国翻译的西方文献中，英文 humanities 一词有时被翻译成人文科学，有时也被翻译为人文学科，即使在同一段落中，这两种译法也常常并行。这表明在译者心目中人文学科与人文科学是同义词，允许不加区别地混同使用。

可以认为，人文学科与人文科学都以人类精神生活为研究对象，都是对人类思想、文化、价值和精神表现的探究，目的在于为人类构建一个意义世界和精神家园，使心灵和生命有所归依。在汉语言中，"人文学科"与"人文科学"的词源意义是有区别的，前者直接就是人类精神文化活动所形成的知识体系，如音乐、美术、戏剧、宗教、诗歌、神话、语言等作品以及创作规范与技能等方面的知识。后者则是关于人类生存意义和价值的体验与思考，是对人类精神文化现象的本质、内在联系、社会功能、发展规律等方

---

① 吴鹏森，房列曙. 人文社会科学基础. 上海：上海人民出版社，2000：1.
② 尤西林. 人文学科及其现代意义. 西安：陕西人民出版社，1996：16.

面的认识成果的系统化、理论化，如音乐学、美术学、戏剧学、宗教学、文学、神话学、语言学等。实际上，前者（人文学科）形成于先，后者（人文科学）发展在后；前者是后者展开的基础，后者是前者的深化。二者虽各有侧重，但也很难截然区分。

从该领域知识发育整体看，使用"人文学科"称谓和科学哲学比较协调。目前人文学科这一知识体系的发展，与一般公认的"科学"标准（可检验性、解释性、内在完备性、预见性）尚有较大差距。而且，该知识领域还有一些重要的不能以"科学"来涵盖的特点，这些特点是古老而常新的，也是永远不会消失的。以"人文学科"称之，比较严谨，也比较切合目前该学科群的发展实际。

（3）人文学科与社会科学

社会科学是研究社会现象的科学。19世纪下半叶以来，人们仿效自然科学模式，借鉴自然科学方法，研究日趋复杂的社会现象，形成了政治学、经济学、社会学、法学、教育学等现代意义上的社会科学。社会科学从多侧面、多视角对人类社会进行分门别类的研究，力图通过对人类社会的结构、机制、变迁、动因等层面的深入研究，把握社会本质和发展规律，更好地建设和管理社会。与"人文学科"相比，社会科学的科学性较强；而与自然科学相比，社会科学的科学性较弱。人文学科、社会科学、自然科学三大知识领域的科学性依此递增。

无法把人文学科与社会科学截然分开。人一开始就是社会的人，人类精神文化活动就是在社会场景中展开的，本身就是一种社会现象；同时，社会现象又源于人类精神活动的创造。人文现象与社会现象都是由人、人的活动以及活动的产物构成的，这就是人类社会生活的内在统一性。人文学科与社会科学的研究对象是同一个社会生活整体，它们从不同的侧面以各自不同的方式反映同一社会生活，因而，相互补充、相互渗透、相互影响。正是这种水乳交融的紧密联系，构成了二者内在的亲缘性与统一性，成为人文学科与社会科学一体化的客观基础。

在这个问题上，皮亚杰有很深刻的见解："在人们通常所称的'社会科学'与'人文科学'之间不可能做出任何本质上的区别，因为显而易见，社会现象取决于人的一切特征，其中包括心理生理过程。反过来说，人文科学在这方面或那方面也都是社会性的。只有当人们能够在人的身上分辨出哪些是属于他生活的特定社会的东西，哪些是构成普遍人性的东西时，这种区分才有意义。……没有任何东西能阻止人们接受这样的观点，即'人性'还带有从属于特定社会的要求，以致人们越来越倾向于不再在所谓社会科学与所谓'人文'科学之间作任何区分了。"[①] 正因为如此，现在人们往往把相对于自然科学而言的知识领域，即人文学科与社会科学统称为人文社会科学，有时也简称为社会科学。这里的"人文社会科学"是在承认人文现象与社会现象、人文学科与社会科学之间差异的前提下学科融合的产物，这一趋势充分体现了学科综合的时代特征。

（4）人文社会科学与哲学社会科学

应当指出，在我国现实生活中，学术界多用"人文社会科学"一词，而行政管理部门多用"哲学社会科学"一词，二者可以通用。毋庸讳言，有时这二者间的差异并非只

---

① 让·皮亚杰. 人文科学认识论. 北京：中央编译出版社，1999：1.

是字面上的，而是表现在内涵的取舍上。"哲学社会科学"的称谓是基于哲学的抽象性、统摄性和基础地位，把哲学从两类科学认识即自然科学和社会科学中抽取出来。这里一般设定，哲学是关于世界观的学说，是高度抽象的意识形态，对人类认识和实践活动具有规范和指导作用，与社会科学研究关系更是特别密切。因此，将"哲学"与"社会科学"并行并统称为"哲学社会科学"。但应看到，社会科学并不能涵盖人文学科，哲学学科本身的涵盖面也是较窄的，一般不包括除哲学之外的其他人文学科。相对而言，人文社会科学的外延则较宽泛，可以涵盖除自然科学之外的所有知识门类，哲学作为它的一个子集也被纳入其中，学问探究的色彩较浓。

3. 从与自然科学比较的角度看

社会科学和人文学科是相对于自然科学而言的知识体系。当然，二者都是对客观事物的本质、发展规律的揭示，相互渗透、相互转化，具有内在相关性、相似性和统一性。其发展趋势如马克思所说："自然科学往后将包括关于人的科学，正像关于人的科学包括自然科学一样：这将是一门科学。"[1] 但根源于人类精神活动与社会活动的特殊性，社会科学和人文学科具有与自然科学不同的特点，这也是应该仔细分析的，二者之间的差异有助于人们了解它们的特点。

——从研究对象角度看。人文社会现象与自然现象、技术现象的差异是造成人文社会科学与自然科学差异的根源。自然现象具有不依赖于主体而存在和发展的客观性、普遍性，科学研究活动中的主客体界限分明，具有较强的实证性。自然科学的研究对象大多与时代背景无直接关系，而人文社会科学的研究对象与时代发展息息相关，多带有强烈的时代背景色彩。只有把研究对象置于具体时代背景之中，才能揭示研究对象的本质。总之，与自然现象和技术现象的自在性、同质性、确定性、价值中立性、客观性等特点相比，人文社会现象具有人为性、异质性、不确定性、价值与事实的统一性、主客相关性等特点，从而形成了人文社会科学的诸多特色。

——从研究方法角度看。自然科学是以实证、说明为主导的理性方法，而人文学科更多地使用内省、想象、体验、直觉等非理性方法。（自然）科学和人文学科可以互相补充，因为它们在探究和解释世界的方式上存在根本区别，它们属于不同的思维能力，使用不同的概念，并用不同的语言形式进行表达。人文社会世界的主体性、个别性、独特性、丰富性等特征，要求认识主体具备把握意义世界的主观感悟能力，而这种能力的形成与个体的生活经历、生命体验密切相关，人文社会科学的认识活动因而带有个体性与差异性特点。

——从研究手段角度看。自然科学通常使用实验手段，在人为控制的条件下，使研究对象得到简化、纯化和强化，使对象的属性及其变化过程重复出现，从而观察和认识研究对象，达到客观统一的认识。而人文社会科学很难使用实验方法，即使社会科学研究中采用的"试验""试点"，也总是随时间、地点和具体对象而改变，很难做到研究对象

---

[1] 马克思恩格斯全集：第42卷. 北京：人民出版社，1979：128.

的简化和纯化，也不可能使研究对象的属性重复出现，与自然科学研究中的实验大相径庭。

——从研究目的角度看。自然科学主要是在认识论框架下展开的，目的在于揭示自然界的本质与物质运动的规律，追求认识的真理性，试图规范和指导改造自然的实践活动，造福人类。工具理性维度构成自然科学的核心，价值理性维度多在自然科学视野之外。人文社会科学主要是在价值论框架下展开的，目的在于通过对人类文化与社会本质、发展规律的研究，丰富人类精神世界，提升生活质量，指导改造社会的实践活动，兼具工具理性与价值理性。

——从学科属性角度看。自然科学具有客观性和真理性，忽视价值判断，可为任何阶级、民族和国家服务。自然科学内部不同学派之间的争论，多是基于认识差异上的学术争论，一般不涉及阶级偏见。而在人文社会科学活动中，认识者往往既是认知主体，又是被认知的客体。作为主体，他能认识客体与自己；作为客体，他是人生意义的产生者、民族文化的承担者、社会活动的参与者、自我认识的历史存在。人文社会科学是真理性、价值性与艺术性的统一，多属社会意识形态，往往程度不一地打上阶级或民族的烙印，难以毫无差别地为一切阶级、民族和国家服务。因此，人文社会科学比自然科学更多地受到统治阶级的干预和控制。正如贝尔纳所说："社会科学的落后主要不是由于研究对象具有一些内在差别或仅仅是复杂性，而是由于统治集团的强大的社会压力在阻止着对社会基本问题进行认真的研究。"①

此外，自然科学的时效性较弱，继承性较强；人文社会科学的时效性较强，继承性较弱。自然科学体现的是一种以探索、求实、批判、创新为核心的科学精神；人文社会科学体现的是以追求真善美等崇高的价值理想为核心，以人的自由和全面发展为终极目的的人文精神。如此等等。总之，人文社会科学与自然科学在许多方面都存在着差异，这里远未穷尽它们之间的差异，正是这些差异使人文社会科学成为与自然科学相区别的相对独立的知识体系。

二、文科的基本功能

人文社会科学属社会的思想意识和上层建筑，是社会经济基础和政治制度的直接反映。除了直接从事精神生产，为社会提供精神产品外，人文社会科学还通过人文精神、科学精神广泛影响人类行为与社会生活，规范和指导社会实践活动，表现为社会的思想意识对社会存在的反作用。人文社会科学的功能，即它在人类认识与实践活动中所发挥的独特的认识功能与社会功能，是自然科学不可替代的。在这个问题上，应避免盲目夸大人文社会科学功能的"万能论"，也要克服贬低其作用的"无用论"。

1. 真理性与价值性的统一

真理性与价值性的统一是人文社会科学的基本特征，剖析真理性与价值性及其相互

---

① 贝尔纳. 历史上的科学. 北京：科学出版社，1959：549.

关系，是认识人文社会科学功能的基础。

人文社会现象是事实与价值的对立统一，人文社会科学研究是科学认识活动与自觉价值评价活动的内在统一。作为一种认识活动，人文社会科学体现出探究人文社会世界本来面目、追求真理的特征，标志着人文社会科学的客观性与合规律性。这就是人文社会科学研究的认识论框架。同时，人文社会科学的研究对象、研究者又涉及价值与价值评判问题，研究者一方面揭示、预估和衡量研究对象的价值，另一方面又独立创造价值或参与价值生成和实现。因此，作为一种价值评价活动，人文社会科学研究体现出追求价值最大化、评价合理性的特征，标志着人文社会科学的主体性与合目的性。这就是人文社会科学研究的价值论框架。人文社会科学研究是在认识论框架与价值论框架里展开的，提高认识的真理度与评价的合理度是人文社会科学的发展目标，从而形成了人文社会科学的真理尺度与价值尺度。

作为人文社会科学的基本特征，真理性与价值性的对立统一要求我们在研究过程中，应首先自觉区分事实与价值、事实判断与价值判断、认识问题与价值问题，分别在认识论框架与价值论框架里进行研究，并分别运用真理尺度与价值尺度加以衡量。学术研究中的许多争论就是由于混淆了这两类问题、两个框架、两把尺度造成的。近年来，史学界对李鸿章历史地位的争论就是一例。这是一个价值论问题，应该用价值尺度来评判，没有绝对的答案，而只有合理与否，取决于评价主体及其场域。

但是，真理性与价值性是人文社会科学研究中并存的两种性质，它们在实践中是对立统一的，这就要求我们摒弃传统的二元对立的思维方式，在认识论框架与价值论框架间保持必要的张力，既追求认识的真理度，又追求评价的合理度。例如，人文社会科学的科学性与意识形态性问题就是真理性与价值性的具体表现。过分强调人文社会科学的意识形态性，而阉割它的科学性，必然导致人文社会科学的扭曲和畸形。忽视人文社会科学领域所具有的意识形态性，也可能造成人们思想上的混乱，在实践中产生有害的影响。

应当指出，人文社会科学的价值性或意识形态性是不可避免的，它对人文社会科学的影响具有两面性。一般而言，先进的阶级代表着社会发展方向，是推动人文社会科学发展的积极力量，有助于增强人文社会科学的科学性；反之，落后的阶级则束缚着人文社会科学的发展，不利于人文社会科学科学性的增强。但从人文社会科学的发展趋势看，意识形态性不可避免地会带来局限性。正如贝尔纳所言："简言之，社会科学的落后和空洞无物，是由于这个凌驾一切的原因：在所有的阶级社会中，社会科学无可避免地都是腐朽性的。不首先承认这一事实，关于人类社会的真正的科学就不可能存在。在阶级没有被消灭以前，这样的科学也不可能充分地被人应用。"①

由于人文社会世界是不断发展的，认识主体也是不断更新的，因而，人文社会科学必然不断发展。人文社会科学的科学性将不断增强，意识形态性将逐步弱化，但真理性与价值性的矛盾是不会消失的。人文社会科学的继承将主要是在真理尺度上展开的，是对前人科学认识成果的继承，构成人文社会科学中相对稳定的部分。人文社会科学的批

---

①　贝尔纳. 历史上的科学. 北京：科学出版社，1959：554.

判则主要是在价值尺度上展开的，是对前人价值观念与评价结论的扬弃，成为人文社会科学中流动的部分。这也就是为什么先秦时期和古希腊时代的著作今天仍在探讨的道理。人文社会科学的历史性决定着它必须与时俱进、开拓创新，必然回溯传统、批判继承。

2. 认识功能

人文社会科学是对人文社会世界认识成果的理论化和系统化，它所揭示的人文社会现象的本质、规律等知识，有助于丰富人们的思想，开阔眼界，改进思维方式，提高认识能力。人文社会科学的认识功能集中体现在对人文社会世界的描述、解释与预见等方面。

（1）描述功能

描述就是运用人文社会科学的专业术语，对研究对象进行客观真实的描述和说明，把研究对象的图景"复制"到主观世界中，建构起研究对象的"模型"。描述是一个理论体系的基本功能，它所要实现的是回答人文社会世界"是什么"的认识目标，这是认识活动的基本任务，也是认识深化与实践操作的基础。从认识发展过程来看，描述是认识成果的总结和表述，可以发生在认识活动的不同阶段。从描述手段看，可以是自然语言，也可以是人工语言，还可以是图表、音像等多媒体技术手段。

客观、真实、准确地描述研究对象，是人文社会科学研究的理想境界，但在具体研究中实现起来却非常困难。其原因有三：一是描述源于观察、体验、分析等主体认识活动，而这些活动总是与主体的知识背景、价值观念、生活阅历有关，其中必然渗透着主观因素。二是描述所使用的概念、方法、规范等依赖于一定的理论体系，不同理论体系对同一研究对象的描述往往不同，从而使描述带有明显的理论痕迹，难于通约和统一。三是许多研究对象本身就是主观感受或体验（如美感、梦境等），语言等描述手段又有局限性，不同的人会有不同的描述，即使同一个人对同一现象在不同场景下的描述往往也有出入。正是由于这些因素的综合影响，使人文社会科学描述的主观色彩浓厚，从而导致人文社会科学交流与统一的困难。

（2）解释与批判功能

解释是理论的主要功能之一。解释功能是指认识主体对人文社会世界意义的揭示和阐释，是对人文社会现象的价值、作用、效应的理解和把握。解释功能所要回答的是人文社会世界"是什么"和"为什么"的问题，答疑释惑，将人文社会现象纳入主体认识框架。解释功能是人文社会科学认识功能的拓展和延伸。

人文社会科学解释与自然科学解释不同，"自然的实体可以从外部得到解释，但人类不仅是自然的一部分，而且也是自己的文化、动机和选择的产物，因此在这些方面就要求一种完全不同的分析和解释"[①]。解释学方法是人文社会科学的基本方法，意义不是世界自发的派生物，需要主体有意识地对世界阐释才会呈现。对历史、文化、思想等人文社会现象的解释，在很大程度上表现为对已有文本的理解。

对现实世界进行合理的审视与批判是人文社会科学的重要功能。批判就是对是非曲

---

① 简明大不列颠百科全书. 北京：中国大百科全书出版社，1986：761.

直与真假善恶的评判，是对理论观点、社会现实、文化传统的建设性审查，力求观念地建构完美的人文社会科学和实际地建构更加美好的社会现实。现实生活往往具有局限性与不合理性，需要人文社会科学旗帜鲜明地加以批判，追寻和建构理想的新生活，改造社会现实。人文社会科学通过对人文社会世界的历史与现实意义的阐释与批判，总结利弊得失，探求创造未来美好生活的可能模式。应当指出，在人文社会科学解释与批判过程中，应力求实现人文社会科学的合理性与真理性的内在统一。

（3）预见功能

预测是依据事物发展规律，从事物发展现状与环境条件出发，预先推测事物未来发展状况的认识活动。预见性是理论超越性的具体体现，是衡量理论科学性的关键指标。人是目的性活动的动物。"最蹩脚的建筑师从一开始就比最灵巧的蜜蜂高明的地方，是他在用蜂蜡建筑蜂房以前，已经在自己的头脑中把它建成了。"[1] 制定规划和行动方案是人类实践活动的基本特征，而规划的制定又是以对未来的预测为前提的。人文社会科学是千百年来人类认识自身与社会发展成果的结晶，其中所揭示的人类精神世界与社会发展规律，是人们进行预测的理论依据。从事物历史与现状出发，对事物未来发展所进行的预测，勾画出了事物未来发展的各种可能趋势及其动态特性，把人们将要面临的可能境况和问题提前呈现到主体面前，为发展规划和行动方案提供科学依据。这就是预测的认识功能。

科学的预测应该使主观的逻辑推演符合预测对象客观的逻辑发展过程。时间上的超前性是预测活动的基本特征和困难所在。目前，人文社会科学领域的众多预测方法多属经验性方法，从逻辑上大致可分为类比性预测、归纳性预测和演绎性预测三大类。在实际应用中，这些方法所依据的经验性原则有惯性原则、类推原则、相关性原则与概率推断原则等，其理论性与准确性都有待进一步提高。

人文社会科学与自然科学在预测的检验上也存在着重大差别。一般而言，自然科学的具体预测不会影响自然事物的发展进程，预测的准确性可通过事物的未来发展得到印证。如依据太阳系运行规律对日食、月食现象的预测等。而在人文社会科学领域，具体预测结论总与预测者所属利益集团存在着或多或少的价值关涉，这就促使他们创造和强化有利条件，削弱和抑制不利条件，从而改变事物发展的原有进程和原预测的初始条件，使原预测的未来检验难以实现。如股市评论人从股市发展现状与现行经济政策出发，对股市走势的预测总会影响投资者的投资选择，从而使原预测的初始条件和边界条件发生改变，丧失了可验证性或可证伪性。波普尔把预测对被预测事件的影响称为"俄狄浦斯效应"[2]。只有突破单一的认识论范式，把人文社会科学预测的检验问题置于认识论框架与价值论框架之下，才能使这个问题得到圆满解决。

3. 社会功能

人文社会科学的理论和方法为社会实践主体所掌握，运用于指导人类生活与社会实

---

[1] 马克思恩格斯全集：第 23 卷. 北京：人民出版社，1972：202.
[2] 卡尔·波普. 历史决定论的贫困. 北京：华夏出版社，1987：9.

践活动，就会发挥出关怀人生，推进社会发展的积极作用。人文社会科学的社会功能的强弱主要取决于它掌握群众的广度和深度，集中体现在人类精神生活与社会发展两个层面，表现为文化功能、政治功能、社会管理功能、决策咨询功能。

（1）文化功能

"人文"就是人的文化，就是人的认识能力与精神境界不断提升的过程。人文社会科学隶属于文化范畴，并构成整个社会文化的重要组成部分。人文社会科学主要表现为精神文化，它是人的本质力量的对象化，在社会生活中发挥着塑造人、推进思想文化建设的功能。

首先，人文社会科学是关于人文社会现象及其规律性的系统知识，自觉学习和运用这些知识，可以使人精神充实，心灵净化，视野开阔，提高解决人生问题、社会问题的能力。人文社会科学的思想、价值观念、行为规范等直接影响着人们的思想和行为，促使人们正确处理和驾驭同外部世界的关系，有效地适应时代和社会发展，完成人的社会化过程。

其次，人文社会科学还具有关怀人生、塑造健全人格的功能。人文社会科学就是在人类精神文化活动的基础上形成和发展起来的，它以创造和阐释人文社会世界的意义与价值为目标，具有社会启蒙作用。人文社会科学可以帮助人们破除迷信，解放思想，滋润心灵，启迪心智，提升精神境界，丰富精神生活。它还为人们提供价值观与理想信念的指导，帮助人们解决人生观问题，给人以终极关怀，抚慰和净化灵魂，安顿生命，为人类守护精神家园。同时，人文社会科学的发展过程就是文化教化、培育、塑造人的过程。

再次，人文社会科学在思想文化建设方面发挥着作用。人文社会科学依靠理论的力量，以潜移默化的形式全方位提高整个民族的思想道德素质，帮助人们尤其是青少年树立正确的人生观和价值观。人文社会科学能够开阔人们的眼界，提高鉴别是非、善恶、美丑的能力，有助于激发人们追求高尚的道德情操和精神境界，规范人们的行为，形成良好的社会风尚。从另一角度看，人文社会科学是整个文化建设中的重要组成部分。一个民族人文社会科学素质的高低，在一定程度上折射着这个民族的精神风貌、文化水平、发展潜力。

人文社会科学研究除揭示人文社会世界的本质与发展规律，生产知识外，还提升出人文精神与科学精神。"所谓'人文精神'，正是从各门'人文科学'中抽取出来的'人文领域'的共同问题和核心方面——对人生意义的追求。"① 人文精神关注人的审美情感、道德理想、人格完整和终极关怀等文化价值。科学精神是人类在长期自然科学和社会科学活动中逐步形成、不断发展的一种主观精神状态。作为人文社会科学的最重要产物，人文精神与科学精神是整个人类文化的灵魂，它以追求真善美等价值理想为核心，以人的自由而全面发展为终极目的，在人类社会生活中发挥着不可估量的作用。

人文社会科学的具体成果总是在一定社会历史条件取得的，具有明显的时代性特征，不可能一劳永逸地解决各个时代的所有问题。在科学技术与物质文明高度发达的今天，

① 王晓明. 人文精神寻思录. 上海：文汇出版社，1996：207.

技术、生产、消费等社会活动普遍异化。生活在危机与困境中的现代人呼唤着人文社会科学的全面复兴与快速发展，以便重建衰败的人类精神家园，安顿处于流离、迷惘之中的生命。

（2）政治功能

人文社会科学的政治功能主要是指人文社会科学的理论与方法在社会政治生活、军事斗争中发挥的作用和功效，通过对政治家、政治集团与社会各阶层的影响，服务于社会政治生活、军事斗争，为制定政治路线、方针和政策提供理论基础，指导政治活动，规范日常政治行为。

人文社会科学的政治功能突出地表现在社会革命时期，提供革命的指导思想和斗争方略。社会革命的实质是革命阶级推翻反动阶级的统治，对社会政治、经济和文化领域实行根本改造，用先进的社会制度代替腐朽的社会制度，解放生产力，促进社会进步。但是，"没有革命理论，就不会有坚强的社会党"①。以社会现实问题为研究对象的社会科学成果，可以从思想上武装先进阶级，为它们指明革命的方向，帮助它们制定革命的纲领、路线和步骤。

在社会和平时期，人文社会科学表现出为统治阶级利益服务的政治功能。"统治阶级为着自身的利益，要让它们自己的成员和被统治的人都相信，使它们取得特权的社会秩序是神圣所制定而永远有效的。"② 人文社会科学各学科，以各自独特的方式为统治阶级的利益服务。它们一方面同反映旧社会制度的落后意识形态做斗争，另一方面又极力抵制为新社会制度呐喊的新意识形态。如政治学、法学直接维护现存的政治和经济制度；艺术则以优美的形式宣扬统治阶级的思想观点和价值观念；等等。

（3）社会管理功能

管理是社会分工的产物，是围绕主体行为目标，采取计划、组织、指挥、协调和控制等手段，把管理对象涉及的人、财、物诸因素的流转纳入一定程序，以提高活动效率的运作过程，广泛存在于社会生活的各个领域。长期以来，人们主要依靠实践经验从事管理活动，管理效率低下。20世纪40年代以来，在科学管理的基础上形成的管理学，逐步实现了管理过程的科学化、技术化、职业化。管理学是人文社会科学与自然科学交叉的综合性学科群，一方面，因为它涉及物质、能量和信息的流动，必须遵循自然科学规律；另一方面，因为它是在社会领域展开的，又涉及人的心理与行为，是人文社会科学的研究对象。

作为在社会各领域展开的以人为核心的组织活动，管理涉及对复杂系统内外诸因素、关系的协调，需要综合运用多学科知识。人文社会科学与管理活动有很强的相关性，为管理学的发展提供着理论支持。

管理学这个以管理活动为研究对象的新兴学科门类，目前初步形成了以公共管理、工商管理等具体管理活动为划分依据的多级学科体系，出现了元科学、基础理论学科、应用基础学科、操作技术学科四个结构层次。管理学是在概括、总结管理实践经验的基

---

① 列宁选集：第1卷. 北京：人民出版社，2012：274.
② 贝尔纳. 历史上的科学. 北京：科学出版社，1959：553.

础上形成和发展起来的，是关于管理活动的基本规律和一般方法的专业性理论。把管理理论运用于具体管理实践，必将促进管理工作的科学化，提高管理活动的效率。沿着从理论到实践的顺序，管理学各层次学科的实践指导功能趋于增强。

（4）决策咨询功能

随着工业文明的兴起，社会化的大生产使社会关系日趋复杂，社会发展速度加快，生活的不确定性增加，从而使协调社会各方利益，确保社会平稳发展的社会政策的制定，以及影响国计民生的重大决策愈来愈困难。社会多处于迅速的变化之中，社会科学对某一种形势还来不及做出分析，该形势就已经转变为另一种新的不同的形势了。在现代社会中，单凭领导个人智慧和实践经验已难以及时掌握错综复杂、千变万化的社会形势，也难以制定出考虑周全、科学严密、推进有序的社会政策与决策。事实上，社会政策的制定与重大决策是一项涉及面宽、影响因素众多、相互关系复杂的系统工程，需要借助人文社会科学的理论和方法，进行周密调研，科学论证，先期试点，反复修改。因此，人文社会科学在社会政策制定、决策、咨询等方面发挥着重要作用。

人文社会科学是社会政策制定和决策的理论基础。政策是指为实现一定的路线而制定的行动准则，所要解决是"如何做"的问题；决策是指做出的策略选择或决定，所要解决是"做什么"的问题。二者是同一过程的两个不同环节，"做什么"是"如何做"的前提；多种"如何做"的方案又依赖于"做什么"的选择。这一过程就是在社会实践中发现问题、分析问题、解决问题的过程，是涉及该问题历史、现实和未来的认识与实践滚动推进的过程。人文社会科学的理论与方法有助于人们观察分析复杂多变的社会现象，做出准确的判断和科学的决策。

值得强调的是，具体社会问题总是多重因素错综复杂地纠结在一起，往往涉及许多社会领域，只有综合运用多学科知识，才有可能制定出切实有效的社会政策，做出科学的决策。人文社会科学对社会政策制定与决策过程的作用是通过两条途径实现的：一是通过政策制定者和决策人，把所掌握的人文社会科学知识运用于社会政策制定与决策过程之中；二是委托掌握人文社会科学理论与方法的"智囊团""政策研究室"或咨询机构，通过各学科专家的协同努力，完成社会政策制定与决策过程。随着社会政策制定与决策的频繁化、快速化、专业化发展，从政府部门、人文社会科学研究机构中逐步分化出了专门从事社会问题研究，提供政策制定与决策咨询的服务部门。

应当指出，人文社会科学的决策咨询功能多是潜在的、间接的，无视人文社会科学对社会发展的多重间接作用，在学术上是片面的，在实践上是短视的、急功近利的。还应当强调，人文社会科学对人类生活与社会发展的功能是多方面、多层次的，决策咨询功能远未穷尽它的作用，甚至不一定是它最主要的功能。

三、当下文科发展中的迫切问题

近年来，我国人文社会科学领域的确取得了许多重大进展，但也存在着许多不容忽视的问题。有必要从宏观上揭示目前人文社会科学发展过程中存在的主要问题，展望人文社会科学的未来走势，以引导人文社会科学的健康发展。

1. 科学性与意识形态性问题

人文社会科学的科学性与意识形态性之间的矛盾源于其认识论与价值论的矛盾。与自然科学不同，人文社会科学的认识主体与客体对象是二位一体的，这从其诞生之日起就注定了其认识功能与价值功能不可避免的相互影响、相互作用。认识论上的人文社会科学，特别是社会科学，其认识方法的本质与自然科学并无大的不同；价值论上的人文社会科学则深深地烙上意识形态的痕迹。以为我们可以"滤清"一切意识形态的影响，追求所谓知识论上纯粹的人文社会科学，或者以为人文社会科学就是意识形态本身，根本不具任何科学品格，这两种极端的看法都未能把握人文社会科学的真正本质。长期困扰我国人文社会科学研究的是，将人文社会科学的认识意义与价值意义混为一谈，导致"意识形态中心化""片面政治化、教条化"，给学界造成了相当严重的甚至灾难性的后果。因此，特别重要的是要区分人文社会科学的两重属性、两重功能，最终在认识论与价值论之间保持"必要的张力"。

（1）作为意识形态的人文社会科学

"意识形态"（ideology）作为社会意识的一部分是相对于"社会存在"而提出的概念，它是特定统治阶级基于自己特定的历史地位和根本利益，以理论形态表现出来的对现存社会关系（特别是经济和政治关系）的态度和观念的总和，它在本质上是统治阶级的自觉意识的理论表现。意识形态由经济基础所决定，是阶级意识、阶级利益以及相应的价值观念的反映，又为其存在进行合理性论证与辩护。作为人类精神与社会活动的自我反思，人文社会科学往往具有阶级倾向性，不能一视同仁地为一切阶级、一切政治制度有效服务。正如列宁所说："建筑在阶级斗争上的社会是不可能有'公正的'社会科学的。"①

就研究主体而言，由于社会科学家本身也归属于一定的阶级或阶层。他们不像自然科学家那样，同研究对象之间无利益关系，而是同被研究对象相互作用、相互影响。他们按照本阶级的世界观、方法论解释社会现象。不同阶级的社会科学家对同一社会现象的解释往往具有阶级倾向性。

还应注意，人文社会科学作为社会意识形态往往比自然科学更容易被当作政治统治的工具，受到社会统治阶层的政治干预和控制，他们通过自己的政府，运用科研物质条件、舆论、法律以及强权达到其控制的目的，这就不能不强化意识形态性对社会科学体系构建的渗透。

（2）作为科学的人文社会科学

不能以人文社会科学具有意识形态性来怀疑和否定人文社会科学的科学性。要尊重人文社会科学的科学品格。人文社会科学是否具有科学性不能完全用自然科学的标准和方法来衡量，也不能用自然科学的典型特征来代替科学的特征。

---

① 列宁选集：第 2 卷. 北京：人民出版社，2012：309.

　　人文社会科学作为科学的认知方式，追求的最高目标仍然是关于人及人类社会的客观规律，它通过从经济的、政治的、法律的角度对人类社会的组织结构、功能作用、稳定机制、变迁动因等进行分析，获得关于人类社会发展、运行的系统知识和理论，使人类更有效地管理社会生活；通过关注人的价值、精神、意义、情感等问题，为人类构建一个意义的世界，使人类的心灵有所安顿、有所归依，从而形成一种对社会发展起校正、平衡、弥补作用的人文精神力量。这是人文社会科学独特的科学品格。

　　人文社会科学在本质上既是求实的，又是创新的。作为人与社会求真关系的一种理论表现，既为人的活动制定了法则，规范和指引着人的活动，使人不断摆脱盲目、自发，走向理性和自觉，又为人的活动不断开拓着新天地。人文社会科学从理论上是人对外在世界的征服，是人的本质力量的公开揭露和展现。

　　在方法与逻辑方面，人文社会科学也采用科学化的方法。最首要的是依靠系统的观察，抽象出各种关系，形成各种假说和理论。随着科技的发展，人文社会科学研究方法也在不断地改进，日益广泛地运用定量化方法，如采用数学工具、统计、实验、模拟与模型方法等。在逻辑方面，任何成功的社会科学理论和体系，都建立在对"社会事实"的充分研究的基础上，都具有严密的逻辑性和完整的系统性，经得起社会实践的检验。

　　历史经验告诉我们，自然科学出问题往往只涉及局部领域，而社会科学一旦出问题就会迅速流布，甚至影响一个世代。因此，坚持人文社会科学的科学追求是负责任的表现，是历史进步所必需的。

　　客观性终极标准的相对性并不意涵不存在实际的客观性要求，人文社会科学不可能找到终极意义上的确定的客观性标准，并不妨碍人文社会科学特别是社会科学对客观性要求的逼近与追求。这个过程就是人文社会科学家超越个人主观限制，抗拒所在社会场域意识形态干扰的过程。

　　对中国人文社会科学来说，强调客观性是为了弘扬一种求真的学术精神和求实的学术作风。客观性要求的缺位会直接导致学术研究标准的混乱，导致人文社会科学跌落为一个什么人都可以任意胡说，没有对和错，又不必负任何责任的自由市场。

　　（3）克服片面政治化和片面意识形态化

　　人文社会科学研究不能超越政治而绝对独立，但如果因此将其政治化，当成政治统治随心所欲的工具，则不利于促进人文社会科学的客观性和科学性。

　　历史上曾经有过这样的经历：研究经济体制，必须将市场与计划的问题定位于姓"资"和姓"社"的问题。研究历史，只能讲阶级斗争，只能讲农民战争对历史的推动作用。十一届三中全会以前，长期把阶级斗争绝对化，认为在人文社会科学中必须用阶级斗争的观点"观察一切，分析一切，解释一切"，不加区别地看待各门具体学科，完全违背求真的精神，以价值的纷争代替知识的争论，以现实的政治需要决定学术的真伪。

　　人文社会科学研究应该建构起自己的研究对象，而不是简单地将那些社会热衷的现象作为其研究的当然对象。布迪厄认为，人文社会科学中登峰造极的艺术便是"能在简朴的经验对象里考虑具有高度'理论性'的关键问题"，而"当一种思维方式能够把在社会上不引人注目的现象建构成科学对象，或能从一个意想不到的新视角重新审视某个在社会上备受瞩目的话题时"，人文社会科学的强大变革力量就会凸显，其批判性与超越性就会张扬。① 而简单地甚至是有意地迎合，将自己的学术研究热点仅仅锁定在当下所谓热点、焦点，就会丧失人文社会科学所必须具备的批判性，既无法在求真中逼近客观性目标，又无法真正实现其应用的价值属性，仅仅成为迎合当下决策的舆论宣传工具。这种缺乏求真精神的"科学"研究，并不具备对政府决策的理性反思，也就无法最终为政府提供有价值的决策反馈，完全丧失了理论创新的可能。只有真正具有知识价值的人文社会科学成果才能使知识分子从站在远处的、捧场的旁观者变成近处持理性精神、批判态度的积极的政策设计者。

2. 体制与运行问题

改革开放以来，中国人文社会科学进入了全面快速发展时期，与国际学术水准的差距逐步缩小，但是，在我国人文社会科学的发展过程中也暴露出了一系列体制与运行机制方面的弊端，它们程度不同地产生了消极影响。

（1）社会评价的不规范

社会承认是推动人文社会科学事业发展的动力源泉。人文社会科学满足社会需要的程度，是人文社会科学获得社会承认的基础。由于社会需要的发展与社会价值观念的变化，所以，不同时代对人文社会科学的社会评价往往不同。改革开放之前，人文社会科学主要是通过其政治功能获得社会承认的，而在功利主义占主导地位的当代社会价值观念视野中，人文社会科学难于获得应有的社会承认。目前，人文社会科学社会评价方面存在的问题主要表现在以下几个方面：

——社会评价指标体系不合理。人文社会科学在社会生活中发挥着多重社会功能，实现着多种社会需要。但在以经济建设为中心的社会背景下，经济指标权重增大，经济价值开始成为社会评价的主要依据。人文社会科学经济功能的间接性使它在现行社会评价指标体系中处于不利地位，它所创造的其他社会价值权重降低甚至被忽视，难于得到社会全面公正的评价，以获得相应的社会承认。这是导致人文社会科学社会运行过程中诸问题的根源。

——奖励机制不健全。人文社会科学的社会评价主要是通过社会奖励形式实现的。由于人文社会科学经济功能的间接性，往往不为社会所重视。目前，我国尚无人文社会科学的国家级奖励项目，现行的部分省、部级人文社会科学奖励项目也多不正规，奖励额度低，间隔时间长，社会影响小。这与自然科学领域的国家自然科学奖、国家发明奖和国家科技进步奖，以及各省（部）、区、市等设立的各个级别的各类科学技术奖励规模难以相比。没有必要的社会奖励和社会承认，就难以形成人文社会科学发展的外部推动力。

——意识形态因素的片面影响。人文社会科学的意识形态属性与评价者的意识形态认同感，使人文社会科学的社会评价渗透着意识形态因素的影响，往往使评价活动失去客观公正性。这是导致评价结论分歧的根本原因。

---

① 邓正来. 关于中国社会科学的思考. 上海：上海三联书店，2000：11.

（2）对人文社会科学的偏见

近代以前，以文史哲为核心的传统人文学科是中国传统文化的精髓，社会地位很高。读书是跻身官宦阶层的主要途径，素有"朝为读书郎，暮登天子堂"之说，知识分子也以"修身，齐家，治国，平天下"为己任。清末民初以来，外来的西方人文社会科学与本土人文学科开始融合，逐步形成了具有中华民族特色的人文社会科学体系。随着科举制度的废除与人文社会科学的迅速分化，逐步出现了职业人文社会科学家的社会角色；人文社会科学原有的显赫政治光环也开始消退，逐渐获得了作为一类学问的社会地位。

改革开放以来，思想文化领域的拨乱反正、正本清源工作，推进了人文社会科学研究的恢复和健康发展。人文社会科学浓重的政治色彩渐渐消逝，畸形的意识形态功能开始弱化。然而，人文社会科学在普通民众心目中的本真形象却未确立起来，往往给人以沉浮不定的神秘形象。在急功近利的文化氛围与片面追求经济绩效的社会环境中，人文社会科学始终未获得应有的社会地位，主要表现在以下几个方面：一是许多人（其中不乏知识分子）仍然带着偏见看待人文社会科学，无视其科学性和多重社会价值，把政治功能作为人文社会科学的唯一功能。他们对人文社会科学政治功能的理解也是片面的，往往与作为"整人"尤其是"整知识分子"的政治工具联系起来，敬而远之。二是许多人只从经济维度出发，片面看待人文社会科学。他们往往无视人文社会科学对经济发展的多重间接效应，更看不到它的其他社会功能。在这些人眼中只有眼前的直接经济效益，他们觉得人文社会科学只会夸夸其谈，远不及科学技术有用。三是人文社会科学与自然科学在目标、规范、功能、成熟程度等方面的分野，造成了两大知识体系之间的鸿沟与冲突。在以经济建设为中心的国内环境与以综合国力为核心的国际竞争环境中，自然科学的社会地位和作用远高于人文社会科学，因而也占有更多的社会资源。

（3）急功近利的片面市场化倾向

改革开放以来，为了调动科研院所参与经济建设的积极性和减轻财政负担，国家对科研事业单位进行了一系列改革，减少了对科研院所的财政拨款，逐步把它们推向市场，使它们在服务于经济建设的过程中谋求生存与发展。这一系列改革措施比较切合应用与开发型科研机构的实际，因而取得了明显的成效；但不完全符合基础研究尤其是人文社会科学基础研究的实际，产生了许多不容忽视的问题。人文社会科学的经济功能多是间接的，因而研究机构大多难于实现市场化运作。减少财政支持力度，使它们难于开展正常的学术研究，反而挫伤了献身学术探索的积极性。

人文社会科学特别是人文学科的投入不足与市场化的人才流动机制，直接影响着青年一代的职业选择，进而影响到学术队伍的未来发展。青年人尤其是优秀青年的价值取向与职业选择，决定着社会各行业的未来兴衰。近年来高校扩招主要集中在理工科应用类专业，人文社会科学各专业除法、商等部分应用类热门专业外，报考的优秀青少年人才愈来愈少，人文基础学科门庭冷落。人文社会科学的学术队伍建设不仅滞后，而且其内部各学科之间又存在着严重的失衡现象。

3. 学术失范与规范重建问题

学术道德领域的违规和失范是当今必须正视的问题。在现实生活中，有些人弄虚作假，采取非法手段，利用假学历、假文凭、假论文骗取职称和学术地位，甚至走上了领导岗位；有些人或单位沽名钓誉，抄袭、剽窃他人研究成果；还有人热衷于学术炒作与形象包装，采用不正当竞争手段影响评委，以获取课题经费、科研奖励、学位点；等等。这些严重的违规和失范现象带来的是虚假的学术繁荣，使有真才实学者难以获得应有的社会承认，而弄虚作假者扶摇直上，严重败坏了学风。

分析种种学术失范甚至腐败现象，不少行为人急功近利、以不诚实的态度对待科学研究，以粗制滥造的作品污染读者的视听，以抄袭剽窃占用他人的研究成果，其实质在于将学术研究作为一种谋取私利的手段，将非学术的目的强加于学术活动之中，究其原因，主要有以下三点：

——在道德层面。学术研究主体的道德自律不够，学术共同体学术道德意识不足。且不说抄袭剽窃在法律上有侵犯他人著作权应追究法律责任的后果，就是粗制滥造游戏学术也是一种对待学术的极不严谨的态度，违反了从事科学研究应有的学术道德。

——在学术评价层面。某些学术评价制度是种种学术失范行为的"催长剂"。建立在科研成果的"量化"评价基础上的职称评审制度、课题申报制度、成果评审制度和各种评奖制度在客观上滋长了学术失范行为。如评职称、申报课题，主要看发表了多少论文、出了几本专著、编了几套教材、完成了几个课题、获得了什么奖励。"量"的优势真会转成"质"的优势吗？

——在社会大环境层面。在当今社会转型时期，追求物质享受、拉关系、走后门、行贿受贿等社会问题突出，科研机构和研究部门也未能免俗，媚俗媚权的现象日趋严重，产生了学术政治化、官本位化、人情关系化、功利化等问题。

学术失范的影响是恶劣的，当务之急是要探讨如何重建学术规范、整饬学术道德。其实，每个学科根据自己学科的特点都有一定的规范。社会学、政治学、文学、艺术在知识创新方面均有各自的创作体例和思维模式，以贯彻各自的价值观念。但是，精神的、内在的学术规范并不能自然变成外在的行为约束，因此，既要加强人文社会科学工作者自身的道德自律，又要加强人文社会科学共同体的道德约束和监督。同时要依赖于学术评价、奖励制度的完善和发展，加强制度建设和相关的法律建设，加强对违规和失范现象的监控、预防、惩治。

4. 国际化与本土化问题

正如全球化一样，人文社会科学的国际化同样也是一股不可抗拒的浪潮，成为其发展的重要走向。在走向国际化的过程中，中国人文社会科学既面临着与世界人文社会科学相融合的新问题，也面临着保持自身发展的独立品格的新挑战。

人文社会科学的国际化包含着两层意思：一是指人文社会科学的发展超越了一国的界限，成为世界人文社会科学的重要组成部分，具有与国际人文社会科学界对话的能力和地位，得到国际人文社会科学界的承认；二是中国的人文社会科学家能以全球的视角，从世界的高度，从整个人类实践的高度来反思中国的人文社会现象和问题，建构中国的人文社会科学理论，引导人们的价值追求。评价人文社会科学国际化程度的指标主要有：

认识主体的国际化、认识客体的国际化、科研信息的国际化、研究行为的国际化、研究成果的国际化和人文社会科学研究的政策体制的国际化等。

（1）国际化问题

不应否认，中国人文社会科学的国际化程度近年来有了很大提高。从认识主体看，人文社会科学工作者现在已较容易获得支持到国外进行学术交流、参与国际合作研究项目和国际学术活动。从研究的客体或对象看，中国人文社会科学工作者所关注的问题与整个国际社会是一致的，如对全球化、网络安全与伦理、环境、生态与可持续发展问题的研究就取得了重要成果，获得了与国际同行对话和交流的能力，赢得了国际学界的认可。现代电子通信和网络技术的普及也确确实实为人文社会科学研究带来了新的活力和助力。但国际化并不是完美无缺的。走向国际化的中国人文社会科学同样面临着国际化的陷阱，遭遇国际化的难题。

在国际合作研究中，由于议程的优先权多在对合作项目提供资助的外来机构和捐赠者一方，他们往往将研究的视角对准我们的问题，我们主要是协助对方研究本地的问题，难以获得真实全面的对方的实证材料，很难谈得上真正从比较的观点研究议题。

国际化提供了更多的机会接触和获取国外的著作，许多人文社会科学工作者如获至宝，如饥似渴地阅读外国作品，并以其作为提升课题研究的指标。对国外著作、学术信息的需求十分强烈，国内翻译和引进国外文章、著作的数量剧增；与此相反，大多数国内文章、著作却从未被翻译成英语或其他语言，难以得到国外同行的了解和研究，不能被纳入更广泛的学术讨论之中。

文化帝国主义是一种优势文化的心理态势，以本民族文化优于其他民族文化而对之加以排斥和否定，国际化加剧了这种优势心理。国际化网络旨在促进信息、咨讯的国际流动，但实质是：网络语言主要是英语，英文的话语霸权充斥网络；同时，网上的信息资源主要来自西方发达国家，这些国家利用其技术和资金的优势，输出各种信息资源，而信息的传播在文化上并非是中性的，发达国家在输出信息的同时也输出其文化倾向、价值观念和意识形态，张扬其话语霸权，这就是区别于军事帝国主义、政治帝国主义、经济帝国主义的文化帝国主义，发展中国家时时面对这些扑面而来的冲击，面临着接受西方文化观念与保持本土文化传统和价值观念的两难选择。

（2）本土化问题

本土化（indigenization）又译为"本国化"、"本地化"或"民族化"。本土化的含义在于使某事物发生转变，适应本国、本地、本民族的情况，在本国、本地、本民族生长，具有本国、本地、本民族的特色或特征。中国人文社会科学的本土化主要是将西方人文社会科学的一般理论、概念和方法与中国的文化传统、价值观念和具体实践相结合，描述、解释和说明中国的人文现象、社会问题，预测中国社会的未来发展，形成自己的理论特色。

本土化的需求并非是中国特有的，它是在二战后美国以外的其他工业国组成的第二世界，和包括中国在内的第三世界国家掀起的一种普遍的学术运动，其原因在于欧美发达工业国家，尤其是美国，在整个人文社会科学领域占据主导地位，其他国家在引进和移植应用外来理论时，常常发现这些理论具有文化的限定性，不适应本国的文化情境，难以应用于本国实践，故而倡导对外来理论进行重新反思。在全球化时代，当西方发达国家利用其资金和技术优势大力推销其价值观念、意识形态和文化霸权时，本土化研究的意义日益凸显。

本土化的目的在于增进对本土社会的认识，解决本土的问题，增强理论在本土社会的应用度。当前中国人文社会科学的研究事实上存在着西方的话语霸权，这种话语霸权消解了中国问题本身的重要性，而凸显了西方社会关注的问题。"本土化"的关键还在于确立"中国问题"的主体意识，切实从中国的实际出发，建构出对中国人的行为及中国社会的组织运作具有确切解释力的人文社会科学理论，真正解决中国自己的问题。

本土化与国际化是人文社会科学研究的两个方面。从形式上看，本土化注重本土研究，国际化强调国际交流与研究对象的国际层次，追求理论、概念和方法的普遍性，二者走的是两条不同的路径，但二者并不矛盾。因为完全意义上的国际化研究形成的理论架构、概念系统、方法和研究结果具有文化的普遍意义，适用于描述和解释不同国家或地域的总体状况；但由于研究对象处于不同的地理和人文环境而具有特定的文化限定性，因此，就需要在特定文化背景中将具有文化普遍意义的研究的指导理论和概念具体化、可操作化，使之适合各个特定的文化。这时，本土化就要被强调。

四、问题意识和超越情怀

1. 矫正定位倒错，凸显问题意识

反思中华人民共和国成立以来我国人文社会科学的发展历程，不难看出，问题意识淡漠，运作性不强，是制约我国人文社会科学发展最突出的问题。

问题意识淡漠既有学科自身的原因，也有特定的政治根源和社会历史根源。基于这两方面的原因，一些人文社会科学工作者，至今不敢触及敏感的理论问题，更不敢涉足引起困惑的社会现实问题。他们的研究工作要么限于注释经典著作，在经典体系内兜圈子；要么仅仅为现行政策或政治理念做宣传。即使在人文社会科学的应用学科或工程学科中，也多是迎合长官意志，不敢越雷池一步；对问题却避重就轻，隔靴搔痒。虽然有一些视学术良心为生命、责任感强的学者，不随波逐流，直面社会现实问题，大胆进行理论探索，可惜他们当时很难得到恰当的评价。

应当指出，问题是研究的起点，也是学科发展的生长点。对于人文社会科学，问题意识淡漠，脱离时代与社会现实，无异于切断了它们发展的源头，必将成为无源之水、无本之木，生命力将随之枯竭。

必须为凸显问题意识而矫正几个最严重的定位倒错。

（1）非体系本位意识

应当看到，人文社会科学各学科发展很不平衡，甚至有些学科发展状况不尽如人意。这其中既有人文社会科学自身局限性的作用，也有现行科研体制以及与此相关的一系列体制的弊端。而在这种种原因中，一个内在的、起着直接制约作用的因素是思维方式所存在的局限，是"体系本位意识"的消极作用。

由于体系本位意识的作用，人们往往更注重从学理的角度考虑学科的需要，也就是说，更容易且更主要地是以一种较为封闭、静止的观念和较为狭窄的眼界来构思学术研究。在此过程中，关注的主要是概念、范畴、逻辑、体系以及学科本身的知识积累，而构成学科发展前提的活生生的社会现实则得不到应有的重视，甚至完全被忽略。在这种情况下，学术研究便难以从现实中发现问题、得到启迪、获得灵感，因而也难以与时共进。

随着时间的推移和客观条件的变化，体系本位意识的负面影响逐渐显现出来。特别是当这种意识逐渐成为不自觉的集体"冲动"时，当这种意识导致为体系而体系、把体系当作学科建设的全部目的时，就会形成一种经院习气，束缚学科不断更新和发展，成为阻碍人文社会科学研究不断拓展和深入的因素。

当人们对一系列纷至沓来的新现象、新问题感到迷惑不解，需要理论提供一种有助于"解惑"的认识，而理论又回避推诿之时，理论研究的作用难免令人质疑。在这样的情况下，学科建设、理论研究也就得不到公众的认同、理解和支持，这也是人文社会科学长期遭到社会轻视的部分原因。

新时期所出现、形成的新问题，是很难完全纳入既成的知识和概念框架，以原有的理论体系来认识和解决的。这并不是说原有的理论体系对研究、解决这些问题不起任何作用，相反，无论问题如何"新颖"，都必须借助某些现有的概念、范畴和知识体系，只是不能停留于此。关键在于，不能学究式地面对问题，如果囿于体系本位意识，所提问题其实不需要解决，它们不构成真实的难题，因为提问的时候，答案已经有了，表面的热闹只是使学术讨论始终在一个圈子里打转。

（2）非功利主宰导向

市场经济鼓励人们追求个人利益。但是，在社会尚未建立良好约束机制的情况下，过分强调个人价值和个人利益，容易浮躁和急功近利，对迫切的规范化和本土化要求反而掉以轻心。

近期引人关注的学术界的弄虚作假、粗制滥造、抄袭剽窃、包装注水等现象，部分也是市场经济体制不完善在学术领域的表现。在短期利益驱动下，一些学人自律不足，随波逐流，求量不求质，不端行为频发，甚至成为金钱的奴隶。

然而，不能全怪学者个人，现有的学术激励制度、成果评价体系过于急功近利，工资、职称、奖励、房子及各种其他待遇都取决于科研成果的多寡。学术成为谋利的工具。急功近利的浮躁心态严重败坏了清正严明的学术风气，致使不少人从以往的"羞于言利"蜕变为"事必言利"，甚至把社会上走后门拉关系、请客送礼等套路引入科研成果的发表、鉴定、评奖和职称的评审之中，从而产生学风不正、学术腐败等问题。

科研管理本身是一门科学，但是现在的人文社会科学的管理，在相当一部分高校和研究机构，就是催促各个部门及个人每个季度和每年填一堆表格，统计谁、哪个部门发表了多少文章，获得了什么奖，争取到什么级别的课题和拿到多少课题费，再根据这些统计数字，通过一定的程序提升某人的职称，给予某部门更多的经费。长此以往，人文社会科学很难获得大的发展。

市场经济鼓励竞争，这对促进经济的发展确实功不可没。但是，科学研究工作不能等同于经济工作，虽然不能不言功利，但如果受功利主宰、成为功利的奴隶，势必走向歧途。特别是一些基础学科、重大理论课题等方面的研究，都需要研究者潜心钻研，甘坐冷板凳。人们除了在经济、政治利益驱动下无休止地开展各种功利性活动外，也需要没有功利目的地思考一些非功利意义的问题，实现一种对世界的精神上的把握。因此，在评估人文社会科学成果方面，不能简单地把工程计量方法搬到人文社会科学领域来。

（3）去片面意识形态化

在人文社会科学与意识形态相互关系的问题上存在两种片面观点：一是把二者相互混同，二是将二者截然对立。

人们常说马克思主义是意识形态，其实这种说法过于笼统。马克思主义的世界观和方法论、总的理论原则和思想体系是意识形态，而马克思主义的经济学、历史学、社会学则是科学，或是建立在牢固的科学基础之上。

经典作家强调社会科学首先是一种探索真理的认识活动，其首要标志应当是对科学性的追求，以及怎样努力排除非科学因素（包括敌对阶级的意识形态）干扰的问题。马克思早就对研究主体的价值取向提出了要求：真正的学者应当具有独立思维的品质，要有与干扰这种独立性的外界影响以及敌对势力进行斗争的勇气。马克思曾反问道："难道真理探讨者的首要义务不就是直奔真理，而不要东张西望吗？"① 马克思认为："一个人如果力求使科学去适应不是从科学本身（不管这种科学如何错误），而是从外部引出的、与科学无关的、由外在利益支配的观点，我就说这种人'卑鄙'。"② 马克思称赞英国资产阶级经济学家大卫·李嘉图是客观的，他的客观性就在于如果科学要求他做出与他的阶级利益相对立的结论，那么他也能做出。这提醒我们：一定不要把简单的意识形态立场作为我们学术思想的预设，那结果很可能阻碍人们对学理问题的诚实探讨。

把学术问题一概视为政治问题，把学术批评当成正确的批评错误的，政治上先进的批判政治上反动的，分不清学术和政治的界限，以这样的态度当然难以开展正常的学术批评了。

总体上讲，人文社会科学有作为意识形态的一面，也有超越意识形态的一面。如果将其完全政治化、片面意识形态化，以价值评判代替知识争论，以一时的政治需要决定学术真伪，既严重影响学术的独立性，也使人文社会科学研究不敢、不能直接提出真正的问题，这是不利于学科健康发展的。

2. 恰当设问和应答

向问题意识的转变，要求在设问方式和应答方式两个方面都有相应的转变。

问题方式包括两个方面，一是设问方式或提出问题的方式，二是应答方式或回答问题的方式。提出有价值的问题和准确地回答问题都是创造性活动，既与当时社会历史条

---

① 马克思恩格斯全集：第1卷. 北京：人民出版社，1995：110.
② 马克思恩格斯全集：第26卷：第2册. 北京：人民出版社，1973：126.

件和学科理论发展状况相关，也取决于学者本人的经验、学识水平、思想观念、判断力、想象力和创造力等因素。

（1）设问方式的转变

当前，在设问方式上的坚决转变是人文社会科学发展的当务之急。这种转变的取向，首先要围绕现实性、多元化和直接性来进行。

第一，现实性。相比自然科学，人文社会科学的提问更多地受到现实需要的影响，包括物质生活、精神生活以及制度建设等多方面的需要。所以，现实性提问是人文社会科学最重要的提问方式。现代化的社会转型决定了社会生活不同寻常的纷繁复杂，迫切需要学术界做出迅速的、有力的和可操作性的回应。

要做到理解现实，一定要敢于走出书斋，突破已有的理论框架和教条的束缚。中国现代学术，特别是社会科学，多是移植西方知识体系，因而不能不注意西方理论与东方现实的差异和冲突，与现实相矛盾的理论必须根据现实来修正、调整和取舍，使之真正契合当代中国社会的需要，这就是所谓"知识本土化"问题。

人文社会科学是围绕"人"为中心建立起来的知识体系，民生问题是其题中应有之义。对民生的关注，既包括对人民物质生活的关注，也包括对人民精神文化生活的关注。

改革是史无前例的变革，是"摸着石头过河"的创造性转变。随着改革的深入，各种新问题、新现象层出不穷，对它们的提问方式没有现成的经验可资借鉴。人文社会科学家应该高度关注人类一般的实际发展进程，并经常促进这种发展进程。所以，从改革进程中提出现实问题，是现实性设问方式的重要方面。

第二，多元化。所谓多元化提问，是强调研究者应该以开放的心态对待不同的价值观念，从不同的角度出发来研究社会和人，创造性地提出问题。多元化提问是和标准化提问相对的。标准化提问拘泥于已有的教科书的立场，以立法者、裁判者和导师式的身份向社会发问，是作为真理掌握者而不是作为研究者来审视社会。作为研究者，既要弘扬主流标准，也需要从其他的观察角度来对标准观察进行补充。

在中国，每一个学科都有自己的教科书。并且，无论是理论表述上，还是篇章结构上，同一学科不同版本的教材基本上雷同。如果一个学科没有标准化的教科书，该学科就被认为没有完全建立起来。相应于标准化教材，中国的文科考试都有标准答案，甚至包括一些地方硕士研究生入学考试也是这样。可以说，中国的人文社会科学基本上是建立在一套标准的教科书知识体系之上的。

就设问方式而言，"唯教科书主义"的设问方式也被标准化，虽然表述上略有不同，但都"似曾相识"。不拘泥标准化设问方式，就必须突破教科书知识的限制，从不同的知识背景和价值观出发来提问题。

当代全球化运动对以民族—国家为背景的范式提出了强烈的质疑，许多问题是整个世界和整个人类共同面临的问题。伴随着信息时代的到来，人类知识的形态、内容、传播和接受方式都发生了根本性的变化，任何文化隔绝都不再可能。但是，在频繁的国际交流与合作中，既不能忽略他人的观点，又不能盲目跟随他人而迷失自己。

面对大众文化，相当一部分研究者缺乏深入的了解和真切的关注，而是采取无端批判的武断态度，一味称大众文化是媚俗的，流露出知识分子自命清高的精英立场。对大众文化的鄙视或者畏惧只能使自己日益孤立，与社会发展格格不入。突破精英文化的立场，可以从当下大众文化运动中提出许多有意义的问题。

第三，直接性。所谓直接性提问，是与间接性提问相对的提问方式，要求提问的通俗性、精确性、尖锐性以及提出的问题要有真正的社会价值。

直接性提问往往收到很好的社会效果，而晦涩的问题则得不到多数人的理解、认同和共鸣。知识分子不敢直截了当地提出问题，相当一部分原因是人文社会科学研究片面意识形态化。但是，片面意识形态化不能完全归咎为学术受到意识形态的束缚，人文社会科学学者的素质也有问题，就是说，中国知识分子自身尚缺乏独立之品格、自由之精神。

从自身素质来看，真正实现直接性提问方式的转变，知识分子还应该着力培养对人文社会现象的洞察力，这包括两个方面的素养：一是敏锐的眼光，二是批判的精神。即敏锐地感知社会现状和变迁，保持足够的社会责任感；时刻不忘学术批判、社会批判，透过现实迷雾，直指事物本质。

（2）应答方式的创新

与设问方式的转变一样，应答方式的创新也是当下最为迫切的工作重点，而重中之重是应答的跨学科、可操作性和建设性。

第一，跨学科。问题和学科究竟应该是一种什么关系？历史地看，问题的产生是先于学科的。问题诞生之后经历了一个从自在到被各学科整合最后又溢出现有学科架构的过程。

因此，以问题意识指导研究活动，要求研究者不能局限于某个纯粹的学科，而应该有跨越学科的眼光，在学科/非学科的两极张力中求得某种平衡。

一方面，学术研究必须借助研究者已有的学科知识，完全放弃学科知识的应答方式是不可能的。并且，无视前人的理论思考，往往最后会被发现并没有跳出前人的思考，甚至是一种盲目的重复性劳动。另一方面，局限于已有学科来审视问题，会陷入"解释学循环"，以理解的前结构限定理解，阻碍应答方式上的创新。有论者认为："突破学科化的思想学术方式，回到问题本身，以问题为中心组织当代学术思想。这种问题意识是大学学科建设走出经院化的关键。"①

进一步说，对那些不能整合进现有学科构架的新问题，必须有一种全新的审视方式。对这些问题，根据不同的学科知识从不同的侧面来研究是非常必要的。更应该围绕问题本身来组织和整合这些不同学科的回答，打破学科界限，融贯不同学科理论和方法，做出跨学科的应答，形成统一的、协调的知识，而不是片段式的拼凑。

第二，可操作性。知识性应答和操作性应答是两种不同的回答问题的向度。操作性应答是知识性应答的实际运用，是后者从观念向行动的转化。同时，操作性应答也在知识性应答与社会实践之间建构了一座桥梁，把知识性应答放到丰富的社会实践中去检验和修正。两种应答方式互为补充，互相支持。

回答要具备可操作性，答案必须从定性向定量转化。任何事物都有质和量两方面的

① 余虹. 当代学术思想七人谈. 中华读书报，2003-01-26.

规定性，人文社会科学也不例外。人文社会科学认识既要揭示研究对象质的方面的规定性，也要揭示其量的方面的规定性。定量研究一般具有严密性和可靠性，可以得出可操作性的结论。

政策性研究，直指政策的实施，是典型的操作性研究。政策性应答，是尝试着以政府、政策的立场来看待研究对象，解决关系各种国计民生的问题。

从政策性研究的组织机构来看，专业咨询机构的出现、咨询产业化是一个重要的特征。许多国家都纷纷设立"思想库"之类的研究机构，为国家提供咨询服务，比如赫赫有名的兰德公司，已经成为美国研究国家安全和公共福利等重大综合性战略问题的重要机构，值得中国学界借鉴。

社会技术的研究是近来新兴的问题，它认为存在一种和自然技术相对的社会技术，把人与人之间的关系、人群与人群的关系以及组织管理、社会管理等原本属于人文社会科学领域的问题看成一种技术现象，统摄在社会技术的范畴之下。它为增强人文社会科学应答方式的可操作性提供了新思路。

第三，建设性。"在二十世纪中国史中，一个显著而奇特的事是：彻底否定传统文化的思想与态度之出现与持续。"[①] 这与中国现代学术建立之初，就面临西方强势文明对传统的威胁和挤压不无关系。在亡国灭种的深刻危机之下，中国知识分子急切地希望富国强民，学术活动很自然地就被统摄于救亡图存的话语背景之下，抹上了浓厚的功利主义色彩。从 1840 年以来，较之于建设，中国知识分子在中国社会发展问题上，更加倾向于裂变和革命。

改革开放以来，救亡图存的诉求被民族复兴的号召取代，但在学术上的破坏性的民族主义心态并没有完全放弃，这与学术界从彻底否定西方非马克思主义的理论转向一味追随西方最新理论的旨趣也是暗合的。两相映照，就使得当下中国学术界各种负面的思维方式、种种后"学"风靡一时，建设性地思考问题、回答问题的应答方式仍然被忽视。

"大批判"现象，是中国现代学术不成熟的表现。从问题的应答方式来分析，这种不成熟是不能妥善地处理破坏性应答与建设性应答之间的关系，自觉和不自觉地走极端的结果。针对这种情况，应该大力提倡建设性应答。

当然，建设性应答不等于掩盖问题、回避问题，不等于好好先生、一团和气。我们同样要倡导批判性思维。但是，批判不等于单纯破坏。"破""立"结合的批判，包含建设性因素。

建设性应答，要破除情绪化和意气化，要求客观、冷静和实事求是的立场。建设性应答，要纠正片面地看待问题的习惯，要破除急功近利、追求轰动效应的心态。

建设性应答是直面现实、有所作为的回答方式。它既要回答为什么，也要回答怎么办，既要看到现象，又要提出对策。最后，在人文社会科学领域，"毕其功于一役"的激进、冒进想法是解决不了问题的。一蹴而就的应答方式只会蒙蔽我们的研究，耽误我们的时间，打击我们的信心。

---

① 林毓生：中国传统的创造性转化. 北京：三联书店，1988：50.

3. 多元的价值追求

提倡问题意识，不能抱持急功近利的心态，而要张扬一种超越情怀。这就要求在咨政与怡情、建构与解构、学者人格与多元追求之间保持必要的张力。

（1）咨政与怡情

如果说咨政的取向主要是从物质的、功能的角度看人文社会科学，那么它在精神层面的意义可归结为怡情的追求。这种追求既表现为人文社会科学工作者在其创造性研究过程中陶冶情操、愉悦身心的效果，又表现为人文社会科学对民族文化素养、道德水平和精神境界的提升。

人文社会科学的咨政功能具有久远的历史渊源。从柏拉图的《理想国》开始，西方就传承着一种追求乌托邦的传统，经过中世纪的政教合一的神学时代，宗教思想对政治统治表现了深刻的影响力；在中国，儒家思想、"三纲五常"的观念则伴随着历代的君王走过几千年的政权更迭。人文社会科学的咨政功能在社会革命时期，表现为为革命提供指导思想和斗争方略。

随着社会的变迁，成长中的人文社会科学也在调整自己的取向。尤其是在科学化的历程中，随着政治意识形态在各个领域的淡化，人文社会科学的咨政功能更多地表现为政策支持和决策咨询的作用。

政策制定与决策依赖人文社会科学理论，反过来也推动后者的发展。着重运作的政策性研究进一步使人文社会科学从理论走向现实。研究覆盖许多与国家、社会有关的实际问题；通过对现存的社会问题的分析、研究和解释，可对现实各种紧张的社会关系起到一种缓解的作用。

现在，人文社会科学的咨政功能得到前所未有的张扬。但人文社会科学的研究同时要坚持自主性发展，按学科本身的特点和需要，科学地建构研究对象，防止那些"偷运进社会科学大门的社会问题"，并对人文社会科学家自己的研究过程和思考工具进行彻底的质疑。否则，如果人文社会科学研究的资源完全按照长官意志由行政来安排，形成"有奶就是娘"的局面，就会使人文社会科学家自觉或不自觉地成为利益所左右的"近视者"，损害他们所应该具有的自我批评和信息反馈能力，消解他们作为社会良心的作用。

特别要提防人文社会科学研究非怡情化的趋向。20世纪80年代以来，随着后现代主义在国内的传播和走向市场经济的变革，一些人全盘接受了后现代主义思潮，热衷于反基础主义、反本质主义和反理性主义的观点，怡情的追求也面临着种种边缘化的危机。最早的人文知识分子，就像知识社会学创始人曼海姆所称，是"自由漂浮者"——有着自由思想的特点，有着对国计民生的天然忧患和关怀意识，在沉沉黑夜中担当守更人的角色。但随着人文社会科学的建制化发展和知识分子角色的分化，人文知识分子已经从纯粹的单一的"守更人"角色分化为一系列以知识谋生的职业群体。很多人文学者和社会科学家转向市场经济的海洋，将知识资本和文化资本转化为经济收入、社会地位，淡化了作为思想者的社会精神向导的意识。如果人文学者完全为利益言说所左右，完全推行市场化的平面创作模式和思想方法，推销商业主义的审美霸权，就会失去人文社会科学本应具有的超越情怀！

（2）建构与解构

超越情怀的现实意义，一是在对问题的反思中，坚持一种实事求是的客观公正的态度；二是在对现实的批判中，寻求建设性的解答。

自古以来就形成的批判性思维的学术传统，是人文社会科学的意义所在，也是人文学科与社会科学得以世代传承、不断进步的基础。然而，在当下急功近利的语境中，某些人文学者开始忘掉原来对日常生活的反省和批判，使得知识层文化阐释和文化批判功能衰减，人文社会科学家自身的反思能力减弱，学术含金量降低。现实的利益驱动代替了真正的价值判断，出现了诸如心态浮躁、学问空疏、门户之见、论资排辈等弊端。这些都需要我们及时寻找应对之策，以推进真正的学术繁荣。

合理的批判和破坏是进步的，但是，将批判和破坏贯彻到底则难免犯偏激或虚无主义的错误。当下，关于现代性和后现代性的言说是学界的主导话语，而西方后现代主义思潮却将现代社会的危机归因于现代性，把现代性看成是造成现代社会一切弊端和一切矛盾冲突的根源，并从多个角度批判、消解和摧毁现代性。后现代主义思潮所表现出来的文化虚无、主体死亡、理想破灭、传统丧失、游戏人生的理论取向，从根本上否定了西方近代以来形成的崇尚理性与崇高的思想传统，是对现代性的彻底消解和破坏。应该看到，后现代主义的这种思想取向在现阶段对我国的文化建设和思想建设具有破坏性的一面，照搬后现代主义，后果将不堪设想。

批判的意义不限于破坏与解构，在学术领域，批判的目的既不是要否定、打倒权威，也不是要讨好权势，而旨在于通过争鸣与辩论以更全面地了解问题，达致对事实与问题本身的合理化解释。在社会科学领域，还要寻求问题的解决方案，实实在在地解决问题，哪怕提出的方案并不一定是官方或既有权威所乐意接受的，这就是所谓的批判意味中的建设性。

从实践的维度看，作为提供关于社会知识和方法的社会科学，其建设性意义则更为感性具体。可以说，人文社会科学的建设性意义无论在理论还是在实践的向度都已是不争的事实，深层的问题在于人文社会科学的建设性效果何以可能？如何才能达致并提高当下中国人文社会科学的建设性作用？

（3）学者人格与多元追求

中国人文知识分子自古就形成了有别于西方学者的人文传统，在西方同仁关注自然，探求宇宙的本源与发展规律，探求超越现象世界的客观的纯粹知识之时，中国人文学者将关注的目光更多地投向了生活现实和人本身，在"人文"与"天道"契合的视野里，虚置彼岸，执着此岸，形成了独特的"文人精神"：一是深刻的忧患意识；二是对道德理想的探求和对社会道德秩序的建构与维系；三是具有强烈的政治抱负，关注政治、参与政治，置政治于学术之中。

中国的人文学者在历史上的作用是辉煌的。他们曾被塑造为一群超人，一群在人格上高于普通众生的精英，一群为知识、为某种价值和信念随时献身的文化英雄。而今，如同风吹云散，一切都在改变，包括曾经的得意与失意！也许可以这么说，中国人文学者从未在历史的和平时期遭遇过如此深刻的失落，一种在经济与政治的热浪外、在科技英才激昂的凯歌中默然走向边缘化的失落。

人文学者作为社会分层中一个特殊的群体，也许是因社会及自身社会地位的变迁而失落，但在遭遇人文学科的困境之时，合乎情理的选择应是对学科走向及个人学术行为的反思，寻求走出困境的办法。

每一种选择都无法超越多元化的现实。多元化源于社会同质性的消解。在改革开放之前，我国传统的经济、政治与文化之间是一种高度同质的整合关系，计划经济、"以阶级斗争为纲"的政治与一元主义的文化，三者彼此协调。但在思想解放、改革开放之后，尤其是20世纪90年代以来，三者之间的这种同质整合关系在很大程度上被打破了，呈现了分裂状态。经济与政治、政治与文化、经济与文化之间并不总能相互支持与阐释。

多元化之合法化呼唤的是对话与理解，是对异质性的宽容，是对绝对的单一的评判标准的反动。正确的选择应是对人文学者本身的重新反思和自我定位。摘下启蒙的帽子，更多地关注现实中具体的人和事。人文学者应成为关注并就社会问题发言的公共知识分子，而不仅仅是"象牙塔"里的学究。

对社会公共问题的关注意味着人文社会科学家要保持对社会的独立批判精神，在"出世"与"入世"之间保持必要的张力。没有绝对超然的"出世"，也不要无法自拔的"入世"；"入世"是基本的取向，"出世"是为了与问题保持距离。但跳出问题则是试图看清问题，以求对问题进行批判与超越。或许，在多元化合法化的今天，"出世"与"入世"的融合也是多元化追求的应有之义。

───────◀ 小 结 ▶───────

人们往往把相对于自然科学而言的知识领域，即人文学科与社会科学统称为人文社会科学，有时也简称为社会科学。

作为人类知识体系相对独立的组成部分，人文学科和社会科学既具有一般科学的共性，又表现出不同于自然科学的特殊性。

真理性与价值性的统一是人文社会科学的基本特征，剖析真理性与价值性及其相互关系，是认识人文社会科学功能的基础。

人文社会科学的认识功能集中体现在对人文社会世界的描述、解释与预见等方面。人文社会科学的社会功能集中体现在人类精神生活与社会发展两个层面，表现为文化功能、政治功能、社会管理功能、决策咨询功能。

问题意识淡漠，运作性不强，是制约我国人文社会科学发展最突出的问题。

───────◀ 思考题 ▶───────

1. 如何界定社会科学和人文学科？
2. 社会科学和人文学科具有哪些与自然科学不同的特点？

3. 如何看待人文社会科学的科学性与意识形态性之间的关系？

4. 为什么要提倡问题意识，克服急功近利的心态，张扬超越情怀？

5. 如何在咨政与怡情、建构与解构、学者人格与多元追求之间保持必要的张力？

参考文献

一、主要英文著作

Fritz Allhoff ed. Philosophies of the Sciences: A Guide. London: Blackwell Publishing Ltd. , 2010.

A. J. Ayer. Language, Truth, and Logic. London: Gollancz Ltd. , 1936.

A. J. Ayer. Philosophy in the Twentieth Century. London: Weidenfeld and Nicolson, 1982.

A. J. Ayer. The Foundations of Empirical Knowledge. London: Macmillan, 1940.

Benton Ted and Craib Ian. Philosophy of Social Science: The Philosophical Foundations of Social Thought. Basingstoke, Hampshire, New York: Palgrave Macmillan, 2011.

J. R. Brown ed. Philosophy of Science: The Key Thinkers. London, New York: Continuum, 2012.

R. Carnap. The Unity of Science. Translated with an Introduction by M. Black. London: Kegan Paul, 1934.

R. Carnap. Logische Syntax der Sprache. Wien: Springer, 1934a/1968.

R. Carnap. Die Aufgable der Wissenschaftslogik. Wien: Gerold & Co. , 1934.

R. Carnap. Philosophy and Logical Syntax. London: Kegan Paul, 1935.

R. Carnap. Von der Erkenntnistheorie zur Wissenschaftslogik, in Actes de Congres International de Philosophie Scientique I. Paris: Hermann & Cie. , 1936.

R. Carnap. Introduction to Semantics. Cambridge, Mass. : Harvard University Press, 1942.

Peter Clark and Katherine Hawley ed. Philosophy of Science Today. Oxford: Oxford University Press, 2003.

R. S. Cohen ed. Boston Studies in the Philosophy of Science. Dordrechat-Boston-London: Kluwer, 1963.

R. S. Cohen and L. Laudan eds. Physics, Philosophy, and Psychoanalysis. Essays in Honor of Adolf Grünbaum. Dordrechat-Boston-Lancaster: D. Reidel, 1983.

R. S. Cohen and M. W. Wartofsky ed. Boston Studies in the Philosophy of Science. Volume Two: In Honor of Philipp Frank. New York: Humanities Press, 1965.

J. B. Conant. Science and Common Sense. New Haven: Yale University Press, 1951.

Martin Curd & J. A. Cover. Philosophy of Science. The Central Issues. W. W. Norton & Company, Inc. , 1998.

H. Feigl. Inquires and Provocations. Selected Writings, 1929 – 1974. Ed. by Robert S. Cohen. Dordrechat-Boston-Lancaster: Reidel, 1981.

H. Feigl and M. Brodbeck eds. Readings in the Philosophy of Science. New York: Appleton-Century-Crofts, 1953.

H. Feigl and M. Scriven eds. Minnesota Studies in the Philosophy of Science. Volume I: The Foundations of Science and the Concepts of Psychology and Psychoanalysis. Minneapolis: University of Minnesota Press, 1956.

Peter Godfrey-Smith. An Introduction to the Philosophy of Science Theory a Reality. Chicago: The University of Chicago Press, 2003.

P. K. Feyerabend. Zeitverschwendung. Frankfurt/M: Suhrkamp, 1995.

P. K. Feyerabend and G. Maxwell eds. Mind, Matter, and Method: Essays in Philosophy and Science in Honor of Herbert Feigl. Minneapolis: University of Minnesota Press, 1966.

S. Fuller. Thomas Kuhn: A Philosophical History for Our Time. Chicago: University of Chicago Press, 2000.

P. M. S. Hacher. Wittgenstein's Place in Twentieth Century Analytic Philosophy. Oxford: Basil Blackwell, 2009.

Edward J. Hall. Philosophy of Science: Metaphysical and Epistemological Foundations. Wiley-Blackwell, 2009.

Rom Harre. The Philosophy of Science an Introductory Survey. Oxford: Oxford University Press, 1985.

F. A. Hayek. The Road to Serfdom. London: Routledge, 1944.

Christopher Hitchcock. Contemporary Debates in Philosophy of Science. Malden, MA: Blackwell Pub. , c2004.

G. Holton. Science and Anti-Science. Cambridge, Mass. : Harvard University Press, 1933.

G. Holton. Thematic Origins of Scientific Thought. Kepler to Einstein. Revised Edition. Cambridge, Mass. : Harvard University Press, 1994.

Robert Kill. The Introduction to the Philosophy of Science: Cutting Nature at Its Seams. Oxford: Oxford University Press, 1997.

P. Kitcher. Science, Truth, and Democracy. Oxford: Oxford University Press, 2001.

Theo A. F. Kuipers. General Philosophy of Science：Focal Issues. Amsterdam，Boston：Elsevier/North Holland，c2007.

John Losee. A Historical Introduction to the Philosophy of Science. Fourth Edition. Oxford：Oxford University Press，2001.

Peter Machanmer and Michael Silberstein eds. The Blackwell Guide to the Philosophy of Science. London：Blackwell Publishers Ltd.，2002.

P. D. Magnus and Jacob Busch. New Waves in Philosophy of Science. Houndmills，Basingstoke，Hampshire，New York：Palgrave Macmillan，2010.

Eric Margolis etc. The Oxford Handbook of Philosophy of Cognitive Science. New York：Oxford University Press，c2012.

Seymour Mauskopf etc. Integrating History and Philosophy of Science：Problem and Prospects. Dordrecht，London：Springer，c2012.

Timothy McGrew etc. The Philosophy of Science：An Historical Anthology. Malden，MA：Wiley-Blackwell，2009.

Chienkuo Michael Mi and Ruey-lin Chen eds. Naturalized Epistemology and Philosophy of Science. Amsterdam，New York，NY：Rodopi，2007.

E. Nagel. Logic Without Metaphysics and other Essays in the Philosophy of Science. Glencoe：The Free Press，1956.

Anthory O'hzar. Introduction to the Philosophy of Science. Oxford：Clarendon Press，1989.

Stathis Psillos and Martin Curd eds. The Routledge Companion to Philosophy of Science. London：Routledge，2008.

Ahmad Raza. Philosophy of Science Since Bacon：Readings in the Ideas and Interpretations. Hauppauge，NY：Nova Science Publishers，2011.

Alex Rosenberg. Philosophy of Science：A Contemporary Introduction. New York：Routledge，2012.

Sahotra Sarkar，Jessica Pfeifer ed. The Philosophy of Science：An Encyclopedia. New York：Routledge，c2006.

B. Russell. An Inquiry into Meaning and Truth. London：Allen & Unwin，1940.

C. P. Snow. The Two Cultures：And a Second Look：An Expanded Version of the Two Cultures and the Scientific Revolution. Cambridge：Cambridge University Press，1959/1963.

二、主要中文著译

许良英，等编译. 爱因斯坦文集：第一卷. 北京：商务印书馆，1977.

托马斯·S. 库恩. 必要的张力：科学的传统和变革论文选. 福州：福建人民出版社，1981.

柯普宁. 辩证法·逻辑·科学. 上海：华东师范大学出版社，1981.

卡尔·波普尔. 猜想与反驳. 上海：上海译文出版社，1986.

汤川秀树. 创造力和直觉：一个物理学家对于东西方的考察. 上海：复旦大学出版社，1987.

威拉德·蒯因. 从逻辑的观点看. 上海：上海译文出版社，1987.

罗嘉昌. 从物质实体到关系实在. 北京：中国社会科学出版社，1996.

G. 克劳斯. 从哲学看控制论. 北京：中国社会科学出版社，1981.

H. 马尔库塞. 单向度的人. 上海：上海译文出版社，1989.

M. 穆尼茨. 当代分析哲学. 上海：复旦大学出版社，1986.

郭贵春. 当代科学实在论. 北京：科学出版社，1991.

江天骥. 当代西方科学哲学. 北京：中国社会科学出版社，1984.

张之沧. 当代实在论与反实在论之争. 南京：南京师范大学出版社，2001.

舒炜光，邱仁宗，主编. 当代西方科学哲学评述. 北京：人民出版社，1987.

阿尔温·托夫勒. 第三次浪潮. 北京：三联书店，1983.

皮亚杰. 发生认识论原理. 北京：商务印书馆，1981.

N. R. 汉森. 发现的模式. 北京：中国国际广播出版社，1988.

阿·迈纳. 方法论导论. 北京：三联书店，1991.

刘大椿. 互补方法论. 北京：世界知识出版社，1994.

李伯聪. 工程哲学引论. 郑州：大象出版社，2002.

M. 克莱因. 古今数学思想（1-4）. 上海：上海科学技术出版社，1979—1981.

赫伯特·A. 西蒙. 管理决策新科学. 北京：中国社会科学出版社，1982.

钱学森，主编. 关于思维科学. 上海：上海人民出版社，1986.

丹尼尔·贝尔. 后工业社会的来临. 北京：商务印书馆，1984.

B. 伊诺泽姆采夫. 后工业社会与可持续发展问题研究. 北京：中国人民大学出版社，2004.

大卫·格里芬，编. 后现代科学：科学魅力的再现. 北京：中央编译出版社，1992.

理查德·罗蒂. 后哲学文化. 上海：上海译文出版社，1992.

岩佐茂. 环境的思想. 北京：中央编译出版社，1997.

余谋昌，等. 环境伦理学. 北京：高等教育出版社，2004.

刘大椿，明日香寿川，金淞. 环境问题：从中日比较与合作的观点看. 北京：中国人民大学出版社，1995.

刘大椿，岩佐茂，等. 环境思想研究：基于中日传统与现实的回应. 北京：中国人民大学出版社，1998.

刘文海. 技术的政治价值. 北京：人民出版社，1996.

F. 拉普，编. 技术科学的思维结构. 长春：吉林人民出版社，1988.

陈昌曙，远德玉. 技术选择论. 沈阳：辽宁人民出版社，1991.

邹珊刚，主编. 技术与技术哲学. 北京：知识出版社，1987.

张明国. 技术文化论. 北京：同心出版社，2004.

莱斯特·R. 布朗. 建设一个持续发展的社会. 北京：科学技术文献出版社，1984.

L. 劳丹. 进步及其问题. 北京：华夏出版社，1990.

赫伯特·巴特菲尔德. 近代科学的起源. 北京：华夏出版社，1988.

R. 库姆斯，P. 萨维奥蒂，V. 沃尔什. 经济学与技术进步. 北京：商务印书馆，1989.

卡尔·波普尔. 客观知识. 上海：上海译文出版社，1987.

刘兵. 克丽奥眼中的科学. 济南：山东教育出版社，1996.

刘大椿，主编. 科技生产力：理论和运作. 重庆：重庆出版社，1996.

吕乃基. 科技革命与中国社会转型. 北京：中国社会科学出版社，2004.

E. 舒尔曼. 科技文明与人类未来. 北京：东方出版社，1995.

《自然辩证法通讯》杂志社，编. 科学传统与文化. 西安：陕西科学技术出版社，1983.

昂利·彭加勒. 科学的价值. 北京：光明日报出版社，1988.

李醒民. 科学的精神与价值. 石家庄：河北教育出版社，2001.

戈德史密斯，马凯，主编. 科学的科学：技术时代的社会. 北京：科学出版社，1985.

柯普宁. 科学的认识论基础和逻辑基础. 上海：华东师范大学出版社，1989.

贝尔纳. 科学的社会功能. 北京：商务印书馆，1985.

杰里·加斯顿. 科学的社会运行. 北京：光明日报出版社，1988.

乔治·萨顿. 科学的生命：文明史论集. 北京：商务印书馆，1987.

马里奥·本格. 科学的唯物主义. 上海：上海译文出版社，1989.

约翰·霍根. 科学的终结. 呼和浩特：远方出版社，1997.

史蒂芬·科尔. 科学的制造. 上海：上海人民出版社，2001.

黄顺基，刘大椿. 科学的哲学反思. 北京：中国人民大学出版社，1987.

菲利普·弗兰克. 科学的哲学：科学和哲学之间的纽带. 上海：上海人民出版社，1985.

鲍宗豪，等. 科学发展观论纲. 上海：华东师范大学出版社，2004.

库恩. 科学革命的结构. 上海：上海科学技术出版社，1980.

刘大椿. 科学活动论. 北京：人民出版社，1985.

杨沛霆，陈昌曙. 科学技术论. 浙江：浙江教育出版社，1985.

黄顺基，刘大椿，主编. 科学技术哲学的前沿与进展. 北京：人民出版社，1991.

叶平等. 科学技术与可持续发展. 北京：高等教育出版社，2004.

黄顺基，黄天授，刘大椿，主编. 科学技术哲学引论：科技革命时代的自然辩证法. 北京：中国人民大学出版社，1991.

周林，等编. 科学家论方法：第一、二辑. 呼和浩特：内蒙古人民出版社，1984—1985.

约瑟夫·戴维. 科学家在社会中的角色. 成都：四川人民出版社，1988.

哈里特·朱克曼. 科学界的精英：美国的诺贝尔奖金获得者. 北京：商务印书馆，1982.

乔纳森·科尔，斯蒂芬·科尔. 科学界的社会分层. 北京：华夏出版社，1989.

查尔默斯. 科学究竟是什么：对科学的性质和地位及其方法评论. 北京：商务印书馆，1982.

哈雷. 科学逻辑导论. 杭州：浙江科技出版社，1990.

刘大椿，主编. 科学逻辑与科学方法论名释. 南昌：江西教育出版社，1997.

布什，等. 科学：没有止境的前沿. 北京：中国科学院政策研究室，1985.

赵红州. 科学能力学引论. 北京：科学出版社，1984.

什托夫. 科学认识的方法论问题. 北京：知识出版社，1981.

郭贵春. 科学实在论的方法论辩护. 北京：科学出版社，2004.

汉斯·波塞尔. 科学：什么是科学?. 上海：上海三联书店，2002.

丹皮尔. 科学史及其与哲学和宗教关系. 北京：商务印书馆，1975.

李克特. 科学是一种文化过程. 北京：三联书店，1989.

何亚平，主编. 科学社会学教程. 杭州：浙江大学出版社，1990.

瓦托夫斯基. 科学思想的概念基础：科学哲学导论. 北京：求实出版社，1982.

林德宏. 科学思想史. 南京：江苏科学技术出版社，1985.

吕乃基，樊浩，等. 科学文化与现代化. 合肥：安徽教育出版社，1993.

贝弗里奇. 科学研究的艺术. 北京：科学出版社，1979.

张巨青，主编. 科学研究的艺术：科学方法导论. 武汉：湖北人民出版社，1988.

伊·拉卡托斯. 科学研究纲领方法论. 上海：上海译文出版社，1986.

王德禄，刘戟锋，主编. 科学与和平. 北京：北京大学出版社，1991.

劳丹. 科学与价值. 福州：福建人民出版社，1989.

刘大椿. 科学哲学. 北京：人民出版社，1998.

R. 卡尔纳普. 科学哲学导论. 广州：中山大学出版社，1987.

张华夏，等主编. 科学·哲学·文化. 广州：中山大学出版社，1996.

赖欣巴哈. 科学哲学的兴起. 北京：商务印书馆，1983.

卡尔纳普. 科学哲学和科学方法论. 北京：华夏出版社，1990.

约翰·洛西. 科学哲学历史导论. 武汉：华中工学院出版社，1982.

殷正坤，邱仁宗. 科学哲学引论. 武汉：华中理工大学出版社，1996.

孟建伟. 论科学的人文价值. 北京：中国社会科学出版社，2000.

肖峰. 论科学与人文的当代融通. 南京：江苏人民出版社，2001.

爱德华·威尔逊. 论契合：知识的统合. 北京：三联书店，2002.

达德利·夏佩尔. 理由与求知. 上海：上海译文出版社，1990.

潘吉星，主编. 李约瑟文集. 沈阳：辽宁科技出版社，1986.

李醒民. 两极张力论：不应当抱住昨天的理论不放. 西安：陕西科学技术出版社，1988.

凯德洛夫. 列宁与科学革命·自然科学·物理学. 西安：陕西科学技术出版社，1987.

洪谦，主编. 逻辑经验主义（上、下卷）. 北京：商务印书馆，1982—1984.

维特根斯坦. 逻辑哲学论. 北京：商务印书馆，1985.

刘湘溶. 人与自然的道德话语. 长沙：湖南师范大学出版社，2004.

拉札列夫，特里伏诺娃. 认知结构和科学革命. 北京：中国社会科学出版社，1985.

米库林斯基，里赫塔，主编. 社会主义和科学. 北京：人民出版社，1986.

默顿. 十七世纪英国的科学技术与社会. 成都：四川人民出版社，1986.

于尔根·库钦斯基. 生产力的第四次革命. 北京：商务印书馆，1984.

邱仁宗. 生命伦理学. 上海：上海人民出版社，1987.

余谋昌. 生态学哲学. 昆明：云南人民出版社，1991.

柯朗·罗宾. 数学是什么?. 北京：科学出版社，1985.

亚历山大洛夫，等. 数学：它的内容、方法和意义（第1-3卷）. 北京：科学普及出版社，1959—1963.

波利亚. 数学与似真推理. 福州：福建人民出版社，1985.

尼科里斯·普利高津. 探求复杂性. 成都：四川教育出版社，1986.

W. 海森伯. 物理学和哲学：现代科学中的革命. 北京：商务印书馆，1981.

黛安娜·克兰. 无形学院：知识在科学共同体的扩散. 北京：华夏出版社，1988.

张华夏. 物质系统论. 杭州：浙江人民出版社，1987.

罗素. 西方哲学史. 北京：商务印书馆，1981.

杜任之，主编. 现代西方著名哲学家述评（上、下）. 北京：三联书店，1980—1983.

托马斯·希尔. 现代知识论. 北京：中国人民大学出版社，1989.

马克斯·韦伯. 新教伦理与资本主义精神. 成都：四川人民出版社，1986.

刘大椿，吴向红. 新学苦旅：科学、社会、文化的大撞击. 南昌：江西高校出版社，1996.

E. 拉兹洛. 用系统论的观点看世界. 北京：中国社会科学出版社，1985.

N. 玻尔. 原子论和自然的描述. 北京：商务印书馆，1964.

N. 玻尔. 原子物理学和人类知识. 北京：商务印书馆，1978.

G. 波利亚. 怎样解题. 北京：科学出版社，1982.

增长的极限：罗马俱乐部关于人类困境的研究报告. 成都：四川人民出版社，1989.

汤因比，池田大作. 展望二十一世纪：汤因比与池田大作对话录. 北京：国际文化出版公司，1985.

理查·罗蒂. 哲学与自然之镜. 北京：三联书店，1987.

保罗·利科，主编. 哲学主要趋向. 北京：商务印书馆，1988.

伊姆雷·拉卡托斯. 证明与反驳. 上海：上海译文出版社，1987.

约翰·齐曼. 知识的力量：科学的社会范畴. 上海：上海科学技术出版社，1985.

金岳霖. 知识论. 北京：商务印书馆，1983.

刘大椿，刘蔚然. 知识经济：中国必须回应. 北京：中国经济出版社，1998.

约瑟夫·劳斯. 知识与权力：走向科学的政治哲学. 北京：北京大学出版社，2004.

巴巴拉·沃德，雷内·杜博斯，主编. 只有一个地球. 北京：石油化学工业出版社，1976.

李约瑟. 中国古代科学思想史. 南昌：江西人民出版社，1990.

董光璧. 中国近现代科学技术史论纲. 长沙：湖南教育出版社，1991.

刘大椿，主编. 中国科技体制的转型之路. 济南：山东科技出版社，1996.

杜石然，等. 中国科学技术史稿（上、下册）. 北京：科学出版社，1982.

郭颖颐. 中国现代思想中的唯科学主义. 南京：江苏人民出版社，1989.

沈小峰，王德胜. 自然辩证法范畴论（修订本）. 北京：北京师范大学出版社，1990.

黄顺基，吴延涪，黄天授，刘大椿，主编. 自然辩证法教程. 北京：中国人民大学出版社，1985.

本书编写组. 自然辩证法讲义. 北京：人民教育出版社，1979.

舒炜光，主编. 自然辩证法原理. 长春：吉林人民出版社，1984.

金吾伦，选编. 自然观与科学观. 北京：知识出版社，1985.

卡尔·G. 亨普耳. 自然科学的哲学. 北京：三联书店，1987.

斯蒂芬·F. 梅森. 自然科学史. 上海：上海译文出版社，1980.

曾国屏. 自组织的自然观. 北京：北京大学出版社，1996.

保罗·法伊尔阿本德. 自由社会中的科学. 上海：上海译文出版社，1990.

方华，刘大椿，主编. 走向自为：社会科学的活动与方法. 重庆：重庆出版社，1992.

李建会. 走向计算主义. 北京：中国书籍出版社，2004.

第 1 版后记

　　我在 20 世纪 80 年代中期和 90 年代初曾分别参编《自然辩证法教程》和《科学技术哲学引论——科技革命时代的自然辩证法》。这两本书曾被许多同仁作为教材或教学参考书。自那以后，并不曾想要再接着编类似的教材，因为不仅有更迫切的工作要做，而且新的铺垫和准备似乎也不足。但是，近几年来，科学技术哲学发展迅速，在学科建设和课堂教学上都遇到不少问题，已经到了需要加以重新审视的时候。在与一些朋友的私下议论当中，也赞成有志者花工夫去组织力量编写科学技术哲学的新教材。不过，仍然没有想过自己来做这个工作。

　　世纪之交，人大出版社锐意进取，计划出一套适合 21 世纪教学需要的哲学专业系列教材，以作为哲学专业教学改革的突破口。他们热诚邀请我参加，要求写一本"专著性教材"。本人才力不逮，特别害怕编四平八稳、大家都能举手通过却意犹未尽的东西，而对允许有一定个性的东西倒愿意尝试。于是，我答允尽力而为，共襄大业。我把这些年发表的论著全翻了出来，选取其中一部分做基础，同时大量吸收了国内外学界的卓见，斟酌再三，终于赶在新世纪到来之前杀了青。

　　本书是对当代科学技术及其相关问题、要求和挑战的哲学回应。撰写时既注意涵盖该领域的主要内容，又充分吸纳了近 20 年来有关研究的新开拓和新成果。试图着重考察科学技术与人、自然、社会、经济及文化的关联和相互作用；对学科定位问题、科技观和自然观问题、生态价值观问题、可持续发展问题、科学认识活动与方法问题、技术创新问题、科技革命与经济社会变革问题、科技运行机制问题、科学与非科学问题、科技与文化的整合问题等，在基本的论述之外都有一些自己的心得。全书共 11 章，没有按习见的体例和顺序安排，而是循着科技不断向外扩散所激起的思考渐次展开。

　　作为一门学科的基本教材，本书引用了大量公开发表的观点和材料，其中包括我所主持项目的研究成果。这本专著之所以能够问世，要感谢所有这些同仁对科学技术哲学在理论上的推进，要感谢出版社的决策和责任编辑的辛勤劳动，还要预先感谢读者朋友的关注和批评。

刘大椿

1999 年岁末于人大静园

第 2 版后记

本书初版于 2000 年 1 月。在世纪之交，人大出版社策划出一套适合新世纪教学需要的哲学系列教材，并期待能作为哲学专业教学改革的突破口。主事者热诚邀我参加，说是不要拘守成规，可张扬个性，写一本"专著性教材"。我答允尽力而为，赞襄盛举。在杂事忙乱之余，我翻出之前已发表的论著和未曾发表的手稿，选取其中一部分做基础，斟酌再三，加以参考国内外学界的卓见，终于赶在新世纪到来前杀青付梓。出版五年来，承蒙读者不弃，本书卖得还好；亦受到学界关注，至少成一家之言。

科学技术哲学近期发展迅速，在学科建设和课堂教学上又遇到不少问题，本书也到了需要加以重新审视的时候。现在出版社提出修订再版，我自慨然应允，而且尽量做比较大的增删。

科学技术哲学是对当代科学技术及其相关问题、要求和挑战的哲学回应。初版撰写时就注意涵盖该领域的主要内容，并充分吸纳近 20 多年来有关研究成果。这次修订，删除了一些陈旧观点和内容，增添了近四成新文字。初版时全书共 11 章，修订版连引论共 16 章。全书对学科定位问题、现代科学技术观问题、自然观的变革问题、生态价值观问题、可持续发展问题、科技时代的伦理建构问题、科学发现与科学辩护问题、科学认识的经验基础与理论建构问题、数学方法与系统科学方法问题、技术和工程的概念基础问题、技术创新的理论与实践问题、社会科学的哲学反思问题、科技革命与经济社会变革问题、科技运行的社会支撑问题、科技与文化的整合问题等，都进行了基本的论述，并且大多有一些自己的心得。章节没有按习见的体例和顺序安排，而是循着科技不断向外扩散所激起的思考渐次展开。

有必要重申，作为一门学科的基本教材，本书引用了大量公开发表的观点和材料，其中包括我所主持项目的研究成果。这本"专著性教材"之所以能够修订再版问世，要感谢所有同仁对科学技术哲学在理论上的推进，要感谢出版社的决策和责任编辑的辛勤劳动，还要感谢读者朋友的关注和批评。

刘大椿
2005 年春节于人大宜园

第 3 版后记

本书第 2 版自 2005 年问世以来，至今已经过去 17 年。承蒙读者信任和出版社支持，一直还在重印发行。然而，又有一些内容比较陈旧，更有许多相关变化和进展应该添加进去了。出版社同志一再建议进行新的修订，本人考虑再三，乃决定勉力应允下来。为此，我做了尽可能充分的功课，把近些年来业界的工作梳理了一番，吸取了某些有共识的观点，也选择本人新论著中较为合适的部分补充进来。当然，新版注意本专业教材的延续性，保持了原著中比较基础和稳定的内容。很高兴，汗水没有白流，终于赶在今年国庆节前杀青，修订完成，以付梓出版。

第 3 版较之第 2 版，文字有所精减。撤并了几乎三分之一的章节，另也增加了一些新的章节和内容。摆在大家面前的新版，重写了引论，正文总的减少了 2 章，由原来的 15 章变成 13 章。全书涉及的问题有：科学技术哲学在中国的兴起与发展、科学活动与科技结构、科学技术与自然观、科学逻辑与科学方法、科学实验与科学理论、建构主义的哲思路径、技术与工程的概念基础、技术创新的理论与问题、科技革命与经济社会变革、生态价值观与可持续发展、科技时代的伦理建构、科学理性与科学精神、科学文化与文化科学、社会科学的哲学反思。

新版之本意是要争取既在结构上有所调整，又在内容上做必要增删，以能适当反映近些年来科学技术哲学学科的巨大变化，尽量吸纳那些学术上日新月异的成果。但是，能否真正拿出一个更能满足读者要求的本子，心中还是惴惴不安。特别期待学界同仁和读者朋友对此书的关注和批评，诚挚感谢出版社的决策和责任编辑的辛勤劳动。

刘大椿

2022 年秋于人大宜园

图书在版编目（CIP）数据

科学技术哲学导论 / 刘大椿著. －－3 版. －－北京：
中国人民大学出版社，2023.6
新编 21 世纪哲学系列教材
ISBN 978-7-300-31786-1

Ⅰ.①科… Ⅱ.①刘… Ⅲ.①科学哲学-教材②技术
哲学-教材 Ⅳ.①N02

中国国家版本馆 CIP 数据核字（2023）第 098949 号

普通高等教育"十一五"国家级规划教材
新编 21 世纪哲学系列教材
科学技术哲学导论（第 3 版）
刘大椿　著
Kexue Jishu Zhexue Daolun

出版发行	中国人民大学出版社				
社　　址	北京中关村大街 31 号		**邮政编码**	100080	
电　　话	010 - 62511242（总编室）		010 - 62511770（质管部）		
	010 - 82501766（邮购部）		010 - 62514148（门市部）		
	010 - 62515195（发行公司）		010 - 62515275（盗版举报）		
网　　址	http://www.crup.com.cn				
经　　销	新华书店				
印　　刷	北京七色印务有限公司		**版　　次**	2000 年 1 月第 1 版	
开　　本	787 mm×1092 mm　1/16			2023 年 6 月第 3 版	
印　　张	21 插页 1		**印　　次**	2023 年 6 月第 1 次印刷	
字　　数	478 000		**定　　价**	58.00 元	